日本催化剂技术动态与展望

2018

中国有色金属工业协会铂族金属分会
中国有色金属学会贵金属学术委员会
高化学技术株式会社　　　　　　合作编写
日本触媒学会

U0389721

化学工业出版社
·北京·

本书对日本催化剂行业 2017 年的技术动态与展望进行了介绍。全书共分七篇：日本催化剂研究动态；催化剂研讨会重要论文；日本工业催化剂技术及发展方向；国际会议信息；2016 年全球催化剂技术动态；2016 年日本科学技术政策动态及催化剂项目情况；2016 年日本催化剂技术动态。可供从事催化研究、生产和应用的各类技术人员参考。

图书在版编目（CIP）数据

日本催化剂技术动态与展望 2018/中国有色金属工业协会铂族金属分会等编写 . —北京：化学工业出版社，2018.2

ISBN 978-7-122-31321-8

Ⅰ.①日… Ⅱ.①中… Ⅲ.①催化剂-科学进展-日本-2018 Ⅳ.①TQ426

中国版本图书馆 CIP 数据核字（2017）第 323489 号

责任编辑：赵卫娟　　　　　　　　装帧设计：王晓宇
责任校对：陈　静

出版发行：化学工业出版社（北京市东城区青年湖南街 13 号　邮政编码 100011）
印　　刷：大厂聚鑫印刷有限责任公司
装　　订：三河市胜利装订厂
710mm×1000mm　1/16　印张 29¼　字数 453 千字　2018 年 2 月北京第 1 版第 1 次印刷

购书咨询：010-64518888（传真：010-64519686）　　售后服务：010-64518899
网　　址：http://www.cip.com.cn
凡购买本书，如有缺损质量问题，本社销售中心负责调换。

定　　价：198.00 元

本书参与人员

朱绍武　陈家林　左　川　邱红莲
杨知微　高　潮　柴剑宇　郝新宇

前　言

　　日本触媒学会每年出版发行《催化剂技术动态与展望（日文版）》，总结日本催化剂技术发展前沿和发展趋势，同时精确统计和分析世界各国催化剂的最新动向。今年，由日本触媒学会、中国有色金属学会铂族金属分会和中国有色金属学会贵金属学术委员会牵头，云南省贵金属新材料控股集团有限公司与高化学株式会社合作，将2017版的《催化剂技术动态与展望》以中文形式在中国出版发行，将书中的宝贵信息与中国的催化剂行业相关读者分享，我们感到无比的高兴和自豪。

　　众所周知，催化剂在化学反应过程中起到举足轻重的作用，大约有90%以上的工业过程，如煤化工、石油化工、生物工程、环境保护等方面要使用催化剂。催化剂开发水平的高低甚至直接决定一个国家化学工业水平的高低。而贵金属作为相当一部分催化剂的重要活性组分，在催化领域也逐渐受到重视，被广泛研究和应用。正是基于对两者结合点的了解和认识，我们希望出版本书的同时能让催化剂行业和贵金属行业的精英通过本书更好地了解对方行业，找到更好的行业结合点和商业机会，为两个行业之间的交流架起沟通桥梁。

　　此外，日本无论在催化剂技术的工业化还是市场化推广上都在全球前列，而中国作为催化行业的后起之秀也正在快速的追赶和成长，并在很多领域已经找到了自己发展的方向。我们也希望通过本书的发行，在中日之间架起催化剂技术沟通的桥梁，为两国在催化剂行业的技术交流、商业沟通方面，提供相互学习和提高的平台。进而促进中国工业催化剂产品向高技术、高附加值方向继续发展。

　　本书内容难免有不妥之处，请读者谅解；对书中内容或相关催化剂信息的一般查询请联系我们（haoxy@highchem.co.jp）。

编　者

2017 年 12 月

目　录

05 Chapter
第 5 篇
2016 年全球催化剂技术动态

06 Chapter
第 6 篇
2016 年日本科学技术政策动态及催化剂项目情况

07 Chapter
第 7 篇
2016 年日本催化剂技术动态

第 1 篇

日本催化剂研究动态

专题1: 时评——催化研讨会、目标反应的传统

丹羽干

（鸟取大学　名誉教授）

这么长时间以来，我多次参加催化讨论会，受益颇深。从今年开始我将出任名誉会员并受邀参加该会，我深感荣幸。在现任的各位面前我自然相形见绌，还请今后多加指教。

日本催化学会里存在着某种目标反应、流行等现象，并随着时代逐步变迁。但是，我们始终围绕着与资源、能源、环境等问题密切相关的主题，真诚地交换意见、切磋技能。近年来似乎这类目标反应的传统正在不断丢失，但让人欣慰的是氢气的使用及制造的相关研究成为最近与之相适应的主题。该问题较为复杂，以下我仅以个人观点做简要陈述。

几年前，CO_2导致全球变暖的话题炙手可热时，曾有有识之士将"氢气的CO_2还原"作为研究主题。对此，我持怀疑态度，甚至认为其主题的选定就有问题。我曾经在研究室里介绍过这番想法，然而无端生出的斥责使得我有口难言。在催化讨论会上，同样的问题再次被提了出来。不外乎是"氢气要从何而来？""这样一来CO_2不就不减反增吗？"

虽然对于此次话题中心的"氢"，大家还是有同样的疑问，但是和以往不同，氢燃料电池作为明确的利用方式已经成为研究的目标，此外在广泛范围内与此相关的问题也成为研究的中心。然而在现实中，我们依然很难说前文提到的问题，即氢气制造过程中如何实现CO_2生成量的减少，已经得到了充分解决。

图1[1]为不同燃料的汽车行驶1km的CO_2排放量进行对比的结果。目前的汽车中，混合燃料汽车的CO_2排放量最少。该图的右侧为考虑到氢气

制造过程的氢燃料电池汽车的 CO_2 排放量。在烃的水蒸气重整制造氢的过程中，以石脑油为原料时的 CO_2 排放量显著增多，以都市燃气即甲烷为原料时的 CO_2 排放量有所减少。此类比较结果和烃的 C、H 的构成比例相关，几乎不存在进一步研究的余地。氢本来就是绿色能源，由此在其生产过程中必不能依赖右侧所列生物气体或可再生能源类化石燃料。有鉴于此，氢燃料电池的未来性便强烈依赖于与可再生能源的使用相关的革新性技术开发。但是，若没有燃料电池自身能源效率的不断改善，其任何设想都将不会成立。由此，我非常期待正投身燃料电池研究的各位，能在今后的研究中取得进步。

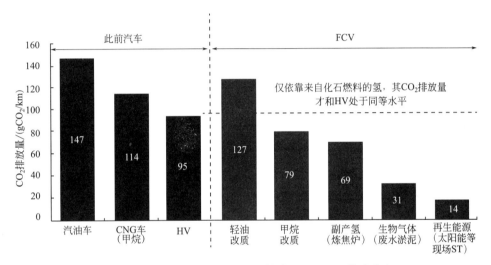

图 1　汽车单位行驶距离的 CO_2 排放量：FCV、燃油汽车

虽然催化学会很多会员正研究的"光催化剂的水分解"项目还未进入实用阶段，暂不能进行相关讨论研究，但是还请对该项目多加关注。据说相关人士为实现转换效率的改善正在进行一些基础性研究。一旦成功，这将成为一个改善地球环境并可能为人类做出伟大贡献的主题，我非常关注其今后的发展情况。

说句氢燃料电池的题外话，在最近的催化讨论会上还报告了肼燃料电池的使用[2]，我个人对此很有兴趣。大学的毕业研究时期，我曾在名古屋大学的研究室（内田研究室）中研究过肼燃料电池催化剂。但是，这在当时还不过是凭借 NASA 的、存在于宇宙中的能源。而今，其已经作为轻型汽车的能源投入了使用，对此我非常震惊、也非常感兴趣。听说其得益于碱性阴离子交换膜的开发。由此我深感新材料的开发对于新系统建成的重要性。

此后的一段时间里，还请各位同仁能关注这些燃料电池及氢相关研究的动向，积极参加讨论会。也期待各位的踊跃发言和热烈讨论。

参考文献

［1］尾山耕一、ペトロテック、38、685（2015）.

［2］坂本友和、118 回触媒討論会 A 予稿集、3H23、盛岡、2016.

专题 2：对日本研究会 活动的思考

尾中笃

（日本催化学会会长·东京大学）

我和日本催化学会的联系始于 1981 年，当时我刚修完研究生课程并受雇担任名古屋大学工学部的教师。研究生之前我都在学习典型性有机合成化学的课程，所以当时并没有资格加入该会，其后在泉有亮教授的指导下我开始了将无机多孔材料用于有机合成反应催化的研究。现在日本催化学会的主页上，登载着 1986 年后个人会员人数的变迁。20 世纪 80 年代的会员人数仅为 1500 人左右，但进入 20 世纪 90 年代后逐步增至 2500 人；迈入 21 世纪后至现在，一直维持在 2500 人上下（如图 1 所示）。虽然 20 世纪 80 年代后半期爆发了连续 5 年的经济泡沫，但是从时间来看，90 年代入会人数激增约 1000 人的主要原因和该事件并没有直接联系。当时，我只不过是三十几岁的年轻会员，自然不可能知道催化学会理事会中悬而未决的话题，但是我也曾多次从泉教授的口中听说了会员人数的增加对于学会活动的重要性。石油危机后的 20 世纪 80 年代，各企业、大学皆和承载希望的 C1 化学项目有了紧密联系，其后为了扩充会员人数，开始收入有机合成化学、有机金属化学、高分子化学等固体催化剂研究者之外的、催化相关领域的研究人员，尝试建立一个囊括更广范围的学会组织。具体表现为：在学会内实施研究会制度；在学会的支持下，建立一个不同领域的研究人员齐聚一堂、共同讨论的各组织独立运行的架构（如表 1 所示）。由此，会员人数才出现了一段时期内的急速增长。

我当时还参加了以泉教授为中心而开展的、致力于实现将硫酸催化剂置换为固体酸材料化学过程的"精细化学品合成催化研究会"活动。该研究会的前身是"固体酸流程化委员会"。参加该研究会的不仅有研究固体酸的专业人员，还包括来自大学、企业的对均相络合催化化学及有机化学等有兴趣的研究人员。除定期举办研讨会外，还有参观成员所在企业的代表性工厂及研究所等活动，各成员在该研究会中加深认识、欢聚一堂。活动期间，处处弥漫着的"欧美成员中心沙龙"的氛围，令人不能忽视。而今要谋发展的是亚洲，所以要向以亚洲成员为中心召开同样的国际会议的梦想坚定地迈开步伐。2001 年后，在精细化学品合成催化研究会的独立策划下，终于在早稻田大学举办了"国际精细化学品合成催化研讨会（C&FC2001）"，包含东南亚研究人员在内的 200 名相关人员出席了会议。在项目委员清水功雄的协助及大学国际会议场所闲置等有利因素下，研讨会以较为低廉的成本成功举行。举办前期施行委员会成员多次齐聚一堂进行协商的场面以及研讨会当晚的畅饮场景如今也时常浮现在脑海。在以承办国家各相关人员为中心的组织委员会的努力下，该研讨会随后在中国香港（2004 年）、新加坡（2007 年）、韩国首尔（2009 年）、日本奈良（2011 年）、中国北京（2013 年）、中国台北（2016 年）相继召开，并准备于 2018 年 12 月在曼谷举办第八届研讨会。以朱拉隆功大学的研究人员为中心的相关人员已经开始了准备工作。各届 C&FC 研讨会中，围绕有机合成的催化剂使用者不仅发表各自的研究成果，还从"似乎与催化无直接关系的超分子化学的研究是如何与催化作用相互联系的"等观点出发发表了各自的见解，这其中深刻融入了 C&FC 研讨会固有的理念。

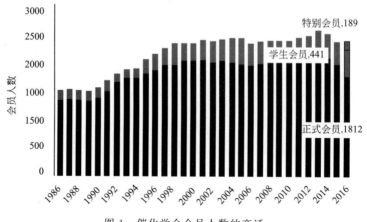

图 1　催化学会会员人数的变迁

　　学会内召开的各项研究会现在已经达到了 18 个。一项研究会活动长期存续的一个关键之处，可能就在于实际参与的研究会成员组成在随着时间不断变化，绝没有集聚同一专业领域研究人员的必要。负责人的干劲和周围成员的拥护决定了研究会活动的活跃性。

　　加入自己有兴趣的研究会，其后在参加各项活动时必将产生留恋之情，甚至滋生出一年能多次见到这些熟悉面孔的喜悦之情。我尤其相信，大学和企业的研究人员共聚一堂的机会，将会对今后各项研究的发展作出重大贡献。我真诚希望各位能积极参加自己感兴趣的研究会。

表 1　研究会活动的变化（1987～2016 年，每隔 10 年的精选部分）

序号	1987（开始年份）	1997	2007	2016
1	精细化学品合成催化	精细化学品合成催化	精细化学品合成催化	精细化学品合成催化
2	高分子功能设计催化剂	聚合催化剂设计	聚合催化剂设计	聚合催化剂设计
3	表面设计与表面能谱	电子或光子的相关催化剂	光催化剂	光催化剂
4	传感器	精密表面材料	精密表面材料	界面分子变换的机构和控制
5		计算机的使用	计算机的使用	计算机的使用
6		有机金属	有机金属	有机金属
7		高难度选择氧化	高难度选择氧化	高难度选择氧化
8		生物催化剂	生物催化剂	生物催化剂
9		CO_2 固化研究会	甲烷催化剂	天然气的有效化学利用
10		卤素物质催化剂	纳米粒子	纳米构造催化剂
11		溢出	规则性多孔体	规则性多孔体
12		氢转移过程	制氢用氢催化剂	制氢用氢催化剂
13			燃料电池催化剂	燃料电池催化剂
14			环境催化剂	环境催化剂
15			工业催化剂	工业催化剂
16			催化剂功能的基础	生物质能变换催化剂
17				固体酸催化剂的原理及应用
18				元素战略

专题 3：
不同领域催化剂技术的动态

金属催化剂——金属催化剂元素间的融合·稀有金属的代替

草田康平 小林浩和 北川宏

（京都大学 研究生院理学研究科）

1 序言

　　与块体金属材料不同，金属纳米粒子显示出了特别的物理性质，所以在催化剂领域对其进行了大量研究。近年来，随着合成方法及分析技术的快速发展，现在的结构控制已经能深入到原子层面。本文将介绍近来备受关注的"非平衡结构的金属纳米粒子"和"多孔金属络合物与金属纳米粒子的复合材料"这两项相关催化剂领域的研究动态。

2 金属纳米粒子具有块体金属材料中不存在的非平衡相

　　随着尺寸的减小，金属纳米粒子中构成粒子的原子数不断减少，且比表面积不断增大，显示出与块体金属不同的物理、化学特性。因此，"控制大小"作为控制物理性质的首要方式得到了广泛研究。并且，与块体金属材料相同，"合金化"也作为控制纳米材料物理性质的重要手段，被用于了构成元素的金属种类、金属成分，以及壳-核型、Janus型、固溶体等各类合金结构的开发及对其物理性质的控制中。使用相同金属元素时，合金结构不同，其物理性质也将出现很大差异，因此根据元素的有效活用这一观点，合金结构的控制也是非常重要的技术。另外，近年来贵金属纳米粒子的"形状控制"也得到了较大发展，粒子的形状也成为控制物理性质的方式之一。粒子的形状是通过改变各结晶面的生成速度加以控制的，还可以使特定的面暴露在粒子的表面上。近而，对金属表面进行的催化反应也会产生较大影响。

虽然现阶段我们已经发现了 118 种元素，但是能使用的仅 80 种左右。我们要在可持续性社会中实现长足发展，就必须以"元素战略"[1]的观点有效利用一切可利用的元素。虽然上述合成方法的发展使得元素利用的进一步高效化成为可能，但是这些发展依然处于块体金属状态图的范畴内。即目前开发的金属纳米粒子的结晶结构与块体金属相同，合金纳米粒子也全部是遵循块体合金状态图规律的物质。当然，再怎么减小尺寸其元素的固有性质都不会变化，所以这种结果也在意料之中。但是，近年来一直尝试着研发具有块体平衡状态图中不存在的相的金属纳米材料。例如，开发在块体中为高温液相，但在分离合金系的原子层中却为混合的固溶型纳米合金；以及在块体的全温度范围内为密排六方结构（hcp），但在金属中则为面心立方晶格（fcc）结构的纳米粒子。还报告了超过此前催化剂性能的新型催化剂，想必今后致力于开发新型纳米材料的研究进程将不断加快。"相控制"能够选择性合成块体中无法得到的非平衡相，目前已经将其作为控制物理性质的新方式之一，投入了研究[2]。

2.1 新型固溶体纳米合金催化剂

固溶体合金为组成元素在原子上随机混合的合金，通过改变组成元素的种类、组成等，可以持续控制电子状态，即物理性质。在催化化学中，持续控制电子状态则可以实现催化剂设计及生产的高效化。例如，有报告称 CO 甲烷化反应的活性，可通过 CO 离解能推测得出。与其他金属相比，Fe 和 Ni 并不具备有利于甲烷化反应的 CO 离解能，但是通过固溶合金化持续控制电子状态，可以制作具有更优良 CO 离解能的合金，并提高甲烷化反应活性[3]。但是，在常温常压下，组成元素在整个组成领域中形成固溶相的合金系数目较少，能自由控制合金组成及结构的金属组合也受到一定限制。另外，Pd-Rh 等几个合金系列只在数百摄氏度以上的条件下形成固溶相。此时，通过急速冷却法，能够在块体状态下得到亚稳态的固溶相。通过合成法在纳米粒子中得到了固溶相，由此以催化剂为首的各领域也开始着手研究其他合金系列。虽然目前已经通过各种方法获得了平衡的固溶相，但是合金系列中还存在着在数千度的液相中也不会分离的物质（如 Ag-Rh），固溶相的制备受到限制。如果我们能不受元素限制随意生成固溶体合金，那么制成状态密度（状态密度工程学[4]）与目标反应相适应的催化剂将成为可能。为能够不受限制地制备固溶体合金，近年来纳米尺寸效应与非平衡合成法备受瞩目。如前所述，金属纳米粒子的性质和块体金属不同，在一定合成条件下，在块体中不稳定且难以续存的结构也能趋于稳定。以此观点为基础，尝试在 Ag-Rh、Au-Rh、Pd-Ru 等不能生成固溶体的较大合金系列中，研发新型固溶体合金，并实现催化等多种功能。

2010 年的 Ag-Rh 合金报告中记载了首次成功案例。虽然 Rh 和 Ag 不能吸附氢，但是元素周期表中位于该两种元素中间的 Pd 却能吸附大量的氢。其氢吸附能力与 Pd 的电子状态密切相关，由此推测只要找出与 Pd 类似的电子状态，便能生成具有氢吸附能力的物质，并成功制备固溶体合金。制备的 Ag-Rh 是将 Ag 和 Rh 按照 1∶1 的比例进行固溶处理的合金，其具有氢吸附能力，且放射光实验及电子状态计算结果也表明其状态密度位于费米能级附近，与 Pd 的状态密度相近[5,6]。

在此基础上，2014 年有了关于 Pd-Ru 固溶体合金的报告[7]。在元素周期表上，Ru、Rh、Pd 依次排列，由此人们普遍期望将 Pd 和 Ru 按照 1∶1 的比例固溶处理后的合金，也能和前项 Ag-Rh 固溶体一样，具有与 Rh 近似的物理性质。铑元素在各种反应中都表现了极高的催化活性，特别在汽车尾气 NO_x 还原中的活性尤其惊人，是工业上非常重要的元素。但是，现在市面上铑的价格十分高昂。与 Rh 相比，Ru 和 Pd 是价格较为低廉的金属，由此从"元素战略"[1]的观点出发，Pd-Ru 固溶体合金是一种非常有用的材料。此外，Ru、Pd 在 CO 氧化反应及偶联反应也分别显示出了较高的活性。

Pd-Ru 固溶合金纳米粒子是由液相还原法制得的。这是一种还原金属离子，并通过表面活性剂及聚合物等保护剂控制其聚集的方法。在 poly (N-vinyl-2-pyrrolidone)（PVP）及还原剂中使用了作为保护剂的 triethylene glycol。通过向加热后的还原剂溶液中缓慢添加金属组成元素已改变的 Pd 盐和 Ru 盐混合水溶液，在全体组成单元范围内成功制备了固溶体纳米合金。各金属离子具有不同的还原能力，而此时的 Pd 离子的还原能力高于 Ru 离子，所以在稳定的条件下进行还原操作后不能获得固溶体。因此，只有在无还原速度差，且两离子都快速还原的条件下进行合成，才能成功制备固溶合金。

图 1 为扫描透射电子显微镜（STEM）中 Pd-Ru 合金纳米粒子（Pd：Ru＝5∶5）的高角度环形暗场（HAADF）图像和元素映射图像。如图 1 (b)、(c) 所示，在图 1(a) 所包含的全部粒子范围内，Pd 和 Ru 两元素均匀分布。为研究元素的分布情况，还实施了线分析。在白色箭头所示的范围内，对图 1(d) 的粒子进行线分析的结果表明，Pd 和 Ru 两元素在全体粒子中为原子水平且均匀固溶。

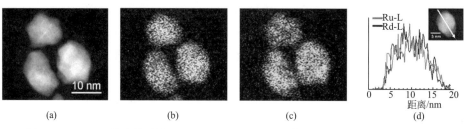

图 1　$Pd_{0.5}Ru_{0.5}$ 纳米粒子的 (a) STEM-HAADF 图像；(b) Pd-L 元素映射图像；(c) Ru-L 元素映射图像；(d) STEM-EDX 的线分析结果

因为获得的合金纳米粒子中的保护剂为 PVP，所以通过水中的再分散以及与氧化物等载体的混合，能使粒子均匀负载于载体上。制备以 $\gamma\text{-}Al_2O_3$ 为载体的催化剂，并研究三元催化反应的相关催化剂特性。

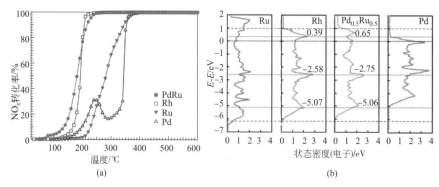

图 2　(a) $Pd_{0.5}Ru_{0.5}$、Rh、Pd、Ru 纳米粒子的 NO_x 转化率与温度关系；(b) $Pd_{0.5}Ru_{0.5}$、Rh、Pd、Ru 的电子状态[8]

令人惊讶的是，Pd-Ru 固溶纳米合金催化剂在三元催化反应中，显示出了与 Rh 催化剂相当的 NO_x 还原活性[8]。图 2(a) 为通过流化固定床反应器进行三元催化反应时，NO_x 的还原活性。结果表明，$Pd_{0.5}Ru_{0.5}$ 合金催化剂的 NO_x 还原活性仅稍高于 Rh 催化剂，其相关反应完全不同于 Pd 或 Ru

催化剂，也不同于物理性混合 Pd 纳米粒子、Ru 纳米粒子后的催化剂，因此人们认为该现象是起因于两元素原子高度混合的 NO_x 还原活性。还得出了 NO 的离解吸附是 NO 还原反应的第一步，这有利于加强其在 Rh 表面上的优势。电子从 NO 分子 5σ 轨道转移到 Rh 4d 轨道，又同时从 Rh 4d 轨道反馈至 NO 分子 $2\pi^*$ 轨道，两者的同时作用活化了 NO 分子的离解。因此，各催化剂的电子状态可能源于其活性，为证实该观点，我们通过第一性原理计算对各金属的电子状态进行了比较。图 2(b) 为各金属的电子状态，由图可知 $Pd_{0.5}Ru_{0.5}$ 的形状完全不同于 Ru、Pd，但是其能带宽度及状态密度（density-of-states：DOS）的峰值都与 Rh 相同，二者的电子状态极其相似。也就是说，通过与 Rh 相似的电子状态，Pd-Ru 纳米合金将会有较高的 NO_x 还原活性，基于该结果，利用其他元素制备优于天然铑的人工 Rh 的设想也不再是空谈。

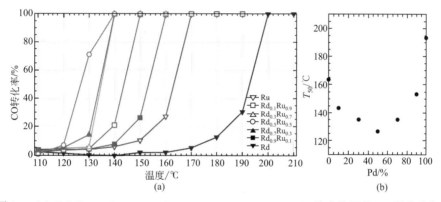

图 3　（a）Pd_xRu_{1-x}（$x=0$，0.1，0.3，0.5，0.7，0.9，1）纳米粒子的 CO 转化率与温度的关系；（b）Pd_xRu_{1-x} 的 T_{50}（CO 转化率为 50% 时的反应温度）与金属成分的关系[7]

　　此外，在显示较高 Ru、Pd 活性的 CO 氧化反应及偶联反应中，还研究了 Pd-Ru 合金纳米粒子的催化特性。图 3(a) 为 CO 氧化反应中 CO 转化率的温度依赖性。如图所示，当金属成分中的 CO 转化至 CO_2 的效率为 50% 时，Pd、Ru 的温度（T_{50}）分别为 195℃、165℃，与此相比，Pd-Ru 合金的各成分都显示出了更低的温度，即更高的活性。并且，T_{50} 在 Pd：Ru=1：1 时到达最低值 125℃，比 Ru 催化剂低 40℃，显示出了非常高的活性。此外，在有机硼化合物与有机卤素化合物的铃木-宫浦偶联反应中，催化剂具有高于 Pd 催化剂的活性、选择性、优良持久性及可循环特性。关于导致该结果的原因，人们认为是移动了（$Pd^{\delta+}$、$Ru^{\delta-}$）原子混合后的 Pd-Ru-NPs 表面电荷，才使得发生反应的体系发生了变化[9]。此外，有报道表明合金催化剂在甲酸氧化反应中也有较高活性持久性[10]。想必合金系列中块体条件下不能形成固溶体，那么新型固溶体合金催化剂的研发步伐今后会进一步加快。

2.2 结晶结构得到控制的金属纳米粒子催化剂

大部分金属都是体心立方结构（bcc）或密排六方结构（hcp）或面心立方结构（fcc），其具体结构形态是由各金属的总电子能量决定的。铁及钴等几类金属在不同的温度下具有不同的结构。结构不同，其电子状态、物理性质也会发生变化。例如，铁在常温下为体心立方结构的强磁体，但在高温下却是面心立方结构的非磁体。如上所示，金属纳米粒子的性质和块体金属不同，因此也有报告记载了在块体的相转变温度以下 fcc 的 Fe 纳米粒子的状态。

近年来，在 Au、Ag 及 Ru 金属中都发现了块体中不存在的相。块体的 Au、Ag 在所有温度下都是 fcc 结构，但在以各向异性纳米粒子及氧化石墨烯为模板的纳米片中，成功合成了具有 hcp 结构的 Ag 及 Au[11,12]。我们围绕块体形态时在全部温度条件下都为 hcp 结构的 Ru，首次成功制备了具有 fcc 结构的 Ru 纳米粒子[13]。结晶结构不同，电子状态及粒子表面的原子排列也会不同，因此控制结晶结构也将对催化特性有较大影响。下面将对 Ru 纳米粒子中控制结晶结构的方法及其催化特性予以说明。

Ru 纳米粒子的结晶结构可以在液相还原中通过不同的金属盐予以控制。将乙酰丙酮钌作为金属前体、三乙二醇作为还原剂时，能制备具有新型 fcc 结构的钌纳米粒子；使用氯化钌与乙二醇时，能制备具有原有 hcp 结构的钌纳米粒子（图 4）[13]。

为了比较新型 fcc Ru 纳米粒子与原有 hcp Ru 纳米粒子的 CO 氧化催化活性，将 Ru 纳米粒子负载于 $\gamma\text{-}Al_2O_3$ 上，并通过流化固定床反应器进行催化评估。在各催化过程中，将反应物质中有 50% 的 CO 转化为 CO_2 时的温度记为 T_{50}，具体情况如图 5 所示。从图 5 可知，原有的 hcp 结构是随着粒径的减少，活性不断增强；但新型 fcc 结构却与此相反，其活性随粒径的增大不断增强。此外，粒径为 3nm 以上时，fcc Ru 活性明显高于 2nm 的 hcp Ru。偏差出现的原因在于结晶结构产生的暴露面及缺陷结构的不同。

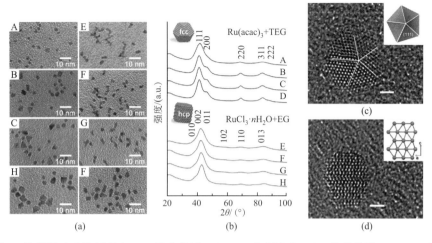

图 4　控制尺寸后的新型 fcc Ru 纳米粒子（A～D）与原有 hcp Ru 纳米粒子（E～H）的
　　　（a）透射电子显微镜（TEM）图像；（b）X 射线粉末衍射模型（λ＝Cu Kα）；
　　　（c）fcc Ru 及（d）hcp Ru 纳米粒子的原子分辨率 TEM 图像

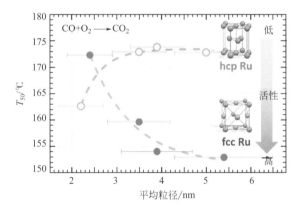

图 5　CO 氧化反应中 fcc Ru 及 hcp Ru 催化剂的 T_{50}-粒径依赖性

另外，结晶结构变化后，电子状态也会随之变化，CO 与 O_2 的吸附行为与活化能也会受到影响。近年来，也有报告指出在氨硼烷的加水分解反应与制氢反应中，fcc Ru 催化剂具有较高的催化活性，看来控制结晶结构作为研发新催化剂的方式备受关注。

由此可知，上述新型固溶体合金及结晶结构被控制的金属纳米粒子，显示了块体时没有的非平衡相，具有前所未有的催化特性。金属纳米粒子的合成技术在不断发展，若将来能实现"相控制"以选择性合成块体下不能得到的非平衡相，催化设计的灵活性将步入新的台阶。

3 金属/MOF 复合材料的研发与 CO_2 中甲醇催化剂的合成

MOF 能精密控制数埃至数十埃的细孔尺寸。这些材料具有细孔、设计合理、表面功能化、高规则性、动态柔软骨架的优点，这些优点是现有多孔性材料难以企及的。通过这类功能性纳米空间，可以实现气体贮存、气体的选择性分离与浓缩。另外，将纳米空间用作反应地点的做法还可用于催化材料方面。一方面，目前关于将 MOF 作为催化剂进行研究的记载屡见不鲜，但是关于 CO_2 变换（还原反应）的文章还很少。这是因为，CO_2 中的碳具有可燃性，是释放能量后回归至稳定状态的分子，要使其发生第二次反应实非易举。另一方面，MOF 与金属纳米催化剂组合而成的复合材料中，可能存在具有优于现有纳米物质的高效率、高选择性催化剂，自 2008 年以来欧美地区的科研团队对其进行了大量研究。事实上，将 MOF 纳米金属复合材料用于催化剂后，在一氧化碳氧化反应及乙醇氧化反应等业界重要反应中都显示出了高活性与高选择性，其具备作为催化剂的潜力。并且，还有报告称其可以作为使 CO、CO_2、氢的合成气体转化为甲醇的催化剂。使用由作为[14]催化剂的铜-氧化锌、作为 MOF 的 MOF-5 构成的复合催化剂后，单位重量的铜具有高于现有矾土、介孔二氧化硅 MCM-41、MCM-48 等负载催化剂的催化活性。但是，关于使用 MOF 复合材料的 CO_2 还原反应研究还很少，还有必要加快研发的步伐。催化特性能对 MOF 与金属的复合材料产生较大影响，所以关于其复合方法的研究也进行得如火如荼。因此，作为用 CO_2 与氢合成甲醇的新材料，本节中介绍了由 Cu 纳米粒子、Zr^{4+} 及对酞酸构成的，具有三维细孔的 $[Zr_6O_4(OH)_4(BDC)_6]$（BDC＝苯二甲酸）（UiO-66）混合材料，并记载了关于最新研究成果的说明。

3.1 复合金属纳米粒子与 MOF 的方法

关于复合金属纳米粒子与 MOF 的方法，可大致分为气相法与液相法两种。以化学蒸汽渗透法为代表的气相法，是以易升华的金属配合物为原料，将金属原料导入 MOF 细孔中后进行还原与复合操作的方法。液相法则是在 MOF 存在下，液相还原金属原料后进行复合操作。通过研究复合方法、MOF 细孔直径大小、金属原料大小，已经研发出了 MOF 表面上能负载纳米金属催化剂的物质［图 6(a)］、MOF 内部填埋了金属纳米粒子的复合物质［图 6(b)］。本节将介绍金属纳米结晶表面上涂覆了 MOF 纳米膜的复合物质［图 6(c)］[15]。该复合物质中将具有 MOF 的气体浓缩效果及分子筛的功能性细孔，此外鉴于 MOF 与金属粒子的接触面较多，其将显示出 MOF 与纳米粒子的协同效应。

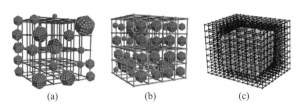

图 6　(a) MOF 表面能负载金属纳米粒子的复合物质；(b) MOF 内部填埋了金属纳米粒子的复合物质；(c) 金属纳米粒子表面涂覆了 MOF 的纳米膜

通过基于简单热分解法的复合化方法，制备了 Cu 纳米粒子表面涂覆了 UiO-66 的复合催化剂（Cu@UiO-66）。以乙酰丙酮基（acac）为配体的金属配合物，能通过加热实现自还原并形成金属。利用该性质，将 Cu 的乙酰丙酮基金属配合物作为原料，通过热还原实现了 UiO-66 与 Cu 的复合化。制备 MOF 复合催化剂的具体步骤如下所示：提前加入合成的 UiO-66 及 Cu(acac)$_2$ 丙酮溶液，在室温下搅拌 24h 后通过离心法分离溶剂；在 350℃ 条件下，对其固体粉末热处理 60min，以制备 Cu@UiO-66 复合体。此外，调整负载于 γ-Al$_2$O$_3$ 及各种 MOF 上的 Cu 复合催化剂，并将其作为比较样本。

3.2　Cu@UiO-66 复合催化剂的结构

通过 X 射线粉末衍射分析，研究了 Cu@UiO-66 复合催化剂的结构。其结果如图 7(a) 所示。得到的 Cu@UiO-66 复合催化剂的衍射模型是分别结合 Cu 与 UiO-66 的衍射模型后重现的。77K 中氮吸附等温线的测定结果［图 7(b)］显示：与 UiO-66 相同，复合催化剂在低压下也有源自大孔隙的 I 型吸附行为，其内部存在细孔。为调查 Cu 与 UiO-66 的复合状态，使用了透射电子显微镜（TEM）。从 TEM 图像上可估算出 Cu 纳米粒子的平均粒径为（10.0±0.9）nm。另外，通过环形暗场（ADF）像的 STEM-EDS 分析，详细研究了 Cu 与 UiO-66 的复合状态。HAADF-STEM 像

[图 8(a)]、Cu-K［图 8(b)］、Zr-L［图 8(c)］、Cu-K＋Zr-L［图 8(d)］
的实验结果如图 8 所示。Cu 元素与 Zr 元素映射图像的重合显示，在 Cu 纳
米粒子的表面上，形成了数纳米厚度的 Zr，而该 Zr 则是 MOF 的构成部
分。由此可知，制备的复合催化剂在 Cu 纳米粒子表面上有 UiO-66 涂覆。

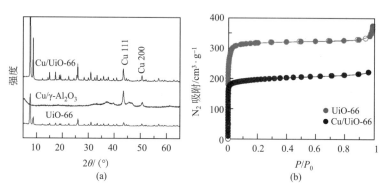

图 7　（a）X 射线粉末衍射模型；（b）氮吸附等温线

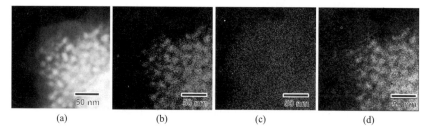

图 8　Cu/UiO-66 的 HAADF-STEM 图像(a)与 STEM-EDS 映射
［(b)Cu 元素映射；(c)Zr 元素映射；(d)Cu＋Zr 元素映射］

3.3　从使用了 Cu@UiO-66 复合催化剂的 CO_2 中合成甲醇

表征了采用流化固定床反应器所得到的 CO_2 还原反应。在石英反应管
中用石英毛填充复合催化剂。H_2 流通条件下，在 250℃温度下进行预处理。
其后，将温度降低至反应温度（200℃）。确认温度已稳定后，加入 He/
CO_2/H_2 混合气体开始反应。用 GC-FID 分析其产物。甲醇的产量如表 1 所
示。由表 1 可知，Cu/UiO-66 的甲醇产量大致是 Cu/γ-Al_2O_3 的 70 倍。催
化剂反应表征后的 X 射线粉末衍射模型显示，其在催化剂表征后也保持
MOF 骨架不变，且在 TEM 观察中也无粒径的变化。

与 Cu 和 MOF（ZIF-8、MIL-100、MIL-53）的其他复合催化剂相比，
也显示了更高的负载效果。

另外，将 UiO-66 的中心金属从 Zr^{4+} 置换至 Hf^{4+} 的 Cu/UiO-66（Hf^{4+}），及将羧酸的置换基导入对邻苯二甲酸的 Cu/UiO-66（-COOH）的活性约是 Cu/UiO-66(Zr^{4+}) 的 3 倍。我们深知对这一体系的阐释迫在眉睫，但是，UiO-66 涂覆后 Cu 电子状态的变化，以及在 Cu/UiO-66 界面上提高 CO_2 反应性等问题也有必要加以研究。

表 1　γ-Al_2O_3-Cu 及 MOF 复合催化剂的甲醇产量

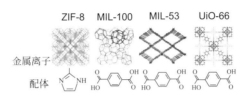

项目	甲醇含量 /[μmol/($g_{cu催化剂}$ · h)]*	BET 表面积 /m^2 · g^{-1}	平均粒径/nm （TEM 图像）
γ-Al_2O_3	15	133	30
ZIF-8(Zn^{2+})	18	657	38
MIL-100(Cr^{3+})	72	664	45
MIL-53(Al^{3+})	70.9	9	35~80
UiO-66(Zr^{4+})	104.7	702	13

　　MOF 与金属纳米催化剂的复合物质中，可能存在具有优于现有催化剂的高效率、高选择性催化剂，近年来许多科研团队对其进行了大量研究。上文中对 Cu/UiO-66 复合催化剂——从 CO_2 与氢中合成甲醇的新材料——作了介绍。并发现其具有高于 Cu/γ-Al_2O_3 及其他 MOF 的负载效果。我们认为，积极研究 MOF 与金属纳米粒子的接触面，可以研制出全新的复合催化剂。

4　总结

　　近年来，随着合成技术与分析方法的快速发展，在原子层面控制催化剂结构这一设想已成为现实。本文介绍的金属纳米粒子催化剂及金属/MOF 复合催化剂，都是现有浸渍、烧结等催化剂制备方法无法实现的，属于新型研究领域，随着全球性物质开发竞争的白热化，相信将会出现更好的催化剂。催化剂研究的历史还较短，在工厂设备等实际条件下的使用也还有很多亟待解决的问题，但是只要立足脚下，迈向未知，我们终将完成现有金属催化剂下不可能实现的反应效果，终将发现新的知识与规律。

参考文献

［1］E. Nakamura，K. Sato，Nat. Mater.，10，158-161（2011）.

［2］K，Kusada，H. Kitagawa，Adv. Mater.，28，1129-1142（2016）.

［3］J. K. Norskov，T. Bligaard，J. Rossmeisl，et al.，Nat. Chem.，1，37（2009）.

［4］H. Kobayashi，K. Kusada，H. Kitagawa，Acc. Chem. Res.，48，1551（2015）.

［5］K. Kusada，M. Yamauchi，H. Kobayashi，et al.，J. Am. Chem. Soc.，132，15896（2010）.

［6］A. Yang，O. Sakata，K. Kusada，et al.，Appl. Phys. Lett.，105，153109（2014）.

［7］K. Kusada，H. Kobayashi，R. Ikeda，et al.，J. Am. Chem. Soc.，136，1864（2014）.

［8］K. Sato，H. Tomonaga，T. Yamamoto，et al.，Sci. Rep.，6，28265（2016）.

［9］M. S. Kutubi，K. Sato，K. Wada，et al.，Chem. Cat. Chem.，7，3887-3894（2015）.

［10］D. Wu，M. Cao，M shen，et al.，Chem. Cat. Chem.，6，1731（2014）.

［11］S. S. Xiao，Z. W. Guan，X. Hong，et al.，J. Am. Chem. Soc.，131，10812（2009）.

［12］X. Huang，S. Li，Y. Huang，et al.，Nat. Commun.，2，292（2011）.

［13］K. Kusada，H. Kobayashi，T. Yamamoto，et al.，J. Am. Chem. Soc.，135，5493（2013）.

［14］M. Maike，A. F. Roland，et al.，Chem. Mater.，20，4576（2008）.

［15］H. Kobayashi，Y. Mitsuka，H. Kitagawa，Inorg. Chem.，55，7301-7310（2016）.

氧化物催化剂——MTO 用沸石催化剂的开发

吉冈真人　横井俊之

（东京工业大学科学技术创成研究院）

辰巳敬

（独立行政法人　产品评估技术基础结构）

原雅宽　小野塚博晓　堤内出

青岛敬之　武胁隆彦　濑户山亨

［(株)三菱化学科技研究中心］

1　序言

甲醇制低碳烯烃反应（MTO 反应）因取代石脑油裂解成为低碳烯烃生产反应而引起广泛关注[1~3]。众所周知，该反应所采用的催化剂——酸性沸石的性能良好，因此多种沸石已被开发用作本反应的催化剂[4~10]。小孔沸石中的 CHA 型沸石[4]与中孔沸石中的 MFI 型沸石[5]成为工业催化剂方面最具优势的候补者，尤其是 CHA 型沸石开始在中国投入工业应用等，早已备受瞩目。然而，这种趋势正在慢慢改变。

近年来，随着中东地区的伴生气、天然气以及北美地区页岩气中的乙烷的原料化，乙烯的价格呈下降趋势。而通过乙烷原料几乎无法获得除乙烯之外的产物，一旦它的使用量增加，则将影响丙烯、丁烯及芳香族化合物的供求。其中，特别是丙烯的需求量之高仅次于乙烯。就连正以中国为中心开展的甲醇制烯烃技术（MTO），最近也将乙烯的选择率尽量控制在低水平，希望开发出能够高选择性地产生丙烯及丁烯类的催化剂[11]。小孔沸石的特点之一是乙烯的选择率高，因此已并不符合当前的需求。而 MFI

型沸石的开发初衷原本是用作甲醇制汽油反应的催化剂[1]，虽然寿命很长，但是在含丙烯的低碳烯烃的选择率方面较差。因此，作者尝试开发适用于烯烃生产的新型催化剂。

关注重点放在其他三次元小孔沸石上，这种催化剂材料能够用来选择性合成丙烯及丁烯类化合物。事实上，将 Beta（BEA）用于 MTO 反应的催化剂的相关研究早已展开[12]，最近有报告表明脱铝后的 MCM-68 可成为乙烯低选择率的催化剂[13]。而作者更加关注在 MTO 反应用催化剂方面并无实际研究成果的 CON 型沸石，并试图将其用作催化剂。

CON 型沸石中的 CIT-1 是 Lobo 等研究者于 1995 年报告的 10＋12 元环细孔沸石，属于 CON 族沸石中的一种[14]。CON 族沸石包括棕榈酸氯霉素酯 A 和 B，在 CIT-1 被开发之前，SSZ-26 和 SSZ-33 为已知的棕榈酸氯霉素酯 A 和 B 的共生物结构[15,16]，而 CIT-1 则是通过使用特殊结构导向剂得到的纯净的棕榈酸氯霉素酯 B 晶体。CIT-1 材料拥有在 ［001］ 方向及 ［010］ 方向上分别贯穿 12 元环、10 元环的贯通孔，且在 ［100］ 方向上的细孔与细孔间是以 12 元环相连接的三次元细孔结构，该种结构正是催化剂等工业应用方面所需结构（图 1）。这种 CIT-1 是骨架上 Si/B＝25 左右的硼硅酸盐（［B]-CON），但有相关报告表明因酸发生脱 B 反应后，通过后处

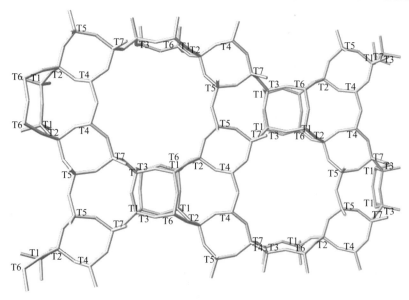

图 1　从 ［001］ 方向观察到的 CON 型骨架结构（T 位置共有 7 类）

理导入 Al 会导致其转换为酸催化剂，而目前尚未开发出直接合成铝硅酸盐的方法[14,17]。因此，作者试图开发出通过在 [B]-CON 的合成凝胶中加入 Al 源，从而得到 CON 型铝硅酸盐 [Al,B]-CON 的直接合成法。

2　[A，B]-CON 的直接合成与 MTO 反应特点

根据硼硅酸盐（[B]-CON）相关已知信息，在 170℃、16d、静置的条件下进行晶化，结果在 Si/Al＝70 的条件下，完全没有结晶；Si/Al＝80 的条件下，虽有部分为 CON 相，但几乎没有结晶；而在 Si/Al＝100 以上时，CON 相已单相晶化（图 2）。所得样品粒子的尺寸在微米级中已非常大。将已合成的 [Al,B]-CON、Beta（JRC-HB150）、在 Si/Al＝150 的预设条件下晶化的 ZSM-5 以及根据已知信息合成的 SAPO-34 应用于 MTO 反应后的结果如图 3 所示。Beta 在反应初期的丙烯选择率高达 60% 以上，但失活较早。ZSM-5 与 Beta 的寿命大致相同。SAPO-34 由于细孔很小，在反应开始 1h 后因焦化导致细孔堵塞而失活。相比而言，[Al,B]-CON 虽在丙烯选择率方面不及 Beta，但仍呈现出高选择率以及较长寿命。而 [Al,B]-CON 另一个特点则是乙烯选择率低。正如前文所述，有时也会需要乙烯选择率低的催化剂，而 [Al,B]-CON 便成为符合当前需求的催化剂。因此，

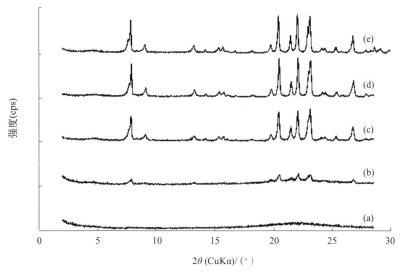

图 2　已合成样品 XRD 图谱
Si/Al 比：(a) 70；(b) 80；(c) 100；(d) 150；(e) 200

作者就如何通过优化粒径、细微结构等方式，来提高［Al，B］-CON 工业催化剂的性能这一问题展开了研究，下文将对此进行详细说明。在滚动条件下也有可能合成［Al，B］-CON，且该条件下可能合成出粒径较静置条件下更小一些的样品。而通过增加合成过程中 B 的预设量也可控制粒径的大小。MTO 反应所用催化剂的寿命也将随之增长。

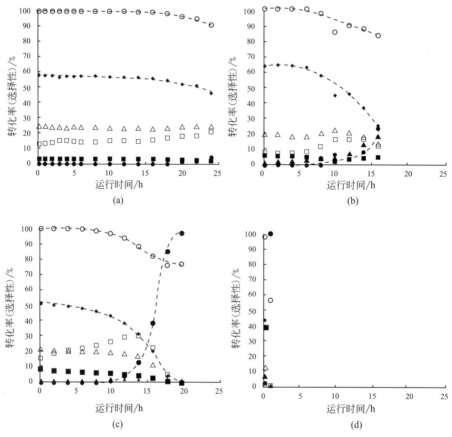

图 3　以 CON 型铝硅酸盐为代表的沸石的 MTO 反应结果
(a) 直接法［Al，B］-CON；(b)［Al］-Beta；(c)［Al］-ZSM-5；(d) SAPO-34
反应条件：催化剂 50mg，500℃，12.5%甲醇/He，W/F=6.6g·h·mol^{-1}
■乙烯　◆丙烯　△丁烯　▲石蜡　□C5　●DME　○转化率

　　导致［Al，B］-CON 在 MTO 反应中呈现出高性能的主要因素分析如下。CON 结构是 2 个方向为 12 元环、1 个方向为 10 元环的 3 次元结构，是高扩散性结构。因此，MTO 反应所生成的丙烯和丁烯难以发生逐级反应，且容易渗出细孔外，所以它们的选择率高。另外，该催化剂的酸量低且酸强度弱，因此不易发生芳香环化反应。因为多个芳香环相连接会形成焦炭，所以不易发生芳香环化反应与不易因焦炭造成细孔堵塞有关。而该催化剂在反应后的焦炭生成量低也已得到证实。并且，Olsbye 等研究者已提出 MTO 反应的反应机理，如图 4 所示[1]，该机理表明乙烯是通过利用芳香环的循环而生成的。而根据该机理可判断出，不易发生芳香环化反应也与乙烯的低选择率有关。

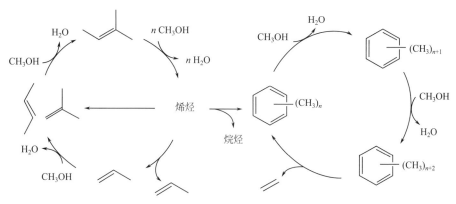

图 4　已提出的 MTO 反应的反应机理

3　合成不同 Al 分布情况的 CON 型铝硅酸盐的尝试

除直接法合成含有 Al 的 CON 型沸石外，通过将 [B]-CON 进行酸化处理、脱 B，在回流条件下使其与硝酸铝的水溶液反应（后处理）也可导入 Al，但直接合成法的合成物在 MTO 反应中的催化剂寿命更久。各个样品的 Al MQMAS（multiple quantum magic angle spinning；二次平均化四极子相互作用）核磁共振（NMR）波谱显示，后处理法合成的样品仅能确定 1 个横断面，而直接法合成的样品与其相比已在高磁场方面确定 2 个横断面。这也证明了即使是相同的 CON 结构，Al 的分布情况等细微结构也有所不同。因此，作者采用各类方法合成了含有 Al 的 CON 型沸石，对其在 MTO 反应中的性能的相关性进行了研究。

首先，通过调整合成条件（晶化温度及凝胶浓度）合成了 $Si/Al = 70$ 左右的 CON 型沸石。合成样品的 Al MAS NMR 波谱结果如图 5 所示。与高 Si/Al 条件下晶化情况 ［图 5（a）］ 相同的 $Si/Al = 70$ 左右的样品 ［图 5（b）］ 也已确认 Al_c 的峰值与高磁场的 Al_d 及 Al_e 的肩峰，总体来看，其峰

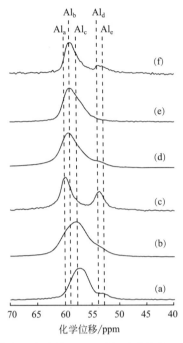

图 5　通过各类合成法合成的 CON 型铝硅酸盐的 Al MAS NMR 波谱
（a）直接法［Al,B]-CON（高 Si/Al）；（b）直接法［Al,B]-CON（低 Si/Al）；
（c）（b）的酸化处理体；（d）（c）的铝化体；（e）后处理法［Al]-CON（低 Si/B-［B]-CON
本体，高 Si/Al）；（f）后处理法［Al]-CON（［Zn，B]-CON 本体，高 Si/Al）

值高于高 Si/Al 条件下的峰值。通过对该 Si/Al＝70 左右的样品进行酸化
处理脱 Al 后得到的样品［图 5（c）］主要是 Al_c 的峰值大幅降低，Al_a 及
Al_d 的峰值清晰。将该样品的总 Si/Al 比调整为 200 后再次导入 Al［图 5
（d）］，结果并非 Al_c 而是 Al_b 的峰值回升。由此至少可以判断出，向 Al_b
与 Al_c 加入 Al 的情况下，Al_b 优先反应。因而可通过后处理法合成出主要
含有 Al_a、Al_b、Al_c 的样品。但是，合成的样品粒径较大、且性能方面没
有提高（图 6）。

　　根据现有的结果，假设主要含有 Al_a、Al_b 及 Al_c 且粒径小的样品具有
较高的 MTO 催化剂活性，并进行验证。无法合成主要含有 Al_a 且粒径小
的样品。因此，作者着眼于 Al_b 类，通过探讨后处理法的条件来研究粒径
小的样品的合成。在预设 B 含量高的条件下合成粒径小的本体，对其进行
酸化处理脱 B 后，在 Si/Al＝400 的高硅条件下通过后处理导入 Al，以此合
成了含有最大量 Al_b 的微粒状催化剂［图 5（e）］。然后，因为在本体的合
成体中加入 Zn 后的合成体也可得到较小粒子的物质，所以通过后处理的方

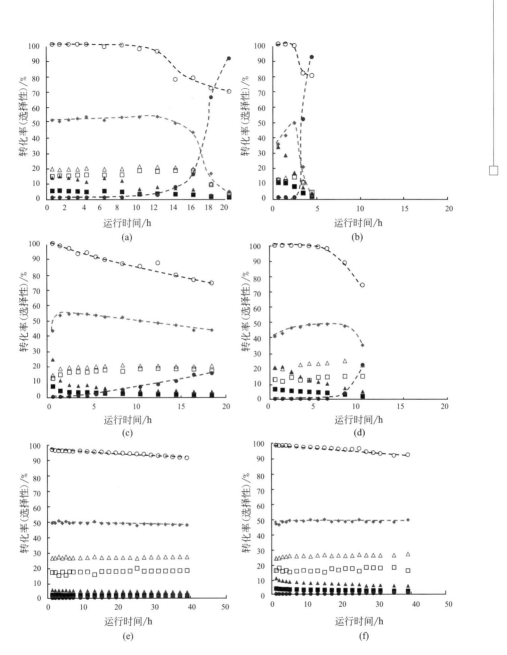

图 6 各类合成法合成出的 CON 型铝硅酸盐的 MTO 反应结果图

(a) 直接法 [Al,B]-CON (高 Si/Al)；(b) 直接法 [Al,B]-CON (低 Si/Al)；(c) (b) 的酸化处理体；
(d) (c) 的铝化体；(e) 后处理法 [Al]-CON (低 Si/B-[B]-CON 本体，高 Si/Al)；(f) 后处理法
[Al]-CON ([Zn, B]-CON 本体，高 Si/Al) (催化剂 100mg，450℃，50％甲醇/He，W/F＝3.3g・h・mol⁻¹)
■乙烯；◆丙烯；△丁烯；▲石蜡；□C5；●DME；○转化率

式导入 Al［图 5(f)］。将所合成的样品应用于 MTO 反应后，结果表明预设 B 量较高的 ［B］-CON 与 ［Zn，B］-CON 在作为本体时的寿命均非常长（图 6）。这可能是由于 Al 类中的 Al_b 的活性位点在 MTO 反应中变得极难失活。但因样品粒径有所差异，所以并无法判断这仅是受 Al 的分布情况影响。因此，在合成本体时通过增加水来混合粒径较大的物质，合成并将其催化剂化，以此来比较 Al 的分布情况与 MTO 反应成果。结果显示在粒径较大的情况下，Al 类中含 Al_b 的样品的寿命仍比其他催化剂长。

综上所述，在 Al_a、Al_b、Al_c 中 Al_b 为适合 MTO 反应的 Al 类，Al_a 及 Al_c 为不适合 MTO 反应的 Al 类。另外，高磁场的 Al_d 及 Al_e 也是适合本反应的 Al 类，所以得出的结论为，在 MTO 反应用的催化剂中，主要含有 Al 类中的 Al_b、Al_d 及 Al_e 且粒径小的催化剂具有良好的性能。

4　面向实用化的研究

CON 型沸石中的 CIT-1 在 MTO 反应中，相较已有的 ZSM-5 等呈现出更加良好的催化剂性能。作者进一步对 CIT-1 进行金属改性，发现在更高温度条件下进行 MTO 反应可提高低碳烯烃的收率，并展开各项面向实用化的研究。

首先，在高温条件下反应时，由于共存的水蒸气导致沸石骨架内的 Al 脱离，催化剂永久性劣化的发生令人担忧。因此，为评估 CIT-1 沸石的水蒸气耐受性，将 CIT-1 （$Si/Al_2 = 530$）与作为对照的现有 MTO 催化剂 ZSM-5 （$Si/Al_2 = 815$），在 700℃ 的稀释水蒸气 （水：50%，空气：50%）气流下，处理 5h，通过评估样品在处理前后的 MTO 反应活性，来评估其水蒸气耐受性能 （图 7）。结果显示，ZSM-5 经水蒸气处理后催化剂活性大幅降低，而与之相反，CIT-1 的催化剂活性几乎没有变化，由此可确定 CIT-1 与以往的催化剂相比具有更高的水蒸气耐受性。

为确定水蒸气处理导致活性降低的原因，对 CIT-1 与 ZSM-5 在 700℃ 下水蒸气处理的样品进行了 Al MAS NMR 测定及比较。结果显示，CIT-1 经水蒸气处理后骨架内的 4 配位 Al 仍保持不变，而 ZSM-5 发生脱 Al，骨架外的 6 配位 Al 有所增加，由此可推测，脱 Al 的发生正是活性降低的主要因素。

随后，作者利用金属改性后的 CIT-1 进行了催化剂的长期寿命评估

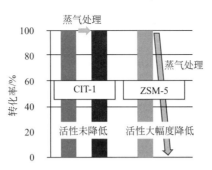

图 7　水蒸气处理前后的催化剂活性比较反应温度：
500℃，MeOH 浓度：50％，WHSV：15h^{-1}）

（图 8）。作为对照，同样对现有 MTO 催化剂 ZSM-5 进行了评估。结果显示，CIT-1 虽在催化剂焦化前的短期寿命不及 ZSM-5，但经反复反应及再生，自第一次再生以后短期寿命几乎没有变化，保持了长达 1500h 的活性，由此证明其长期寿命优于 ZSM-5。综上所述，CIT-1 与 ZSM-5 相比水蒸气耐受性更高，因脱 Al 造成的永久性劣化程度非常低，因此在水蒸气分压很高的极端条件下也仍能保持长时间的活性。

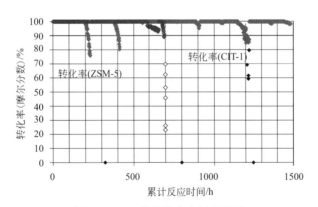

图 8　CIT-1 的长期寿命评估结果

[反应温度：500℃，WHSV：1.5h^{-1}，全压：0.1MPa；原料构成：H$_2$O/DME（摩尔比）＝7
（相当于 H$_2$O/MeOH＝3），1-HEX/MeOH（摩尔分数）＝0.15]

5　结语

伴随着 MTO 反应会生成大量的水蒸气，且反应温度较高，因此为在反应的同时进行水蒸气处理，催化剂的水蒸气耐受性非常重要。[Al, B]-CON 型沸石催化剂，尤其是利用直接法合成的催化剂具有非常高的水蒸气耐受性，同时还具备不易发生永久性活性劣化的特点。寿命试验的结果已表明，本催化剂虽包含再生阶段，但可连续运转 1500h，现正通过中间试验展开实证研究。迄今为止，若说可应用于工业领域的沸石，也仅限于FAU 型、MFI 型及 BEA 型等 200 种以上的沸石结构中极少的一部分，本次介绍的 CON 型也已踏进工业性应用的视野。如果能以本次的研究结果为契机，重新对尚未开始应用的沸石展开研究，也可能会发现能够降低环境负担的新型工艺流程。最后，期待沸石在今后能有更多的发展。

参考文献

［1］ U. Olsbye，S. Svelle，M. Bjørgen，P. Beato，T. V. W. Janssens，F. Joensen，S. Bordiga，K. P. Lillerud，Angew. Chem. Int. Ed. 51，5810-5831（2012）.

［2］ P. Tian，Y. Wei，M. Ye，Z. Liu，ACS Catal. 5，1922-1938（2015）.

［3］ J. S. Plotkin，Catal. Today 106，10-14（2005）.

［4］ J. Q. Chen，A. Bozzano，B. Glover，T. Fuglerud，T. Kvisle，Catal. Today 106，103-107（2005）.

［5］ C. D. Chang，C. T. -W. Chu，R. F. Socha，J. Catal. 86，289-296（1984）.

［6］ Q. Zhu，J. N. Kondo，T. Tatsumi，S. Inagaki，R. Ohnuma，Y. Kubota，Y. Shimodaira，H. Kobayashi，K. Domen，J. Phys. Chem，C，111，5409-5415（2007）.

［7］ Q. Zhu，J. N. Kondo，R. Ohnuma，Y. Kubota，M. Yamaguchi，T. Tatsumi，Micropor. Mesopor. Mater. 112，153-161（2008）.

［8］ Q. Zhu，M. Hinode，T. Yokoi，J. N. Kondo，Y. Kubota，T. Tatsumi，Micropor. Mesopor. Mater. 116，253-257（2008）.

［9］ Q. Zhu，M. Hinode，T. Yokoi，M. Yoshioka，J. N. Kondo，T. Tatsumi，Catal. Commun. 10，447-450（2009）.

［10］ T. Yokoi，M. Yoshioka，H. Imai，T. Tatsumi，Angew. Chem. Int. Ed. 48，9884-9887（2009）.

［11］ 室井高城，新しいプロピレン製造プロセス－シェールガス・天然ガス革命への対応技術－，S ＆ T 出版（2013）.

［12］ S. Svelle，U. Olsbye，F. Joensen，M. Bjørgen，J. Phys. Chem. C 111，17981-17984（2007）.

［13］ S. Park，Y. Watanabe，Y. Nishita，T. Fukuoka，S. Inagaki，Y. Kubota，J. Catal. 319，265-273（2014）.

［14］ R. F. Lobo，M. E. Davis，J. Am. Chem. Soc. 117，3766-3779（1995）.

［15］R. F. Lobo，M. Pan，I. Chen，H. X. Li，R. C. Medrud，S. I. Zones，P. A. Crozier，M. E. Davis，Science 262，1543-1546（1993）.

［16］R. F. Lobo，M. Pan，I. Chen，R. C. Medrud，S. I. Zones，P. A. Crozier，M. E. Davis，J. Phys. Chem. 98，12040-12052（1994）.

［17］T. Mathew，S. P. Elangovan，T. Yokoi，T. Tatsumi，M. Ogura，Y. Kubota，A. Shimojima，T. Okubo，Micropor. Mesopor. Mater. 129，126-135（2010）.

配合物——交叉偶联反应的新进展 ——sp³碳上的成键反应

岩崎孝纪　神户宣明

（大阪大学大学院工学研究科）

1　序言

在近大约半个世纪里，各种均相催化反应相继被开发出来，有机金属化学成为有机化合物合成方面的重要工具，为有机合成化学及其相关领域的发展做出了巨大的贡献。但是，均相催化反应生成的化合物几乎都是不饱和化合物。例如，2000 年之后，均相催化反应领域先后出过 3 位诺贝尔化学奖得主，其中，不对称氢化反应及氧化反应（2001 年），烯烃歧化反应（2005 年）分别属于不饱和键的加成反应和重组反应。交叉偶联反应（2010 年）虽然是单键形式的重组反应，但是一直以来，这类反应中主要还是使用不饱和化合物作为基质。然而，进入 21 世纪后，在过渡金属催化反应下进行的饱和烃主链构筑反应有了较大的发展。在这样的背景下，本文将针对 sp³碳上的交叉偶联反应进行探讨。在 sp²碳上的交叉偶联反应中常用的钯催化剂[1]，虽然在 sp³碳上的交叉偶联反应中也能发挥出效果，但是近年来备受瞩目的催化剂是价格低廉的第一过渡系列金属催化剂，人们的焦点主要集中在使用第一过渡系列金属元素的催化剂体系上。另外，在稻田研究室出版的 2012 年刊号催化剂年鉴中，对过去 20 年间均相催化及生物催化做出了总结，因此也可以参考该书[2]。

2　交叉偶联反应

回顾交叉偶联反应的开发历史，其大致经过如下：1970 年年初，山本等为揭示在镍上的还原性消去反应进行了配合物化学研究[3]，玉尾、熊田等[4] 及 Corriu 等[5] 发现了使用镍催化剂的交叉偶联反应，村桥等对钯催化剂体系进行了普及[6]，这些都与之后的巨大发展密切相关。其后，人们开发出了许多将钯催化剂和各种有机金属试剂组合在一起的人名反应。在这些反应当中，反应基质主要使用的是卤代乙烯及芳烃等烃的不饱和化合物。关于 sp³ 碳上的交叉偶联反应，则有过如下的研究：宫浦、铃木等人在钯催化剂存在下进行了 1-碘癸烷与各种芳基金属试剂之间的反应，并在使用丁基（9-BBN）时使交叉偶联生成物收率的使达到 50%，而在使用 BuMgBr 及 BuZnCl 时，还原产物癸烷及消去产物癸烯则变成了主要生成物[7]。进入 21 世纪后，Fu 等人使用分子体积较大、电子提供能力较强的 PCy_3[8] 和 P（t-Bu）$_2$Me[9] 作为配体，实现了各种含有卤代芳烃与芳基金属试剂的有机金属试剂之间的高效率交叉偶联反应[10]。Organ 等发现，具备较高供 σ-电子能力的 N-杂环卡宾（NHC）配子与钯催化剂的组合在根岸反应模式下的烷基-烷基偶联反应中能够发挥出效果[11]，还开发出了在空气中具有稳定性的钯 NHC 配合物[12]。但是，钯催化剂体系虽然体现出了一级卤代芳烃类化合物的优秀催化活性，但并不适用于立体结构的、具备芳基的二级及三级基质[13]。

在使用第一过渡系列金属与卤代芳烃进行的交叉偶联反应中，较为先驱性的研究是 20 世纪 40 年代 Kharasch 等（Co）[14]、20 世纪 60 年代 Parker 等（Fe，Co，Ni，Cu）[15]、以及 20 世纪 70 年代高知等（Cu）[16] 做的相关工作。近年来，人们的注意力主要集中于通过对配体进行适当的组合，使用第一过渡系列金属催化剂替代钯，以用作交叉偶联反应的催化剂。

2.1　sp³碳-sp³碳之间的偶联反应

1995 年，Knochel 等人报告了通过使用镍催化剂，在分子内的适当位置高效进行拥有芳基的一级烷基溴与 Et_2Zn 之间的交叉偶联反应（图 1）[17]。在这个反应中，可以认为将氧化加成和反式金属化生成的二烷基镍中间体与分子内的烯烃进行配位，可以在抑制 β 脱氢反应的同时，促进还原性消去。实际上，如果使用不具备烯烃的基质，虽然溴元素-锌交换反应会优先进行，但如果向这个反应体系中添加缺电子烯烃或酮，则交叉偶联反应可以以较高的效率进行。

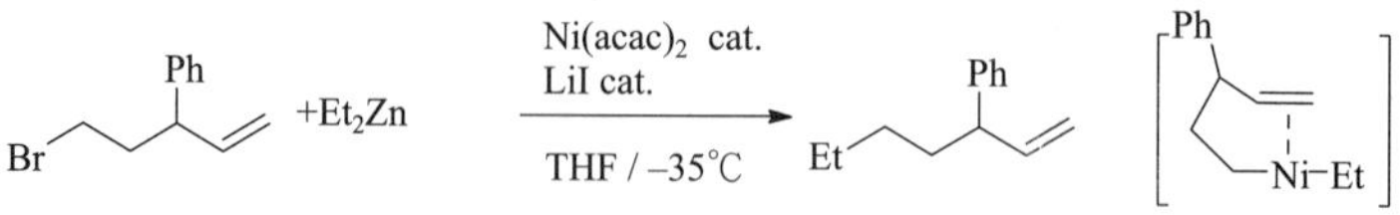

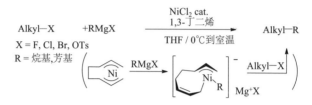

图 1　镍催化剂存在下的烷基-烷基间偶联反应（Knochel 等）

图 2　镍/丁二烯催化剂存在下的交叉偶联反应（Kambe 等）

　　笔者通过组合使用镍催化剂和 1，3-丁二烯添加剂，开发出了不同于上述反应机理的卤代烷烃与格氏烷基试剂之间的交叉偶联反应（图 2）[18]。在反应中，反应体系内生成的镍（0）类与 2 分子的丁二烯发生反应，生成了双（π-烯丙基）镍（Ⅱ）配合物，发挥出键能活性物质的功能。这一配合物在体系内与格氏试剂反应，生成拥有负电荷的镍的酸根型配合物。其次，具有强烈亲核性的镍中心通过 S_N2 机理与卤代烷烃反应，不断提供还原性消去反应的生成物。也就是说，在反应中，采用的是与交叉偶联反应的一般性反应机理，即氧化加成→反式金属化→还原性消去，完全不同的机理。并且，在镁离子引发的 C-X 成键的亲电性活性化效果下，随着最为稳定的 C-F 键的断开，氟代烷烃与格氏试剂之间的交叉偶联反应也能高效率地进行[19]。

　　通过 X 射线对结晶构造进行分析，揭示了以锂作为反阳离子的阴离子性镍配合物的结构[20]。在这个过程当中，一个烯丙基配子从 π 配位变成了 σ 配位，维持了金属的电子数和构象数。

　　在烷基与烷基的交叉偶联反应中，体系内生成的烷基金属中间体较易引发 β-氢消除反应，通常其催化剂转换数较低。最近，在组合铜盐与丁二烯或炔的催化剂体系进行的烷基-烷基交叉偶联反应中，催化剂转换数超过了 100 万次，实现了高效化[21]。

　　第一过渡系列金属与更高周期的过渡金属元素相比，更容易受到单电子氧化还原。这一性质对于均裂相对较易发生的 sp^3 碳-卤键的断键而言十分有优势。在这类先驱性研究当中，依光、大嶋等曾就使用了钴[22]、铜[23]、银催化剂[24]的丙烯基及苄金属试剂与高级卤代烷烃之间的交叉偶联反应发表过相关文章（图3）。在这个反应中，由金属产生的单电子移动所形成的 sp³ 碳-卤键的断键是关键所在。因此，如果使用一级卤代烷烃，虽然反应效率会降低，但由于三级溴代烷烃会成为稳定的三级烷基，因此反而成了优秀的反应基质，可以用于四级碳的反应。与使用离子机理的催化剂体系相辅相成。

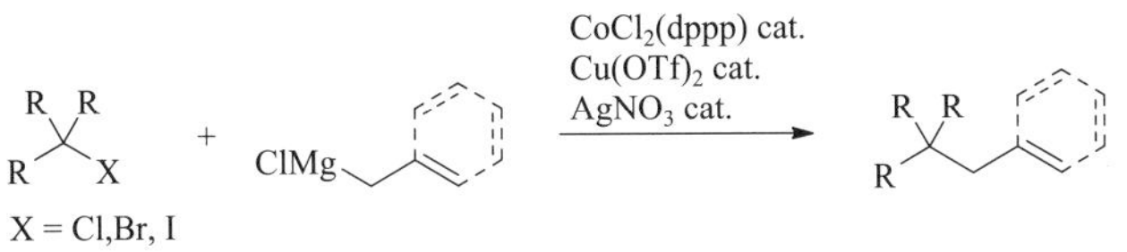

图 3　烯丙基及苄基格氏试剂与卤代烷烃之间的交叉偶联反应（Yorimitsu，Oshima 等）

自 2003 年起，人们就开始大力研究组合镍和胺配子，使二级卤代烷烃与简单的一级烷基金属试剂之间发生交叉偶联反应。Fu 等人通过组合镍与含氮三齿配体噁唑啉，实现了二级碘化及溴代烷烃与一级烷基锌试剂之间的偶联反应，从而开启了先河（图4）[25]。同一时期，Vicic 等人亦报告了使用三吡啶的类似反应的研究，并提出了烷基自由基及镍（Ⅰ）配合物介入的说法[26]。

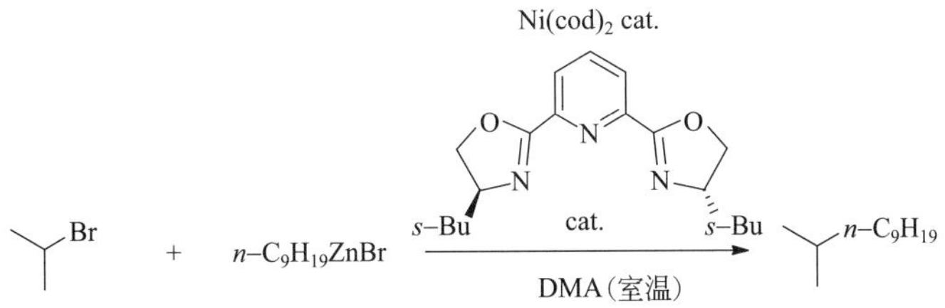

图 4　在镍/噁唑啉催化剂的作用下，二级溴代烷烃的交叉偶联反应（Fu 等）

由于这些研究，各种镍/噁唑啉催化剂体系得以被开发出来，除了烷基锌试剂之外，使烷基格氏试剂[27]与烷基硼试剂[28]的实际运用成为可能。另外，通过外消旋的二级卤代烷烃，实现了通过烷基自由基中间体进行的不对称收敛式交叉偶联反应，开辟出了三级不对称碳中心的全新构筑途径，对此，后文中将会再次提及。

在非自由基的催化剂体系中，笔者通过组合铜催化剂和丁二烯，将组合出的二级碘代烷烃与一级烷基格林试剂进行交叉偶联反应[29]。同一时期，Liu 等人也报告了使用二级烷基锍二异氰酸酯充当反应基质的立体特异性反应（图 5）[30]。本方法通过较易获取的光学活性二级醇，分两个阶段，伴随着完整的立体反转，使构筑连接在一起的三级碳中心成为可能。

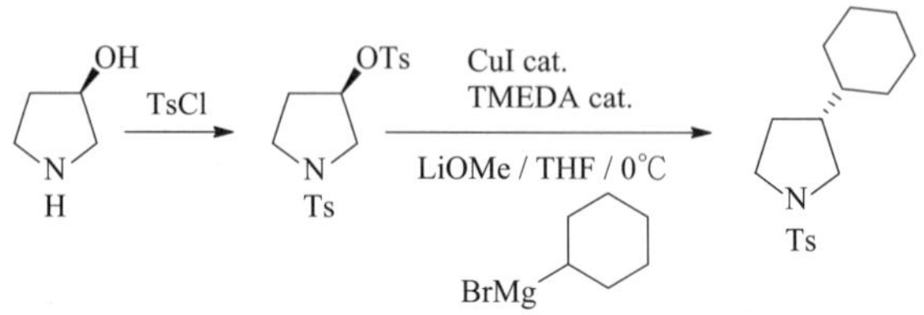

图 5　通过铜催化剂进行的立体特异性交叉偶联反应（Liu 等）

通过交叉偶联反应构筑四级碳还有一种方法，那就是使用具备三级烷基的有机金属试剂。20 世纪 90 年代之后，使用 tert-丁基格氏试剂的铜催化剂体系已被开发出来，而笔者则报告了在钴催化剂的作用下，各种三级烷基格林试剂与一级卤化烷烃之间的交叉偶联反应的高效进行[31]。由于三级烷基格林试剂分子体积较大，酰胺和酯等与极性官能基团之间的反应较缓慢，因此成为构筑官能基团选择性较高的四级碳的方法。另外，Hu 等人还报告了使用铜催化剂后，tert-丁基格氏试剂与具有官能基团的卤代烷烃之间发生的交叉偶联反应[32]。

2.2　sp³碳亲电试剂-sp，sp²碳金属试剂之间的交叉偶联反应

在上面提到的许多催化剂体系，对于卤代烷烃与芳基金属试剂之间的交叉偶联反应都是有效的。中村[33]、林[34]、Fürstner 等[35]皆于 2004 年的同一时期，分别报告了使用铁催化剂下与芳基格氏试剂之间发生交叉偶联反应的结果（图 6）。

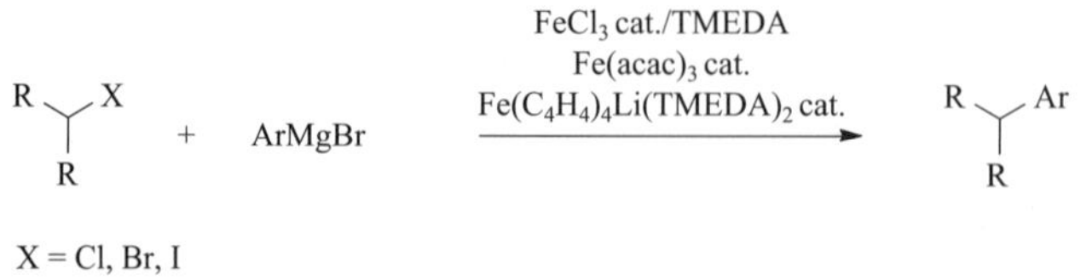

图 6　在铁催化剂下进行的交叉偶联反应（Nakamura，Hayashi 和 Fürstner）

这些催化剂体系可以在拥有二级及一级烷基的氯化物、溴化物以及碘化物中得到广泛的应用。继这些报告之后，大量的以价格低廉且资源丰富

的铁充当催化剂的交叉偶联反应的文章被发表了出来。这个领域最近 10 年虽然取得了巨大的发展，但由于铁很容易引起单电子氧化还原反应，因此其反应机理当中的未知部分依然较多。

最近，有人报告了适用于分子体积较大的三级卤代烷烃的催化剂体系（图 7）[36]。

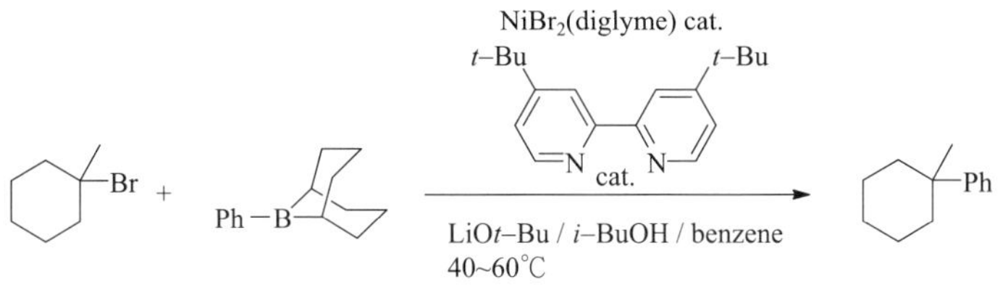

图 7　三级溴代烷烃与芳基碘试剂之间的偶联反应（Fu 等）

与使用了 sp^3 碳亲电试剂的炔之间发生偶联反应的实例虽然很少，但与一级卤代烷烃之间的反应则在钯/NHC 催化剂[37]以及镍/胺类催化剂[38]与铜催化剂的联合催化之下非常高效。二级卤代烷烃与烷基镁试剂[39]之间，或存在强碱的情况下与末端炔[40]之间的交叉偶联反应，则分别是通过使用铁及镍催化剂来实现的。另外，在三级卤代烷烃的烷基化反应中，如果使用的是乙炔银[41]或乙炔铝[42]，则可以在无催化剂的情况下进行反应。

2.3　sp^3 碳金属试剂-sp，sp^2 碳亲电试剂之间的交叉偶联反应

与 2.2 中提到的组合完全相反的组合，即卤代芳烃或卤代烯烃与 sp^3 碳金属试剂之间的交叉偶联反应，则是一种非常有效的向 π 电子体系中有区域选择性地导入烷基的方法。这种组合方式在 20 世纪 70 年代的早期经常被讨论，在熊田、玉尾等首次发表的在镍催化剂下进行的交叉偶联反应的报告中也表明，各种一级烷基格氏试剂与氯代芳烃以及烯烃之间可以发生高效的偶联，并获得相应的生成物[4]。如果使用二级及三级烷基金属试剂，那么烷基发生异构化作用变成一级烷基，以及卤代芳烃类同时发生还原反应，这两点就成了大问题[43]。这些反应都在于其生成的中间产物，即烷基镍配合物发生的 β-氢消除反应，通常可以认为，在生成的氢化配合物上，源自烷基的烯烃通过嵌入反应的逆反应引起烷基的异构化，使得氢化配合物通过还原性消去来进行还原反应（如图 8 所示）。像这样的副反应，在镍

和钯这样的第 10 族金属上更为明显。通过配位夹角较大的双（二苯基膦）二茂铁配体与镍组合起来用作催化剂，虽然成功抑制了溴代烯烃与 *tert*-丁基格氏试剂之间的副反应，但反应收率一般[44]。在同样的条件下，如果以钯催化剂代替镍催化剂，那么 *tert*-丁基的异构化及溴代烯烃的还原反应就会互为竞争反应。Biscoe 等人对镍催化剂下卤代芳烃与二级及三级烷基金属试剂之间的交叉偶联反应进行了详细的调查，并且几乎完全抑制了二级烷基锌试剂的异构化[45]。此外，在与三级烷基格氏试剂之间的反应中，虽然使用 NHC 充当配体可以得到最高 50：1 的选择性，但底物的分子体积越大，选择性就越低[46]。同一时期，Glorius 等人虽曾向 NHC 配体上导入羧基，尝试通过配对镍原子的化学键来抑制 β-氢消除反应，但并未获得足够的选择性[47]。

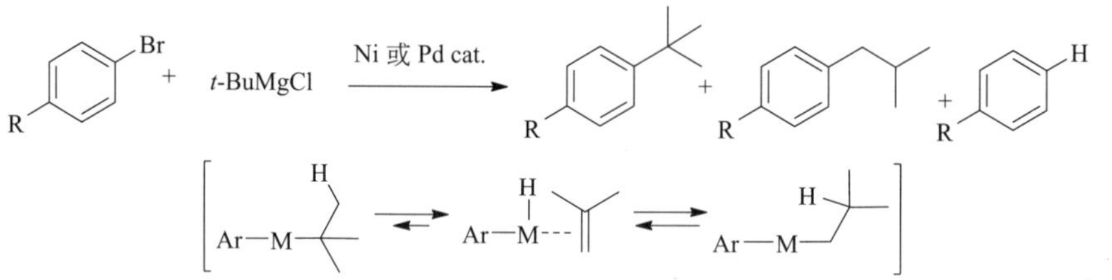

图 8　三级烷基格氏试剂的异构化反应

与第 10 族金属催化剂不同，在使用其他族金属催化剂的情况下，烷基的异构化一般不会构成问题。例如，在对于上述的卤代烷烃与三级烷基格氏试剂之间的交叉偶联反应而言较为有效的铜及铂催化体系里，观测不到三级烷基的异构化现象。这些金属在切断 sp^2 碳-卤素化学键方面活性较低，因此可用的卤化物仅仅局限于含氮杂环化合物[48]。

2.4　以有机基团作为离去基团的偶联反应

交叉偶联反应的底物，是以有机卤化物与有机金属试剂的组合物为原型的。近年来，以能取代这些化合物的相对稳定且安全、较易使用和获取并且环保性更高的有机化合物充当底物的偶联反应，其开发正备受关注。虽然一般来说，这些底物的反应活性都相对较低，能够适用的官能基团范围极其受限，但这依然是一个将来的发展备受期待的研究领域。

乙醇是最容易获取的有机化合物，如果能够直接切断它的碳-氧键，用来充当交叉偶联反应的底物，必然是达到实用的有效的反应，但就现阶段 OH⁻ 的脱离能力而言，除了苄醇这样的活性羧基化合物之外，对脂肪醇的直接利用几乎是无法实现的（图 9）[49]。

在相关联的反应体系中，还成功切断了醚的碳-氧键。Shi 等人使用镍/膦催化剂，实现了与烷基格氏试剂之间的、伴随着苄基甲基醚的碳-氧键断裂的交叉偶联反应[50]。Jarvo 等人则报告了通过使用类似的催化剂体系，伴随具备光学活性的二级苄甲醚的碳-氧键断裂的甲基化反应，在完全立体反转的情况下进行[51]，这有望成为通过较易获取的光学活性乙醇构筑手性三级碳的全新途径（图 9）。

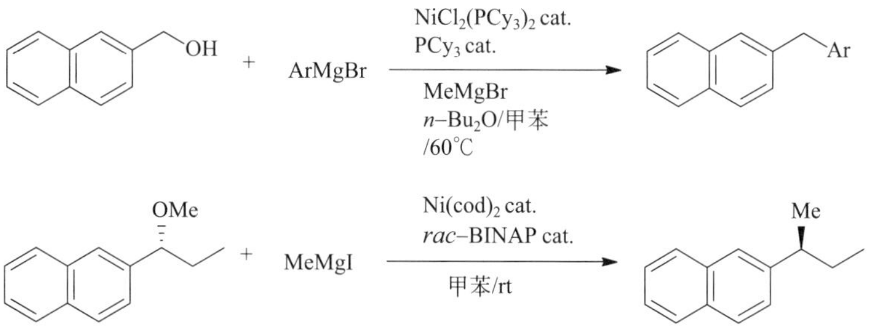

图 9　苄醇（Shi 等）及苄醚（Jarvo 等）的交叉偶联

如果能够从金属醇盐上进行 β 碳脱离，那么通过添加相对应的羰基化合物和有机金属，就可以使用三级醇来代替有机金属试剂了。一个先驱性的例子就是植村等人通过利用环张力实现的环丁醇与溴化芳之间的交叉偶联反应[52]。依光、大嵨等开发出了通过生成烯丙基以及苄基金属类物质提供反应动力，在钯催化剂作用下的高烯丙[53]以及高苄醇[54]与卤代芳烃之间的交叉偶联反应（图 10），还实现了类似反应，如利用反羟醛缩合的卤代烷烃的羰甲基化反应[55]。

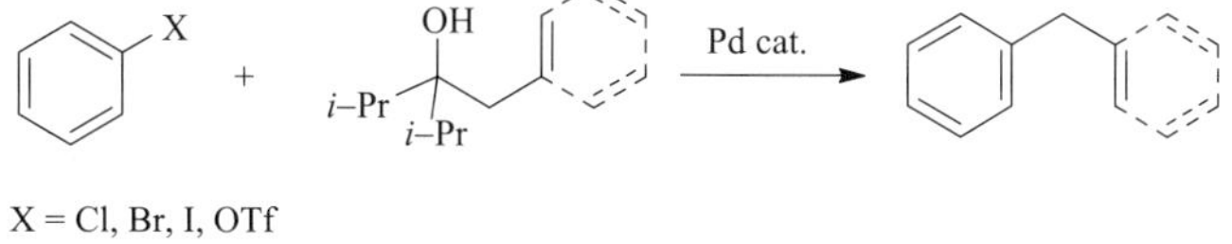

X = Cl, Br, I, OTf

图 10　利用 β 碳脱离反应的醇的交叉偶联反应（Yorimitsu，Oshima 等）

羧酸及其类似物也是较易获取的一类化合物。2016 年 Baran 等人报告了使用能够通过羧酸一步制备的酯进行的交叉偶联反应[56]。也就是说，在镍/联吡啶催化剂存在的情况下，使烷基锌试剂作用于通过四氯 N-邻苯二甲酰亚胺与脂肪族羧酸之间的缩合反应制备的活性酯，交叉偶联反应可以伴随着脱羧反应顺利地进行（图 11）。

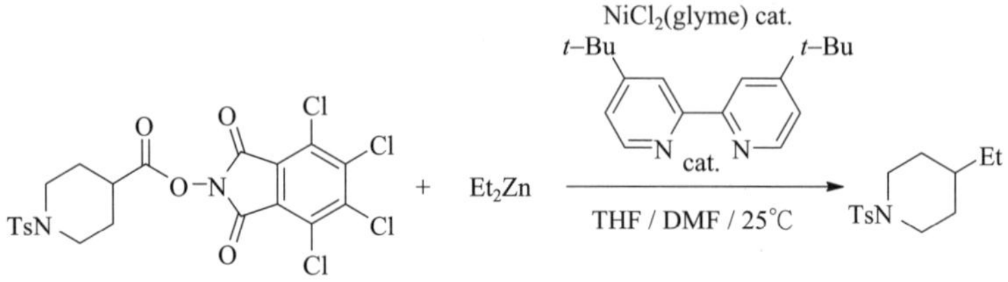

图 11　活性酯与烷基锌之间的交叉偶联反应（Baran 等）

本反应虽然收率一般，但还可以运用在通过三级羧酸诱导生成的酯上。另外，即使使用芳基锌试剂[57]以及芳基硼酸[58]来代替二烷基锌，交叉偶联反应也能顺利地进行。在本反应中，可以认为，由于来自镍的单电子移动而生成了活性酯的阴离子自由基，并伴随着邻苯二甲酰亚胺阴离子的消去和脱羧反应，生成了烷基中间体。

2.5　不对称交叉偶联反应

与 sp、sp^2 碳不同，sp^3 碳是四面体结构，有可能成为不对称中心。大嶋等人报告称，在使用手性钴催化剂的三级溴化烷基与丙烯基格氏试剂之间的交叉偶联反应中，虽然不对称合成的收率仅有 22%，但该反应是对映选择性反应[59]。其后的 10 年间，组合使用镍催化剂和手性胺配体的不对称交叉偶联反应取得了巨大的发展。2005 年，Fu 等在 α-溴酰胺与烷基锌试剂之间的交叉偶联反应中，通过组合噁唑啉配体和镍催化剂，实现了较高的对映选择性（图 12）[60]。不对称交叉偶联反应并非对外消旋体进行动力学拆分，而是通过两个对映体共同具备的烷基，令生成物向其中一方对映体片段缩合，从而实现了本反应。

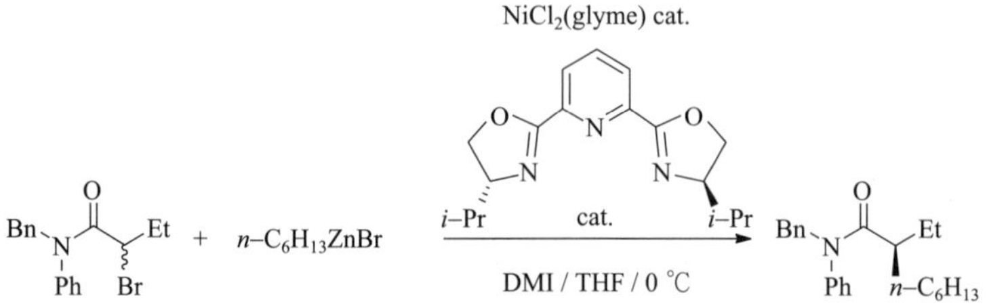

图 12　有对映选择性的烷基-烷基之间的交叉偶联反应（Fu 等）

Fu 等人报告了多份关于使用有机锌试剂的类似反应的报告，称在立体控制当中、羰基、磺酰基、氰基、氟基及芳香环等 π 电子体系需位于与反应点相邻接的位置，这一点十分重要[61]。另外，通过使用 N-Boc 吡咯锌试剂，还实现了对源自有机金属试剂的不对称碳的控制[62]。与此类似的有机硼试剂与二级卤代烷烃之间的不对称反应也成为可能[63]。最近，还发表了使用钴[64]以及铁催化剂[65]的 α-卤代酯类物质与芳基格氏试剂之间的不对称交叉偶联反应（图 13）。

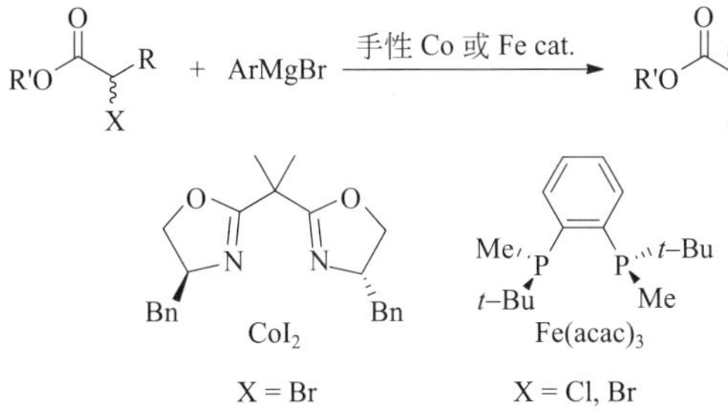

图 13　钴及铁的手性催化剂（Zhong，Bian 和 Nakamura 等）

2.6　卤代烷烃的还原交叉偶联反应

在不使用有机金属试剂的交叉偶联反应当中，近年来备受关注的是将两种不同种类的有机卤化物还原偶联的方法。报告指出了存在金属镁的情况下，使用铁催化剂的卤代烷烃与卤代芳烃之间的偶联反应（图 14）[66]。虽然详细情况尚且不明，但可以认为这是在使用铁催化剂作为生成格氏试剂的催化剂时依然能够发挥作用的 Barbier 型交叉偶联反应。

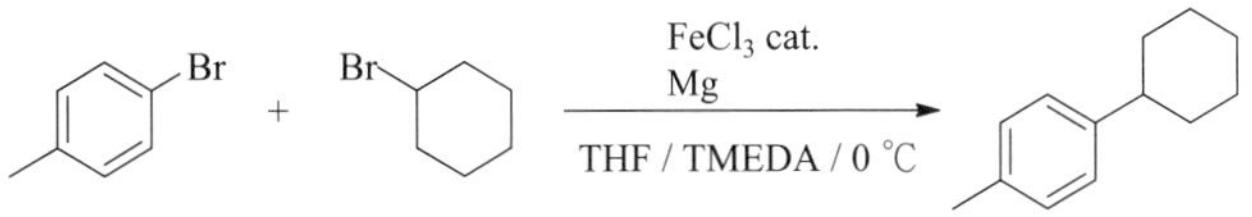

图 14　铁催化下的卤代芳烃与卤代烷烃之间的还原偶联反应（Von Wangelin 等）

并且，还有大量报告涉及以镍/二胺催化剂体系作为还原剂的将锌或锰组合起来的反应[67]。近年来，卤代烷烃与卤代烷烃之间的还原交叉偶联反应慢慢变成实现[68]。在这些反应中，研究人员通过利用两种不同有机卤化物反应活性的不同，根据其各自的反应机理、在适当的时机令其接触催化剂从而发生反应等做法，在抑制自身偶联方面花了不少心思。

2.7　以光作为动力的交叉偶联反应

以光能作为动力的新型交叉偶联反应受到了业界的瞩目。该反应即是通过充分利用光氧化还原催化剂体系与镍/含氮配体催化剂体系之间的单电子移动控制镍的氧化状态、单电子移动断开碳-卤键或碳-金属键、高氧化状态的镍（Ⅲ）配合物上的高速还原性消去等基本反应过程，从而开发出了数个在常规方法下较难实现的偶联反应体系。Molander 等人通过组合为人所熟知的光氧化还原催化剂——铱配合物和镍/含氮配体催化剂体系，实现了以光能作为动力的卤代芳烃与苄基硼试剂之间的交叉偶联反应[68]。该反应的特征是，并不使用以往的、电子对（双电子）参与的有机硼试剂与镍催化剂之间的金属交换反应这一反应机理，而是使从硼酸盐到铱的单电子移动中生成的苄基自由基在镍上加成这一机理进行的。因此，即使芳香环上有在金属交换反应中活性较强的硼，也会选择性地断开苄基碳-硼键，与溴代芳烃选择性地进行交叉偶联反应（图 15）[69]。

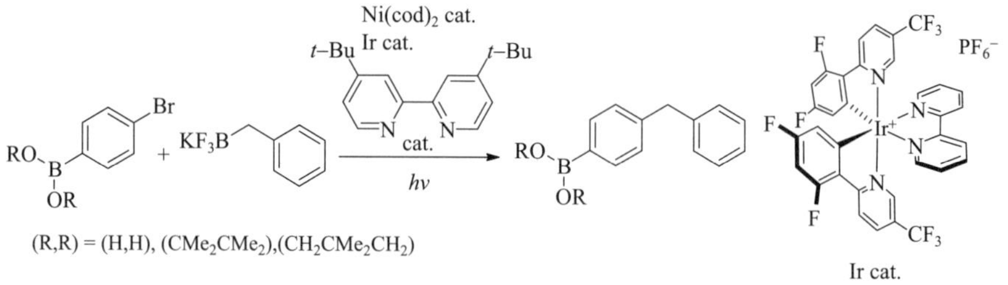

图 15　以光作为动力的苄基硼试剂的偶联反应（Molander 等）

使用光氧化还原催化剂生成有机基团是一种常用的烷基基团的制备方法，可以使用多种官能基团充当交叉偶联反应的反应底物。Doyle 和 MacMillan 等人则通过组合光氧化还原催化剂铱和镍催化剂，开发出了脯氨酸衍生物与卤代芳烃之间的脱羧交叉偶联反应（图 16）[70]。本方法可以应用于在 α 位上存在氮及氧官能基团的各种羧酸类物质及二甲基苯胺上，单电子向铱配合物移动而生成自由基是反应进行的关键过程。在使用类似的催化剂体系尝试进行了各种羧酸与卤代烷烃之间的交叉偶联反应之后，还证明了铱/镍催化剂体系对于不具备氮或氧等杂原子的底物也是有效的[71]。

虽然在使用光氧化还原催化剂时，较多情况下使用的是铱及钌的配合物，但也有以具有咔唑基的苯二甲腈衍生物作为光氧化还原催化剂的例子[72]，不依赖贵金属的光动力交叉偶联反应越来越有可能了。

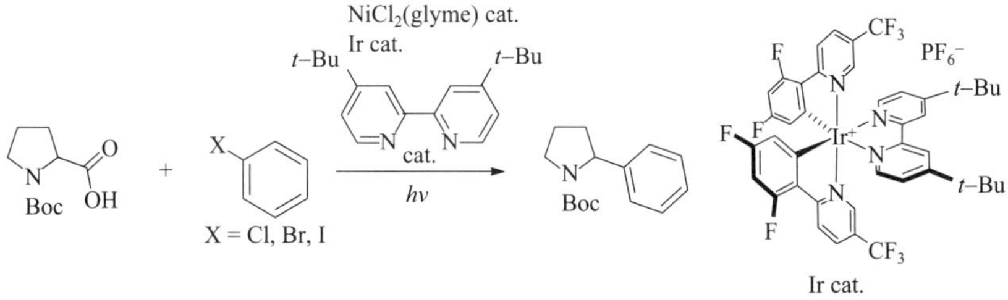

图 16　羧酸与卤代芳烃之间的镍/光催化剂交叉偶联反应（Doyle 和 MacMillan 等）

3　总结与对未来的展望

以歧化反应和铃木-宫浦、根岸偶联反应为代表的交叉偶联反应等使用过渡金属催化剂的碳构造构筑反应，虽然在不饱和烃构造的连接方法上取得了极大的发展，但目前为止，其相对而言还是不太适合用于构筑饱和烃构造。然而，进入 21 世纪之后，在 sp³ 碳上的键形成反应相继被开发出来，饱和烃构造的构筑方法取得了长足发展。这些发展的原动力当中就有灵活运用了 S_N2 反应和烷基基团的生成等 sp³ 特有的反应性的催化循环的构筑。与 sp 碳和 sp² 碳不同，sp³ 碳的一大特征就是可以成为不对称中心。同时实现碳-碳键的形成和立体控制的、立体选择性的交叉偶联反应，今后将会成为有机化学中的一个重要研究领域。另外，以较高效率构筑季碳中心和多支链碳构造的催化剂体系的开发也值得期待。中等分子量的饱和化合物也是一个令人深感兴趣的未开发领域。

虽然由于存在需要被有机卤化物或有机金属试剂等活化之后的反应底物，交叉偶联反应屡屡被人指出问题所在，但包括利用普遍存在的氧官能基团和还原性偶联反应以及利用光能的反应等在内，新制备方法的开发在不断地进展着，针对这些问题的研究也在有序地进行着。交叉偶联反应有望在今后成为可靠性和应用性较高的碳结构构筑方法之一。

参考文献

[1] de Meijiere，A.；Brase，S.；Oestreich，M. "Metal-catalyzed cross-coupling reactions and more"，vol. 1-3，Wiley-VHC，Weinheim，2014.

[2] 穐田宗隆. 触媒技術の動向と展望 2012，触媒学会（編），24-34.

[3] Yamamoto，T.；Yamamoto，A.；Ikeda，S. J. Am. Chem. Soc. 1971，93，3350-3359.

［4］ Tamao，K.；Sumitani，K.；Kumada，M. J. Am. Chem. Soc. 1972，94，4374-4376.

［5］ Corriu，R. J. P.；Masse，J. P. J. C. S. Chem. Commun. 1972，144.

［6］ Yamamura，M.；Moritani，I.；Murahashi，S. -i. J. Organomet. Chem. 1975，91，C39-C42.

［7］ Ishiyama，T.；Abe，S.；Miyaura，N.；Suzuki，A. Chem. Lett. 1992，691-694.

［8］ Netherton，M. R.；Dai，C.；Neuschütz，K.；Fu，G. C. J. Am. Chem. Soc. 2001，123，10099-10100.

［9］ Netherton，M. R.；Fu，G. C. Angew. Chem. Int. Ed. 2002，41，3910-3912.

［10］ Netherton，M. R.；Fu，G. C. Top. Organomet. Chem. 2005，14，85-108.

［11］ Hadei，N.；Kantchev，E. A. B.；O'Brien，C. J.；Organ，M. G. Org. Lett. 2005，7，3805-3807.

［12］ O'Brien，C. J.；Kantchev，E. A. B.；Valente，C.；Hadei，N.；Chass，G. A.；Lough，A.；Hopkinson，A. C.；Organ，M. G. Chem. Eur. J. 2006，12，4743-4748.

［13］ Kambe，N.；Iwasaki，T.；Terao，J. Chem. Soc. Rev. 2011，40，4937-4947.

［14］ Kharasch，M. S.；Lewis，D. W.；Reynolds，W. B. J. Am. Chem. Soc. 1943，65，493-495.

［15］ Parker，V. D.；Noller，C. R. J. Am. Chem. Soc. 1964，86，1112-1116.

［16］ Tamura，M.；Kochi，J. J. Am. Chem. Soc. 1971，93，1485-1487.

［17］ Devasagayaraj，A.；Stüdemann，T.；Knochel，P. Angew. Chem. Int. Ed. 1995，34，2723-2725.

［18］ Terao，J.；Watanabe，H.；Ikumi，A.；Kuniyasu，H.；Kambe，N. J. Am. Chem. Soc. 2002，124，4222-4223.

［19］ Terao，J.；Todo，H.；Watanabe，H.；Ikumi，A.；Kambe，N. Angew. Chem. Int. Ed. 2004，43，6180-6182.

［20］ Iwasaki，T.；Fukuoka，A.；Min，X.；Yokoyama，W.；Kuniyasu，H.；Kambe，N. Org. Lett. 2016，18，4868-4871.

［21］ Iwasaki，T.；Imanishi，R.；Shimizu，R.；Kuniyasu，H.；Terao，J.；Kambe，N. J. Org. Chem. 2014，79，8522-8532.

［22］ Tsuji，T.；Yorimitsu，H.；Oshima，K. Angew. Chem. Int. Ed. 2002，41，4137-4139.

［23］ Sai，M.；Someya，H.；Yorimitsu，H.；Oshima，K. Org. Lett. 2008，10，2545-2547.

［24］ Someya，H.；Ohmiya，H.；Yorimitsu，H.；Oshima，K. Org. Lett. 2008，10，969-971.

［25］ Zhou，J.；Fu，G. C. J. Am. Chem. Soc. 2003，125，14726-14727.

［26］ Anderson，T. J.；Jones，G. D.；Vicic，D. A. J. Am. Chem. Soc. 2004，126，8100-8101.

[27] Vechorkin, O.; Hu, X. Angew. Chem. Int. Ed. 2009, 48, 2937-2940.

[28] Saito, B.; Fu, G. C. J. Am. Chem. Soc. 2007, 129, 9602-9603.

[29] Shen, R.; Iwasaki, T.; Terao, J.; Kambe, N. Chem. Commun. 2012, 48, 9313-9315.

[30] Yang, C.-T.; Zhang, Z.-Q.; Liang, J.; Liu, J.-H.; Lu, X.-Y.; Chen, H.-H.; Liu, L. J. Am. Chem. Soc. 2012, 134, 11124-11127.

[31] Iwasaki, T.; Takagawa, H.; Singh, S. P.; Kuniyasu, H.; Kambe, N. J. Am. Chem. Soc. 2013, 135, 9604-9607.

[32] Ren, P.; Stern, L.-A.; Hu, X. Angew. Chem. Int. Ed. 2012, 51, 9110-9113.

[33] Nakamura, M.; Matsuo, K.; Ito, S.; Nakamura, E. J. Am. Chem. Soc. 2004, 126, 3686-3687.

[34] Nagano, T.; Hayashi, T. Org. Lett. 2004, 6, 1297-1299.

[35] Martin, R.; Fürstner, A. Angew. Chem. Int. Ed. 2004, 43, 3955-3957.

[36] Zultanski, S. L.; Fu, G. C. J. Am. Chem. Soc. 2013, 135, 624-627.

[37] Eckhardt, M.; Fu, G. C. J. Am. Chem. Soc. 2003, 125, 13642-13643.

[38] Vechorkin, O.; Barmaz, D.; Proust, V.; Hu, X. J. Am. Chem. Soc. 2009, 131, 12078-12079.

[39] (a) Hatakeyama, T.; Okada, Y.; Yoshimoto, Y.; Nakamura, M. Angew. Chem. Int. Ed. 2011, 50, 10973-10976. (b) Cheung, C. W.; Ren, P.; Hu, X. Org. Lett. 2014, 16, 2566-2569.

[40] Yi, J.; Lu, X.; Sun, Y.-Y.; Xiao, B.; Liu, L. Angew. Chem. Int. Ed. 2013, 52, 12409-12413.

[41] Pouwer, R. H.; Williams, C. M.; Raine, A. L.; Harper, J. B. Org. Lett. 2005, 7, 1323-1325.

[42] Negishi, E.-i.; Baba, S. J. Am. Chem. Soc. 1975, 97, 7386-7387.

[43] Tamao, K.; Kiso, Y.; Sumitani, K.; Kumada, M. J. Am. Chem. Soc. 1972, 94, 9268-9269.

[44] Hayashi, T.; Konishi, M.; Yokota, K.-i.; Kumada, M. Chem. Lett. 1980, 767-768.

[45] Joshi-Pangu, A.; Ganesh, M.; Biscoe, M. R. Org. Lett. 2011, 13, 1218-1221.

[46] Joshi-Pangu, A.; Wang, C.-Y.; Biscoe, M. R. J. Am. Chem. Soc. 2011, 133, 8478-8481.

[47] Lohre, C.; Dröge, T.; Wang, C.; Glorius, F. Chem. Eur. J. 2011, 17, 6052-6055.

[48] Hintermann, L.; Xiao, L.; Labonne, A. Angew. Chem. Int. Ed. 2008, 47, 8246-8250.

[49] Yu, D.-G.; Wang, X.; Zhu, R.-Y.; Luo, S.; Zhang, X.-B.; Wang, B.-Q.; Wang, L.; Shi, Z.-J. J. Am. Chem. Soc. 2012, 134, 14638-14641.

［50］ Guan, B. -T.; Xiang, S. -K.; Wang, B. -Q.; Sun, Z. -P.; Wang, Y.; Zhao, K. -Q.; Shi, Z. -J. J. Am. Chem. Soc. 2008, 130, 3268-3269.

［51］ Taylor, B. L. H.; Swift, E. C.; Waetzig, J. D.; Jarvo, E. R. J. Am. Chem. Soc. 2011, 133, 389-391.

［52］ Nishimura, T.; Uemura, S. J. Am. Chem. Soc. 1999, 121, 11010-11011.

［53］ (a) Hayashi, S.; Hirano, K.; Yorimitsu, H.; Oshima, K. J. Am. Chem. Soc. 2006, 128, 2210-2211. (b) Iwasaki, M.; Hayashi, S.; Hirano, K.; Yorimitsu, H.; Oshima, K. J. Am. Chem. Soc. 2007, 129, 4463-4469.

［54］ Niwa, T.; Yorimitsu, H. Oshima, K. Angew. Chem. Int. Ed. 2007, 46, 2643-2645.

［55］ Zhang, S. -L.; Yu, Z. -L. J. Org. Chem. 2016, 81, 57-65.

［56］ Qin, T.; Cornella, J.; Li, C.; Malins, L. R.; Edwards, J. T.; Kawamura, S.; Maxwell, B. D.; Eastgate, M. D.; Baran, P. S. Science 2016, 352, 801-805.

［57］ Cornella, J.; Edwards, J. T.; Qin, T.; Kawamura, S.; Wang, J.; Pan, C. -M.; Gianatassio, R.; Schmidt, M.; Eastgate, M. D.; Baran, P. S. J. Am. Chem. Soc. 2016, 138, 2174-2177.

［58］ Wang, J.; Qin, T.; Chen, T. -G. Wimmer, L.; Edwards, J. T.; Cornella, J.; Vokits, B.; Shaw, S. A.; Baran, P. S. Angew. Chem. Int. Ed. 2016, 55, 9676-9679.

［59］ Tsuji, T.; Yorimitsu, H.; Oshima, K. Angew. Chem. Int. Ed. 2002, 41, 4137-4139.

［60］ Fischer, C.; Fu, G. C. J. Am. Chem. Soc. 2005, 127, 4594-4595.

［61］ 最新案例: Choi, J.; Martin-Gago, P.; Fu, G. C. J. Am. Chem. Soc. 2014, 136, 12161-12165.

［62］ Cordier, C. J.; Lundgren, R. J.; Fu, G. C. J. Am. Chem. Soc. 2013, 135, 10946-10949.

［63］ 最新案例: Wilsily, A.; Tramutola, F.; Owston, N. A.; Fu, G. C. J. Am. Chem. Soc. 2012, 134, 5794-5797.

［64］ Mao, J.; Liu, F.; Wang, M.; Wu, L.; Zheng, B.; Liu, S.; Zhong, J.; Bian, Q.; Walsh, P. J. J. Am. Chem. Soc. 2014, 136, 17662-17668.

［65］ Jin, M.; Adak, L.; Nakamura, M. J. Am. Chem. Soc. 2015, 137, 7128-7134.

［66］ Czaplik, W. M.; Mayer, M.; Von Wangelin, A. J. Angew. Chem. Int. Ed. 2009, 48, 607-610.

［67］ (a) Gu, J.; Wang, X.; Xue, W.; Gong, H. Org. Chem. Front. 2015, 2, 1411-1421. (b) Wang, X.; Dai, Y.; Gong, H. Top. Curr. Chem. 2016, 374, 43.

［68］ Tellis, J. C.; Primer, D. N.; Molander, G. A. Science 2014, 345, 433-436.

［69］ Yamashita, Y.; Tellis, J. C.; Molander, G. A. Proc. Nat. Acad. Sci. U. S. A. 2015,

112，12026-12029.

[70] Zuo，Z.；Ahneman，D. T.；Chu，L.；Terrett，J. A.；Doyle，A. G.；MacMillan，D. W. C. Science 2014，345，437-440.

[71] Johnston，C. P.；Smith，R. T.；Allmendinger，S.；MacMillan，D. W. C. Nature 2016，536，322-325.

[72] Luo，J.；Zhang，J. ACS Catal. 2016，6，873-877.

有机化学——切断非活性碳-氢键，与有机硼酸酯进行的偶合反应的开发和利用

垣内史敏

（庆应义塾大学理工系）

1 序言

在现代有机化学领域中，合成化合物的种类可以说是不计其数，因此为了更好地合成这些化合物，研究人员开发了各式各样的官能团转换方法和保护方法。通过这些方法，我们可以更高的产量和选择性来获取目标化合物。然而，随着化合物的获取越来越方便，分子变换反应所需要的官能团种类也越来越丰富，反应过程也变得十分复杂（如提前引入反应活性部位）。甚至有时候费尽周折引入了官能团，却又在反应结束后消失，导致在合成过程中浪费大量的原料，这便是当今的现状。

关于如何合理地利用各种元素来提高反应效率和原子使用效率并精简合成步骤这一课题，在最近 10 年来日本国内外均开展了广泛的研究，甚至已然成为有机合成化学的一个重要的研究领域[1]。特别是由于碳-氢键（以下简称 "C—H 键"）普遍存在于有机化合物中，且氢不属于官能团，因此原料十分容易获取而且反应结束后官能团也不容易消失，所以在催化合成反应的开发中，大家逐渐意识到利用 C—H 键的合成反应十分高效。现在，一般将利用 C—H 键的合成反应称作 "C—H 键官能团反应"，其可利用的反应模式也十分丰富[2]。

关于利用 C—H 键断裂的催化反应，其实早在 1955 年村桥就已经报告过，通过使用 $Co_2(CO)_8$ 催化剂的亚胺同一氧化碳反应来合成内酰胺[3]。由

于该反应只在亚氨基的邻位上发生，因此认为亚胺氮起到了定向基的作用。同时，守谷、藤原等人也提交过相关报告，他们通过使用化学计量的 2 价钯盐的芳香族化合物和烯烃进行了脱氢偶联反应[4a]，并进一步提出即使只使用催化剂用量的 Pd(OAc)$_2$，该反应也可以顺利进行[4b]。除此之外，萩原等还报告了使用 Rh$_4$(CO)$_{12}$ 催化剂的二苯乙烯酮碳-碳双键的苯系物加成反应[5]。不过这三类反应均未使用定向基，因此在与取代苯化合物的反应过程中位置选择性的控制十分困难。到了 20 世纪 80 年代，关于使用 C—H 键的具有催化功能的官能团引入反应相关的研究报告开始出现，不过这些反应在反应效率、选择性、所需基质的普适性上均存在许多亟待解决的问题[6]。

我们的研究小组发现，通过使用钌催化剂，芳族酮邻位 C—H 键的烯烃的加成反应具有了一定的区域选择性，并以较高的产量得到了对应的烷基化产物[7a]。我们认为，该反应的区域选择性来源于杂原子（定向基）向钌的定向行为[7b,7c]。我们又进一步对该 C—H 键（使用定向基具有区域选择性）的具有催化功能的官能团化反应进行了更加全面深入的研究，进而发现除了传统的碳-碳键，碳-卤、氧、氮、硼、硅键等各种碳-杂原子键均可以具有区域选择性[8]。

我们的研究小组至今为止开发了许多 C—H 键的具有催化功能的官能团反应，在本文中，我将介绍同有机硼酸酯（经 C—H 键断裂）进行的偶联反应，以及该反应在多环芳香族烃类化合物短路线合成中的应用。

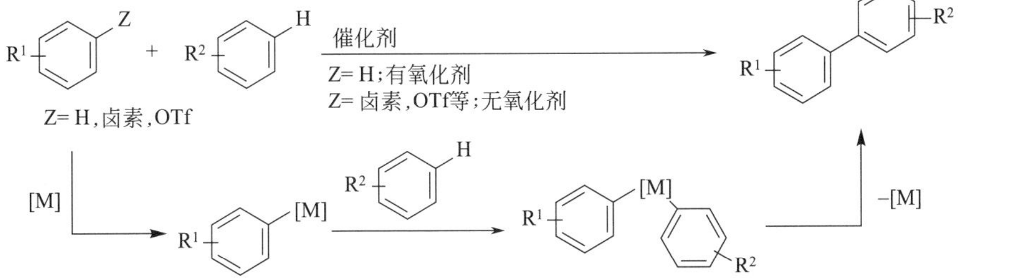

图 1　以高价过渡金属配合物为原料，经 C—H 活化的芳基化反应

2　芳族酮和有机硼酸酯的偶联反应

通过交叉偶联反应来合成联芳化合物，是在使用过渡金属配合物的多

类催化反应中最为重要的一种。该反应主要使用芳香族卤素化合物以及芳基金属化合物作为原料。此外，关于利用芳香族 C—H 键断裂来合成联芳化合物，以及高价过渡金属配合物参与 C—H 键断裂过程的反应实例的相关研究也正在积极地开展[9]。此类芳香族化合物的芳基化反应大多都会经过以下过程：卤化芳基化合物在过渡金属上发生氧化加成产生的高价金属配合物，同芳香族 C—H 键发生置换反应并生成二芳基金属化合物，之后经还原消除得到联芳化合物（图 1：Z＝卤素，OTf 等）。而在最近，不同的芳香族化合物在化学计量的氧化剂中共存时，受脱氢氧化转化为联芳化合物的相关反应报告也屡见不鲜（图 1：Z＝H）。

为了开发出新型的 C—H 键芳基化反应形式，我们开始研究一种史无前例的、利用 C—H 键向低价过渡金属配合物进行氧化加成的芳基化反应。通过将芳族酮和芳基硼酸酯（Ar-B(OR)$_2$）之间的反应置于 RuH$_2$(CO)(PPh$_3$)$_3$（下述催化剂 1）条件下，我们发现了芳香酮的邻位芳基化[10]。在使用甲苯作为溶剂的条件下，芳族酮的羟基作为底物起到了 H 和 B(OR)$_2$ 类化合物的捕获剂的作用，因此除了生成82%的目标芳基化产物 4 外，还随之生成了同等数量的酮 2 被还原的副产物醇 5 [式（1），方法 1][10a]。之后我们研究了各种方式来抑制芳族酮的还原，发现使用频哪酮作为溶剂时，芳族酮的还原得到了有效的抑制，并取得了较高的芳基化产物收率[10b]。将芳族酮 2 和苯硼酸酯 3 置于频哪酮回流的条件下发生反应，最终以85%的收率生成了邻位苯基化产物 [式（1），方法 2]。在对反应溶液的 ^{11}B NMR 以及 GC-MS 光谱进行测定后，观察到了与 H 和 B(OR)$_2$ 加成到频哪酮的化合物相同的化学物种，由此认为频哪酮同时起到了溶剂以及氧化剂的作用。

本反应在不同的芳族酮和芳基硼酸酯的组合下均可以进行反应（图 2）。在反应中，单苯基化过程具有选择性。我们认为这是由于在第一阶段加入的苯基与 *tert*-丁基之间出现了位阻排斥，导致第二次的 C—H 键断裂

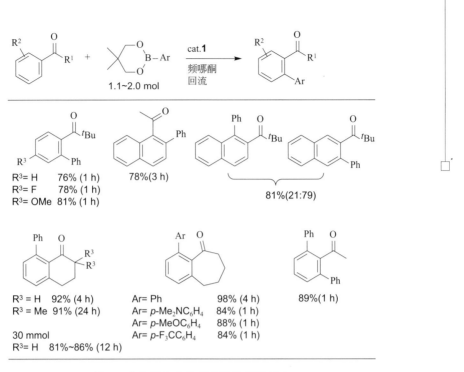

图 2　芳族酮和芳基硼酸酯的偶联反应

受到了抑制。而在 1-乙酰萘的反应中，在 2 位上的苯基化过程具有选择性，近位上的 C—H 键上未发生偶联。另外，在与 2-pivaloylnaphthalene 的反应中，位于 3 位的苯基化优先发生。这是由于近位的氢和钌之间出现了位阻排斥，因此阻止了 1 位上的反应。6 元环或 7 元环的芳族酮显示出了较高的反应活性，这也使得其对应的芳基化产物具有较高的分离收率。与 α-四氢萘酮的反应在 30 mmol 的反应规模下也以较好的收率得到了产物[10c]。此外，使用含有各种不同取代基的芳基硼酸酯进行反应也以较高的收率得到了偶联生成物。另外，若使用乙酰苯作为基质，2 处邻位均发生反应并选择性地生成了二芳基化产物。

表 1　乙酰苯类的选择性单芳基化

方法	R	Ar	分离产率/%	色谱产率/%
			单芳基取代产品	二芳基取代产品
1	H	$p\text{-}Me_2NC_6H_4$	71[78]	11nd
2	H	$p\text{-}MeOC_6H_4$	62nd	18nd
3	H	$p\text{-}F_3CC_6H_4$	nd[33]	nd[11]
4	MeO	$p\text{-}Me_2NC_6H_4$	56[65]	nd[nd]
5	^tBu	$p\text{-}Me_2NC_6H_4$	71[83]	nd[nd]

　　若使用在邻位上含有 2 个 C—H 键的苯乙酮类作为基质，二芳基化产物的生成将优先进行，这也是本芳基化反应的一个特点。通过单芳基化很难阻止反应进行。为了在不改变基质的前提下，选择性地进行单芳基化反应，我们使用了添加剂来控制其选择性。在向 C—H 键的烯烃的加成反应中，乙酰苯和硅烷类的反应在反应初期即可生成二烷基化产物，而与苯乙烯的反应即便使用过量的苯乙烯也只能生成单烷基化产物。以上述现象为基础，可以得出如下工假说，即"苯乙烯具有抑制 1∶2 偶联物生成的作用"。实际上，正如式（2）所示，通过加入苯乙烯可以大幅度抑制二芳基化产物的生成[11]。单芳基化产物在使用含有释电子基团的芳基硼酸酯的条件下收率将上升（表 1）。

　　该芳基化反应的机制推测如图 3 所示。在芳族酮和烯烃的反应中，观察到生成了单氢钌类 B，在该生成物中，乙酰苯的邻位 C—H 键氧化加成到 Ru(0)类(A)7c。配合物 B 与频哪酮发生反应，生成钌醇盐类 C。接着，经过与硼酸酯的转移金属化生成二芳基钌中间产物 D，并随着还原消除得到联芳产物，重新生成钌催化剂。

　　烯基硼酸酯也可以作为偶联剂使用[12a]。在使用(E)-β-苯乙烯基硼酸酯类作为烯基硼酸酯时，可得到对应的 E 化合物的烯基化产物〔式(3)，方法 1〕。而在使用 E 化合物与 Z 化合物的混合物(E∶Z＝39∶61)1-丙烯基硼酸酯时，则只能得到 E 化合物〔式(3)，方法 2〕。产生上述现象的原因主要

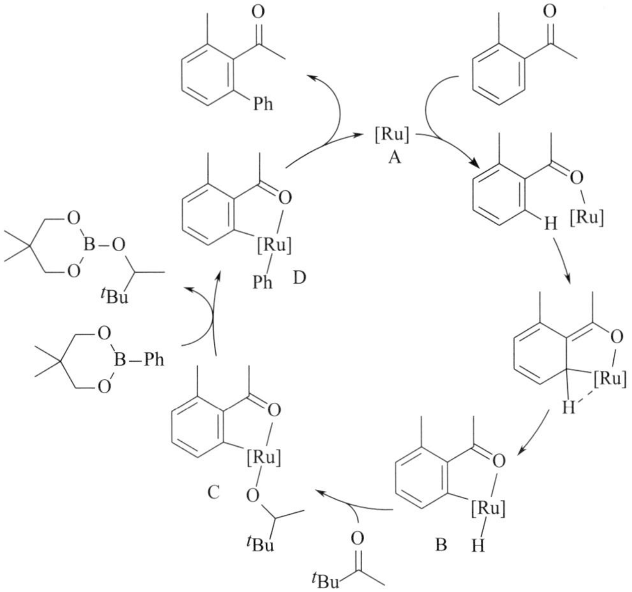

图 3　芳族酮芳基化反应的催化剂循环推测

是：作为原料的烯基硼酸酯受钌催化剂影响向 E 化合物发生异构化后产生了偶联反应。

　　烯基化反应与芳基化反应不同，即使与乙酰苯发生反应也只能得到单烯基化产物［式(4)］。造成上述选择性不同的原因，我们认为是在烯基化反应中烯基部位在反应后向钌配位，因此阻止了 C—H 键的 2 次断裂。实际上，在使用化学计量的钌配合物来进行乙酰苯和 2-丙烯基硼酸酯的反应过程中，在 ^{1}H NMR 以及 ^{31}P NMR 光谱中已经观察到了疑似在烯基部位生成配位配合物的光谱[12b]。

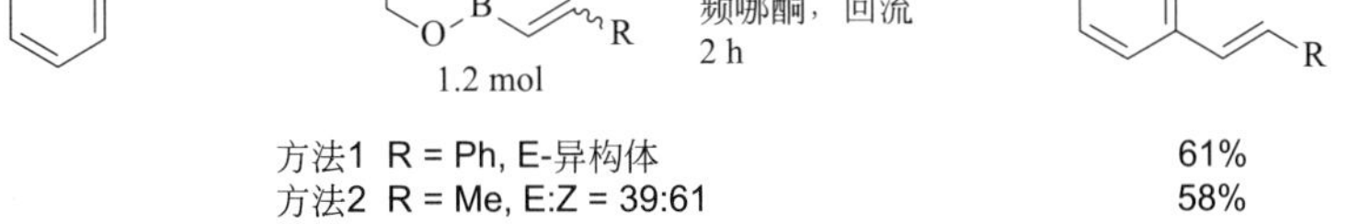

方法1　R = Ph, E-异构体　　　　　　　61%
方法2　R = Me, E:Z = 39:61　　　　　　58%

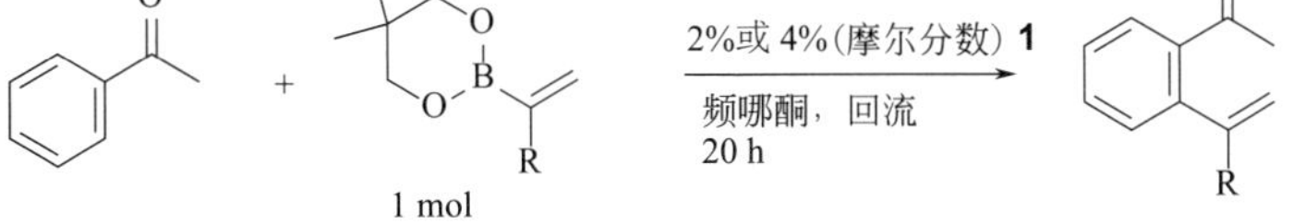

方法1　R = Ph　2%(摩尔分数) 1　48%
方法2　R = Me　4%(摩尔分数) 1　30%

3 芳族酯以及腈和芳基硼酸酯的偶联反应

在与芳基硼酸酯的偶联反应中，可使用酯基[13]或氰基[14]作为定向基。在使用酯基作为定向基时，将在很大程度上影响烷氧基部位结构的反应活性。而在使用甲酯或 $tert$-丁酯时，只能以较低的收率获得苯基化生成物。另外，在使用异丙酯时，以 75％ 的收率得到了偶联产物 [式（5），方法1]。在使用芳香酯时，在芳香环上引入吸电子基团三氟甲基可提高反应活性，并以 92％ 的产率得到了对应的苯基化产物 [式（5），方法2]。芳基化生成物通过在酸性条件下加水分解可增加对应羧酸的产率，因此本反应可应用于合成邻位芳基安息香酸。

$$
\text{方法 1 R = Me} \qquad 75\% \\
\text{方法 2 R = CF}_3 \qquad 92\%
$$

(5)

在 C—H 键的芳基化反应中，定向基除了使用杂原子，氰基的 π 电子也可以使用。与利用杂原子配位进行官能团化不同，将氰基作为定向基来进行 C—H 键官能团化反应的已知案例很少。关于芳基化的研究仅只有1例，即 Sun 等人所报告的使用钯催化剂的反应[15]。

(6)

	催化剂	基质		
方法 1	10 mol %, RuH$_2$(CO)(PPh$_3$)$_3$ (**1**)	无	10%	未检测到
方法 2	10 mol %, RuH$_2$(CO)(P(4-C$_6$H$_4$)$_3$)$_3$	无	47%	1%
方法 3	10 mol %, RuH$_2$(CO)(P(4-C$_6$H$_4$)$_3$)$_3$	KHCO$_3$	81%	1%
方法 4	20 mol %, RuH$_2$(CO)(P(4-C$_6$H$_4$)$_3$)$_3$	KHCO$_3$	85%	5%
方法 5	20 mol %, **1**	KHCO$_3$	66%	17%

o-三氟甲基苯腈和苯硼酸酯 **3** 的反应中，使用 **1** 作为催化剂时，其对应的苯基化生成物的收率只有 10％ [式（6），方法1]。为了提高催化剂活性，合成了各种各样含有膦配位体的钌配合物，并将其作为催化剂使用，其中 RuH$_2$(CO)(P(4-MeC$_6$H$_4$)$_3$)$_3$ 显示出了较高的催化剂活性（方法2）。并且在添加 KHCO$_3$ 作为碱基时，以最高的收率得到了邻位苯基化生成物

（方法 3、4）。在这之中，还出现了一个值得研究的现象，因为在对位也出现了苯基化并生成了 1%～5% 的二苯基化生成物（方法 2～4）。而在使用催化剂 **1** 时，二苯基化产物的收率甚至上升到了 17%（方法 5）。

$$(7)$$

在对位 C—H 键的苯基化反应中，并不涉及氰基的配位，因此我们推测是具有吸电子效应的氰基和三氟甲基引起了对位的苯基化。接着我们又在催化剂 **1** 的条件下进行了 2，6-双（三氟甲基）苯甲腈和 **3** 的反应，以 14% 的收率得到了对位的苯基化产物，见式(7)。至此，我们了解到吸电子基团对 C—H 键的芳基化反应具有良好的促进效果。

4　新 RuH₂（CO）（PAr₃）₃ 配合物以及 RuHCl（CO）（PAr₃）₃ 配合物的合成以及立体位阻较大的 C—H 键芳基化反应

RuH₂（CO）（PAr₃）₃ 配合物和 RuHCl（CO）（PAr₃）₃ 配合物相关的研究从很早之前就开始了，但这些研究基本上使用的都是 PPh₃ 配合物，关于合成各类含有膦的配合物并将其用作催化剂相关的研究却几乎没有。正如在上面所描述的与苯甲腈类的反应，我们已经得知使用不同种类的膦可以改变芳基化的反应效率，因此如果使用含有不同膦的配合物作为催化剂，或许可以发现钌配合物的新反应性质。

关于 C—H 键的官能团化反应至今已经有了大量的研究，因此我们已经可以利用 C—H 键来引入各式各样的官能团。但是，在立体障碍较大的位置进行 C—H 键芳基化时，往往反应活性都十分低下。于是我们开发了各种各样的 RuH₂（CO）（PAr₃）₃ 配合物和 RuHCl（CO）（PAr₃）₃ 配合物的合成方法，并将合成得到的配合物用作催化剂，试图以此开发出新的反应体系来实现在立体障碍较大的位置进行 C—H 键芳基化。

我们合成了 5 种含有不同膦的 RuH₂（CO）（PAr₃）₃ 配合物和 8 种含有不同膦的 RuHCl（CO）（PAr₃）₃ 配合物[16]并研究了这 13 种配合物与 3，3′，5，

5′-四甲基二苯甲酮和 **3** 的反应，以此来验证这些配合物是否对在立体障碍较大的位置进行 C—H 键芳基化具有促进效果。从上述研究的结果中，选取了部分具有代表性的数据展示在表 2 中。在进行种种研究后，发现使用丙酮/均三甲基苯混合溶剂作为反应溶剂具有很好的效果。另外，不论是在 RuH₂(CO)(PAr₃)₃ 配合物还是在 RuHCl(CO)(PAr₃)₃ 配合物条件下，使用在间位上含有取代基的膦时，均以高收率得到了苯基化生成物（表 2，方法 3，6，8，9，10）。

表 2　立体位阻较大位置的 C—H 键芳基化

方法	X	Ar	收率/%	
1	H	Ph	55	14
2	H	4-MeC₆H₄	49	15
3	H	3-MeC₆H₄	51	21
4	Cl	Ph	38	2
5	Cl	4-MeC₆H₄	39	3
6	Cl	3-MeC₆H₄	56	7
7	Cl	4-MeOC₆H₄	47	4
8	Cl	3-MeOC₆H₄	52	3
9	Cl	3,5-Me₂C₆H₃	60	8
10	Cl	4-MeO-3,5-Me₂C₆H₂	63	12

使用在 2 个间位上含有取代基的 pivalophenone 与各种芳基硼酸酯进行偶联反应时，也以良好的收率得到了 C—H 芳基化生成物（表 3）。

膦的不同结构究竟是如何影响反应活性的目前尚不清楚，不过可以确定的是，相比三苯基膦，通过改变膦的结构确实可以改变反应活性，并且可以以良好的收率在立体障碍较大的位置进行 C—H 键芳基化。

表 3　间位双取代 pivalophenone 的邻位芳基化

方法	Ar	收率/%
1	Ph	82
2	4-MeC$_6$H$_4$	74
3	4-MeOC$_6$H$_4$	83
4	4-CF$_3$C$_6$H$_4$	88
5	2-naphthyl	84

　　三苯基膦价格便宜，且配合物的合成方式多样，因此在研究催化剂反应时常常被用于初期选择。此外，关于改变了芳香环上取代基的三芳基膦配合物在合成配合物时的催化活性却鲜有研究。在这里展示的成果虽然仅仅只是一小部分，但也已经足够说明只要在三芳基膦的取代基上潜心研究，很可能会发现一些三苯基膦配合物难以实现的催化性能。

5　利用 C—H 键芳基化的多环芳香族烃类化合物短路线合成

　　多环芳香族烃类化合物因其所具有的扩张 π 共轭体系，在有机半导体领域受到了广泛的研究。其中，如并五苯和蒄所代表的，苯环呈一维排列的并苯类在 HOMO 和 LUMO 之间的能量差很小且具有良好的电荷迁移性，因此是一类在有机场效应晶体管方面很有应用前景的化合物。而合成上述化合物，目前大多都采用的是芳香族卤化物的交叉偶联反应，但是由于在进行这类反应时必须要引入卤代基，因此往往会导致反应过程繁琐。

　　在我们开发的 C—H 键芳基化反应中，由于可以使用羟基作为定向基，而羟基可以方便地转换为其他各类官能团，因此我们认为在进行 C—H 键芳基化后，通过转换羟基或许可以扩张 π 共轭体系，于是对此进行了研究。最终，通过 C—H 键芳基化和羟基的转换，成功地开发出了一条短合成路线用以合成多取代并五苯和蒄、芘类以及二苯蒄类[17]。

使用易获取原料蒽醌，在催化剂 1 的条件下，在频哪酮中和芳基硼酸酯发生反应，最后得到了在羟基邻位上 1、4、5、8 位的 C—H 键均被芳基化的蒽醌（表 4）[17a]。不过由于四苯基蒽醌的溶解度较低，在反应过程中生成了沉淀，因此收率并不高（方法 1）。而在含有供电子基四芳基团以及吸电子基团的条件下，均以良好的收率得到了对应的四芳基蒽醌（方法 2～6）。

表 4　蒽醌在催化剂下的四芳基化

方法	Ar	收率/%
1	Ph	28
2	$4\text{-MeC}_6\text{H}_4$	77
3	$4\text{-}^n\text{MeC}_6\text{H}_4$	83
4	$4\text{-MeOC}_6\text{H}_4$	55
5	$4\text{-F}_3\text{CC}_6\text{H}_4$	48
6	$3,5\text{-Me}_2\text{C}_6\text{H}_4$	89

接着，通过在醋酸中使用碘化氢将蒽醌的羟基还原为四芳基蒽，以高收率获得了对应的 1，4，5，8-四芳基蒽 ［式(8)］。

此外我们还成功开发了另一个利用羟基转换的方法，即芳基锂通过加成转换为二元醇，并接着进行还原性芳香族化，以此转换为 1，4，5，8，9，10-六芳基蒽（图 4）。对其中一种合成物进行了 X 射线单晶结构分析，发现蒽结构的两个末端之间约呈 58° 弯曲。

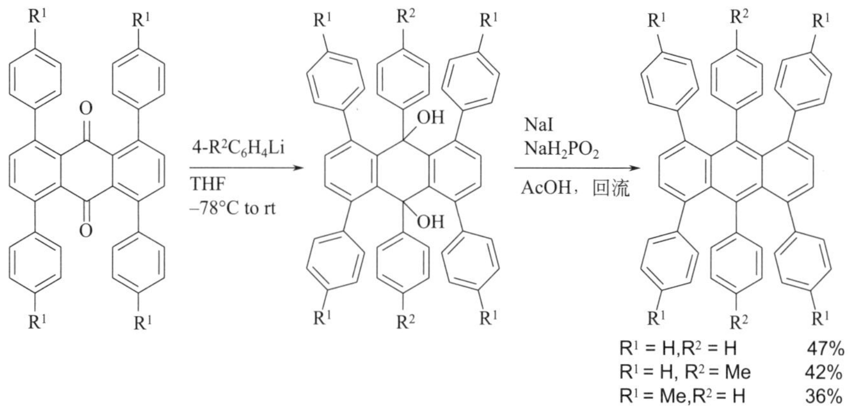

图 4　1，4，5，8，9，10-六芳基蒽的合成

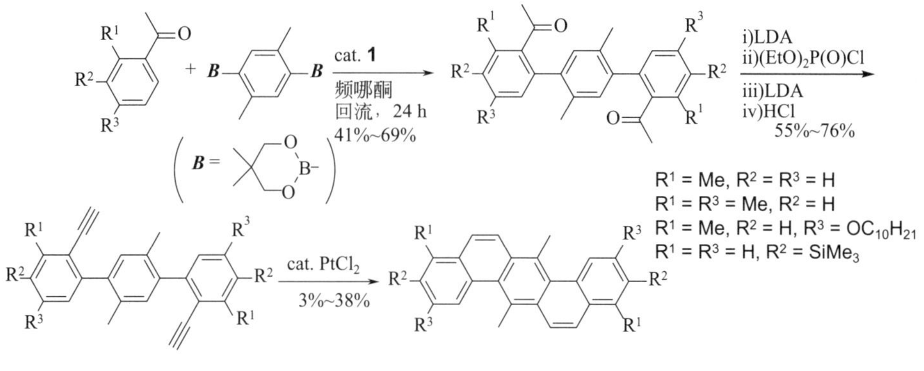

图 5　二苯 [a，h] 蒽类的合成

　　接着，通过使乙酰苯和芳烃二硼酸酯发生偶联反应合成了三芳基，继续进行乙酰基转换合成了二苯 [a，h] 蒽类和菲类[17b]。使用催化剂 1 和 2，5-二甲基-1，4-二硼酸酯与乙酰苯衍生物进行偶联反应，以中等收率得到了对应的三芳基（图 5）。接下来，利用现有的方法将乙酰基转换为乙炔基，并以 55% ～ 76% 的收率得到了二乙炔基化产物。使用氯化铂作为 Lewis 酸催化剂，通过分子内亲电环化转换为目标二苯 [a，h] 蒽类[17b]。

　　在合成菲类时，使用在 2、3 位含有取代基的芳烃二硼酸酯，经过如图 5 所示过程得到了 5 个苯环呈锯齿形连接的菲衍生物 [式（9）][17b]。若使用含有噻吩环的化合物代替二硼酸酯，甚至有希望合成含有噻吩环的菲衍生物 [式（10）][17b]。

$$(9)$$

$$(10)$$

R^1 = Me, R^2 = R^3 = H
R^1 = R^3 = Me, R^2 = H
R^1 = Me, R^2 = H, R^3 = OC$_{10}$H$_{21}$

在这里展示的并苯类的合成方式都是以容易获取的化合物作为起始原料，因此可以较短的路线合成具有各种取代形式的化合物。另外通过使用定向基使 C—H 键的芳基化具有区域选择性，再搭配灵活运用定向基的分子变换，使得那些使用传统方法难以合成的化合物也可以非常便捷地进行合成，可以说这才是本方法的最大特点。

6 结语

通过 C—H 键活化，在催化剂作用下引入官能团的研究数量正逐年上涨。在这里我将目前为止开发的部分反应模式展示在了图 6 中。在 20 世纪 70 年代，使用有机卤化物等通过过渡金属配合物在催化剂作用下的合成反应的研究出现了爆发式的增长，这些合成方法甚至在现在的有机合成化学领域也占有十分重要的地位。而对于上述各种反应中可引入的官能团，在如今基本上都已经可以利用 C—H 键在催化剂的作用下进行引入。并且通过对定向基的深入研究，不单单是邻位，间位也已经可以进行选择性的官能团化。进一步通过对添加物的深入研究，在对位进行选择性反应的方法也相继问世。除了芳香族化合物，对脂肪族化合物中 sp^3 C—H 键在催化剂作用下的官能团化的研究也十分活跃。C—H 键在有机化合物中极其普遍，只要在反应体系上进行更加深入的研究，完全有可能在现有合成方法无法触及的位置上进行官能团化。在今后，通过更多的研究将会开发出种类繁多的新型转换反应。

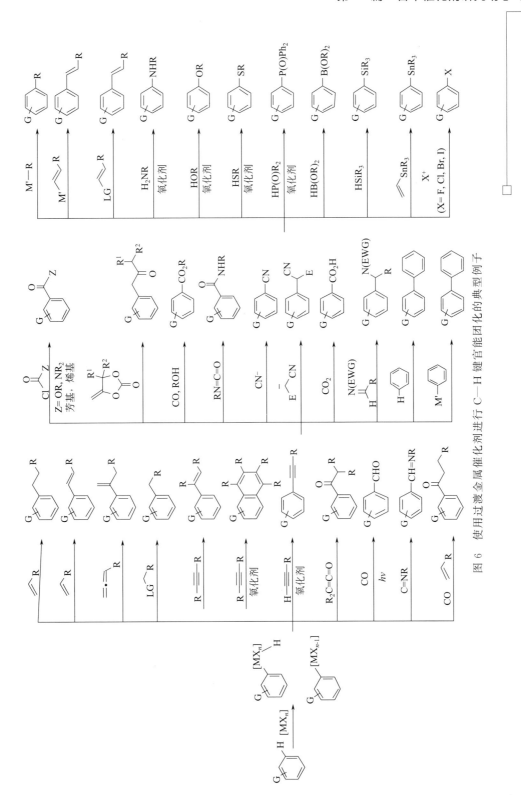

图 6 使用过渡金属催化剂进行 C—H 键官能团化的典型例子

在大量的报告中都提到，通过利用 C—H 键可以在那些使用全新的分子转换法或传统的官能团转换方法难以引入官能团的位置形成结合。此外，也偶尔会看到将通过正碳离子等化学物种进行的亲电芳香取代反应、自由基偶联反应、羟醛缩合反应等当作 C—H 键活化反应的研究报告。不过对于这种无视反应机制，仅仅根据同反应后的生成物相比反应原料物质的结构中出现了 C—H 键断裂这一理由，就将此视为 C—H 键活化反应的现象，笔者并不认同。我认为 C—H 键活化反应至少应该满足如下条件：在 C—H 键断裂阶段，断开的碳和金属形成了结合。为了实现使用正碳离子等化学物种或自由基的反应无法形成的结合形式，C—H 键活化反应的研究经历了一个漫长的过程。因此，在开发通过 C—H 键活化的新型催化剂反应时，也应该同时对反应机制进行研究，这对于避免出现无意义的混乱来说十分重要。

在本文中，介绍了一种由我们开发的经 C—H 键断裂在催化剂作用下的官能团引入反应，即通过 C—H 键向钌配合物的氧化加成实现的与有机硼酸酯之间的偶联反应。我认为，正是因为我们抱着一种"想利用 C—H 键断裂来合成 π 共轭体系扩张的分子，但是又不想使用已有过大量前期研究的通过 C—H 键断裂与过渡金属发生置换反应的形式来进行反应"的想法，才成功地开发出了这样一种通过 C—H 键向过渡金属的氧化加成来进行反应的形式。

在芳基化反应最初的论文中[10a]，曾经有一个根本性的问题没有得到解决，即在反应过程中有一半的芳族酮原料都会被还原。后来一名负责研究的学生发现可以使用频哪酮来阻止原料酮的还原，这才使研究出现转机，并最终取得今天的成果。除了频哪酮还使用了大量的脂族酮作为还原的抑制物进行了研究，但均没有效果，因此后来也就放弃了使用脂族酮作为捕获剂的想法。这名学生在硕士论文答辩结束后，准备离开实验室，就在他检查自己还有没有什么事情没有解决的时候，他突然意识到频哪酮的研究还存在遗漏，于是又开始进行各种追加研究，这也是为什么他直到现在也还在继续从事相关研究。"难以用语言解释，但是总觉得意犹未尽，所以踏实地做事"，我认为这样的想法对于做出突破性的研究来说非常重要。

7　致谢

笔者开发经 C—H 键断裂的催化剂反应已经 20 多年。我在大阪大学就读、就职期间，在研究过程中受到了村井真二教授非常真切的指导。茶谷直人教授也给我提出了不少宝贵的建议。特此向他们表示诚挚的感谢。

除了本文中介绍的与有机硼酸酯之间的偶联反应，我们还正在开发诸如烷基化反应、烯基化反应、酰化反应、酰烷基化反应、甲硅烷基化反应、结合电解氧化的卤化反应、结合电解氧化的自偶联反应等 C—H 键的官能团化反应。特此对于在这些研究中给予我们极大帮助的佐藤光央博士（原职员）以及河内卓弥专职讲师（现职员）、全体学生、各位研究合作者出众的能力以及付出的努力表示深深的感谢。

参考文献

［1］E. Nakamura，K. Sato，Nat. Mater.，10，158（2011）.

［2］H. M. L. Davies，D. Morton，J. Org. Chem.，81，343（2016）.

［3］S. Murahashi，J. Am. Chem. Soc.，77，6403（1955）.

［4］（a）I. Moritani，Y. Fujiwara，Tetrahedron Lett.，8，1119（1967）.（b）Y. Fujiwara，I. Moritani，S. Danno，R. Asano，S. Teranishi，J. Am. Chem. Soc.，91，7166（1969）.

［5］P. Hong，H. Yamazaki，K. Sonogashira，N. Hagihara，Chem. Lett.，7，535（1978）.

［6］F. Kakiuchi，N. Chatani，Adv. Synth. Catal.，345，1077（2003）.

［7］（a）S. Murai，F. Kakiuchi，S. Sekine，Y. Tanaka，A. Kamatani，M. Sonoda，N. Chatani，Nature，366，529（1993）.（b）F. Kakiuchi，S. Murai，Acc. Chem. Res.，35，826（2002）.（c）F. Kakiuchi，T. Kochi，E. Mizushima，S. Murai，J. Am. Chem. Soc.，132，17741（2010）.

［8］Z. Chen，B. Wang，J. Zhang，W. Yu，Z. Liu，Y. Zhang，Org. Chem. Front.，2，1107（2015）.

［9］（a）D. Alberico，M. E. Scott，M. Lautens，Chem. Rev.，107，174（2007）.（b）L. Ackermann，R. Vicente，A. R. Kapdi，Angew. Chem. Int. Ed.，48，9792（2009）.（c）T. Satoh，M. Miura，Synthesis，3395（2010）.

［10］（a）F. Kakiuchi，S. Kan，K. Igi，N. Chatani，S. Murai，J. Am. Chem. Soc.，125，1698（2003）.（b）F. Kakiuchi，Y. Matsuura，S. Kan，N. Chatani，J. Am. Chem. Soc.，127，5936（2005）.（c）K. Kitazawa，T. Kochi，F. Kakiuchi，Org. Synth.，87，209（2010）.

［11］ S. Hiroshima，D. Matsumura，T. Kochi，F. Kakiuchi，Org. Lett.，12，5318 (2010).

［12］ (a) S. Ueno，N. Chatani，F. Kakiuchi，J. Org. Chem.，72，3600(2007). (b) S. Ueno，T. Kochi，N. Chatani，F. Kakiuchi，Org. Lett.，11，855 (2009).

［13］ K. Kitazawa，M. Kotani，T. Kochi，M. Langeloth，F. Kakiuchi，J. Organomet. Chem.，695，1163 (2010).

［14］ Y. Koseki，K. Kitazawa，M. Miyake，T. Kochi，F. Kakiuchi，J. Org. Chem.，in press；DOI：10. 1021/acs. joc. 6b02623.

［15］ W. Li，Z. Xu，P. Sun，X. Jiang，M. Fang，Org. Lett.，13，1286 (2011).

［16］ Y. Ogiwara，M. Miyake，T. Kochi，F. Kakiuchi，Organometallics，36，159 (2017).

［17］ (a) K. Kitazawa，T. Kochi，M. Sato，F. Kakiuchi，Org. Lett.，11，1951(2009). (b)K. Kitazawa，T. Kochi，M. Nitani，Y. Ie，Y. Aso，F. Kakiuchi，Chem. Lett.，40，300(2011).

生物质高效转换——水相氮氧自由基催化剂作用下的纤维素择位氧化与纳米纤维化

矶贝明

（东京大学研究生院，农学生命科学研究科）

1 序言

　　纤维素是以树木为代表的植物细胞壁的主要成分，它是地球上储量最多的生物高分子，随着树木生长，每年纤维素都以最大限度被储备。今后，为构筑循环型社会，促进可取代部分化石资源的可再生生物质的利用，并防止地球变暖，需要从质量及数量上多加利用纤维素。但是，日本进口木材的比例十分高，超过 70%[1]。日本人口减少，导致木结构建筑的开工率降低，而信息媒体的电子化等导致纸张的消费量降低。森林资源约占日本国土的 66%，却无法得到充分利用，被砍伐的木材也通常被当作林间废弃物而被置之不理。最终，能固定二氧化碳的树木并未顺利实现"采伐→作为材料利用→采伐后植树造林→树木成长"这一循环，因此树木吸收、固定、削减大气中的二氧化碳的进程也滞后。

　　纤维素是具有化学性质的、惰性的结晶性多糖，这种材料如同石油类合成高分子，难以通过自由地重整其化学结构，实现功能化、塑料化、溶解成型等。通过溶解、再生纤维素，可以制造纤维或膜片。而从环境负担的观点及成本的角度来说，这种制造方式需要特殊的溶剂。例如，日本在第二次世界大战前后，曾大力生产黏胶人造丝纤维（人造丝）。如今，日本本土的企业基本已不再生产黏胶人造丝纤维。尚未发现可替代黏胶法的新型、安全且成本低廉的纤维素溶剂。

至今为止，大量的学术论文（调配制作方式、对已知的、经化学重整处理后的纤维素的结构、特性进行解析）已阐明，纤维素的每个葡萄糖单位中有 3 个羟基，可进行酯化反应、醚化反应、共聚作用、氧化反应等。然而，这需要加入特殊的溶剂及大量反应试剂，并需要在高温下进行长时间反应等，导致其得以实际应用的产业级别案例较少。换而言之，为推进纤维素的新型利用方式，不仅需要谋求纤维素经化学重整处理后的已知机能、特性，也需要使纤维素的化学结构转换（重整）过程具有环境适应性。例如，如同生物体内的酶能产生选择性物质转换过程及能量产生过程一样，我们需要进行技术革新，使纤维素的结构及特性能在水溶性、常温及常压的条件下高效地发生剧烈变化。

2 纤维素的 TEMPO 催化氧化反应

针对至今为止所阐明的纤维素羟基的酯化反应、醚化反应，荷兰的研究小组在 1995 年宣布了针对水溶性多糖的 TEMPO（2，2，6，6-四甲基吡啶-1-氧基）催化氧化反应[2]。TEMPO 为一种可溶于水的惰性氮氧自由基，Ames（污染物致突变性检测）实验的结果为阴性。如果这一反应也能适用于不溶于水的纤维素，则在水溶性、常温及常压的条件下，不使用有机溶剂即可发生催化反应，从而区域选择性地氧化纤维素 C6 位的一级羟基，并经由 C6-醛基生成 C6-羧基钠盐（图 1）。在催化剂 TEMPO 与溴化钠（NaBr）的作用下，廉价的次亚氯酸钠（NaClO）及少量氢氧化钠（NaOH）被消耗，并生成副产物氯化钠（NaCl）。与至今为止所采用的、借助多糖羟基的有机类进行酯化反应、醚化反应的做法相比，上述反应过程更具有环境适应性。在化学反应过程中生成的氧化型 TEMPO（TEMPO⁺）的特异的化学结构，使其难以与具有位阻效应的二级醇羟基发生化学反应，它仅会与少量离解的一级醇羟基进行结合→分离→氧化→结合→分离，从而经由醛基，选择性氧化成羧基（图 2）。

当非水溶性的纤维素在 pH = 10 的水介质中发生 TEMPO/溴化钠（NaBr）/次氯酸钠（NaClO）类催化氧化反应时，不同的初始纤维素试样可生成不同的氧化产物。当该技术应用于结晶度低、具有纤维素 II 型结晶结构的再生纤维素（例如黏胶人造丝纤维、铜氨丝纤维等）时，在化学反应的过程中，纤维素被溶解，C6 位一级羟基基本被羧基钠盐完全氧化，并

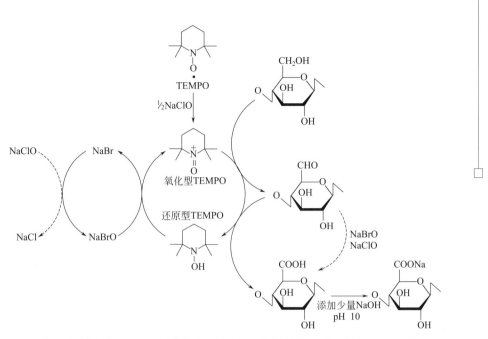

图 1　纤维素在 pH＝10 的水介质中及常温、常压的条件下，发生 TEMPO/
溴化钠（NaBr）/次氯酸钠（NaClO）类催化氧化反应，从而使纤维素的一级
醇羟基发生选择性氧化反应并生成羧基

产生具有均等化学结构的水溶性聚多糖酸钠（被命名为纤维素糖醛酸）。

　　而当该技术应用于具有纤维素Ⅰ型结晶结构的天然纤维素试样，例如由木材制造且用于造纸的漂白牛皮纸浆、由木材制造的溶解纸浆（人造丝纤维及各类纤维素衍生物的原料，纤维素的纯度很高）、棉纤维素等时，即便延长 TEMPO 催化氧化反应的时间或增加次氯酸钠（NaClO）添加量，纤维形状也不会改变。例如，用于造纸的针叶树漂白牛皮纸浆（被用于牛奶盒及包装纸）进行 TEMPO 催化氧化反应后，羧基的含量约为 1.7mmol/g，增加至原来的 170 倍。同时，产生了微量的 C6-醛基，聚合度（分子量/葡萄糖单位 162）降低（图 3）。但是，在氧化反应的过程中，纸浆原本的纤维形状未发生改变，同时牛皮纸浆原本的结晶结构、结晶度及结晶尺寸也未发生改变。从上述实验结果可知，当 TEMPO 催化氧化反应应用于天然纤维素时，结晶性纤维素微纤丝（任何植物均可在细胞壁内生物合成结晶性纤维素微纤丝，它的宽度约为 3nm，由 6×6＝36 根直链状纤维素分子有规律地固定成细微的纳米纤维，是仅次于纤维素分子的最小单位：图 4）的表面可生成规则的、高密度的、具有区域选择性的葡萄糖单位 C6 位氧化物，即葡萄糖醛酸单位，这是位置极其特异的反应（图 5）。

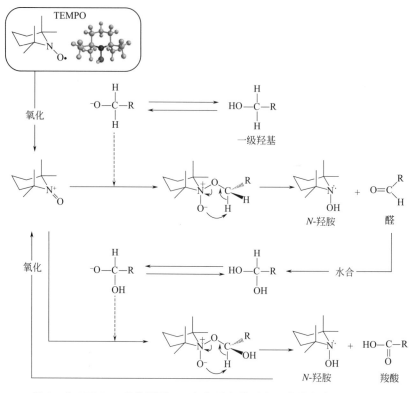

图 2　在 TEMPO 的作用下，一级羟基与羧基发生催化氧化反应机理

TEMPO 催化氧化反应发生后，在纤维素微纤丝表面的纤维素分子链中交替出现葡萄糖单位及葡萄糖醛酸单位。这是由于氧化型 TEMPO（TEMPO＋）与可发生反应的 C6 为一级羟基交替存在并出现在结晶性纤维素微纤丝表面的缘故。如此一来，以用于造纸的针叶树漂白牛皮纸浆为初始原料，在 pH＝10 的弱碱性条件下与 TEMPO/溴化钠（NaBr）/次氯酸钠（NaClO）类发生催化氧化反应时，依据次氯酸钠（NaClO）的添加量，在常温条件下，90min 内最多可导入约 1.7mmol/g 羧基钠盐。发生化学反应后，纸浆原本的纤维形态未发生变化，因此过滤-清洗时无需使用过滤网，便可轻易地分离纤维状的 TEMPO 氧化纤维素及反应液、清洁液，并进行精制。TEMPO 是昂贵的催化剂，但通过电渗析进行脱盐处理，可以从排出的液体中回收、再利用 TEMPO(图 6)。

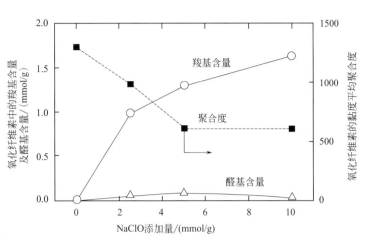

图 3　用于造纸的针叶树漂白牛皮纸浆在 pH＝10 的条件下与 TEMPO/溴化钠（NaBr）/次氯酸钠（NaClO）发生氧化反应时，次氯酸钠（NaClO）的添加量与氧化纤维素的羧基含量、醛基含量、聚合度的关系

3　TEMPO 氧化纤维素的纳米纤维化

　　用于造纸的针叶树漂白牛皮纸浆（纤维素的含量约为 90%，其余成分为半纤维素）在合适的条件下，与 TEMPO/溴化钠（NaBr）/次氯酸钠（NaClO）类发生催化氧化反应后，向水中放入精制的纤维状 TEMPO 氧化纤维素（已导入约 1mmol/g 以上的羧基钠量），之后用家用搅拌机等电器稍加进行解聚处理，不久便可得到透明、高黏度的凝胶。稀释凝胶后，将其滴在透射型电子显微镜（TEM）专用的栅极上并干燥，可观察到 TEMPO 氧化纤维素纳米纤维（TOCN），其宽度均约为 3nm，极为纤细，而长度约为数微米。换而言之，图 4 中展示的由植物生物合成的结晶性最小单位——"纤维素微纤丝"可以进行完全分离及纳米分散化。在 TEMPO 催化氧化反应下，结晶性纤维素微纤丝的表面被导入高密度的、具有规律的负电荷的羧基钠盐（图 5）。在纤维素微纤丝中原本存在大量的氢键，它们阻碍水中解聚处理所产生的纳米纤维化。而在水中，微纤丝之间有效地产生了浸透压效果及电荷斥力，这就切断了所有氢键，最终借助极微弱的解聚电力，就能获得完全分离为微纤丝单位的 TEMPO 氧化纤维素纳米纤维（TOCN）（图 7）。

　　除用于造纸的针叶树漂白牛皮纸浆外，通过调整 TEMPO/溴化钠（NaBr）/次氯酸钠（NaClO）类的氧化条件及解聚条件，使其保持在最佳

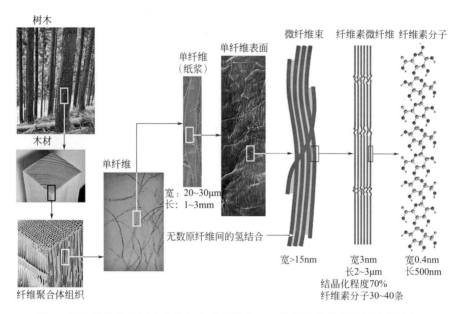

图 4 树木纤维素的层次结构与其构成单位——结晶性纤维素微纤丝的结构

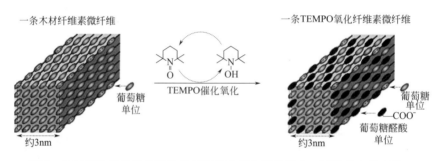

图 5 通过植物纤维素微纤丝的 TEMPO 催化氧化反应，可以产生高密度、
具有区域选择性及规律性的羧基

状态后，也能从阔叶树漂白牛皮纸浆（印刷资讯用纸的主要原料）以及针叶树、阔叶树、裸子植物、草本植物的全纤维素（试样在实验室中已去除大部分木质素，并由纤维素及半纤维素构成）中，也能获得宽度均为 3nm 的 TEMPO 氧化纤维素纳米纤维（TOCN）。换而言之，制造 TEMPO 氧化纤维素纳米纤维（TOCN）时无需挑选植物种类，通过任何植物制造的 TEMPO 氧化纤维素纳米纤维（TOCN）的宽度均为 3nm。这意味着它可作为先进的构件材料并被善加利用。纤维状的 TEMPO 氧化纤维素经过水中解聚处理后，是否完全地被纳米分散化，可通过分散液的光学透射率（分散液呈透明状，没有未解聚的物质）以及在偏向光下观察是否有双折射现象而加以确认。

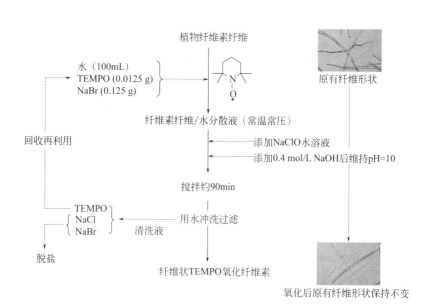

图 6 用于造纸的针叶树漂白牛皮纸浆的 TEMPO 催化氧化过程

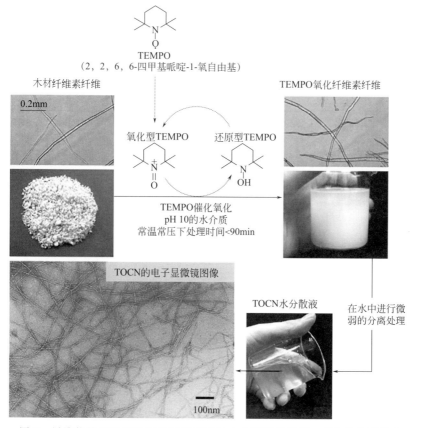

图 7 纤维状的 TEMPO 氧化纤维素经过水中解聚处理后，产生的宽度约为 3nm 的 TEMPO 氧化纤维素纳米纤维的透射电子显微镜（TEM）图像

4 除 TEMPO 之外的氮氧自由基的效果

除 TEMPO 外，如图 8 所示，使用各类氮氧自由基，也能像 TEMPO 一样在 pH＝10 的溶液中进行溴化钠（NaBr）/次氯酸钠（NaClO）氧化处理。最终，从 TEMPO 的衍生物——4-甲氧基 TEMPO、4-乙酰胺 TEMPO 中，也能获得具有相同含量的氧化纤维素。在相同条件下进行水中解聚处理后，能获得具有同等的高纳米分散率（通过分散液的透明度以及进行离心分离后，回收未解聚的部分并进行干燥、称重，从而进行评估）的 TEMPO 氧化纤维素纳米纤维（TOCN）。此外，借助廉价的 4-羟基 TEMPO、4-含氧 TEMPO 羧基的效率极低。

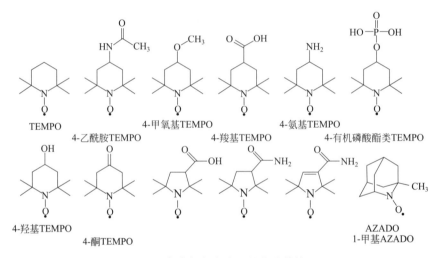

图 8　各类氮氧自由基的化学结构

在使用反应性较高的 2-氮杂金刚烷-N-氧基（AZADO）或 1-甲基 AZADO 时，一级羟基及部分二级羟基能加快其与酮之间的氧化反应。但是，在针叶树漂白牛皮纸浆中加入与 TEMPO 相同摩尔量的 AZADO 或 1-甲基 AZADO 时，实现最大羧基量的反应时间可缩短至约 1/9。同时，在氧化反应时间同为约 90min 的情况下，AZADO 的添加量可减少至 TEMPO 的 1/32。在氧化纤维素中，C6-醛基的生成量极少，可生成副产物 C2 位酮及 C3 位酮。换而言之，在使用 AZADO 或 1-甲基 AZADO 时，C6 位一级羟基不仅能与羧基发生氧化反应，还能生成副产物 C2 位酮及 C3 位酮。此外，氧化纤维素的分子量也明显降低。

但是，针叶树漂白牛皮纸浆的原本结晶度及结晶尺寸并未发生变化，AZADO 催化氧化反应产生的羧基及酮基存在于结晶性纤维素微纤丝的表面。对羧基含有量约为 1mmol/g 以上的 AZADO 氧化纤维素进行水中解聚处理，并通过离心分离除去未解聚的成分后，可获得完全纳米分散化的 TEMPO 氧化纤维素纳米纤维（TOCN）/水分散液。然而，从上述实验结果可知，在通过产业级别的水溶性催化反应制造 TEMPO 氧化纤维素及 TEMPO 氧化纤维素纳米纤维（TOCN）时，最纯粹的 TEMPO 才最适合。

5　除 TEMPO／溴化钠（ NaBr ）/次氯酸钠（ NaClO ）类以外的催化氧化反应

在 pH＝10 的弱碱性条件下进行 TEMPO/溴化钠（NaBr）/次氯酸钠（NaClO）类的催化氧化反应时，可以高效地、区域选择性地氧化用于造纸的针叶树漂白牛皮纸浆中的纤维素微纤丝表面的 C6 位一级羟基，并生成高密度的 C6-羧基钠盐。但是，生成副产物自由基（具体不详）的副反应或在中层结构中生成的 C6-醛基，会由于 β-烷氧基的消去反应而造成氧化纤维素分子的低分子化（图 3）。此外，为避免使用氯类添加剂次氯酸钠（NaClO），有人提出了一些改良方案。

有人提出了以 TEMPO、4-乙酰胺 TEMPO 或次氯酸钠（NaClO）为催化剂，以亚氯酸钠（NaClO₂）为主要氧化剂的 TEMPO/溴化钠（NaBr）/亚氯酸钠（NaClO₂）类氧化方案（图 9）。在这一化学反应过程中生成的中间产物 C6-醛基，在共存的亚氯酸钠（NaClO₂）的作用下，可迅速被羧基氧化，因此可避免 β-烷氧基的消去反应导致的低分子化。此外，化学反应发生在 pH＝4.8 或 6.8 的弱酸性至中性缓冲液中，因此可抑制易发生在弱碱性至碱性条件下的 β-烷氧基的消去反应所导致的氧化纤维素分子的低分子化。最终可获得高分子量的 TEMPO 氧化纤维素。但是，这需要长达 1d 以上的长时间反应以及 40℃ 以上的加温，而长时间反应及加温需要反应容器密闭化，可见这并非高效的催化氧化反应。

在中性缓冲液中，TEMPO 在常温条件下发生电解氧化时，无需氯类氧化剂（图 10）。但是，在 pH＝10 的缓冲液中，这种做法比 TEMPO/溴化钠（NaBr）/次氯酸钠（NaClO）类氧化反应的反应时间更长，除生成 C6-羧

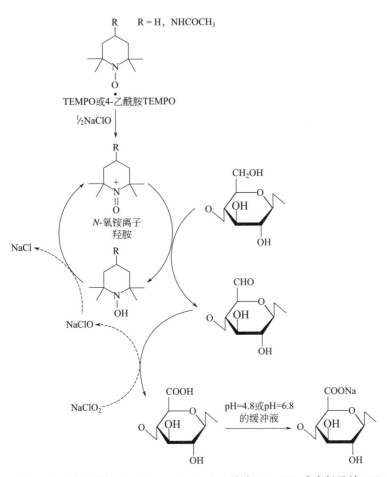

图 9　在弱酸性至中性条件下，以 TEMPO、4-乙酰胺 TEMPO 或次氯酸钠（NaClO）
为催化剂，以次氯酸钠（NaClO）₂为主要氧化剂的纤维素氧化反应

基外，还会生成大量的 C6-醛基。换而言之，在上述的 TEMPO/溴化钠（NaBr）/次氯酸钠（NaClO）类、TEMPO/次氯酸钠（NaClO）/亚氯酸钠（NaClO₂）类氧化反应中使用的氯类药剂的作用是使中间产物 C6-醛基与羧基发生氧化反应。在对用于造纸的针叶树漂白牛皮纸浆进行 TEMPO 电解氧化时，反应时间达到 48h 后，羧基的导入量为 0.92mmol/g。在水中对氧化纤维素进行解聚处理时，纳米分散化收率达到 83% 后即可获得 TEMPO 氧化纤维素纳米纤维（TOCN）。

对黏胶人造丝纤维（聚合度为 300）进行 TEMPO 电解氧化处理时，当处理时间达到 45h 后，聚合度下降至 110，这时可获得的羧基量约为 1.1mmol/g、醛基量约为 0.6mmol/g 的氧化纤维素纤维。这种 TEMPO 电

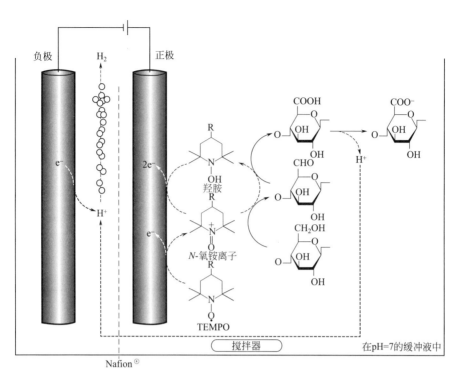

图 10 纤维素在中性条件下的 TEMPO 电解催化氧化反应机理

解氧化黏胶人造丝不会改变原本的纤维形态、纤维原本的表面细微形态及纤维素 Ⅱ 型的结晶度。

6 TEMPO 氧化纤维素纳米纤维（TOCN）的特性

提取自高等植物的纤维素被分散于 pH＝10 的水中，并进行 TEMPO／溴化钠（NaBr）／次氯酸钠（NaClO）类催化氧化处理后，在水中对被导入 1mmol/g 以上羧基的 TEMPO 氧化纤维素进行解聚处理，从而可获得宽度极其细微、均为 3nm 且纵横比（长度与宽度的比率）较高的 TEMPO 氧化纤维素纳米纤维（TOCN）／水分散液（图 7）。在 TEMPO 氧化纤维素纳米纤维（TOCN）实现完全的纳米分散化的情况下，利用汽蚀实验可测得每根 TEMPO 氧化纤维素纳米纤维（TOCN）的平均拉伸强度。实验结果为，由木材纤维素制造的 TEMPO 氧化纤维素纳米纤维（TOCN）的拉伸强度约为 3GPa，可与高强度的芳族聚酰胺纤维及多层碳纳米管相匹敌。

此外，密度约为钢铁的 1/5，强度约为钢铁的 5 倍。海鞘纤维素并非提取自植物，而是提取自动物，它的微纤丝宽度较大。在原子力显微镜（AFM）下，通过观察取自于它的 TEMPO 氧化纤维素纳米纤维（TOCN）的悬臂梁应力-应变曲线可知，其拉伸弹性模量约为 140GPa。如上所示，TEMPO 氧化纤维素纳米纤维（TOCN）为轻量、高强度的生物纳米材料。

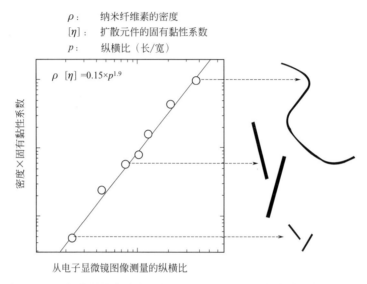

ρ： 纳米纤维素的密度
$[\eta]$： 扩散元件的固有黏性系数
p： 纵横比（长/宽）

$$\rho [\eta] = 0.15 \times p^{1.9}$$

密度×固有黏性系数

从电子显微镜图像测量的纵横比

图 11　从 TEMPO 氧化纤维素纳米纤维（TOCN）的稀释水分散液中可测得固有黏性系数 $[\eta]$ 并从中探求平均长度的实验式，与从透射型电子显微镜（TEM）图像测得的 TEMPO 氧化纤维素纳米纤维（TOCN）的平均长度的关系

提取自植物的 TEMPO 氧化纤维素纳米纤维（TOCN）的宽度均等，但长度及长度的分布受 TEMPO 催化氧化条件、水中解聚条件影响并产生差异。至今为止的实验式，可借助 TEMPO 氧化纤维素纳米纤维（TOCN）的稀释水分散液的剪切黏度测得固有黏性系数，再通过其固有黏性系数测得平均长度（图 11）。通过透射型电子显微镜（TEM）图像测量 TEMPO 氧化纤维素纳米纤维（TOCN）的长度时，在透射型电子显微镜（TEM）图像中，最多能收纳 300 根 TEMPO 氧化纤维素纳米纤维（TOCN），这已是测量对象的上限。为测量固有黏性系数，需测量数亿根该纤维的平均值，才能测得准确的数值。然而，目前尚未确立依据剪切黏度而评估长度分布的方法。

7　TEMPO 氧化纤维素纳米纤维（TOCN）的应用

　　至今为止的研究表明，TEMPO 氧化纤维素纳米纤维（TOCN）/水分散液经凝胶灌制-干燥后可生成透明状的高强度、高氧阻隔膜，这是一种固体含量低而具有自立性的高强度水凝胶。将这种 TEMPO 氧化纤维素纳米纤维（TOCN）水凝胶换为溶剂后，对其进行超临界干燥便可生成透明状且具有高强度、高绝热性的气凝胶。而对 TEMPO 氧化纤维素纳米纤维（TOCN）/水/t-丁醇混合分散液进行冷冻干燥后，可生成蛛网状纳米网状结构，这些均为特异的机能（图 12）。现已发现这些特性的形成原因，即 TEMPO 氧化纤维素纳米纤维（TOCN）表面存在具有区域选择性的、高密度的羧基钠盐，因此在水中的 TEMPO 氧化纤维素纳米纤维（TOCN）元素之间，双电层斥力十分活跃，该纤维之间发生取向，并形成最密填充的自组织结构的微小簇状化合物。簇状化合物的内部为乱序排列，类似于规律性最低的向列相液晶结构。

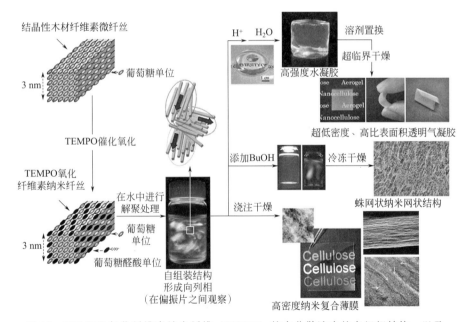

图 12　TEMPO 氧化纤维素纳米纤维（TOCN）的水分散液中的自组织结构，以及分散液经凝胶灌制-干燥生成的纳米多层结构透明薄膜，加入稀酸后可生成高强度水凝胶。此水凝胶被置换为溶剂并经超临界干燥后，可生成透明状且具备高强度、高绝热性的气凝胶。或者对 TEMPO 氧化纤维素纳米纤维（TOCN）/水/t-丁醇混合分散液进行冷冻干燥后，可生成蛛网状纳米网状结构

此外，TEMPO 氧化纤维素纳米纤维（TOCN）表面存在高密度的羧基钠盐，通过对这些羧基钠盐进行离子交换，可赋予其各类特性及机能。通过将钠盐变为烷基铵盐，可以使具有亲水性的 TEMPO 氧化纤维素纳米纤维（TOCN）高效地转换为疏水性物质。研究表明，TEMPO 氧化纤维素纳米纤维（TOCN）的表面变为疏水性后，可以在聚苯乙烯、聚乳酸、橡胶等基材中进行均衡的纳米分散化。因此低添加量的 TEMPO 氧化纤维素纳米纤维（TOCN）具有高效的纳米复合化效果。该纤维可能成为轻量、高强度的复合材料。此外，研究还表明钠盐与其他金属离子交换后，可导致其在湿润状态及高强度、高湿度的情况下，具备高氧阻隔性、除臭机能及抑制生物分解等机能。TEMPO 氧化纤维素纳米纤维（TOCN）的表面进行高效的离子交换处理后，可导致其具备改变结构、赋予机能的特性。人们期待这些特性可使该纤维成为可再生产的新型生物纳米材料，并被广泛使用于高机能的先进材料领域。

而 TEMPO 氧化纤维素纳米纤维（TOCN）与碳纳米管、各类纳米黏土的无机成分进行复合后发生的机能化反应；以存在于 TEMPO 氧化纤维素纳米纤维（TOCN）表面的高密度羧基为基础并借此合成金属纳米粒子；金属/有机纳米框架结构的形成及它们的机能已被阐明，在此不再详述。

8　结语

本文概括地介绍了以具有代表性的水溶性、惰性氮氧自由基 TEMPO 为催化剂，在水溶性、常温、常压的条件下制造 TEMPO 氧化纤维素的方法及其特征，以及从天然纤维素中获得的结晶性、纤维状的 TEMPO 氧化纤维素在水中进行解聚处理后，所生成的 TEMPO 氧化纤维素纳米纤维（TOCN）的结构及特性。目前还有诸多实用化阶段的课题，如在氧化反应过程中抑制分子量降低等副反应，进而研讨高效的催化反应条件；确认 TEMPO 及获得的氧化纤维素、TEMPO 氧化纤维素纳米纤维（TOCN）的安全性等。然而，纤维素的 TEMPO 催化氧化反应过程与迄今为止的对纤维素羟基进行的酯化反应、醚化反应相比，具有更多优势，是崭新的纤维素催化化学领域。在 2017 年，TEMPO 氧化纤维素纳米纤维（TOCN）的实际应用实例为制造出墨流畅的圆珠笔的墨水分散剂，以及为减轻护理人员负担，制造具有除臭功能的一次性成人纸尿裤。它的应用领域将更为广阔，从而确保森林产业的活性化，并开创可融合不同产业、不同领域的新兴产业，同时促进固定、削减大气中的二氧化碳，构筑循环型、环境适应型的社会基础。本文日文版综述，敬请参考文献［3～11］。

参考文献

［1］http：//www. rinya. maff. go. jp/j/kikaku/hakusyo/23hakusyo _ h/all/a51. html.

［2］A. E. J. de Nooy，A. C. Besemer，H. van Bekkum，Carbohydr. Res. ，269，89（1995）.

［3］磯貝 明，「ナノセルロースの製造技術と応用展開」所収，ナノセルロースフォーラム編，シーエムシー・リサーチ（2016）.

［4］「図解よくわかるセルロースナノファイバー」，ナノセルロースフォーラム編，日刊工業新聞社（2015）.

［5］「セルロースのおもしろ科学とびっくり活用」，セルロース学会編，講談社（2012）.

［6］磯貝 明，金型，162，19（2015）.

［7］磯貝 明，高分子，64（2），85（2015）.

［8］磯貝 明，現代化学，525（12），44（2014）.

［9］磯貝 明，工業材料，62（10），18（2014）.

［10］磯貝 明，日本ゴム協会誌，85（12），338（2011）.

［11］磯貝 明，東京大学農学部演習林報告，126，1（2011）：http：//hdl. handle. net/2261/51466からダウンロード可能 .

尖端领域——实现连贯精密合成的非均相催化剂

小林修　斋藤由树

（东京大学大学院，理学系研究科，化学专攻）

1　前言：　批次法和连贯法

一般化学品的化学合成通过批次法或连贯法进行。批次法是将用于反应的起始原料、添加剂、催化剂等放入烧瓶或反应釜内进行反应，在反应结束后，停止反应，进行抽出、精炼等各种后处理，取出产物的反应法。相对的，连贯法是从柱或环的一端连续投入起始原料，从另一端获得产物的方法。批次法是目前几乎所有的有机化学、有机合成化学的研究室都采用的方法，医药品原药等精制化学药品的化学合成基本都通过批次法的重复进行。

如果将批次法与连贯法进行比较，连贯法在降低环境负荷、效率、安全性方面更为出色[1]，即能源生产性较高，反应装置自身非常紧凑，在实现节能的同时，也节省了空间。此外，通过控制起始原料的投入，可自由调整生产量，只需制造必要的量，杜绝浪费，实现低成本，也能容易地实现一系列操作的自动化，通过自动化，可将操作员的暴露控制在最小限度。由于反应空间较小，即使使用危险性较高的物质，也可将事故的危害控制在最小限度，安全性较高。在方法论方面占优的连贯法的发展以石油化学的连续制造工艺为主。与批次法相比，连贯法的合成较为困难，难以用于具有复杂结构的医药品原药等有机化合物的合成[2]。

2　连贯反应的分类和连贯精密合成

图1将连贯反应分成形式1～形式4加以显示[3]。首先，形式1将原料

A 与 B 通过柱或环，使其发生反应，这是最简单的反应形式，未反应的原料 A、B 或副产物等必须进行分离。如果是形式 2，由原料的一方，例如 B 负载在载体上，充填在柱等内，如果让 A 通过这里，由于在反应初期会存在大量过剩的 B，因此所有的 A 都会被消耗，在通过柱后，原料 A 留存的概率下降；但是，依然可能会出现副产物，此外，如果载体负载的 B 被消耗，反应效率也会降低。使用催化剂的连贯合成是形式 3 和形式 4。如果是形式 3，使用均相催化剂，将原料 A、B 与催化剂通过柱或环，使其发生反应，由于反应底物与催化剂在同一相，因此反应一般较为容易进行，催化剂会与产物一起流出，在流通后，必须从产物中去除催化剂。如果是形式 4，使用非均相催化剂，如果催化剂发挥作用，只需让原料 A、B 通过柱，便可获得产物，同时分离催化剂和产物；理想状态是在催化剂失去活性之前，可连续获得产物。因此，可以说形式 4 型是非常出色的连贯合成法。

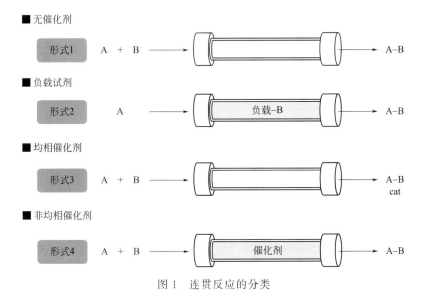

图 1　连贯反应的分类

但是，在现实情况下，能够用于形式 4 的催化剂或反应极其有限。目前，即使将柱填充用于有机合成的非均相催化剂后，多数情况的收率较低。这点形式 1～3 也是一样，可适用的反应或催化剂并不多。即与使用批次法的合成相比，目前使用连贯法的合成处于劣势。

现代有机合成被用于各种有用化合物的合成，各个反应大多实现了高收率、高选择率。也有人使用"精密有机合成"这一词汇，现代有机合成已经十分精密，所以一般都不再强调"精密"一词。另外，提到合成方法的分类，即批次法和连贯法，过去的有机合成基本都采用批次法，从这层意义来说，"现代有机合成"＝"批次法的有机合成"。

相对的，使用连贯法，实现高收率、高选择率的合成或反应较少。上述都是"有机合成"，但过去的"有机合成"＝"批次法的有机合成"，因此仅仅称为"有机合成"并不合适。"使用连贯法的有机合成"虽然更好，但目前"使用连贯法的有机合成"与现存"使用批次法的有机合成"在"有机合成"级别方面存在显著差异。因此，根据现在的级别，"使用连贯法的有机合成"依然需要使用"精密"，笔者等人建议将其称为"连贯精密合成"[3]。

"连贯精密合成"是上述的"使用连贯法的有机合成"，定义为"使用连贯法，实现高收率、高选择率的反应或合成"。连贯法的特点是"连续"，"组合各个连续型反应，构筑多阶段连续型（连接型连续）系统，合成复杂结构化合物"是"连贯精密合成"[4]。

为实现连贯精密合成，笔者等人特别致力于使用非均相催化剂，开发形式4的连贯反应。如上文所述，使用目前可用于有机合成的非均相催化剂，无法获得充分效果的情况较多，必须开发新的非均相催化剂。在这一环境下，笔者等人报告了将2015年所有的市售原料逐一通过已填充非手性和手性非均相催化剂的柱，就可以直接获得高对映选择性抗炎症药剂（R）-Rolipram（1）（下图）[5]。

(*R*)-Rolipram(1)

通过包含了4种非手性和手性非均相催化剂的柱时，化学反应顺利进行，无需去除过剩的试剂、副产物、共产物，也无需分离中间体。此外，使用连贯系统，通过阀门操作，可进行各个阶段的实时分析，监控反应。第一代的Rolipram（咯利普兰）合成的全收率为50%，光学收率为96%，关于Rolipram的粗产物，通过水/甲醇的再结晶，获得了在化学和光学上纯粹的（R）-Rolipram（＞99%），合成过程见图2。此外，对映异构体

（S）-Rolipram 通过在第 2 个柱内使用对映异构体催化剂，同样可以合成。此外，进行各个阶段的最优化等，第二代合成的全收率上升至 83％。各个阶段的平均收率达到 97％，基本实现了理想水平。

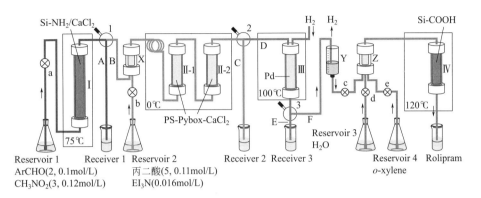

图 2　（R）-Rolipram（1）的合成过程

　　在笔者的研究室内，已经对包含中间体在内的 20 多种精制化学药品进行了连续合成。除了医药品原体以外，在香料、农药、电子材料等制造方面，连贯法也具有极大的魅力。与批次法相比，连贯法的特点之一是实现了"准时"制造，从少量到大量规模，可根据需求调制想要的精细化学品。作为少量多品种的精细化学品的合成法，十分适合。下面将介绍非均相 Pd 催化剂的开发以及面向使用该催化剂的腈的一级胺的选择性连贯氢化反应。

3　使用聚硅烷负载的 Pd 催化剂的连续条件下，腈选择加氢反应生成一级胺[6]

　　一级胺是在生理活性物质或合成中间体中较常用的重要的有机化合物。此外，近年 C-N 偶联反应、氢胺化反应为代表的过渡金属催化反应的开发，使一级胺的用途逐渐扩大。目前为止，报告过多个一级胺的合成反应，从绿色化学和原料获取容易度的观点出发，腈的氢化反应是最佳的方法。但是，过去报告的方法都受到底物适用范围的限制，此外，都存在二级胺、三级胺副产的共通问题。为此，通过使用 Ir、Rh、Ru 等贵金属与拥有复杂结构的配体组合的均相催化剂，解决了上述问题[7]。最近也有报告称，存在廉价的 Fe、Co、Mn 与独家开发的配体组合的均相催化剂[8]。作为非均相催化剂，主要使用 Co、Ni、Rh 等，任何一种都需要高温、高压的氢气，也受到底物适用范围的限制[9]。此外，在使用 Pd 催化剂的实例中，不但找到了比较温和的反应条件，而且选择性还留有改善的余地[10]。

关于本反应，也有报告称存在数个气相流通型连贯反应，基本都通过批次反应进行[11]。作为连续条件的氢化反应的催化剂，笔者开发并报告了聚硅烷负载 Pd 催化剂，能有效催化烯烃·硝基化合物的加氢反应[12]。因此，此次使用聚硅烷负载 Pd 催化剂，用于难度较高的腈的选择性加氢反应。

作为模型底物，使用癸腈，在连续连贯条件下，比较负载在不同的二次载体（Al_2O_3，SiO_2）上的聚硅烷 Pd 催化剂（PDMSi-Pd/载体）的活性。首先，使用 PDMSi-Pd/Al_2O_3，在 60℃反应温度、1.5 表压的氢气条件下，进行加氢，转化率为 19%，副产了超过 3% 的二级胺与三级胺。在讨论各种添加剂时，发现通过添加 1.5mol 的盐酸，可获得 76% 的转化率和 96% 的选择性，能使转化率、选择性都大幅提升。为了进一步提高选择性，进行了催化剂研究，通过使用 SiO_2 负载的聚硅烷 Pd 催化剂，发现虽然转化率下降，但能够以接近 100% 的选择性进行反应。如果使用市售的 Pd/C，在连贯反应的初期阶段，虽然有较好的转化率和选择性，但在 18h 后，催化剂的活性会大幅下降。为了在更高的转化率下比较催化剂活性，提升催化剂量和反应温度，进行了试验。结果，在该条件下，使用 Al_2O_3 负载的催化剂，虽然转化率有所改善，但副产醇类，选择性大幅下降。使用 SiO_2 负载的催化剂，在保持高选择性的同时，可以使转化率也大幅改善，达到了 89%。如果使用 Pd/C，在选择性下降的同时，在前一条件下，同样确认了催化剂失活的严重问题。根据上述研究，在本反应中，已判明 PDMSi-Pd/SiO_2 是有效的催化剂，接着使用该催化剂，进行反应条件的最优化。即使进一步提升氢气压力，也不会对反应造成影响，而降低流速和浓度，则选择性会下降。在将反应温度提升至 90℃后，不会引起选择性的下降，并且实现了 95% 以上的转化率。同时，如果增加催化剂量，也基本可以获得定量的目标产物，在该条件下，60～70℃ 的反应温度便已足够。值得注意的是，如果按照批次反应条件进行本反应，只会生成复杂的混合物。反应条件的选择见表 1。

表 1　反应条件的选择

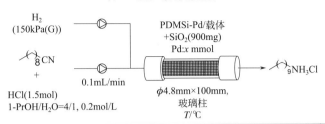

项目	Pd/mmol	第 2 相	温度/℃	时间/h	转化率/%[①]	收率/%[①]
1[②]	0.045	Al_2O_3	60	3	19	<16
2	0.045	Al_2O_3	60	3	76	73[8]
3	0.045	SiO_2	60	3(18)	23(23)	23(23)
4	0.045	C	60	3(18)	80(33)	80(33)
5	0.18	Al_2O_3	80	3(18)	82(84)	68(70)[9]
6	0.18	SiO_2	80	3(18)	89(89)	89(89)
7	0.18	C	80	3(18)	85(56)	79(49)
8[③]	0.18	SiO_2	80	3	86	86
9[④]	0.18	SiO_2	80	3	95	85
10[⑤]	0.18	SiO_2	80	3	92	81
11	0.18	SiO_2	90	3	95	95
12[⑥]	0.36	SiO_2	60~70	3	99	98
13[⑦]	2.5%（摩尔分数）	SiO_2	90	3	ND	complex

①由 1H NMR 分析,括号里为反应 18h 的结果。
②不添加盐酸。
③氢气压力为 250kPa(G)。
④浓度为 0.1mol/L。
⑤流速为 0.05mL/min。
⑥在第一个反应柱后连接完全同样的第二反应柱。第一柱反应温度 70℃,第二柱反应温度 60℃。
⑦反应按照批次反应条件进行,ND=不确定。
⑧副产物,得到 3%收率的 1-癸醇。
⑨1-癸醇的收率为 12(11)%。

　　在最佳条件下,研究底物的性能。使用芳腈,在更为温和的反应条件下,也可实现加氢,在反应温度 60℃、0.5 表压的氢气压力的条件下,苯甲腈、m,p-Me 置换腈可以定量得到目标产物一级胺(表 2)。o-Me 置换体、OH、OMe 等拥有供电子取代基的底物,通过提升氢气压力,能够以高收率获得目标产物。此外,带有各种吸电子基的底物,通过将溶剂变更为无水系,同样能够高选择性获得目标产物。对于脂肪腈,在与癸腈相同的反应条件下,二级胺与三级胺也能够以定量进行加氢(表 3)。此外,在工业方面重要的己二腈也能顺利地进行加氢。脂肪腈中，苄腈在温和条件下也可进行反应，尽管有芳香环的取代基，在 50℃ 的反应温度下，能够以高收率获得苯乙胺诱导体（表 4）。该结果表明腈位的反应性不会对转化率造成很大的影响。考虑到添加盐酸能够提升转化率，本反应的限速阶段是指生成的胺从催化剂活性一边的脱离这一步。

表 2　底物考察（芳腈）

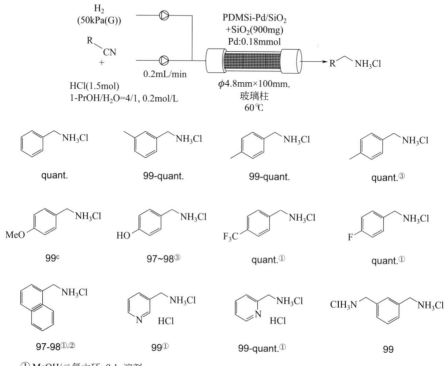

① MeOH/二氧六环=9:1, 溶剂。
② 0.1mol/L浓度和0.4 mL/min流速。
③ 150kPa(G)。

表 3　底物考察（脂肪腈）

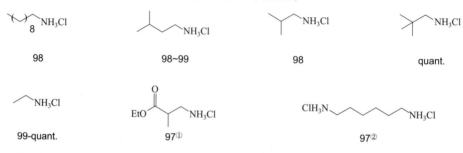

① EtOH/二氧六环=9:1, 溶剂。
② PDMSi-Pd/Al₂O₃作为催化剂。

表 4　底物考察（苄腈）

99-quant.　　　　　quant.　　　　　quant.　　　　　quant.

接着介绍一下催化剂的寿命。在将苯甲腈用作模型底物，进行连续连贯试验时，300h 连续运行，催化剂不失活，且可获得定量的目标产物。此时的 TON 超过 10000，根据所得产物的 ICP 分析结果，Pd 种的溶出低于检出极限。

作为本方法在精密有机合成中的应用，尝试了原料药 Venlafaxime（2）［文拉法辛（2）］的连贯合成，见图 3。文拉法辛的商品名是郁复伸，是著名的抗抑郁药物，被归类为 5-羟色胺、去甲肾上腺素再摄取抑制剂。能提升在体内和脑内的神经传递物质 5-羟色胺、去甲肾上腺素的浓度。在连贯精密合成中，将关键中间产物氰醇 3、PDMSi-Pd/Al$_2$O$_3$ 作为催化剂，在本反应条件下，可以得到目标产物一级胺的盐酸盐，其收率为 90％以上。将所得的盐酸盐溶液通过已填充碱性树脂的分离柱，转变为无胺物质，在批次条件下，经过一级胺的二甲基化，高收率得到文拉法辛。值得注意的是，我们发现关键中间产物氰醇 3 可以由碱性树脂作为催化剂，苄腈与环己酮在连续连贯条件下，通过催化羟醛缩合反应，高收率进行合成。以上展示了原料药的多段连贯合成的可能性。

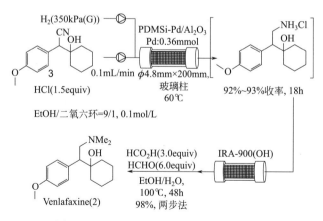

图 3　Venlafaxine（2）的连贯法合成过程

4　未来的展望

介绍了使用连贯精密法合成原料药 Rolipram（1）、Venlafaxine（2）

的合成，该方法同样也适用于其他原料药的合成。除了原料药以外，在香料、农药、电子材料等精细化学品的制造方面，连贯法也具有极大的魅力。如上文所述，到目前为止，在笔者的研究室内，已经进行了 20 多种精细化学品的连续合成。

连贯精密合成的研究有望从基础研究和应用研究两个方面进行。在基础研究方面，用于连贯法的有机反应的开发、有机反应的催化剂、特别是非均相催化剂和手性催化剂的开发非常重要。此外，用于多段连接型连贯合成的合成计划、反向合成可能与批次法的不同，需要单独制定计划。连贯精密合成的基础研究可以作为新的章节，加入过去的有机化学、有机合成化学。关于连贯精密合成的应用研究，由于目前超过了笔者的涉猎范围，因此未进行过多的涉及，连贯精密合成的特点之一是基础研究与应用研究之间的距离较短。作为大学的基础研究成果而开发的连贯法，几克规模的精细化学品的合成只需略微扩大规模，就可能适用于实际的精细化学品制造。

以下内容只是个人看法，连贯法具有从根本上对以过去批次法为中心的"制造"进行变革的潜力。目前，使用批次法的"制造"已陷入价格竞争，正不断将生产工厂转移到人工费、土地、电力较为便宜，废弃物处理也无需花费成本的发展中国家。连贯法有望成为与之抗衡的日本独家技术。另一方面，连贯精密合成基本上与过去以石油化学为主的连贯法完全不同。目前，连贯精密合成还处于黎明期，不过只是进行催化剂、反应的研究，并在研究室水平进行合成。今后，预计面向实际生产的规模会有所提升，也会面临各种未知的课题。上述课题并非大学的一个研究室或一家企业合作便可解决的课题。为此，在为企业、大学、官方研究机构提供技术交流场所的同时，不断提升、普及与连贯精密合成相关的科学技术，以发展日本的新"制造"力为目的，设立了"FlowST"协会。期待今产学研学能有更深层次的进一步的合作[13]。

参考文献

[1] 関連の文献として、(a) 小林修，現代化学 2015 年 10 月号，No. 535；(b) 小林修，坪郷哲，細胞工学，2015，34（10），984-992.

[2] 近年、盛んに研究されてきたマイクロリアクターは、基本的に全てフロー法を用い

ている．一部では有機合成への顕著な展開を見せているが、一方、主に閉塞と実用面での大量生産の困難さが大きな課題である．

［3］ S. Kobayashi，Chem. Asian J. 2016，11，425－436.

［4］ フロー法は基本的に連続であるので、あえて連続フローと言う必要はないように思われるが、この用語（連続フロー（continuous－flow））が定着している。一方、フロー反応を組合せて行う多段階フローシステムは、同じく連続であるが「連続フロー」とは区別して「連結型フロー（sequential－flow）」という用語を使うことを筆者らは推奨している．

［5］ T. Tsubogo，H. Oyamada，S. Kobayashi，Nature 2015，520，329-332.

［6］ Y. Saito，M. Ueno，H. Ishitani，S. Kobayashi，Chem. Open 2017，on web.

［7］ Recent examples of homogeneous catalysis：（a）S. Werkmeister，K. Junge，B. Wendt，A. Spannenberg，H. Jiao，C. Bornschein，M. Beller，Chem. -A Eur. J. 2014，20，4227-4231.（b）D. B. Bagal，B. M. Bhanage，Adv. Synth. Catal. 2015，357，883-900.（c）J. -H. Choi，M. H. G. Prechtl，ChemCatChem 2015，7，1023-1028.

［8］（a）C. Bornschein，S. Werkmeister，B. Wendt，H. Jiao，E. Alberico，W. Baumann，H. Junge，K. Junge，M. Beller，Nat. Commun. 2014，5，DOI 10. 1038/ncomms5111.（b）A. Mukherjee，D. Srimani，S. Chakraborty，Y. Ben-David，D. Milstein，J. Am. Chem. Soc. 2015，137，8888-8891.（c）S. Elangovan，C. Topf，S. Fischer，H. Jiao，A. Spannenberg，W. Baumann，R. Ludwig，K. Junge，M. Beller，J. Am. Chem. Soc. 2016，138，8809-8814.

［9］ Selected examples of heterogeneous Co，Ni and Rh catalysis：（a）C. de Bellefon，P. Fouilloux，Catal. Rev. 1994，36，459-506.（b）A. Nieto-Márquez，D. Toledano，P. Sánchez，A. Romero，J. L. Valverde，J. Catal. 2010，269，242-251.（c）F. Chen，C. Topf，J. Radnik，C. Kreyenschulte，H. Lund，M. Schneider，A. -E. Surkus，L. He，K. Junge，M. Beller，J. Am. Chem. Soc. 2016，138，8781-8788.

［10］ Selected examples of heterogeneous Pd catalysis：（a）M. Chatterjee，H. Kawanami，M. Sato，T. Ishizaka，T. Yokoyama，T. Suzuki，Green Chem. 2010，12，87-93.（b）Y. Li，Y. Gong，X. Xu，P. Zhang，H. Li，Y. Wang，Catal. Commun. 2012，28，9-12.（c）H. Yoshida，Y. Wang，S. Narisawa，S. Fujita，R. Liu，M. Arai，Appl. Catal. A Gen. 2013，456，215-222.

［11］ Recent examples of gas phase flow catalysis：（a）J. B. Branco，D. Ballivet-Tkatchenko，A. P. de Matos，J. Mol. Catal. A Chem. 2009，307，37-42.（b）R. K. Marella，K. S. Koppadi，Y. Jyothi，K. S. Rama Rao，D. R. Burri，New J. Chem. 2013，37，3229.（c）Y. Hao，M. Li，F. Cárdenas-Lizana，M. A. Keane，Catal. Lett. 2016，146，109-116.

[12] (a) M. Ueno，Y. Morii，K. Uramoto，H. Oyamada，Y. Mori，S. Kobayashi，J. Flow Chem. 2014，4，160-163.(b) S. Kobayashi，M. Okumura，Y. Akatsuka，H. Miyamura，M. Ueno，H. Oyamada，ChemCatChem 2015，7，4025-4029.（c）Y. Saito，H. Ishitani，S. Kobayashi，Asian J. Org. Chem. 2016，DOI 10. 1002/ajoc. 201600279.

[13] http：//irc3. aist. go. jp/flowst/.

表征——电极反应下的催化剂活性控制及反应场构建

久米晶子

（广岛大学大学院，理学研究科）

1 序言

在进行催化剂的研究时，以活性、产物选择性、耐久性更高的物质为目标，对其成分和构造进行探索和改良，对反应机理进行解析，是基础中的基础。此外，从动态的视角探究能否从时间、空间的角度控制催化剂的反应性的研究也备受瞩目。生物体内处于各种酶共存的状态，每种酶分别为应对外部条件的变化而精密地改变反应性，从而保障生物整体的功能。在人工开发催化剂上，也不光有先制定一个目标产物，随后将多个阶段的物质结合过程组合这一种方法。找出对催化剂下达光信号或电信号形式的指令，从而迅速构筑出各种结构，或者阶段式地将分子组合等方法，也是面向未来的、寄托了我们梦想的课题。

在本文中，将就电化学方法在时间和空间上对催化剂活性的控制，以及通过催化剂与反应种类、反应体系的构成和控制而构建出的构造体的特征进行说明。

2 对催化剂进行信号输入-电极反应过程的优、缺点及光与质子的融合

为了施加刺激以改变催化剂的活性，利用了光、氧化还原、质子、主体-客体相互作用等方法[1]。其中利用光的方法较洁净，是目前研究最多的控制方法。在通过光控制催化剂活性时，制作出了利用光异构反应或光电

子转移的反应体系。使用光时，可以在不与反应体系发生接触的情况下提供能量。如果利用的是光异构反应，则不存在与外部之间的化学键重组，如果利用的是光电子转移，则可以通过光电子转移的逆反应使催化剂回到原先的基底状态，在不污染反应体系的情况下，可以相对容易地实现可逆性，这是该方法被称为洁净方法的理由。

电化学氧化还原反应与光反应相比，由于需要反应体系与电极发生接触，反应装置会比较复杂，且表面上的物质移动会限制反应的发生，这几点加大了构筑装置的难度。另外，如果目的为氧化反应，那么与之相对应的还原反应必然也会一并发生，由此，反应体系的化学成分会逐渐变化，这是其缺点。

一方面，氧化还原反应与光反应相比，可适用的物质范围更大。对于光吸收及其后的激发态下的反应性，其效率严重依赖能级和寿命。另一方面，催化剂在化学键重组过程中会使用高能电子，故大多具备氧化还原活性。可以预测，已经确认到催化活性的化合物一旦发生氧化还原反应，必定会失去催化活性。问题在于催化剂能否在氧化还原（包括使用多段式反应的情况）时发生可逆的结构变化，以及能否在使反应发生的基质本身的氧化还原条件更低的范围下进行氧化还原反应。本文中大量用到的 $Cu(II)/Cu(I)$ 氧化还原体系就符合这一要求，因此经常被用于由电化学控制的催化剂体系中。

运用电化学方法的氧化还原反应有以下优点：反应场被固定在空间内的电极界面，可以分子本身的方向向界面定向反应，或者分子与界面结合的状态下进行反应等。空间上更为精密的、在界面这样特殊的位置推动催化反应、构筑分子将在本文后面展示。

如果找到了能通过氧化还原来暂时控制的催化剂体系，那么就可以通过将光电子转移加入反应体系内来实现光控。这在催化剂的光控中是主要方法之一，本文中也会介绍几个相关的例子。另外，将氧化还原过程与质子化过程组合使用是可行的。正如在水的电解过程中所见，正极与负极之间的反应可以在空间内建立起质子梯度。因此，将质子化所带来的反应性的变化通过电化学的方法进行组合，可以令在空间内模式化并进行反应也成为可能[1]。

3　氧化还原带来的催化剂的 ON/OFF 切换与聚合物合成

将氧化还原反应所带来的反应体系控制巧妙融入高分子合成中的例子之一，就是活性自由基聚合中的 ATRP[2]。由于自由基聚合是链式聚合，因此一旦开始发生聚合，即使在反应初期，也会生成高分子量的聚合物链。另外，由于令自由基末端互相结合的封端反应的存在，聚合度有可能会出现不一致。不过，在 ATRP 法中，即使存在自由基聚合，末端自由基的休止状态和活性状态还是可以通过与铜催化剂之间的单电子反应来保持平衡状态［图 1(a)］。在实际中，大部分的聚合物末端都处于休止状态，自由基末端的浓度极低，因此抑制了自由基之间结合所导致的反应停止，令反应可以一直进行下去，这是其优点之一。另外，随着各自的聚合物链末端频繁在休止状态/活性状态之间平衡地切换，反应概率也得到了平均化，每条链都能在同样的聚合度下持续成长，因此可以得到分子量分散程度较小的聚合物。

此外，自由基的生成是单电子反应，其休止/活性化与 Cu(Ⅱ)/Cu(Ⅰ) 的单电子氧化还原活性之间具有较好的相容性。另外，通过电极进行的氧化还原反应更适合的是单电子移动，而非化学性氧化还原。因此在电极上进行 Cu(Ⅱ)/Cu(Ⅰ) 的氧化还原，与自由基聚合相结合成为可能[3]。

在实际的反应中，为使大量的基质发生氧化还原反应，与反应用的电解池不同，只需要微量存在的 Cu 类催化剂氧化还原即可，因此使用电化学测量用的三极电池［图 1(b)］。在这种情况下，由于能够精确控制对标准电极生效的工作电极的电位，因此可以以较高的精度设定与之相对应的 Cu(Ⅱ)/Cu(Ⅰ) 的比率。仅仅将设定电位改变 50mV，聚合速度就会发生巨大的变化。但是，在消耗了一定量的单体后生成的聚合物的平均分子量和分子量分散程度几乎相同，如果改变电位，只能改变达到该值所需的时间。另外，如果途中让电位跳变 0.29V，那么聚合物的生长也会体现出与之相对应的速度，在叠加正电位时，聚合成的生长几乎完全停止。在这种聚合当中，不光令一个个化学键的形成在 ON/OFF 之间切换，由于聚合物

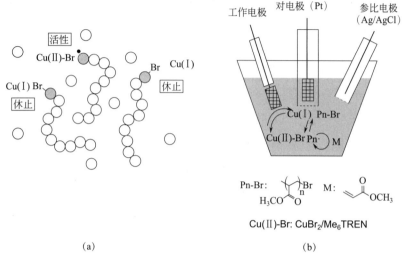

图 1 　(a) ATRP 中活性/休止状态的平衡；　(b) ATRP 的电化学控制[3]
　　　　〔Me₆TREN：N（CH₂CH₂NMe₂）₃〕

集合体处在匀速生长的状态，可以对其生长速度进行精确控制，因此可以有效地使用电化学性的控制。

许多自由基聚合都是在光照下进行，而多数情况下都是在最初生成自由基的阶段通过光反应来进行，虽然可以通过光来控制聚合反应，但聚合物的长度和伸长时机，也就是聚合物的生长过程，要以光来控制就很困难了。但是，通过光电子转移步骤，就可以来控制这些聚合模式了。此时，临时通过光激发和后续的电子移动所产生的活性状态是暂时的，经过逆反应会自然回到原先的休止状态。由于该重组过程的效率取决于寿命和浓度等条件，因此要做到仅在有光照时专门让聚合物生长需要花费不少工夫。通过光照让成长在 ON/OFF 之间切换的实例有，运用前文提到的 Cu（Ⅱ）/Cu（Ⅰ） 的过程，在与 Br 盐共存的情况下于水中使用紫外线的例子[4]，以及通过可见光高效率进行电子移动的 Ir（ppy）₃（ppy：2-phenylpyridine）的例子[5]有过相关报告。

4　通过电化学刺激在电极表面构筑分子

除了水银等外，大多数电极都是具备导电性的固体，可以将电化学刺激准确施加到电极表面某一固定位置。要将空间分辨力和催化反应组合使用，就需要准备对于载体而言相对固定化的环境，其具体要求有令发生反应的基质部位形成自组装膜或与载体形成共价键，通过形成聚合物使其不溶解，或反应时使电极保持指定方向等。用于叠加电位以制作空间模式的装置建设当中，首先要提到的是将电极本身加工成格状或梳状、探头状。这可以从原理上控制纳米尺度的高空间分辨力，但由于需要准备通过精细加工制成的阵列型电极系统，因此就算只是简单地尝试一下也有很高的门槛。其他方法则有，使用尺寸相对较大的电极，通过物质移动形成浓度梯度，或者在双电极上形成氧化物质/还原物质的浓度梯度[6]。有报告指出了通过化学反应来组合这些浓度梯度而形成了在二维形状上图案化的分子结构。

2002 年报告的 CuAAC 反应[7]是以 Cu（Ⅰ）为催化剂，在温和的条件下专门通过叠氮化物基质和乙炔基质形成三唑的反应。是可以在水中、有机溶剂中、生物化学等条件下，通过各种催化剂在较广泛的官能基团耐性下形成化学键的代表性的 Click 反应。常用的方法有以 Cu（Ⅱ）类物质作为催化剂来源，与过量的抗坏血酸等共存，生成活性 Cu（Ⅰ）。另外，在改良这一反应时，由于还要探究在空气中具备较高耐久性的 Cu（Ⅰ）催化剂，因此 Cu（Ⅱ）/（Ⅰ）的氧化还原可以清晰地令 CuAAC 反应在 ON/OFF 之间切换，反过来用于控制电化学性化学键的形成也是可行的。Collman，Chidsey 等[8]通过在呈阵列状分布的金电极上与叠氮基连接的硫醇分子，形成了自组装膜。将这种电极浸泡在含有乙炔二茂铁及铜催化剂溶质的溶液中，如果向负极叠加电位，则 Cu（Ⅱ）催化剂会先还原成 Cu（Ⅰ），因此仅在该电极附近的反应是 ON 的状态，通过形成三唑将二茂铁基固定于电极上。另外，如果向正极叠加电位，则扩散开的 Cu（Ⅰ）催化剂会全部变成 Cu（Ⅱ），因此只有在该电极附近 CuAAC 反应会保持 OFF 状态。如果向阵列状的金电极分别叠加不同的电位，则可以根据叠加的模式不同将二茂铁基固定于任意位置 [图 2（a）]。同样使用了 Cu（Ⅱ）/（Ⅰ）的 Electroclick 反应有将发光中心选择性地固定于阵列化的叠氮基质导电性高分子的反应[9]、乙炔基质与催化剂一体化的自我 Click 反应[10]、通过让探针状的电极在统一修饰了叠氮基的基板上运作 [图 2（b）] 来将乙炔基质[11]固定在特殊位置上的反应。另外，将 Cu（Ⅱ）/Cu（Ⅰ）与光电子转移组合并光控，形成三唑带来的聚合化使不溶性的构造体顺应光照模式形成时也能用到这

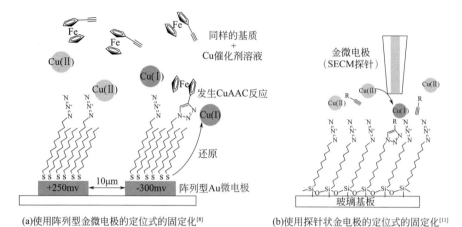

(a)使用阵列型金微电极的定位式的固定化[8]　　　(b)使用探针状金电极的定位式的固定化[11]

图 2　使用不同电极的定位式的固定化

个方法[12]。

利用叠加电位生成的浓度梯度的实例，如使用叠氮基修饰的玻璃基板（宽 0.2mm）两端配置阳极和阴极的实验体系 ［图 3（a）］[13]。在含有连接发光中心的乙炔基和 Cu（Ⅱ）的溶液中，叠加 1V 的电压 4min 后，出现了从阴极侧向阳极侧的发光梯度，可见发生了与浓度梯度相对应的固定化。使用该方法，探索了如何运用单个电极，在二维上对电化学所制催化剂和质子的浓度等分别进行监视的设备。

上一节提到的利用 Cu（Ⅰ）/Cu（Ⅱ）氧化还原的电化学控制，还可以用于在电极表面制作各种聚合物结构。如果在具备导电性的金电极上通过导入聚合引发点的硫醇形成自组装膜，在含有单体和铜催化剂的溶液中以该电极还原形成 Cu（Ⅰ），则可以观察到聚合物在金电极上生长，且膜厚增大[14]。另外，将聚合引发点固定于金基板或硅基板上，并据此配置工作电极，可通过于工作极还原的 Cu（Ⅰ）在基板上的扩散，推动 ATRP 的进行。随后，由于被还原的 Cu（Ⅰ）的扩散要依靠工作电极与基板之间的距离，因此通过倾斜基板可以从二维的角度做出 Cu（Ⅰ）的梯度，使聚合物的长度与膜厚可以在基板上呈现梯度 ［图 3（b）］[15]。

双极电极[6b]与上文提到的通过 2 个电极进行控制的结构十分相似，要配置阳极与阴极之间互不接触的导电性材料 ［图 4（a）］。如果向阳极和阴极之间叠加电压，虽然溶液的电位会随两个电极之间的距离而呈线性变化，但由于在导电性材料的表面电位是固定的，因此溶液与导电性材料之间在阳极一侧会产生负的过压，而在阴极一侧则会产生正的过压。以该过压作为动力，在导电性材料的两端进行氧化反应和还原反应，可以做到在不与外部接触的情况下让电流在导电性材料中流动。此时，导电性材料两端就分别成为阳极和阴极，构成了双极电极。

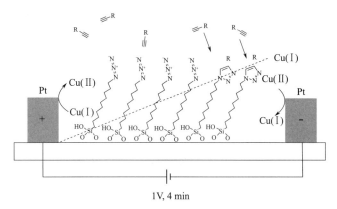

(a) 发光中心的修饰[13]

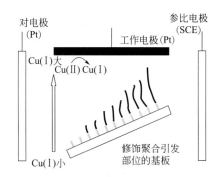

(b) 通过ATRP形成的聚合物长的梯度[15]

图 3　利用电位生成的 Cu(Ⅱ)/(Ⅰ) 的浓度梯度

　　利用双极电极，在导电高分子交联结构的制作和传感、催化剂活性的筛选、通过电位驱动机械等方面都能得到研究，而它也适用于催化剂的电化学控制，因此一些通过 CuAAC 成功向导电高分子进行梯度化修饰的成功实例被报告了出来[16]。

　　通过电化学控制的 ATRP 也可以用于双极电极。如果针对充当双极电极的玻碳电极，配置以硅烷偶联剂连接聚合物生长末端的玻璃基板，并叠加电位，则越靠近双极电极的负极一侧，Cu(Ⅰ) 就越多，因此聚合物的

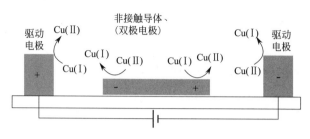

(a) 以Cu(II)/(I)充当氧化还原活性物质的电极

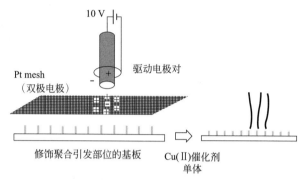

(b) 利用了双极电极的探针型ATRP活性化和定位式聚合物的形成[17]

图 4　双极电极

生长速度也越快，聚合物膜的厚度出现梯度。另外，如果采用同心圆柱状的驱动电极，以双极电极充当 Pt 网，则能够以圆柱作为探针，让聚合物在特殊位置生长 [图 4(b)][17]。

5　通过氧化还原带来的双重反应性和电极表面的选择性修饰

　　前文所述的刺激应答性配合物催化剂，是根据某一类反应所施加的电位在 ON/OFF 状态之间切换的催化剂。从使用电极刺激组建分子这个角度出发的话，如果反应只有一类，就只能在简单的构造下制作。要仅根据所施加电位值的不同来分别制作各种结构，就需要控制两种以上的反应。

　　但是，要同时控制多种反应，需要保证刺激以外的所有条件都相同，并找出根据刺激的有无，各个反应排他进行的条件（正交性条件）。考虑到即使仅让一个催化反应进行，也需要研究相应条件，要同时控制多个反应就需要在有限的范围内寻找条件[18]。

以通过氧化还原使 2 种化学键活性化互补为例，1995 年 Wrighton 等人指出，配子中包含二茂钴的 Rh 配合物在 Co（Ⅲ）存在下会使硅氢加成活性化，在 Co（Ⅱ）存在下则会使氢化变得活性化，以及通过化学性氧化还原可以切换这些反应活性化的 ON/OFF 状态[19]。2015 年 Diaconescu 等人发现配体中导入了二茂铁基的 Ti 配合物会根据二茂铁的氧化状态互补性地选择不同的单体，并催化开环聚合反应的发生。而且，他们还通过让这两种单体在共存状态下催化聚合反应的进行，成功制备了在反应过程中添加氧化剂后可以改变单体单元的嵌段共聚物[20]。

笔者们对氧化还原反应带来的两种以上的催化反应控制及其电极表面[21]进行了分析。首先，在反应体系方面，着眼于以铜配合物作为催化剂的两种化学键的形成。Glaser-Hay 反应和 CuAAC 反应都是以末端炔烃为基质的反应。Glaser-Hay 反应[22]是末端炔烃之间的氧化性偶联，CuAAC 反应则是末端炔烃与叠氮化物之间的环化反应，不需要来自外部的氧化还原反应。实际上，由于这两个反应都是在极为相似的条件（配体、常温等）下进行[23]，因此有望仅仅通过外部的氧化条件的有无来进行切换 [图 5(a)]。正如前文所述，由于 CuAAC 在 Cu（Ⅱ）存在下不会发生反应，根据反应的不同可能需要以保持 Cu（Ⅰ）存在作为还原条件，氧化还原反应都各自排他地发生。

可见如果使炔基基质和叠氮化合物基质共存，向加入了铜催化剂的溶液中交替置换氧和氮，那么生成物在氧存在下为丁二炔，在氮存在下则为三唑，不会生成其他化合物。将该反应体系发展为电化学控制，通过在碳电极上还原重氮[24]来固定共有基质炔。向该碳电极叠加电位，电极附近的铜催化剂溶质根据电位对氧化过程进行 ON/OFF 状态的切换。电极上的炔基质在 Cu（Ⅱ）存在时形成炔基溶质和丁二炔，在 Cu（Ⅰ）存在时形成叠氮化物基质和三唑，根据叠加电位从溶液中共存的基质里选出一种，固定于电极上。在这些基质上连接监视用的氧化还原部位，检测出了叠加电位后电极表面固定的物质及其位置。

为了准确控制电位，使用三电极体系的电池，在两种基质与铜催化剂共存的溶液中浸泡修饰过末端炔烃的碳电极，由被固定的基质对外加电压的依赖性可知，在 0.2V 这样较小的能量差（相当等于能让可逆体系的氧化

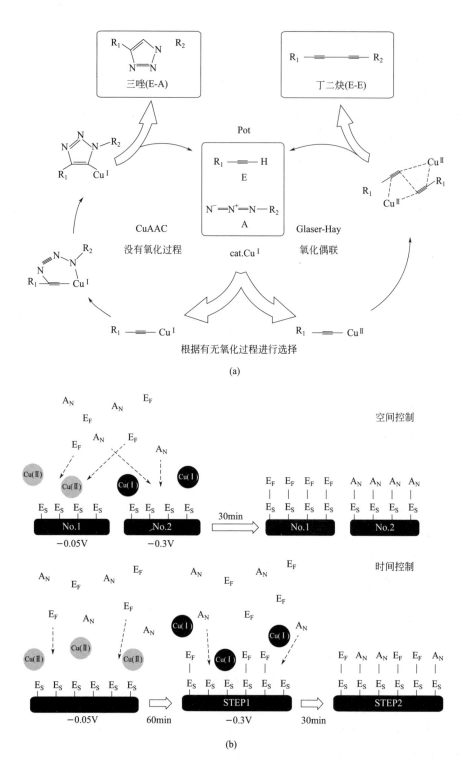

图 5 （a）可以通过 Cu 催化剂的氧化还原划分块的双重反应性；
（b）电位刺激带来的两种分子的空间选择性固定化和时间选择性固定化[21]

还原平衡发生逆转的电位差）下丁二炔（氧化侧）变成三唑，固定物质几乎被逆转了。另外，如果同时浸泡两根电极并施加不同的电位，则只能观测到其中一方的固定物质，如果阶段式地改变一根电极的叠加电位，还能观测到途中固定物质发生了变化［图 5（b）］。这就证明了两个催化反应可以通过电位信号从时间和空间上进行控制。这种方法还能广泛适用于其他材料，可以向两个基质导入各种功能性部位，即使在使用其他电极材料的情况下，也观测到了电极上的选择性固定。但是，目前还存在本体溶液中基质溶质之间同时发生反应之类的课题。诸如不再固定基质，而是将催化剂固定于电极上，进行反应选择等，通过结构方面的改良来发展更为有效的表面选择性结合。

正如本文所概述的，在氧化还原反应型的催化剂开发中，电极体系的组成、基质与电极体系的配置，以及催化反应方案的多样化等，各方面都在不断开发全新的方法。熟练掌握这些方法之后，必能构建出通过信号控制的分子。

参考文献

［1］（a）Blanco，V.；Leigh，D. A.；Marcos，V.，Chem. Soc. Rev.，2015，44，5341-5370；（b）Imahori，T.；Kurihara，S.，Chem. Lett.，2014，43，1524-1531.

［2］（a）Matyjaszewski，K.；Tsarevsky，N. V.，Nature Chem.，2009，1，276-288；（b）Braunecker，W. A.；Matyjaszewski，K.，Prog. Polym. Sci.，2007，32，93-146.

［3］Magenau，A. J. D.；Strandwitz，N. C.；Gennaro，A.；Matyjaszewski，K.，Science，2011，332，81-84.

［4］Jones，G. R.；Whitfield，R.；Anastasaki，A.；Haddleton，D. M.，J. Am. Chem. Soc.，2016，138，7346-7352.

［5］Fors，B. P.；Hawker，C. J.，Angew. Chem. Int. Ed.，2012，51，8850-8853.

［6］（a）Krabbenborg，S. O. and Huskens，J.，Angew. Chem. Int. Ed.，2014，53，9152-9167；（b）Fosdick，S. E.；Knust，K. N.；Scida，K.；Crooks，R. M.，Angew. Chem. Int. Ed.，2013，52，10438-10456.

［7］（a）Rostovtsev，V. V.；Green，L. G.；Fokin，V. V.；Sharpless，K. B.，Angew. Chem. Int. Ed.，2002，41，2596.（b）Tornoe，C. W.；Christensen，C.；Meldal，M.，J. Org. Chem.，2002，67，3057-3064.

［8］Devaraj，N. K.；Dinolfo，P. H.；Chidsey，C. E. D.；Collman，J. P.，J. Am. Chem. Soc.，2006，128，1794-1795.

［9］ Hansen，T. S.；Daugaard，A. E.；Hvilsted，S.；Larsen，N. B.，Advanced Materials，2009，21，4483.

［10］ (a) Gomila，A.；Le Poul，N.；Cosquer，N.；Kerbaol，J.-M.；Noel，J. -M.；Reddy，M. T.；Jabin，I.；Reinaud，O.；Conan，F.；Le Mest，Y.，Dalton Trans.，2010，39，11516-11518；（b）Lhenry，S.；Leroux，Y. R.；Orain，C.；Conan，F.；Cosquer，N.；Le Poul，N.；Reinaud，O.；Le Mest，Y.；Hapiot，P. Langmuir，2014，30，4501-4508.

［11］ (a) Ku，S.-Y.，Wong，K.-T.，Bard，A. J.，J. Am. Chem. Soc.，2008，130，2392-2393；(b) Lhenry，S.；Leroux，Y. R.；Orain，C.；Conan，F.；Cosquer，N.；Le Poul，N.；Reinaud，O.；Le Mest，Y.；Hapiot，P. Langmuir，2014，30，4501-4508.

［12］ Adzima，B. J.；Tao，Y. H.；Kloxin，C. J.；DeForest，C. A.；Anseth，K. S.；Bowman，C. N.，Nature Chem.，2011，3，256-259.

［13］ Krabbenborg，S. O.；Nicosia，C.；Chen，P. K.；Huskens，J.，Nature Commun.，2013，4.

［14］ Li，B.；Yu，B.；Huck，W. T. S.；Zhou，F.；Liu，W. M.，Angew. Chem. Int. Ed.，2012，51，5092-5095.

［15］ Li，B.；Yu，B.；Huck，W. T. S.；Liu，W. M.；Zhou，F.，J. Am. Chem. Soc.，2013，135，1708-1710.

［16］ Shida，N.；Ishiguro，Y.；Atobe，M.；Fuchigami，T.；Inagi，S.，Acs Macro Lett.，2012，1，656-659.

［17］ Shida，N.；Koizumi，Y.；Nishiyama，H.；Tomita，I.；Inagi，S.，Angew. Chem. Int. Ed.，2015，54，3922-3926.

［18］ (a) Saha，M. L.；De，S.；Pramanik，S.；Schmittel，M.，Chem. Soc. Rev.，2013，42，6860-6909；(b) Wilson，A.；Gasparini，G.；Matile，S.，Chem. Soc. Rev.，2014，43，1948-1962；(c) Wong，C. H.；Zimmerman，S. C.，Chem. Commun.，2013，49，1679-1695.

［19］ Lorkovic，I. M.；Duff，R. R.；Wrighton，M. S.，J. Am. Chem. Soc.，1995，117，3617-3618.

［20］ Wang，X. K.；Thevenon，A.；Brosmer，J. L.；Yu，I. S.；Khan，S. I.；Mehrkhodavandi，P.；Diaconescu，P. L.J. Am. Chem. Soc.，2014，136，11264-11267.

［21］ Kamamoto，Y.；Nitta，Y.；Kubo，K.；Mizuta，T.；Kume，S.，Chem. Commun.，2016，52，10486-10489.

［22］ Hay，A. S.，J. Org. Chem.，1962，27，3320.

[23] (a) Eppel，S.；Portnoy，M.，Tetrahedron Lett.，2013，54，5056-5060. (b) Sun，Q.；Lv，Z. F.；Du，Y. Y. Wu，Q. M.；Wang，L.；Zhu，L. F.；Meng，X. J.；Chen，W. Z.；Xiao，F. S.，Chem. Asian J.，2013，8，2822-2827.

[24] Leroux，Y. R.；Fei，H.；Noel，J. M.；Roux，C.；Hapiot，P.，J. Am. Chem. Soc.，2010，132，14039-14041.

专题 4:
工业催化剂关注技术

基于微波的创新催化剂反应体系的构建及流程设计

塚原保德

［大阪大学大学院，工学研究科 微波化学（株）］

1 序言

微波（microwave，MW）是传递能量的手段。因为能够向特定物质有选择性地传递能量，因此可以创造节能、高效、紧凑的化学工艺。

2 微波概论

微波即波长约 1mm 至 1m（300MHz 至 300GHz）的、电场和磁场的正交电磁波，从雷达以及加速器等工程学领域到我们身边的家电产品（微波炉等）等，被广泛利用。微波加热是指通过微波的振动电磁场的相互作用，构成电介值、磁性体的双极子，空间电荷、离子、自旋等激烈振动、旋转，从而产生内部加热，短时间即可升至目标温度。微波化学始自 1986 年 Tetrahedron Letters 所报道的 R. Gedye 和 R. J. Giguere 所做的有机反应。到目前为止，微波化学广泛应用于有机合成、配合物合成、纳米粒子合成、高分子合成等方面。已有报道，通过快速-选择性加热、内部均匀加热、不平衡局部加热的特殊加热方式，可以实现反应时间缩短、高产率、选择性提高等效果。国际学术论文发表数量在 1995 年已有 400 篇，现在已跃升至数千篇，在实验室规模上受到极大关注，如果微波效果的控制成为可能，那么全新概念的新反应场中的、魅力十足的化学工艺就伸手可及。然而，到 2014 年为止，在化学工艺方面尚未出现大型产业化的报告。

2014 年 3 月，笔者所属的微波化学株式会社在大阪海岸地区创建了世界第一所运用微波化学工艺技术的化工产品制造工厂（大阪工厂1号线：3300m²）（图1）。本厂是符合消防法、建筑标准法、电波法等法令的危险物制造工厂，以工业废油为原材料生产化工产品（脂肪酸酯），年产3200t。本工艺与现有化学工艺相比，具有节能、高效、紧凑化的优势。通过本工艺生产的化工产品，具有3个优势：飞跃式的制造工序缩短所带来的高水平成本竞争；原料来源的多样化和环境应对的适应性；高质量的产品。工厂内分为制造楼和实验楼，在实验楼中安装了聚合物工艺、乳浊液工艺、干燥工艺等小规模试验性质的生产设备。作为微波工程的开发基地，定位为微波化学工艺的母工厂。同时，在2017年3月，微波化学株式会社和太阳化学株式会社成立合资公司（TMT），位于日本四日市的蔗糖脂肪酸酯的制造工厂也已竣工。

图1　微波化学母工厂（大阪住之江）

另外，2016年ACS杂志C&EN（Chemical & Engineering News）于9月12日[1]报道了微波工艺的规模扩大的特辑"Microwaving by the Ton"，刊登了微波化学株式会社、BASF、Peptidream、CEM的采访介绍，让全世界看到了微波工艺的产业化的成绩。

为了构筑微波工艺需要两个重要事项：其一，构筑最佳的微波反应体系；其二，为了实现该反应体系进行最佳反应器设计，即电磁场分布的控制。

3　微波反应体系的构筑

在微波反应体系的构筑方面，主要把握：通过什么？多大程度？什么样的条件？来吸收微波的课题。

单位体积的微波所转换的能源 P_ε（W/m^3）通过下面公式表示：

$$P = P_\sigma + P_\varepsilon + P_\mu = 1/2\sigma E^2 + 1/2\omega\varepsilon''E^2 + 1/2\omega\mu''H^2$$

P_σ、P_ε、P_μ 分别称为导电损失、介电损失、磁性损失，表示导电体、电介质、磁性体与微波相互作用的损失。介电损失按微波电场强度 E 的平方、电介体的复数介电常数的虚部（介电损失系数）$\varepsilon''(\omega)$、频率 ω 的比例。其介电损失系数显示出很强的温度依存性和频率依存性。该介电损失系数 $\varepsilon''(\omega)$ 即为所谓的、物质的微波吸收的指标。图2显示乙二醇的介电损失系数与温度和频率的关系。与微波炉相同，2.45GHz 频率下乙二醇的微波吸收能力随着从 20℃ 至 180℃ 的升温而急剧降低。但是，乙二醇的微波吸收能力本身并没有消失，吸收的峰值移动到了高频率一侧。总之，即使是相同的乙二醇，其最佳频率也因温度区间而异。此外，由于不同的物质，其微波吸收区间也不同，因此，在构筑微波反应体系方面，掌握构成反应的物质的微波吸收能力，也即复数介电常数的温度依存性以及频率依存性是极其重要的。由此，就可以通过选定频率，向混合物中的特定物质，例如，仅向固体催化剂传递能源。

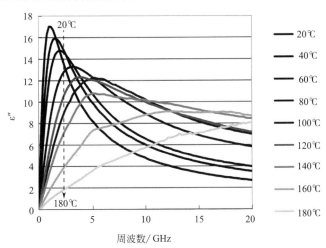

图2　乙二醇的介电损失系数与温度和频率的关系

4 应用微波的固体催化剂反应

通过微波与适合于微波的固体催化剂的最佳组合，创造新的化学反应场，实现高效率且环境负荷小的化学反应工艺。

固体催化剂，一般来说具备如下优点：催化剂和反应液容易分离，能源损失小；废水及中和等后工序少，因此副产物很少，从而环境因子就小；回收更容易。另外，现在化学工艺中经常使用的均相催化剂，相比而言，存在催化剂成本高、反应速度慢等缺点。

适合于新开发的微波的固体催化剂，通过组合介电损失系数、磁性损失系数大的物质和具有反应活性点的物质作为可选择性地吸收微波的复合催化剂，在微波照射条件下局部形成高温、高压的反应场。其结果和体相相比，具有显著的催化活性（图 3）。以笔者为中心的小组，已经成功地观察到相对于整体温度，在模拟催化剂界面的高温状态，称之为非平衡局部加热（图 4）[2]。可以这样说，能够实现这样一种特殊的加热手段是微波所特有的特征。

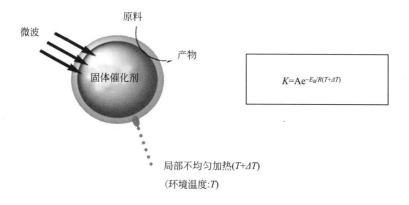

图 3 微波固体催化剂的非平衡局部加热示意图

其次，作为一种新的非均相反应体系的原型，在此介绍一下微波照射下的固体催化剂的脱氯反应。该反应是使用"还原性脱氯反应剂（固体催化剂）"和"廉价的 Fe、FeO 的磁性金属、磁性金属氧化物粉末"的 2-氯乙基苯的脱氯反应。该体系中的金属起到"还原脱氯剂和局部反应场"的作用。微波装置采用 CEM 公司制造的微波化学反应装置（Discover，2.45 GHz，300W，单模）。

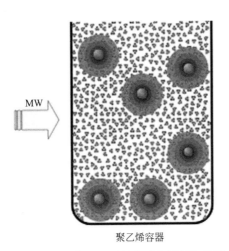

聚乙烯容器

图 4　微波工艺固体催化剂的非平衡局部加热示意图

将 2-氯乙基苯（0.1g）、十氢化萘（1.9g）、还原脱氯剂（金属或金属氧化物：0.3g）放入试管，氮气置换，密封加压下 $[(1\sim16)\times10^5\,Pa]$、输出 $250\sim300W$、$250℃$，微波照射 20min。从 GC、GC-MS、IR、NMR 测定结果计算脱氯率（表 1）。在通常加热状况下，在同样温度及反应时间中，脱氯反应不继续，即使反应时间延长到 2h 后，脱氯率也只有 30%。而在微波照射下，采用了 Fe、FeO 的情况下，反应时间 20min 即可显示 100% 的脱氯率。从带有 sp^3 类型 C-Cl 偶联的氯化合物进行脱氯的反应体系中，这是一个非常高的效率[2]。

表 1　脱卤率 a

M	脱卤率/%
—	0
Fe	100（MW）
Fe①	0（CH）
Fe②（2h）	30（CH）
FeO	100（MW）
Co	56（MW）
Ni	41（MW）

① 反应 10min，保温 10min。
② 微波加热（反应 15min）。

在该体系中，由于溶媒中使用了介电损失系数小的十氢化萘，磁性金属纳米粒子通过磁性损失选择性地吸收微波。结果，将磁性损失系数大的

Fe 粉末用作催化剂时，仅 3min 整体温度即可达到 250℃。此外，因为这个体系是使用 IR 传感器进行温度测量，所以只能观测到整体温度，但是，可以预想到铁催化剂界面的温度要比整体温度更高。总之，可以这样考虑：在作为反应部位的金属界面上形成了高于整体温度的高温领域，促进了还原性脱氯反应（图 5）。

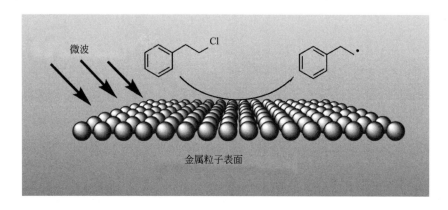

图 5　用金属催化剂的脱氯反应示意图和反应机构

其次，介绍将金属盐用作催化剂的微波-非均相反应体系。在有机合成化学中，碳-碳键形成反应是最重要的反应。通常，该反应通过有机卤化物和有机金属的偶联进行，此时有盐的副产物产生。如果，可以将乙醇和烷烃（alkane）作为原料进行反应，副产物就只有水了，即为理想反应。但是，这些原料的反应性很低，并没有合适的催化剂活化方法。

马场，安田等人注重基于烯丙基卤和碳亲核体，使用钯催化剂可以高效率偶联的 Tsuji-Trost 反应，使用铟催化剂，以乙醇和烷烃（活性亚甲基）为原料进行研究。

此外，在微波照射条件下，不仅使用铟催化剂，还可使用铁催化剂等（图 6），在极短时间内进行高效反应。

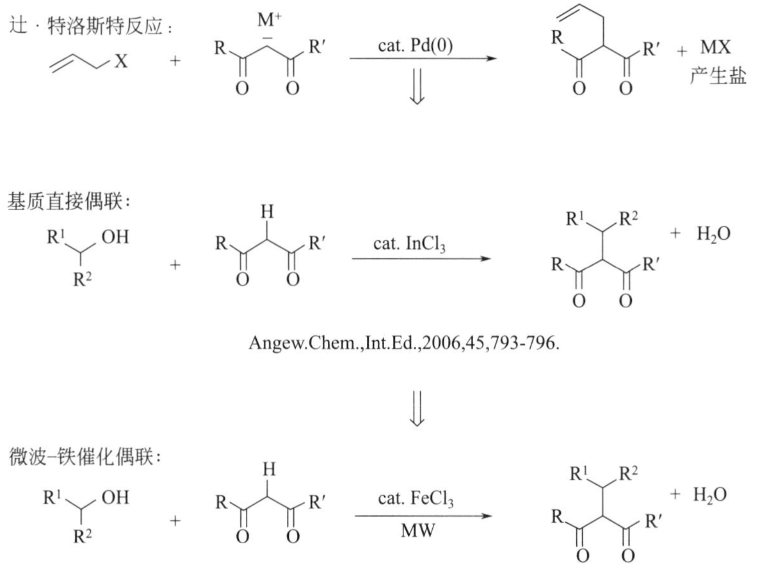

辻 · 特洛斯特反应：

基质直接偶联：

Angew.Chem.,Int.Ed.,2006,45,793-796.

微波-铁催化偶联：

图 6　使用适用微波的催化剂的碳-碳键形成反应

　　微波装置采用 Biotage 公司制造的微波化学反应装置。在反应性低的双酯型活性亚甲基化合物和乙醇的反应中，催化剂 Cu（OTf）$_2$、溶媒氯苯、反应温度 135℃、反应时间 15min，收率为 71%。在该反应中，通常加热条件下，当反应温度为 100℃时，反应完全不能进行，由此可见微波的效果非常显著。

　　不仅是活性亚甲基和乙醇的反应，在乙醇和吲哚的偶联反应中，即使使用了 Ⅲ 醇，也可以实现短时间、高产率。这些反应比使用了 FeCl$_3$、Cu(OTf)$_2$ 催化剂的效率更高[3]。

　　在这些非均相反应体系中，当微波吸收能力低的甲苯、氯苯等作为溶媒时，显示出更为显著的效果，由此可见，应该是微波直接作用于催化剂和反应基质，促进了反应。

5　微波反应器设计

　　在固体催化剂反应过程中，微波反应器的设计主要两点：其一是向流化床等的分散催化剂的微波电磁场分散照射；其二是向固定床等的微波集中照射（图 7）。每种情况下，其关键都是向作为反应场的催化剂界面直接输送能量。

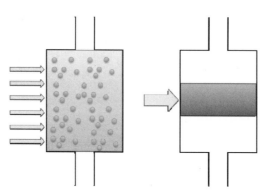

图 7　流动床和固定床的微波照射示意图

微波反应器的设计，应该注重实际的原料、中间体、生成物、溶剂等的复数介电常数以及复数磁导率，进行电磁场分析，确定最佳构造以及频率。微波反应器的设计要素如图 8 所示[4,5]。

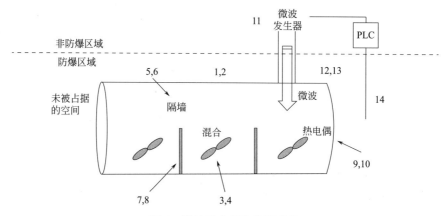

图 8　微波反应器的设计要素

1—反应器构造；2—反应器材质；3—搅拌构造；4—搅拌材质；5—内部构造；6—内部材质；
7—微波隔板构造；8—微波隔板材质；9—温度检测方法；10—温度控制方法；11—微波频率；
12—微波导入方法；13—微波回收构造；14—微波控制方法；

反应器的罐体以及反应器内部的材质没有特别限制，但是，有必要体现出微波的电磁波特性。总之，当物质被微波照射时，会发生反射、透过、吸收等情况，由此反应器内的电磁场分布发生很大改变，这在电磁场设计中应该考虑进去。

规模扩大分为 4 步：①实验室规模(5～500mL)→②工作台规模(5～50L)→③小规模试验性质的生产规模(50～200L)→④实机(500～2000L)。在实验室规模中，使用玻璃容器、氟材料容器以及不锈钢容器；工作台规模以后，则使用与所设想的实机相同材质的容器。另外适用的温度区间在实际水平上为 2000℃ 左右。在低温领域，微波冷冻干燥技术方面，开发了 −50℃、1Pa 环境中微波作用下的冰升华工艺。

在一般的导热过程中，工艺的导热效率很重要，单位时间的供给热量，受总体热导率 U 和导热面积的限制。同时，还要通过表示物质的微波吸收能力的介电损失系数、磁性损失系数以及微波的电磁场强度来决定。微波工艺应坚持完全不同于导热工艺的工艺设计方针，大幅度改进"受总体热导率 U 和导热面积限制的、效率低的工艺"，笔者认为这应该是下一代化工厂的标准工艺。

6　后序

能源化学领域的产业在全球能源消费中占 30％，二氧化碳排放量占 22％。利用微波化学工艺的优势性、安全性，可大幅度地改变现有的化学工艺，开辟微波化学工艺市场，推进微波化学工艺的全球标准化进程。

参考文献

[1] C&EN（Chemical & Engineering News）ACS 出版，2016 年 9 月 12 日，p24.

[2] Y. Tsukahara，A. Higashi，T. Yamauchi，T. Nakamura，M. Yasuda，A. Baba，Y. Wada，J. Phys. Chem. C 2010 114，8965-8970.

[3] S. A. Babu，M. Yasuda，Y. Tsukahara，T. Yamauchi，Y. Wada，A. Baba，Synthesis，2008，1717-1724.

[4] 「マイクロ波化学プロセス技術」第 1 編 マイクロ波基礎技術 第 4 章 "マイクロ波合成実験法" シームシー出版 2006.

[5] 特許第 4874411 号.

沸石分离膜的开发与应用

武胁隆彦

［（株）三菱化学科学技术研究中心］

1 序言

含有有机物的气体或液体的混合物的分离、浓缩通常使用蒸馏、吸附剂材料的分离法。但是，上述方法存在消耗大量能源，分离、浓缩对象的适用范围受限等缺点。针对这些缺点，近年提出了使用沸石膜等无机材料膜的膜分离、浓缩方法。

沸石膜通常是在多孔体的氧化铝、莫来石、不锈钢等管体基材或蜂窝结构体等表面上，以数微米级别，将亚微细粒成长为结晶，进而形成膜的物体。

与使用吸附材料的分离相比，使用沸石膜的膜分离方法无需再生工序，因此能够大幅削减能源使用量。因此，作为新的分离方法而受到关注。特别是共沸水/乙醇分离的节能效果巨大，受到生物乙醇产业等的关注。A 型沸石膜已经应用在生物乙醇的脱水等乙醇的浓缩方法及半导体产业的溶剂回收过程中，实现了部分实用化。使用耐水性或耐酸性更高的沸石膜，以增加沸石膜的适应范围为目的，可进行高硅 CHA 型沸石膜的开发。

本文将介绍 ZEBREX™ ZX1 的高硅 CHA 膜[1]的特征以及各系的渗透气化分离特性以及在气体分离的应用方面的研究状况。

2 高硅沸石膜的开发

2.1 高硅沸石膜的开发方针

作为具有高分离性能、高穿透量，高耐酸性、耐水性的沸石膜，研究的目标是将高硅（拥有较高的硅铝比）的 CHA 型沸石膜制成致密的膜。

关于高分离性能，是以根据沸石细孔形状选择性进行分离的理念为基础。如果从有机溶剂进行脱水，水的动力学直径低于 3Å（$1Å = 10^{-10}$ m），由于几乎所有的有机物都超过 4Å，因此细孔以氧 8 元环构成，细孔直径约为 3.8Å，CHA 型的沸石膜较为合适。根据专利等信息，过去研究的 MOR 型沸石的细孔是氧 12 元环，大小约为 7Å，需要考虑有机物也可以进入细孔内的可能性。

在实现高透过流量方面，CHA 型沸石的细孔结构是三维，显示骨骼元素在平均单位体积所占的比例（框架密度）也较小，细孔内的分子容易扩散，因此较为合适。相对的，上述 MOR 型沸石的细孔结构是 1 维，框架密度也较大，因此在扩散方面也较为不利。

在赋予耐酸性、耐水性方面的重点是沸石的硅铝比。一般而言，沸石的硅铝比越高，耐酸性、耐水性也越好。由于 A 型沸石的硅铝比为 2，因此耐酸性、耐水性并不充分。因此，某种程度的高硅铝比是必需的。如果 CHA 型沸石不使用模板，通常能够获得硅铝比为 6 的沸石，但如果使用模板进行合成，可获得硅铝比超过 10 的沸石。为此，使用硅铝比为 6 和超过 10 的 CHA 型沸石粉末，在 100℃ 的温度下，在 90% 的醋酸水溶液中浸泡 7d，比较结晶结构在前后的变化，硅铝比为 6 的 CHA 型沸石的结构遭到破坏，相对的，硅铝比超过 10 的 CHA 型沸石在浸泡于醋酸水溶液后，结晶结构依然没有变化。由此可知，硅铝比超过 10 的 CHA 型沸石的耐酸性较高。

2.2　高硅 CHA 型沸石膜的特征与渗透气化特性

将三甲基金刚烷胺盐酸盐氢氧化铵（TMADA）作为模板合成的 CHA 型沸石作为籽晶，附着在氧化铝支持体上，由硅原料、氧化铝原料、碱金属原料与水，在 TMADA 组成的水性混合物中进行水热合成，再经过研究各种水洗、干燥，焙烧去除有机物，合成紧密的高硅 CHA 型沸石膜。这类紧密的高硅 CHA 型沸石被命名为 ZEBREX™ ZX1。图 1 显示了用作籽晶的 CHA 型沸石和同为 CHA 型的沸石膜 ZEBREX™ ZX1 的 XRD 图谱。由此可知，ZEBREX™ ZX1 的 $2\theta = 18°$ 的峰值强度非常大。该峰值相当于（111）面，表明指向了特定面。如果是不致密的膜，该特定面的峰值不会变强，因此可以认为特定面的取向成长是 ZEBREX™ ZX1 结构的特征。图

2 显示了 ZEBREX™ ZX1 的表面 SEM 照片。此外，根据 EDX 的测量，该膜的硅铝比为 17，属于高硅 CHA 型沸石膜。

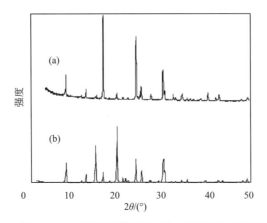

图 1　（a）ZEBREX™ ZX1 和（b）CHA 沸石的 XRD 图谱

图 2　ZEBREX™ ZX1 的表面 SEM 照片

使用该高硅 CHA 型沸石膜，进行了各种渗透气化分离试验。图 3 显示了异丙醇（IPA）70％、水 30％的含水有机物的脱水渗透气化分离（PV）结果。作为比较，图 3 也显示了按照专利文献［2］合成的 MOR 膜的结果。由此可知，ZEBREX™ ZX1 展示了非常高的透过流量、分离系数。与按照专利文献［2］合成的 MOR 膜相比，透过流量约为 8 倍。

表 1 显示了高含水系、醋酸等酸性条件中的含水有机物渗透气化的脱水分离结果。由此可知，在动力学直径比水更大的有机物的脱水分离中，显示了较高的水的渗透性和分离系数。此外，在 N-甲基吡咯烷酮（NMP）、

IPA 的脱水中，即使是在加入有机酸或无机酸，酸性的情况下，表 1 也一同予以显示。由此可知，在上述条件下，即使添加了酸，渗透气化分离性能也基本没有变化。

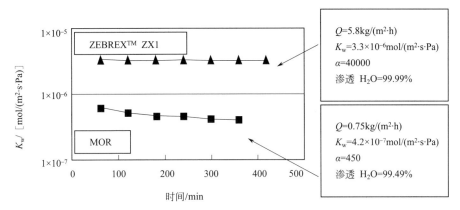

图 3　使用 ZEBREX™ ZX1 与 MOR 膜的 IPA/H_2O 渗透气化分离结果

表 1　使用 ZEBREX™ ZX1 的各种渗透气化分离结果

分离材料	酸	pH	有机溶剂进料量	温度/℃	渗透系数 $K_w/[\mathrm{mol}/(\mathrm{m}^2 \cdot \mathrm{s} \cdot \mathrm{Pa})]$	α
AcOH	—	—	50	70	3.0×10^{-6}	1300
			50	80	2.5×10^{-6}	650
丙酮	—	—	50	40	3.8×10^{-6}	14600
IPA	—	—	70	70	3.3×10^{-6}	31000
THF	—	—	50	50	4.2×10^{-6}	3100
NMP	—	—	70	70	3.1×10^{-6}	23100
DMF	—	—	70	70	3.6×10^{-6}	4200
PhOH	—	—	90	75	2.9×10^{-6}	81400
NMP	- 草酸 200×10^{-6}	6.2 4.1	70 70	70 70	3.1×10^{-6} 3.1×10^{-6}	23100 23600
IPA	- HCl 800×10^{-6}	5.0 1.9	70 70	70 70	2.9×10^{-6} 2.9×10^{-6}	23800 21600
IPA	H_2SO_4 0.14%	5.0 2.1	70 70	70 70	3.3×10^{-6} 3.3×10^{-6}	30200 28300

3 使用沸石膜的二氧化碳分离

3.1 二氧化碳分离技术简介

关于气候变化抑制的多边国际协定，即巴黎协定从 2016 年 11 月起生效。全球变暖逐渐成为备受关注的问题。作为全球变暖对策技术，分离回收从化石燃料排出的二氧化碳，碳捕获与固定（CCS）技术备受关注。此外，从天然气中去除二氧化碳也是重要的课题。根据天然气坑不同，存在二氧化碳含量较多，名为含硫石油气的物质。作为近年的能源资源，随着天然气的需求不断增加，开始开发二氧化碳含量比以前更大的天然气坑。此外，关于天然气的管道运输，由于会发生管道腐蚀、天然气卡路里减少等问题，因此必须确定二氧化碳含量的规格，天然气的提纯中二氧化碳的分离是非常重要的工艺之一。

二氧化碳一般都使用胺等吸收剂进行分离。但是，再生该工艺需要消耗庞大的能量，因此在需要分离高浓度二氧化碳时存在问题。相对的，使用膜的二氧化碳分离技术与胺吸收法相比，因运行成本较低，操作简单，废弃物较少等环保原因而备受关注。关于膜分离，使用高分子膜的分离已部分实现实用化。高分子膜的基本分离原理是在气体溶解为高分子，扩散至膜内并穿透的过程中，根据气体的溶解性和扩散系数差异，进行分离。因此，条件不同，二氧化碳的渗透性、分离系数可能会不同。此外，对于有机物膜，在高温下的热稳定性或水热稳定性方面，可能不适合。如果气体是有机物等，存在膜膨胀，发生塑料化等促进劣化的问题。因此，需要开发性能比传统高分子膜更高，热稳定性、化学稳定性出色，成本低，放大生产更容易的膜。相对的，由于无机膜是无机材料，因此预测热稳定性和化学稳定性较高。如果是沸石膜，由于分离原理以分子筛为准，如果是致密的膜，可能会发挥极高的分离性能。

3.2 使用各种沸石膜的二氧化碳分离

沸石根据构成的细孔氧数量，分为由细孔尺寸为 3~4Å 的氧 8 元环构成的小孔沸石、由 5~6Å 的氧 10 元环构成的中孔沸石、由 7~8Å 的氧 12 元环构成的大孔沸石、比氧 12 元环更大的超大孔沸石。气体的穿透性能与气体大小和沸石细孔大小、气体的吸附特性、沸石细孔内的气体扩散性等有关。为此，针对目标气体的分离，可实现沸石结构的形状选择性、扩散系数的差异、由沸石组成的控制引起的吸附性能差异等各种组合，从中发现最合适的沸石膜。但是，作为前提，缺陷较少的致密沸石膜是必要条件。

如果以 CCS、天然气的提纯等为目的，进行二氧化碳的分离，考虑到二氧化碳的动力学直径为 $3.3Å$、氮气为 $3.6Å$、甲烷为 $3.8Å$，8 元沸石环最有希望。例如，属于 10 元沸石环的 MFI 型沸石的细孔约为 $5.5Å$，如果进行二氧化碳与氮气或甲烷的分离，难以期待由气体分子大小引起的形状选择性分离，利用气体的吸附特性的差异实现分离成为一种选择。图 4 显示了二氧化碳、甲烷的大小与各种沸石的细孔直径的关系。

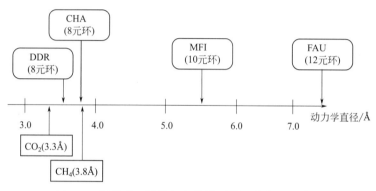

图 4　二氧化碳、甲烷与各种沸石的细孔直径的关系

表 2 汇总了的二氧化碳分离、二氧化碳/甲烷分离的主要沸石膜的典型性能。由此可知，氧 12 元环的 FAU 型（NaY）膜[3]、氧 10 元环的 MFI 型（ZSM-5）膜[4]大于二氧化碳的渗透率，二氧化碳/甲烷的分离性能比较小，难以实现充分的分离。此外，对支持体的渗透性也有影响，一般支持体的厚度越小，渗透率越高，被称为非对称支持体，数微米的基材表面附着了小于亚微型的紧密氧化铝层的支持体也受到扩散的影响，渗透率处于增长的趋势。表 2 的 MFI 膜是该非对称支持体的示例。因此，关于渗透性的比较必须考虑各种条件。

表 2　各种沸石膜的 CO_2/CH_4 分离性能

分子筛/载体	通道环数	温度/K	CO_2 渗透系数/$10^{-7}mol \cdot m^2 \cdot s^{-1} \cdot Pa^{-1}$	CO_2/CH_4 透过率	相关文献
FAU/α-Al$_2$O$_3$	12	303	15	5	[3]
MFI/α-Al$_2$O$_3$	10	295	55	6	[4]
CHA(SAPO)	8	295	18	171	[5]

续表

分子筛/ 载体	通道 环数	温度/K	CO_2 渗透系数/ $10^{-7}\ mol \cdot m^2 \cdot s^{-1} \cdot Pa^{-1}$	CO_2/CH_4 透过率	相关文献
/α-Al_2O_3					
DDR/α-Al_2O_3	8	303	0.55	500	[8]
CHA/α-Al_2O_3	8	293	3.3	38	[9]

表 2 显示了 CHA 型、属于磷酸硅铝的 SAPO-34 膜[5]的典型性能。由于 CHA 型的细孔尺寸大于二氧化碳，小于或等于甲烷，因此发现了沸石特有的形状选择性，获得了较高的二氧化碳/甲烷的渗透比。此外，我们了解到二氧化碳的渗透率也超过 $10^{-6}\ mol\ m^{-2}s^{-1}Pa^{-1}$，CHA 型对二氧化碳的分离非常有效。但是，关于 SAPO 膜，如果考虑实用性，则存在较大的课题。SAPO 膜的亲水性极强，由于该亲水性与 SAPO 结构特有的特征，在存在水蒸气的情况下，存在结构稳定性不充分的问题[6]。在存在水蒸气的情况下，SAPO 的 Si-OH-Al 结合可能出现不可逆的分离，如果出现这一现象，会引起结晶性的下降，并对分离性能造成影响。关于 SAPO-34 膜的二氧化碳/甲烷分离，在存在水分的情况下，二氧化碳的渗透率、二氧化碳/甲烷的渗透率比大幅下降[7]。如果回到不存在水分的情况下，性能会恢复，因此该现象是可逆的，长时间暴露在水蒸气下，也可能引起非可逆的结构破坏情况。

氧 8 元环的 DDR 型沸石膜[8]也发挥了形状选择性，二氧化碳/甲烷的渗透比非常高。DDR 的细孔短径为 3.6Å，小于 CHA 的 3.8Å，在二氧化碳/甲烷的分离中更为有效。此外，DDR 型沸石一般都由硅构成，因此疏水性极高。因此，不容易受到水蒸气的影响，这点也是非常有利的。但是，如表 2 所示，一般 DDR 膜的二氧化碳渗透率较小。这是因为 DDR 的细孔结构与 CHA 不同，属于二维等原因造成的。但是，关于二氧化碳的渗透率，最近得到了进一步的改善。

对拥有 CHA 型、高硅铝比的铝硅酸盐 SSZ-13 进行膜化的研究[9]。表 2 显示了二氧化碳/甲烷的分离性能的示例。在该例中，与 SAPO-34 膜相比，二氧化碳渗透率、二氧化碳/甲烷的渗透比比较小。虽然是同为 CHA 型的沸石，这类性能差异是由 CHA 膜的致密性不充分导致的。虽然 CHA 沸石自身存在形状选择性，但如果沸石膜自身并不致密，存在较大的晶界或缺陷部分，二氧化碳、甲烷也会穿透该部分，无法充分发挥来源于沸石结构的性能。根据上述结果，我们了解到更为致密的 CHA 型沸石膜是较为重要的。

3.3　ZEBREX™ ZX1 的气体分离特性

如上文所述，ZEBREX™ ZX1 是拥有高硅铝比的紧密 CHA 型沸石膜。为此，即使在气体分离中，也有望获得由 CHA 型的特有结构引起的气体分离性能。如上文所述，由于细孔直径尺寸大于二氧化碳或氢气，小于甲烷等烃类化合物，因此有望适用于从天然气分离二氧化碳或去除氢气中的杂质烃类化合物等。

关于使用属于高硅 CHA 型沸石膜的 ZEBREX™ ZX1 与 CHA 型膜，不使用模板，对硅铝比为 6 的膜（低硅 CHA）测量了各种气体的穿透性能，结果如图 5 所示。ZEBREX™ ZX1 的二氧化碳与甲烷的理想分离系数（渗透率比）为 191，相对的，低硅 CHA 膜为 1.4。虽然同为 CHA 型结构，ZEBREX™ ZX1 膜是缺陷较少的膜，而低硅 CHA 的膜缺陷相对较多，因此产生了巨大的差异。此外，由 $CO_2/CH_4 = 51/49$ 组成的混合气体穿透该 ZEBREX™ ZX1 膜时，穿透气体的组成为 $CO_2/CH_4 = 99.2/0.8$，分离系数为 119。在混合气体的穿透方面，显示了较高的分离系数。通过调整 ZEBREX™ ZX1 的合成条件，在维持高分离系数的同时，二氧化碳的渗透率高于 $2 \times 10^{-6} mol \cdot m^{-2} s^{-1} \cdot Pa^{-1}$[10,11]。

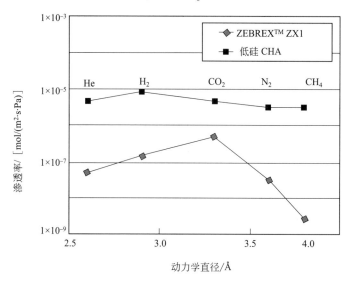

图 5　ZEBREX™ ZX1 与低硅 CHA 膜的气体穿透性能

4　结语

关于笔者等人开发的高硅 CHA 沸石膜 ZEBREX™ ZX1，介绍了其结构特性、渗透气化分离特性、气体分离特性等。今后朝着实用化，会在实际条件下推动测试的同时，促进大型化、模块化的研究。

参考文献

[1] M. Sugita，T. Takewaki，K. Oshima，N. Fujita，US8376148.

[2] 板橋慶治，岡本健一，喜多英敏，特開 2003-144871.

[3] Y. Hasegawa，K. Kusakabe，S. Morooka，*Chemical Engineering Science*，56，4273 (2001).

[4] L. Sandstrom，E. Sjober，J. Hedlund，*J. Membr. Sci.*，380，232 (2011).

[5] M. A. Carreon，S. Li，J. L. Falconer，R. D. Noble，*J. Am. Chem. Soc.*，130，5412 (2008).

[6] M. Briend，R. Vomscheid，M. J. Peltre，P. P. Man，D. Barthomeuf，*J. Phys. Chem*，99，8270 (1995).

[7] J. C. Poshusta，R. D. Noble，J. L. Falconer，*J. Membr. Sci.*，186，25 (2001).

[8] J. van den Bergh，W. Zhu，J. Gascon，J. A. Moulijn，F. Kapteijin，*J. Membr. Sci.*，316，35 (2008).

[9] N. Kosinov，C. Auffret，C. Gucuyener，B. M. Szyja，J. Gascon，F. Kapteijin，E. J. M. Hensen，*J. Mater. Chem.* A，2，13083 (2014).

[10] 藤田直子，武脇隆彦，大島一典，杉田美樹，宮城秀和，林幹夫，特開 2012-66242.

[11] M. Hayashi，M. Yamada，T. Takewaki，WO2013/125660.

碳纳米管量产及使用技术的研究动态——Super Growth 单层碳纳米管

松本尚之

（产业技术综合研究所）

1 碳纳米管的研究动态

由于碳纳米管（CNT）具备高强度、高热导率、高电流容量、高比表面积等之前的材料所不具备的种种功能，因此，其在高强度构件、高性能电子元件等领域的应用是值得期待的。CNT 具备将平面上排列成六角形状的碳原子"石墨烯"卷曲而来的构造，主要分为石墨烯层的构造为一层的单层 CNT（SWCNT）、石墨烯层为两层或以上的多层 CNT（MWCNT）。

自从 S. Iijima 等人于 1991 年将 MWCNT（被引用次数：26666），截至 2017 年 1 月 4 日，由 web of science 调查[1]、又于 1993 年将 SWCNT（被引用次数 5068）[2]分别发表于 Nature 杂志之后，已经经过了 20 年以上的时间。上述内容发表后不久，在涉及科学、电子、机械等多个领域的合成方法及特性、构造控制等方面的研究便开始变得活跃起来，而与 CNT 研究相关的论文数量亦随之急剧增加，成为纳米技术的代表性材料，在研究方面取得了飞速进展（图 1）。近年来，在合成技术当中，量产技术的研究开发也趋于成熟，在提升 CNT 产量和降低销售成本方面每年都在不断进步。另外，由于制造量的提升和销售成本的下降，向应用开发领域和产业领域提供 CNT 也成为可能，因此 CNT 研究正在逐渐从对 CNT 本身的合成技术开发向与社会和人们的生活更接近的、使用 CNT 作为材料的应用开发和产业应用等方向转型。

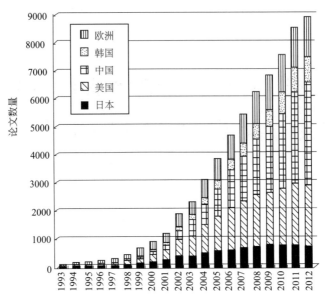

图 1　与 CNT 相关的研究论文数量的变化过程

在这些 CNT 的研究背景及动向的铺垫下，本文将介绍我们所开发的"Super Growth 法"（超级增长法）。首先，从 SWCNT 的合成（量产）这一观点出发，对以往的合成技术和课题以及 Super Growth 法的概要进行解释说明，随后论述产业技术综合研究所（产综研）与日本瑞翁株式会社（日本瑞翁）进行的合成技术的开发，以及商业生产（实用化）之间的研究过程，最后从应用开发和产业应用的观点出发，对使用了 Super Growth 法 SWCNT 的应用开发实例进行论述。

2　Super Growth 法 SWCNT 实现商业生产之前的经历

2.1　面向过去的合成技术和商业化[3]

S. Iijima 等于 1993 年发表的 SWCNT 是通过"电弧放电法"合成的。在电弧放电法中，以含有金属催化剂的石墨棒充当电极，引发电弧放电，以此来合成 SWCNT。其后的脉冲激光沉积法则是通过加热混合了微量金属的石墨棒，并以激光照射来合成 SWCNT。上述两种合成法中，由于蒸发碳需要数千摄氏度的高温，故需要大规模的合成装置和较高的能量（消耗），因此增加合成量（量产）从原理上来说较为困难。

与之相对的，通过化学气相沉积法（CVD）实现 SWCNT 合成，则被认为是更为简便、也更适合量产（实用化）的合成方法。在用作催化剂以固载钼微粒的氧化铝粒子上，利用一氧化碳气体歧化反应热 CVD 法合成 SWCNT 的例子，最早于 1996 年被报道出来。这种使用了一氧化碳的合成方法，也被用作目前市面上销售的 SWCNT 的合成方法，即 HiPco 法（在高温高压下使用五羰基铁合成）和 CoMoCAT 法（在比 HiPco 法低压低温的环境下使用固载在 MgO 上的 Co/Mo 催化剂来合成）之中。但是，即使是使用这些 CVD 合成方法，SWCNT 的成长效率（生产效率）与 MWCNT 相比还是较低，因此（销售）成本依然较高。实际上，不止一个具备数百吨/年的生产能力的商业工厂目前正在运作，其产品售价从 5000 日元到数万日元/千克，与之相对的，SWCNT 的售价则是数万日元/克，两者之间存在着接近 1000 倍的价格差。

2.2　Super Growth 法

解决 SWCNT 与 MWCNT 之间巨大价格差的是"Super Growth 法"2004 年由 K. Hata 等公布[4]（图 2）。在 Super Growth 法中，由于向通常的 CVD 合成过程中添加了微量的水分来改善催化剂的活性和寿命，因此大幅提高了成长效率（催化剂效率是生成物/催化剂重量比为 50000%），其与以前的合成方法相比，是以前的数百倍（脉冲激光沉积法为 500%，HiPco 法为 300%）。我们已经找到了在 Super Growth 法中添加水分使 SWCNT 的成长效率提升的原因[5]。在催化剂上的 CNT 的成长反应当中，还会同时发生催化剂被碳壳所覆盖的副反应。通常的 CVD 法中，由于在 CNT 成长之前，大量催化剂被碳壳覆盖失去活性，导致 CNT 的成长效率急剧下降。但是，在 Super Growth 法中，由于该碳壳被微量添加的水分所消除，催化剂活性得到维持（催化剂寿命得到提高），因此 CNT 的成长效率上升了。

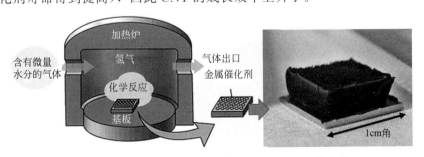

图 2　通过 Super Growth 法进行的（SW）CNT 的合成

在 Super Growth 法中，在涂布了助催化剂（氧化铝）的固体表面上，高效率地垂直取向的长方形 CNT 结构（森林）会发生成长（图 2 右图）。另外，由于涂布了催化剂的基板与 CNT 结构可以像用刀具等收割稻穗一样轻易分离，因此可以在没有精制过程的情况下合成碳纯度 99.98% 以上（这一纯度是 HiPCo 法所得纯度的 2000 倍）的 SWCNT。合成 SWCNT 之后，从 SWCNT 上清除催化剂（不纯物）这一复杂的精制过程增加了 SWCNT 的成本，因此在可以合成高纯度 SWCNTD 的 Super Growth 法，与之前的合成方法相比往往处于优势地位。

2.3　以商业化生产为目标的研究开发

在 Super Growth 法被商业化后，其工业化的研究开发也具备了必要性。因此，下面将介绍 2004 年公布的 Super Growth 法至 2015 年 11 月日本瑞翁开始进行商业化生产之间，立足于科学性且工业化的角度，由产综研与日本瑞翁携手进行的研究开发的经过以及研究要素（基板、催化剂涂布技术、合成技术）。

2.3.1　基板

在实验室级别的反应中，SWCNT 通过固载在硅片或石英等绝缘体基板上的催化剂合成。但是，不使用硅片或石英之类的高价基板，而是使用相对低廉的基板，大量且廉价地制造品质优良的 SWCNT，对实现工业化量产是不可或缺的 ［图 3（a）］。

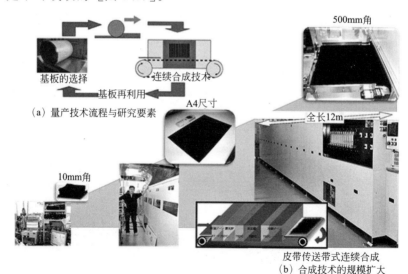

图 3　Super Growth 法的量产技术

在 Super Growth 法中，由于基板要置于接近 800℃ 的氢还原气氛或（添加了水分的）氧化气氛中，因此需要选择不仅对这些合成环境具有较高耐久性，还不会阻碍 SWCNT 合成的、低价且可以工业化使用的基板。能够满足如此严格要求的基板有耐热性金属 Ni-Fe-Cr 系合金和 Ni 系合金（不锈钢和铬镍铁合金），在这些基板上可以高效率地生长出与在硅片上的产物品质相同的 SWCNT[6]。这一发现使摆脱不具备可扩展性，而且非常昂贵的硅片和石英，转而采用低价的基板量产 SWCNT 成为可能。

2.3.2　催化剂涂布技术

通过 Super Growth 法合成 SWCNT 时，要使基板上涂布 15nm 以上的氧化铝助催化剂（Al_2O_3），且助催化剂上涂布 1.8nm 左右、将烃类气体转化为 CNT 的"Fe/Al_2O_3/基板"分层催化剂。在 2004 年公开发表时，Al_2O_3 与 Fe 催化剂是通过溅射涂布到催化剂上的。但是，从工业化量产的角度看来，溅射的生产效率较低，设备成本较高，因此必须在更为低廉的设备投资下，对生产效率较高的催化剂涂布技术，即湿催化剂涂布技术进行开发[图3(a)]。

在初期的基础研究中发现，Al_2O_3 助催化剂的成分和表面粗糙度因素都会对 SWCNT 的生长产生影响，Fe 催化剂的厚度若变薄则 CNT 不生长，若变厚则会生长出 MWCNT，因此，SWCNT 的催化剂涂布条件被局限在一个极小的范围中[8]。在基础研究之后的实用化研究当中，从成本的角度看来基板的大面积化和再利用是不可或缺的，但随着基板面积和再利用次数的增加，基板会在合成过程中渗碳，还会因为加热而面临歪曲和变形等问题。通过组合运用当时已获取的知识，成功开发出了能够应对合成过程中基板歪曲、变形、渗碳等问题的、能均匀地涂布 Al_2O_3 和 Fe 催化剂的湿式催化剂涂布技术。

2.3.3　量产（合成）技术

在发表 Super Growth 法时采用的步骤是，将基板水平配置于使用石英管的卧式管式炉中，从水平方向导入原料气体，以批次反应合成 SWCNT。但是，在使用卧式合成炉时，扩大合成炉和基板是非常困难的，因此从实现工业化的角度来说是不可能的。为了研究如何解决这个课题，最初是使用从上部供应气体的立式合成炉的合成技术。立式合成炉所面临的最大课题在于，如何在不引发湍流的情况下从上部均匀供给原料气体以高效率地合成 CNT。而随着运用气体模拟，设计和引入气体的供给部位（气体喷头），成功实现了向基板上的催化剂高效地供给原料气体，实现了均匀的 CNT 成长，与此同时，通过灵活运用这一发现还成功将合成炉从 1 英尺（1 英尺＝30.48cm）扩大到 4 英尺[7]。

随后，在预先设想到商业品牌所需的量产的情况下，合成炉的材质成了新的课题。考虑到成本较高和可加工性，使用石英材质的管式炉的话，对合成炉的尺寸有一定限制，不利于扩大规模。因此开始致力于开发能将合成炉的材质换成低成本且易加工的金属合成炉的技术。在这一技术开发中，要求使用即使在高温（800℃）下长时间置于高浓度的烃类气体中依然具备耐久性的合成炉材质。并且，用于供给原料气体的气体喷头也需要从石英换成金属。为了选出能够适用于 CNT 合成过程的材质，引进了专用的装置，将其长时间置于高温、高浓度的碳源气体中，详细地调查了基材所受劣化、积碳、渗碳的影响。其结果表明，我们成功设计并制作出了可以长时间稳定合成 CNT 的金属合成炉以及气体喷头结构。

只有确立从上部供给气体的立式合成技术、确定合成炉的材质后，对合成炉的规模扩大才成为可能。首先确立与实验室级别相同的大面积金属基板的（立式）合成技术，随后成功在 A4 尺寸的金属基板上合成了 SWCNT［图3(b)］。但是，这在批次反应生产中生产效率低下，难以实现工业化量产。因此，我们着手开发了连续使用 Super Growth 法的连续合成技术。从数个备选方案之中选出的连续合成的方法是"皮带传送带式（将大型基板连续导入合成炉的系统）"这一方案［图3(b)］。通过这种方法，金属基板先经升温区域导入能形成催化剂微粒的氢氛围下的催化剂形成区域后，经过合成 CNT 的合成炉区域，最后通过冷却样品的冷却区域，从而连续得到合成 CNT 的基板。

产综研与日本瑞翁的研究令生产速率 100g/h 的 Super Growth 法 SWCNT 合成成为可能［图 3(b)］。通过这些示范装置制造的 SWCNT，截至目前已提供给 200 家以上的研究机构（由产综研提供）作为样品。另外，从 2013 年起，在成果推广环节中，将示范装置租赁给了日本瑞翁，以对 Super Growth 法 SWCNT 进行销售。随着 Super Growth 法 SWCNT 量产技术的成熟以及该技术应用开发的进步，2014 年日本瑞翁决定启动商业工厂，并于 2015 年 11 月投入运作，2016 年 4 月从瑞翁纳米技术株式会社处获得了"ZEONANO™ SG101"这一名称，各自开始对 Super Growth 法生产的 SWCNT 进行销售。

3　Super Growth 法 SWCNT 的应用开发

虽然由于 Super Growth 法 SWCNT 开始了商业化生产及销售，向市场上供应该产品成为可能，但如果不进行更贴近消费者的应用开发，那么 SWCNT 对于人们的生活和社会而言还算不上有用、有所贡献的材料。接下来将对我们的研究团队的，应用开发实例进行介绍（图 4）。

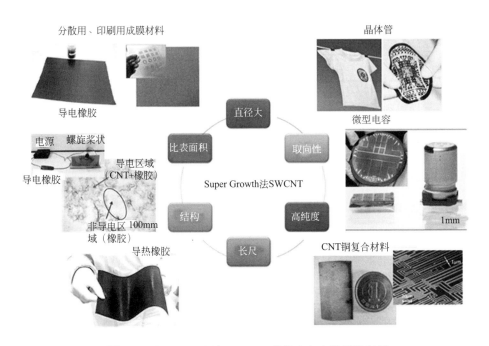

图 4　Super Growth 法 SWCNT 的优点与应用开发实例

3.1　分散用、印刷用成膜材料[9]

为了挖掘 CNT 的用途，需要用到涂布法或印刷法等具备量产性和厚度可控性的、优秀的 CNT 成型加工技术。关于 CNT 的涂布技术目前虽然已有相关报告，但在厚度可控性上存在极限，涂层最厚处只能达到数纳米级别，仅能用于透明导电薄膜和薄膜晶体管等领域。

为了涂布数十微米级别的 SWCNT 厚膜，开发出 SWCNT 浓度更高且更分散、更稳定的技术，由此成功制作出了具备平整性和厚度可控性（平整性：$Ra/t < 10\%$，Ra 为表面粗糙度、t 为膜厚度）的大面积 SWCNT 膜

（图 4）。并且，在使用 SWCNT 成膜材料的丝网印刷术中，使形成 SWCNT 的精细图案成为可能，还实现了最小间距 $50\mu m$ 的细线印刷（图 4）。

由于 Super Growth 法 SWCNT 与其他市面上销售的 SWCNT 相比更长（数百微米），长 SWCNT 之间互相纠缠，形成了无数接触点的"网状结构"分散于溶剂中。通过这种网状结构，SWCNT 之间的键即使在膜的干燥工序中也不会断裂，因此令 Super Growth 法 SWCNT 体现出了优越的涂布性。

在这些技术当中，并不使用表面活性剂之类的分散剂，因此使适应电极材料且不纯物极少的 SWCNT 膜的涂布成为可能。并且，高电流容量配线、散热材料、软性电子材料、黑色涂布膜和高强度轻质材料等，各种各样的 SWCNT 功能性材料（用途）的应用都值得期待。

3.2　晶体管[10]

如果能够制作出像衣物一样柔软的电子设备，就可以在不给人体带来太大不适感的情况下，根据脉搏不齐和心律不齐的有无、皮肤温度等来检测健康状态。但是，以前的电子设备都使用金属、氧化物、合金等坚硬材料，因此要做出兼具柔软和强度的设备是很困难的。

我们开发出了在源极、漏极、栅极所用电极上使用导电 SWCNT 橡胶复合材料、在信道材料上使用半导体性质 SWCNT、在绝缘层上使用离子凝胶、在基板上使用硅橡胶所构成的侧栅晶体管（图 4）。

这种晶体管的特性是，开态电流为 $-50\mu A$，开关电流比为 10^4，与此前报道的柔性晶体管具有同等的性能。另外，由于完全不使用金属或氧化物之类的坚硬材料，仅由 SWCNT、橡胶和凝胶之类的柔软材料构成，因此在通电后，所有材料整体变形，即使发生伸缩、卷曲、压缩、冲击，依然能够维持原有性能。

这种晶体管在生物传感系统和护理机器人的皮肤等医疗用人体监测电子技术领域的应用将是值得期待的。

3.3　微型电容[11]

虽然由于晶体管、电阻器、电感元件等组件的小型化，电子设备得到了发展，但唯有铝电解电容器至今依然体积较大，有待小型化。

将因高纯度、高比表面积而具备优越电容器特性的 Super Growth 法 SWCNT 作为电极材料，通过对搭有电线的硅基板上的 CNT 膜进行光刻，开发出了制作梳形微电容器电极形状的微细加工技术，以及为串联连接各 CNT 电极而构筑电极隔离壁的技术，由此成功制作出了 CNT 集成化微型电容器（图 4）。

这种 CNT 集成化微型电容器在使用水电解质的情况下，虽然单个最多只能充放电 1V，但通过将多个串联连接进行集成化后，可以在小体积的前提下操作 100V 的高电压。另外，通过设计连接方式，比如集成度、电极设计等，还可以控制工作电压、容量、输出功率和充放电速度。与其他的能源设备（现有的电容器、微型电容器、铝电解电容器、电池）相比，该电容器依然兼具单位体积的功率密度（输出功率）和能量密度（容量）上的优势，尤其在与铝电解电容器相比时，其不仅能发挥出同等的效率，而且体积仅是后者的 1/1000（图 4）。

这种 CNT 集成化微型电容器的设计自由度很高，视用途的不同可以满足不同的规格，被公认为具有前途的高性能能源设备。

3.4　导电橡胶[12]

近年来，导电性树脂和导电橡胶被应用于防静电和静电消除、打印机充电辊等各种各样的领域。一般来说，导电复合材料是通过将树脂、橡胶或热塑性弹性体与导电材料中的炭黑、碳纤维等复合而制作出来的。但是，为了获得足够的导电性，就需要大量添加炭黑或碳纤维，而大部分导电材料与树脂和橡胶相比都偏硬，因此有了随着添加量的增加，树脂和橡胶会失去原来所具备的柔软性这一问题。

我们为了解决这一问题，灵活运用了 Super Growth 法 SWCNT 的高长径比和高纯度的优点，开发出了在同样 SWCNT 添加量下具备最高导电性的、且能基本保持橡胶物理性能的导电橡胶。当 Super Growth 法 SWCNT 分散于有机溶剂中或含有表面活性剂的水溶液中时，和成膜材料一样，SWCNT 与 SWCNT 纠缠，形成了大小在 $100\mu m$ 左右的网状结构。向这种网状结构 SWCNT 的分散液中添加溶解在有机溶剂中的橡胶或胶乳，在适当的条件下干燥，就能制作出导电橡胶。

这种复合材料中，能够导电的 SWCNT 网遍布材料整体，故呈现出高导电性。这些网的缝隙中不存在 SWCNT，仅有不导电的橡胶，保持了橡胶本身的柔软性和透明性。通过形成这种 SWCNT 互相纠缠的含 SWCNT 的长导电部分和不含 SWCNT 的不导电部分混合在一起的构造，基材保持了原来的物理性质，在渗滤阈值下电导率提高到了 10^{-3} S/cm（之前的 100 倍）（图 4）。

3.5 导热橡胶[3,13]

为了应对集成化所带来的电子设备发热的问题，对于金属制的散热材料和填充于设备中的柔软高导热材料的需求也变高了。不过，CNT 是热导率比金刚石和碳纤维（CF）还高的材料。

含有高长径比且高纯度的 Super Growth 法 SWCNT（4%）和 CF（18%）的氟橡胶复合材料，其截面内方向上的热导率为 25W/(m·K)，垂直于面方向上的热导率为 2W/(m·K)，而氟橡胶本身的热导率则为 0.2W/(m·K)。这一数值比钛 [(17W/(m·K)] 和铬钢 [(19W/(m·K)] 更高，已经接近矾土 [29W/(m·K)] 的热导率。另外，由于是向形成了网状结构的 Super Growth 法 SWCNT 分散液中添加 CF 及橡胶材料基材实现的均匀分散，与同等热导率的复合材料相比，可以将会影响到材料脆化或硬化的导热性添加材料的添加量控制到之前的 1/3～1/2，保持基材本身的橡胶物理性质（柔软性等）（图 4）。并且，这种导热橡胶与具备同等热导率的材料相比密度更低，因此轻量化也成为可能。使用 SWCNT 后具备高热导率的原因在于分子体积较大的 SWCNT 网进入了 CF 中，从而帮助 CF 进行导热。

另外，日本瑞翁与产综研共同开发的、以 Super Growth 法 CNT、锌和橡胶的三元混合物为主制作的、在截面内方向上体现出较高热导率且具备优越柔软性的材料与日本瑞翁的橡胶分散技术、混合技术、加工技术相结合，开发出了在厚度方向上具有高热导率的薄片式 TIM，并预计为量产这种 TIM 而完成示范工厂。

3.6 CNT 铜复合材料[3,14]

目前广泛使用的电子设备的电力都是通过铜或金制的配线供应的。配线中流通的电流虽然是由配线材料及其粗细来决定的，但近年来随着设备的小型化，以前的配线中流通的电流量已经接近极限了。为了解决这个问题所开发出的材料便是，将 Super Growth 法 SWCNT 与铜复合所得的 CNT 铜复合材料。

要将 CNT 与铜复合的话，在 CNT 内部均匀生成铜是十分重要的。但是，CNT 具备疏水性，仅仅依靠铜离子的水溶液进行电镀的话，无法向

CNT 的内部填充铜。并且，如果使用有机溶液在 $50 \sim 100 \mathrm{mA/cm^2}$ 这样的大电流密度下进行电镀，那么会优先在 CNT 的表面生成铜离子，因此还是无法向 CNT 的内部填充铜。后来，通过先使用与 CNT 适应性较好的有机溶液缓慢进行电镀，于 CNT 内部生成铜离子后，再用与铜适应性较好的水溶液进行电镀，成功制作出了铜与 CNT 均匀复合的 CNT 铜复合材料。

电流容量是指在电阻率固定的区域内最大的电流密度。之前的配线材料，即铜和金的电流容量分别为 $6.1 \times 10^6 \mathrm{A/cm^2}$、$6.3 \times 10^6 \mathrm{A/cm^2}$，与之相比，CNT 铜复合材料的电流容量为 $600 \times 10^6 \mathrm{A/cm^2}$，是铜和金的约 100 倍。另外，CNT 铜复合材料的电导率在常温下为 $4.7 \times 10^5 \mathrm{S/cm}$，这与铜的电导率 $5.8 \times 10^5 \mathrm{S/cm}$ 相近。而且，随着温度上升，CNT 铜复合材料电导率的下降幅度比铜小，在 80℃时电导率超过铜，在 227℃时为铜的 2 倍。

开发出的 CNT 铜复合材料含有体积比为 45 ％的 CNT，其密度约为 $5.2 \mathrm{g/cm^3}$。该值与铜（$8.9\mathrm{g/cm^3}$）、金（$19\mathrm{g/cm^3}$）相比更小，可用于满足轻量化、小型化、高性能化的配线材料。

4　今后的展望

关于我们开发的 Super Growth 法，顺着 CNT 的研究动态可以发现，本文前半部分主要介绍的是 Super Growth 合成技术及其商业化的过程，后半部分则主要是利用了 Super Growth 法 SWCNT 的应用开发实例。

近年来，Spuer Growth 法以外的合成技术的发展也取得了一些突出的进展，预计今后 SWCNT 和 MWCNT 会出现全世界范围的产量增加和随之而来的价格下降。另外，在合成技术当中，取代量产技术的、更先进的次世代技术，比如将半导体型 SWCNT 和金属型 SWCNT 分开合成的半导体/金属合成分离技术，对于能决定 CNT 特征的 CNT 形状及物理性质和手性进行精确控制的技术也会相继被开发，研究有望取得更多进展。

在应用开发领域，除了本文所介绍的应用实例以外，燃料电池和太阳能电池材料、透明导电薄膜、生物材料（CNT-氧化铝陶瓷复合材料）、通电玻璃材料、生物测量传感器和促动器等多个范围内的研究开发目前都在进行中，此外，在 CNT 的应用方面也有许多之前无人问津的应用领域，今后 CNT 研究有可能会触及这些领域。而且，分散技术（包括分散评价技术）、加工技术（印刷技术和纺织技术）和 CNT 复合材料的物理性质评价技术方面的研究也非常活跃。

　　另外，对于纳米材料的（在劳动环境及使用环境中的）风险管理，目前许多研究机构也正在进行评价，并为降低实用化的难度而付出努力。

　　从与CNT的合成（生成及量产）、应用开发、安全性评价相关的论文数量（2016年的论文总数：15，793篇，由web of science调查）也可以看出，正在不断取得进步。可以肯定地说，距离CNT成为纳米材料中的核心材料，为人们的生活和社会做出贡献的日子越来越近了。

致谢

　　本成果基于国立研究开发法人新能源·产业技术综合开发机构（NEDO）的委托业务所得成果。

参考文献

［1］ S. Iijima，*Nature*，354，56－58（1991）．

［2］ S. Iijima，T. Ichihashi，*Nature*，363，603－605（1993）．

［3］ 丸山茂夫，カーボンナノチューブ・グラフェンの応用研究最前線，NTS（2016）．

［4］ K. Hata，Don N. Futaba，M. Yumura，S. Iijima，et al.，*Science*，306，1362-1365（2004）．

［5］ Don N. Futaba，K. Hata，T. Yamada，S. Iijima，et al.，*J. Phs. Chem. B*，．110，8035-8038（2006）．

［6］ T. Hiraoka，K. Hata，Don N. Futaba，S. Iijima，et al.，*J. Am. Chem. Soc.*，128，13338-13339（2006）．

［7］ T. Yamada，K. Hata，Don N. Futaba，M. Yumura，S. Iijima，*et al.*，*Nature Nanotech.*，1，131-136（2006）．

［8］ S. Yasuda，Don N. Futaba，T. Yamada，K. Arakawa，K. Hata，*et al.*，*ACN Nano*，3，4164-4170（2009）．

［9］ 産総研プレスリリース（2014年3月4日）．

［10］ A. Sekiguchi，F. Tanaka，S. Sakurai，Don N. Futaba，T. Yamada，K. Hata，*Nano Lett.*，15，5716-5723（2015）．

［11］ C. U. Laszczyk，K. Kobashi，S. Sakurai，Don N. Futaba，T. Yamada，K. Hata，*et al.*，*Adv. Energy Mater.*，5，1500741（2015）．

［12］ S. Ata，M. Yumura，K. Kobashi，K. Hata，*Nano Lett.*，12，2710-2716（2012）．

［13］ 産総研プレスリリース（2011年11月6日）．

［14］ C. Subramaniam，T. Yamada，Don N. Futaba，M. Yumura，K. Hata，*et al.*，*Nature Comm.*，4，2202（2013）．

第2篇

催化剂研讨会重要论文

由规则合金的特殊表面原子排列控制的立体选择分子转换

古川森也　　越智一喜　　罗辉　　小松隆之

（东京工业大学）

1　研究背景

立体选择分子转化在有机化学、化学工业、生物化学等各种领域中发挥着重要作用，是一种高难度的分子转化。在该反应上实施催化的情况下，一般来说，作为酶的活性中心和精密设计的金属络合物等，都必须有高度设计的反应场。与此相比，多相催化剂反应场的固体表面不具有络合物的高度立体/几何的秩序，以固体表面自身来控制立体选择的反应通常很困难。对此，我们着眼于具有原子水平的表面秩序的无机固体材料，即：规则合金（拥有统一的结构和原子排列的合金），研究其催化特性。其中，最近开始着手研究将规则合金 RhSb 作为催化剂使用，在氢作用下，链烯的 *cis-trans* 异构化能够高选择性地进行的课题[1]。该反应中，通常是除了异构化之外，同时还伴随着不可逆的烷烃的氢化作用，因此，能够选择性地进行异构化是一个让人非常感兴趣的结果。在本研究中，在催化剂作用方面，为了探明固体表面的几何学效果，运用了各种各样的光谱学方法以及理论计算，从多方面多角度进行研究，得出了相关研究结果，发现了以往所没有的、独特的立体效果[2]。

2　成果概要

使用各种各样的二氧化硅负载 Rh 系合金纳米粒子，进行链烯类异构化的结果，判明了异构化的选择性依赖于合金结晶相的空间群及烷基的立体位阻（位阻越大选择性越高），明确了催化剂表面的几何学因素的作用。并且进行进一步讨论，发现了 RhSb 粒子表面上呈现出一维排列的特异性原子排列面是暴露的（图 1 左），并且发现了在该面上，链烯的加氢过程在单一方向上受到限制（图 1 右）。这样就明确了：仅有 1 个氢原子被附加，第 2 个原子不被附加的特异性加氢过程，经过烷基中间体的异构化在选择性地进行，烷烃的氢化作用受到抑制（图 1 上）。本研究表明，通过采用规则合金的高表面秩序，就可以实现仅对无机固体的立体选择的分子转化，这是世界首例。另外，在固体催化反应中，选择性依赖于固体空间群的现象尚属首例，可以说是极其罕见的反应体系。

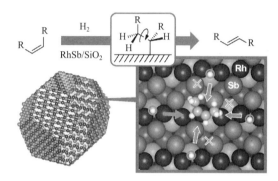

图 1　RhSb 纳米结晶的表面原子排列和选择性链烯异构化示意图

参考文献

［1］ S. Furukawa，A. Yokoyama，T. Komatsu，*ACS Catal*.，4，3581（2014）.

［2］ S. Furukawa，K. Ochi，H. Luo，M. Miyazaki，T. Komatsu，ChemCatChem，7，3472（2015）.

层状复合氢氧化物（LDH）的光催化活性及水中 CO_2 的光还原活性

井口翔之[1]　寺村谦太郎[1,2]

细川三郎[1,2]　田中庸裕[1,2]

（1. 京大院工；2. 京大 ESICB）

1　序言

　　我们一直在关注吸附在固体催化剂上的 CO_2 分子的光能所起到的活化（光活化）作用，多次研讨通过固体光催化剂的 CO_2 光还原。在将 H_2 用作还原剂的 CO_2 光还原中，MgO 及 ZrO_2 等碱性金属氧化物显示了高活性，这方面已有报道[1]，CO_2 分子碱性位的吸附被看作是关键环节。本研究的目的是构筑水中驱动 CO_2 的光还原系统（人工光合作用系统）。很多固体碱催化剂在水中会失去功能，层状复合氢氧化物（LDH）即使在水中也能起到固体碱催化剂的功能。研讨了：将二价和三价的金属氢氧化物片材以及其层间保留的水和带有负离子构成的层状结构的 LDH 作为光催化剂使用时，水中 CO_2 的光还原。

2　结果及考察

　　表 1 显示：使用各种光催化剂，在水中的 CO_2 的光还原产生的还原物（CO 及 H_2）的生成量。如果构成 LDH 的三价金属为铝，二价金属为镁和Zn，则 H_2 的生成优先进行。另外，二价金属为 Ni 时，H_2 的生成被抑制，CO 生成量大幅度提高。当二价金属为 Ni，三价金属为 In 时，显示出非常高的 H_2 选择性。另外，镁-铝 LDH 的表面为 $Ni(OH)_2$，Ni 类浸渍负载时（impNi /镁-铝）及 $Ni(OH)_2$ 直接用作光催化剂的情况下，有作为 CO_2 还原

物的 CO 生成，在光照射中几乎所有的 Ni 类溶出到反应液中，从而导致光催化剂活性急剧下降。其结果，在水中既含有能够高效发挥 CO_2 的光还原作用的 Ni 类，有拥有高稳定性的 Ni-Al LDH，表现出较高的 CO_2 光还原活性及较高的 CO 选择性[2]。同时，$^{13}CO_2$ 为基质的同位素实验结果表明生成的 CO 都是 ^{13}CO （$m/z=29$），在本反应中所产生的 CO 的碳源被确认为底物的 CO_2。将 Ni-Al LDH 固定于导电性基板上，研讨电气化学特性时，由 Mott-Schottky 图计算出的 Ni-Al LDH 的平带电位是 $-0.40V$ 一般氢电极（pH＝0），可见在光照射下，在 Ni-Al LDH 生成的激发电子拥有可以还原 CO_2 的潜力[3]。

表 1　水中的 CO_2 光还原反应的还原物（H_2 及 CO）的生成量

光催化剂	NaCl/(mol/L)	产物/μmol	
		H_2	CO
Mg-Al[①]	0.0	47.4	2.5
Zn-Al[①]	0.0	121.2	4.3
Ni-ln[①]	0.0	10.3	19.8
Ni-Al[②]	0.1	14.0	48.7
impNi/Mg-Al	0.1	20.5	25.0
$Ni(OH)_2$	0.1	21.0	11.6

①$M^{2+}/M^{3+}=3$，无添加物。
②优化条件。Ni/Al＝4，添加 1mol/L 氯化钠。
注：系统：密闭循环系统；光照时间：8h；光催化剂质量：0.5g；反应液体积：350mL。

图 1 将 Ni-Al LDH 用作光催化剂，向反应溶液中添加各种 Na 盐（$NaHCO_3$、Na_2CO_3、Na_2SO_4、$NaNO_3$、NaCl）时，光照射到 8h 后，H_2 和 CO 生成量，显示出还原生成物中 CO 的选择性。各生成物的生成量因添加盐类的不同而大相径庭，添加了氯化物离子（Cl^-）时，与在纯水中的反应相比，CO 生成量增加了 3 倍以上。添加能够增加 H_2 的生成量的 $NaHCO_3$ 或 Na_2CO_3 后，反应溶液的 pH 为 6.8。由于其他的情况下 pH 为 5.0，可以考虑反应溶液的 pH 对于还原物的 CO 的选择性有影响作用。此外，不仅是使用了 NaCl 的情况下，即使添加 KCl，CsCl，$MgCl_2$，$CaCl_2$ 等盐酸盐使得 $[Cl^-]=0.1mol/L$ 时，也发现了同样的添加效果。从这个结果来看，可以这样认为：反应溶液中的 Cl^- 对于光催化活性拥有强烈的影响。在光催化反应中，几乎没有检测到 H_2O 的氧化生成物 O_2。并且，添加了碘离子（I^-）的情况下（已有报道证实具有较高空穴捕获能力），通

过光照射产生了 I 的氧化生成物 I_3^-。因此，可以认为反应溶液中的 Cl^- 同样被空穴氧化，通过 DPD 方法检测和定量了 Cl^- 的 2 电子氧化生成物 HClO。DPD 方法，是通过 HClO 的强氧化力，使得 4-氨基-N，N-二甲基苯胺盐酸盐（DPD）呈红色的氧化剂（以下简称"ox-DPD"）发生定量变化的方法。从 515nm 的吸收度计算出 ox-DPD 浓度，定量反应溶液中生成的 HClO 的浓度。随着光照射，由"氧化生成物的 HClO 生成量"和"还原生成物的 CO 和 H_2 生成量"，计算空穴和电子消费量比，结果 $e^-/h^+=1.05$。因此，可以这样考虑：Cl^- 被空穴氧化，在水中迅速发生 HCl 和 HClO 的歧化作用。另外，空白试验表明，在如下 4 项具备的情况下，CO 及 HClO 生成量最大：①CO_2 的供给；②光照射；③Ni-Al LDH（光催化）；④Cl^-。以上的结果可以得出如下结论：当 Cl^- 作为空穴捕获剂存在的情况下，Ni-Al LDH 是一种可以使得 CO_2 选择性地还原为 CO 的光催化剂[4]。

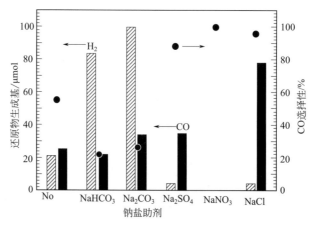

图 1　向反应溶液添加了各种 Na 盐时还原物的生成量和 CO 选择性

光催化剂：Ni-Al LDH 1.0g，添加物浓度（阴离子浓度）：0.1mol/L，光照射时间：8h

参考文献

[1] Y. Kohno et al. , Phys. Chem. Chem. Phys. , 2，2635（2000）；K. Teramura et al. , J. Phys. Chem. B，108，8892（2004）.

[2] K. Teramura et al. , Angew. Chem. Int. Ed. , 51，8008（2012）；S. Iguchi et al. , Catal. Today，251，140（2015）.

[3] S. Iguchi et al. , Phys. Chem. Chem. Phys. , 18，13811（2016）.

[4] S. Iguchi et al. , Phys. Chem. Chem. Phys. , 17，17995（2015）.

使用多孔金属配合物（ MOF ）的光催化设计——可见光响应型光催化剂和双功能光催化剂的开发

堀内悠　鸟屋尾隆　松冈雅也

（大阪府立大学）

在能源环境问题日益凸显的过程中，通过简便的工艺，由廉价安全的原料合成有用物资的绿色化学工艺正在成为人们的追寻目标。要实现该目标，就必须在原子及分子级进行精密结构设计的催化剂的开发。我们着眼于金属离子（或金属氧化物簇）和架桥性有机配位体组成的多孔金属配合物（MOF）的结构设计性，即：其无机部位、有机部位组合的多样性。通过让这些构成要素中分担不同功能的 MOF 自下而上合成，开发了如下两种新型光催化剂（图 1）。

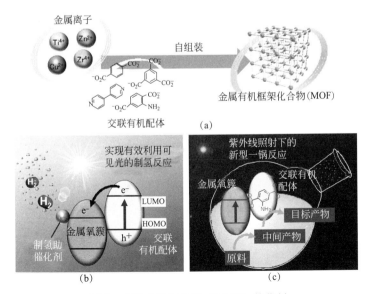

图 1　多孔金属配合物（MOF）催化剂

（1）可以利用可见光制氢的可见光响应型 MOF 光催化剂。

（2）在一个反应器中实现多段化学合成工艺的二元功能 MOF 光催化剂。

前者，以架桥性有机配位体为可见光捕集站、以金属氧化物簇为氢生成站来进行 MOF 设计，在单一的材料内诱发色素增感型的光催化作用，实现利用可见光的制氢工艺（最大有效利用波长：620nm）。后者，给金属氧化物簇赋予光催化作用、给架桥性有机配位体赋予碱催化作用，无需中间生成物的分离操作，在一个容器内即可连续实施两个阶段的反应（光催化醇氧化反应＋Knoevenagel 缩合反应），构筑了一种在一个反应器中实现化学合成的工艺。

第 3 篇

日本工业催化剂技术及发展方向

日本催化剂工业概况

岩田泰夫

（催化剂工业协会）

1 日本催化剂生产及出货动态

1.1 概况

放眼 2015 年的化学工业，乙烯产量同比增加 4%，工业生产指数降低约 0.9%，出货指数降低约 1.1%，两指数均有下降。最高峰出现在 2007 年，雷曼兄弟公司破产后，2009 年同比减少 21.9%，第二年同比增加 15.6%，其后趋于平稳，最近 5 年都较为稳定。

在这样的背景下，2015 年催化剂产量与 2014 年持平，出货量及出货金额略低于 2014 年，但产量连续 4 年跌破 10 万吨，出货量更是连续 6 年跌破 10 万吨。最大产量、出货量及出货金额出现在 2008 年，2009 年骤减，最近变化则相对较小。

环境保护方面，汽车尾气净化及其他环境保护领域的出货金额均有减少。工业方面，石油精炼及石油化学品制造领域的出货金额略低于 2014 年，高分子聚合领域大有增长，整体较去年有所增加。

1.2 生产及出货动态

催化剂生产及出货动向见图 1 及表 1。2015 年产量约为 97400t（与 2014 年持平）、出货量约为 94700t（同比减少 1%）、出货金额约为 3316 亿日元（同比减少 1%）。

表 1　催化剂生产及出货统计

分类		项目	2012 年	2013 年	2014 年	2015 年	(2015/2014 比)%
工业用	石油炼制	产量/t	38743	38811	42977	46053	107
		出货量/t	40514	39457	43046	44813	104
		出货金额/百万日元	22086	21744	25407	24939	98
	石化制品制造	产量/t	22789	19471	19724	17776	90
		出货量/t	17717	16184	18342	15904	87
		出货金额/百万日元	60674	56982	63175	62812	99
	高分子聚合	产量/t	12234	12401	13541	13655	101
		出货量/t	11482	12295	12936	13193	102
		出货金额/百万日元	19494	20561	21596	23277	108
	油脂加工、医药、食品制造、其他工业（无机、环境气体等）	产量/t	1069	978	936	878	94
		出货量/t	995	898	888	837	94
		出货金额/百万日元	2824	3221	3155	3482	110
	小计	产量/t	74835	71661	77178	78362	102
		出货量/t	70708	68834	75212	74747	99
		出货金额/百万日元	105078	102508	113332	114509	101
环境保护	汽车尾气净化	产量/t	11210	10969	10703	9908	93
		出货量/t	12052	11871	11611	10804	93
		出货金额/百万日元	181847	181440	202701	200548	99
	其他环境保护	产量/t	11016	10045	9217	9099	99
		出货量/t	11002	10001	9148	9194	101
		出货金额/百万日元	20094	18261	17241	16497	96
	小计	产量/t	22226	21014	19921	19007	95
		出货量/t	23054	21872	20759	19998	96
		出货金额/百万日元	201942	199701	219941	217044	99
催化剂合计		产量/t	97061	92675	97098	97369	100
		出货量/t	93762	90706	95971	94745	99
		出货金额/百万日元	307020	302209	333273	331553	99

注：引自日本经济产业省《生产动态统计年报》。

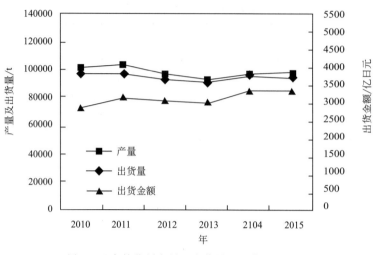

图 1　日本催化剂产量、出货量及出货金额变化

表 2 为主要催化剂的同比增减情况。产量、出货量及出货金额都基本与 2014 年持平，产量增加约 270t、出货量减少约 1230t、出货金额减少约 17 亿日元。出货量方面，工业用途减少了约 470t，环境保护用途减少了约 760t。出货金额方面，工业用途增加了约 12 亿日元，环境保护用途减少了约 29 亿日元。

表 2　2015 年主要催化剂较去年增减情况

项目	催化剂分类	出货数量增减（较去年）	出货金额增减（较去年）
工业用	石油炼制	约 +1767t	约 -5 亿日元
	石化制品制造	-2438	-4
	高分子聚合	+257	+17
	其他	-51	+3
	小计	-465t	+12 亿日元
环境保护用	汽车尾气净化	约 -807t	约 -22 亿日元
	其他环境保护	+46	-7
	小计	-761t	-29 亿日元
催化剂合计		约 -1226t	约 -17 亿日元

图 2 及图 3 是 2015 年催化剂出货数量与金额的结构对比。各类催化剂的主要动态如下。

（1）石油炼制催化剂

2015 年石油炼制催化剂出货数量约为 44800t（同比增加 4%）、出货金

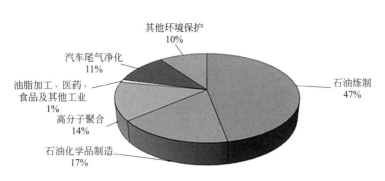

图 2　日本 2015 年催化剂出货数量结构比例

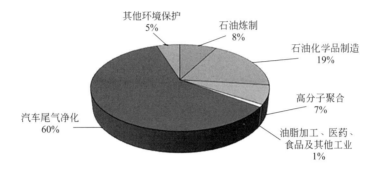

图 3　日本 2015 年催化剂出货金额结构比例

额约 249 亿日元（同比减少 2%），出货数量增加但金额减少。

据经济产业省资源能源统计，2015 年燃料油产量约为 $17885 \times 10^7 L$（与去年持平），同年汽油产量约为 $5435 \times 10^7 L$（同比增加 2%）。燃料油产量在 2005 年达到顶峰，大致呈减少倾向。

（2）汽车尾气净化催化剂

2015 年汽车尾气净化催化剂出货量约为 10800t（同比减少 7%）、出货金额约为 2005 亿日元（同比减少 1%）。

据日本汽车工业会统计，2015 年日本国内四轮车产量约为 928 万辆（同比减少 5%），主要原因在于轻汽车税上调后产量恢复缓慢。

2015 年日本四轮车出口量约为 458 万辆（同比增加约 2.5%），是三年来首次增加。出口对象有中美洲（约增加 21%）、中东及近东（约增加 9%）、美国及北美（约增加 5%）、大洋洲（约增加 4%）、欧洲（约增加 1%）、亚洲（约减少 5%）、非洲（约减少 8%）、南美（约增加 17%）及其他（约增加 5%），欧洲、亚洲、非洲及北美同比减少。出口占总体产量的

49%（同比增加约 3%）。

2015 年日本四轮新车销量约为 505 万辆（同比减少约 9%），2011 年曾跌至 421 万辆，其后逐渐恢复，到 2014 年为止，已连续 3 年保持 2007 年水准，但仍旧有下跌趋势。

（3）石油化学制品制造用催化剂

2015 年石油化学制品制造催化剂出货量约为 15900t（同比减少 13%）、出货金额约为 628 亿日元（同比减少 1%）。但据经产省资源能源统计，石脑油出货量增加了约 8%。

（4）高分子聚合催化剂

2015 年石油化学制品制造催化剂出货量约为 13200t（同比增加 2%）、出货金额约为 233 亿日元（同比增加 8%）。据经济产业省化学工业统计，2015 年塑料制品产量同比减少约 0.3%，出货同比减少约 5%。

（5）其他环境保护催化剂

2015 年其他环境保护催化剂出货量约为 9200t（同比增加 1%）、出货金额约 165 亿日元（同比减少 4%），出货金额已连续 3 年减少。

其他环境保护催化剂包括去除固定发生源中氮氧化物的催化剂（脱氮催化剂）、去除有机化合物的催化剂及除臭催化剂等，对脱碳催化剂的需求有一定程度的减少。

2 日本催化剂进出口动态

2.1 出口

日本催化剂出口动态见图 4 及表 3。2015 年出口量约为 51200t（同比减少约 6%）、金额约 1200 亿日元（同比减少约 5%），数量及金额同比均有减少。从出口金额看，比例为韩国 16%（比 2014 年增加 2%）、美国 15%（比 2014 年减少 1%）、泰国 13%（比 2014 年增加 5%）、中国台湾 11%（比 2014 年减少 1%）、中国大陆 10%（比 2014 年减少 7%）、沙特阿拉伯 3%（持平）、印度 3%（比 2014 年增加 1%）、印度尼西亚 3%（持平）、新加坡 3%（比 2014 年减少 4%）、荷兰 3%（比 2014 年增加 2%），2014 年位居第一的中国大陆跌到第 5，韩国在 1 年后重新回到首位。从地区来看，亚洲 69%、北美 19%、欧洲 10%，与 2014 年相同。

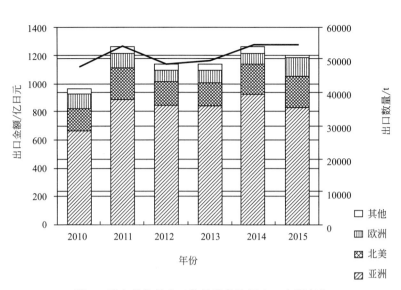

图 4　日本催化剂出口数量及各地区出口金额变化

表 3　日本催化剂出口统计

催化剂分类	项目	2012	2013	2014	2015	(15/14 对比)/%
3815.11-000（附载体）	数量/t	6633	6387	4402	8279	188
镍或其化合物的催化剂	金额/百万日元	7847	8161	6561	10900	166
3815.12-000（附载体）	数量/t	4327	3180	3092	3041	98
贵金属或其化合物的催化剂	金额/百万日元	47734	42049	45943	47049	102
3815.19-000（附载体）	数量/t	31254	30132	33876	24553	72
其他催化剂	金额/百万日元	42667	42961	45387	39168	86
3815.90-000（无载体）	数量/t	6755	10370	13259	15319	116
反应开始剂、反应促进剂及调整催化剂媒	金额/百万日元	15517	19677	28146	23110	82
出口合计	数量/t	48968	50069	54630	51192	94
	金额/百万日元	113765	112848	126047	120227	95

注:引自财务省《日本贸易统计》。

表 4　日本催化剂进口统计

催化剂分类	项目	2012	2013	2014	2015	(15/14 对比)/%
3815.11-000（附载体）	数量/t	3109	4575	3170	2578	81
镍或其化合物的催化剂	金额/百万日元	3255	6075	3875	4493	116
3815.12-100（附载体）	数量/t	261	506	407	516	127
铂催化剂	金额/百万日元	2246	4911	4228	6487	153

149

续表

催化剂分类	项目	2012	2013	2014	2015	(15/14 对比)/%
3815.12-210（附载体）	数量/t	1316	1264	1187	1129	95
汽车尾气净化用催化剂	金额/百万日元	20370	20379	19849	19879	100
3815.12-220（附载体）	数量/t	257	62	165	55	33
贵金属或其化合物的催化剂	金额/百万日元	2216	956	2923	1043	36
3815.19-100（附载体）	数量/t	40	51	11	27	245
铁催化剂	金额/百万日元	16	28	9	18	200
3815.19-210（附载体）	数量/t	2282	1797	2103	3015	143
硅、矾土催化剂	金额/百万日元	983	789	1327	1361	103
3815.19-290（附载体）	数量/t	2817	6175	8077	16509	204
其他催化剂	金额/百万日元	2722	4848	5863	10491	179
3815.90-100（无载体）	数量/t	638	561	292	178	61
铁催化剂及铂催化剂	金额/百万日元	829	801	661	507	77
3815.90-200（无载体）	数量/t	35	444	9	6	67
硅、矾土催化剂	金额/百万日元	83	122	32	17	53
3815.90-310	数量/t	11684	14034	11612	5709	49
其他催化剂	金额/百万日元	6293	6093	6138	4279	70
3815.90-390	数量/t	655	743	997	847	85
反应开始剂及反应促进剂	金额/百万日元	598	737	1144	994	87
进口合计	数量/t	23094	30212	28030	30568	109
	金额/百万日元	39610	45739	46048	49569	108

注：引自财务省《日本贸易统计》。

2.2 进口

日本催化剂进口动态如表 4 及图 5 所示。2015 年进口量约为 30600t（同比增加约 9%），金额约 496 亿日元（同比增加约 8%），在日元贬值背景下，进口仍有增加。从出口金额看，比例为美国 38%（比 2014 年增加 2%增）、泰国 32%（比 2014 年减少 2%）、德国 6%（比 2014 年减少 2%）、马来西亚 5%（比 2014 年减少 1%）、中国 4%（比 2014 年增加 1%）、丹麦 3%（比 2014 年增加 2%）、法国 2%（比 2014 年减少 1%）、墨西哥 2%（持平）、意大利 1%（比 2014 年减少 1%）、印度 1%（持平）。从地区来看，亚洲 45%、北美 40%、欧洲 15%，北美（增加 3%）与欧洲（增加 2%）同比增加。

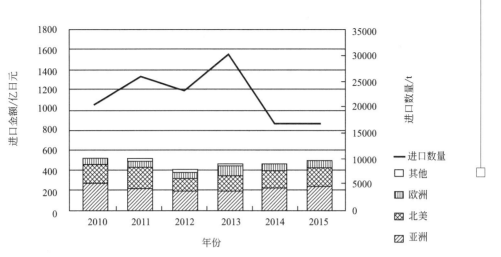

图 5   日本催化剂进口数量与各地区进口金额的变化

2.3   催化剂贸易额变化

日本催化剂贸易额（出口＋进口）情况见图 6 和表 5。

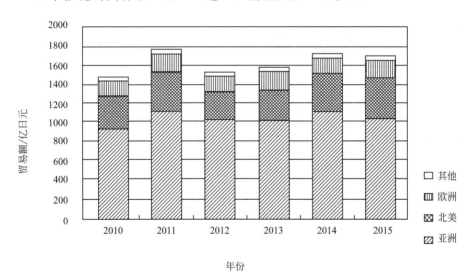

图 6   日本催化剂贸易额（出口＋进口）的变化

表 5   各地区催化剂贸易额（出口＋进口）   单位：亿日元

地区	2010	2011	2012	2013	2014	2015
亚洲	927	1106	1035	1031	1121	1049
北美	360	437	294	318	394	423
欧洲	155	163	145	185	164	195

续表

地区	2010	2011	2012	2013	2014	2015
其他	43	65	60	51	40	32
合计	1484	1771	1534	1585	1721	1699

2015 年催化剂贸易数量约为 81800t（同比减少约 1%）、金额约 1698 亿日元（同比减少约 1%），数量及金额同比均有减少。

2010～2015 年这 6 年间，催化剂贸易额动态基本和经济风向一致。2009 年受雷曼事件影响，贸易额骤跌，但 2010～2011 年出现了恢复趋势，转为上升。2012～2014 年贸易额低于 2011 年，但仍在缓慢恢复。

其间，各地区催化剂贸易额排名没有变化，但 2010～2015 年各地区比例中，亚洲稳定于 62%，北美增加约 1%（24% 到 25%）。2014 年各国催化剂贸易额比例为美国（22%）、泰国（18%）、韩国（11%）、中国大陆（8%）、中国台湾（8%）。

3 催化剂供求动态

催化剂供求变化见表 6。2015 年日本国内需求数量约为 74100t（同比增加 7%）、金额约为 2609 亿日元（同比增加 3%）。

表 6 催化剂供求变化

分类	项目	2012	2013	2014	2015	(15/14 比)/%
生产	数量/t	97061	92675	97098	97369	100
出货(a)	数量/t	93762	90706	95971	94745	99
	金额/百万日元	307020	302209	333273	331553	99
出口(b)	数量/t	48968	50069	54630	51192	94
	金额/百万日元	113765	112848	126047	120227	95
进口(c)	数量/t	23094	30212	28030	30568	109
	金额/百万日元	39610	45739	46048	49569	108
推测国内需求	数量/t	67888	70849	69371	74121	107
(a)－(b)＋(c)	金额/百万日元	232865	235100	253274	260895	103

4 结语

催化剂工业的发展与化学工业、石化工业及环境保护等产业息息相关。

  2015 年，催化剂工业的产量、出货量及出货金额均维持了 2014 年的水准。日本汽车产业推进海外生产，石油产业方面，发展中国家开始自主生产，老式催化剂产业的未来非常严峻。然而，对各类化学工业来说，催化剂的本质即"催化力"是不可或缺的，在最近大受关注的"氢社会"中，催化剂也和生产、运输及消费密切相关。如此看来，催化剂技术在环境及新能源领域的未来仍是值得期待的。

催化剂相关的主要项目动态

2016 年，世界上公布了各种装置项目计划，其中，日本触媒学会年鉴出版委员会对石油精炼及石化、化学这些与催化剂息息相关的项目做了一个总结，制作了一个石油精炼及石化、化学主要项目的资料一览表，并以此为基础研究了各国每年的动态。

项目资料主要来自株重化学工业通信社发行的 ENGINEERING NETWORK（ENN）[1~3]。

1 与催化剂相关的主要项目动态

表 1 为截至 2016 年年初（1 月）已公布的各国及地区石油精炼及石化、化学主要项目数量。数据来自 2016 年 1 月 ENN 的 "PROJECT SURVEY"[1]。表 2 为 2016 年间（1~12 月）新公布的各国及地区石油精炼及石化、化学主要项目数量。另外，由于中国不在 ENN 的数据收集范围内，我们在 2.3 节中将简单介绍中国的石化情况。为做参考，主要搜集了（株）化学工业日报社发行的 2016 年版《亚洲化学工业白皮书》中刊载的资料[11]。

表 1　截至 2016 年年初公开的主要项目数量

国家或地区	石油炼制	石化/化学
马来西亚		5
泰国	1	5
印度尼西亚	1	1
越南	2	8
印度		2
伊朗		2

续表

国家或地区	石油炼制	石化/化学
沙特阿拉伯	1	5
卡塔尔		
UAE	1	1
科威特	1	10
巴林	1	
伊拉克	9	2
埃及	1	1
阿尔及利亚	3	
俄罗斯	2	6
哈萨克斯坦	1	
土库曼斯坦	1	2
美国		16
墨西哥	1	
委内瑞拉	1	
厄瓜多尔	1	
合计	29	66

表 2　2016 年公开的主要项目数量

国家或地区	石油炼制	石化/化学
中国台湾		1
马来西亚		3
泰国	1	2
新加坡	1	
印度尼西亚		1
伊朗	6	2
沙特阿拉伯	3	4
卡塔尔		1
UAE	5	2
科威特	1	2
阿曼	2	2
巴林	1	1

续表

国家或地区	石油炼制	石化/化学
埃及	2	
俄罗斯		1
哈萨克斯坦		
土库曼斯坦		1
美国	1	2
合计	23	25

从表 1 可知, 截至 2016 年年初, 已公布石油炼制主要项目共有 29 个, 石化、化学主要项目共有 66 个。从表 2 可知, 2016 年已公布的石油炼制主要项目共有 23 个, 石化、化学主要项目共有 25 个。

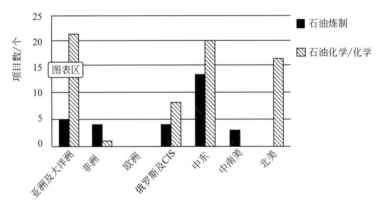

图 1 截至 2016 年年初各地区主要项目数量

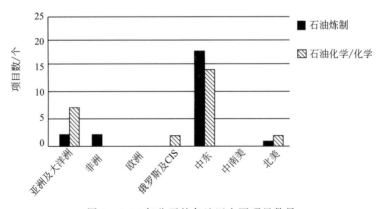

图 2 2016 年公开的各地区主要项目数量

如图 1 所示，截至 2016 年年初，正在计划的石油炼制主要项目数量以中东地区的 13 个为首，其次是亚洲及大洋洲、非洲、俄罗斯及 CIS。如图 2 所示，2016 年新公布的石油炼制主要项目数量以中东地区的 18 个为首，其次是亚洲及大洋洲和非洲，分别为 2 个，北美也有 1 个。可以说，2016 年石油炼制项目的动态集中在中东地区。后文将个别介绍一些代表性项目。欧洲、北美及中南美几乎没有出现新项目，原因可能在于：这些地区的石油精炼产业已经成熟，行情低迷影响投资，没有大的扩张活动。

如图 1 所示，截至 2016 年年初，正在计划的石化、化学主要项目数量以亚洲及大洋洲的 21 个为首，其次是中东地区 20 个、北美地区 16 个，俄罗斯及 CIS 也有 8 个，相对较多。如图 2 所示，2016 年新公布的石化、化学主要项目数量以中东地区的 14 个为首，其次是亚洲及大洋洲的 7 个，再次是俄罗斯及 CIS、北美。2016 年年初，亚洲及大洋洲、中东及北美出现了较多的石化、化学项目，但势头在这一年间逐渐衰减。其中，中东、亚洲及大洋洲公布的数量减少，但仍在计划新项目，而北美则大量减少。原因可能在于，虽然年底油价缓升，但天然气和原油价格差距不大，前者又是美国石化产业的竞争主力。后文将个别介绍一些代表性项目。

2 主要建设国的项目动态

2.1 2016 年的动态

根据表 1 及表 2 的资料整理了项目数量最多的前 3 个国家及地区。表 3 为截至 2016 年年初已公布石油炼制项目最多的前 3 个国家，表 4 则为石化、化学项目最多的前 3 个国家。表 5 为 2016 年新公布石油炼制项目最多的前 3 个国家，表 6 为石化、化学项目最多的前 3 个国家。

表 3 截至 2016 年年初石油炼制项目数量最多的前 3 个国家

排名	国名	石油炼制
1	伊拉克	9
2	阿尔及利亚	3
3	越南	2
3	俄罗斯	2

表 4 截至 2016 年年初石化、化学项目数量最多的前 3 个国家

排名	国名	石化/化学
1	美国	16
2	科威特	10
3	越南	8

表 5 2016 年新公开的石油炼制项目数量最多的前 3 个国家

排名	国名	石油炼制
1	伊朗	6
2	UAE	5
3	沙特阿拉伯	3

表 6 2016 年新公开的石化、化学项目数量最多的前 3 个国家

排名	国名	石化/化学
1	沙特阿拉伯	4
2	马来西亚	3
3	泰国	2
3	伊朗	2
3	UAE	2
3	科威特	2
3	阿曼	2
3	美国	2

从表 3 可知，截至 2016 年年初，计划中石油炼制项目数量最多的国家是伊拉克这一石油输出国组织（OPEC）加盟国，其次是阿尔及利亚、越南、俄罗斯这些非加盟国。伊拉克的代表项目为 Nassiriya（原油处理能力 30 万 BPD）、Missan（15 万 BPD）、Kirkuk（15 万 BPD）、Karbala（14 万 BPD）[4]这 4 所炼油厂的新建工程及 Basra、Baiji、Bazian 炼油厂及既有炼油厂的现代化改造，但进度自 2015 年年初起即止步不前。其原因可能是：IS 政策下的国防费用增加导致的财政紧缩，运输、贮藏、出货等基础设备落后，油价走低、政权基础不稳，大规模电力不足等导致的经济增长缓慢。俄罗斯正在展开炼油厂现代化改造，以期整顿 Kosomolisk Na-Amure 炼油厂等欧 5 标准的燃料油制造体系[5]。

从表 4 可知，截至 2016 年年初，计划中石化、化学项目数量最多的国家是通过页岩气革命获得了低价原燃料的美国，项目数量为 16 个，其次为科威特 10 个，越南 8 个。美国的代表项目有 Dow Chemical 及 Chevron Phillips Chemical 的乙烯复合项目[6,7]，2017 年投产。此外，Shintech 及 Sasol North America 还正在建设世界最大的乙烷裂解装置[8]。市场方面，虽然使用页岩层原料的新建、增建乙烯项目的优势受到原油价格下跌的影响，建设成本也有所上升，但相对石脑油而言，其还是拥有绝对的价格竞争力[9]。

从表 5 可知，2016 年石油精炼新项目数量最多的国家是伊朗，项目数量为 6 个，其次为 UAE5 个，沙特阿拉伯 3 个。伊朗于 2016 年 1 月解除经济制裁，到 2016 年 5 月，日产量从此前的 286 万桶增加到 386 万桶，石油精炼产业恢复，外资收入也有所增加。这源于新装置计划及制裁期间未进行维护的老化设施的改修、替换需求[10]。具体有 Tabriz 及 Pars Shraz 炼油厂改修及现代改造、Siraf 炼油厂改修、Bahman Geno 炼油厂高效化改造（LPG 等石油制品）、Anahita 炼油厂新建等案例。UAE 也提出了 Ruwais 炼油厂现代化改造及改修等项目。OPEC 决定减产后，油价逐渐恢复，各地新建、改修项目就此展开。

从表 6 可知，2016 年石化、化学新项目数量最多的国家是沙特阿拉伯，项目数量为 4 个，其次为马来西亚 3 个，再次为泰国、伊朗、UAE、科威特、阿曼及美国，均为 2 个。沙特阿拉伯方面，Saudi Kayan 在 Jubail 工业城市增建了乙烯装置（9.3 万吨/年）及环氧乙烷装置（6.1 万吨/年）。Yanbu 工业地带则有 NICDP（国家产业群开发计划）的合成橡胶装置及 Farabi Petrochemical 的 LAB（直链烷基苯）制造装置。OPEC 决定减产后，原油价格上涨（50 美元/bbl），装置投资一反常态开始涌现，今后，化学项目应该也会越来越活跃。

2.2　项目数量的变化

截至 2015 年及 2016 年年初已公布的石油炼制主要项目数量如图 3 所示，2015 年及 2016 年期间新公布的项目数量如图 4 所示。上述时段的石化、化学主要项目数量如图 5 及图 6 所示。在此，我们同样分为亚洲及大洋洲、非洲、欧洲、俄罗斯及 CIS、中东、中南美洲、北美这 7 个地区。

截至 2016 年年初公开的各地区石油炼制项目数量变化（与去年同一时

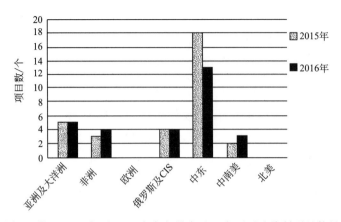

图 3　截至 2015 年及 2016 年年初的各地区主要石油炼制项目数量

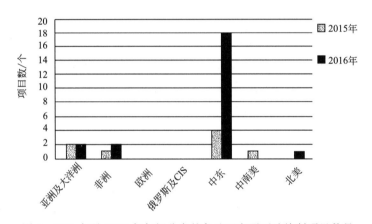

图 4　2015 年及 2016 年年间公布的各地区主要石油炼制项目数量

期相比）如图 3 所示，中南美洲增加 50%、非洲增加 33%，中东减少
28%，亚洲及大洋洲、俄罗斯及 CIS 持平。除中东之外，所有地区项目均
有增加或持平，但截至 2016 年年初公开的石油炼制项目总数为 29 个，比
去年减少 3 个，同比减少 9%。2016 年间新公开的各地区石油炼制项目数
量变化（与去年同一时期相比）如图 4 所示，亚洲及大洋洲持平，欧洲、
俄罗斯及 CIS 已 2 年未公布新计划，中南美减少 100%，非洲增加 200%，
中东增加 450%。2016 年间公开的石油炼制项目数量共有 23 个，比去年同
一时期增加 15 个，同比增加 288%。2016 年前半期，伊朗解除经济制裁，
后半期，OPEC 决定减产，受此影响，2016 年 2 月油价降到 30 美元/bbl
（bbl 是石油单位，1 bbl＝1 桶）的最低值后，年底已涨至 50 美元/bbl，呈
缓慢恢复趋势，以产油国为中心的石油炼制项目开始活跃。

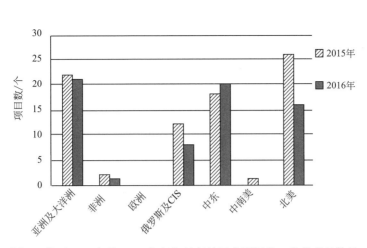

图 5　截至 2015 年及 2016 年年初的各地区主要石化、化学项目数量

从图 5 可知，与去年同一时期相比，截至 2016 年年初公布的各地区主要石化、化学项目中，亚洲及大洋洲、中东地区基本持平，非洲减少 50%、俄罗斯及 CIS 减少 33%、北美减少 38%。截至 2016 年年初公开的石油炼制项目总数为 66 个，比去年减少 22 个，同比减少 19%。2016 年间新公开的各地区石化、化学项目数量变化较去年同一时期的变化如图 6 所示，亚洲及大洋洲减少 46%、俄罗斯及 CIS 减少 33%，非洲及欧洲减少 100%，其他地区基本持平；2016 年间的石化、化学项目数量总量为 25 个，比去年减少 9 个，同比减少 26%。2014 年年中油价下跌后，世界形势不稳，新兴各国及发展中国家成长率居高不下，受此影响，这 2 年间，石化、化学项目数量并无增加。2016 年 9 月，OPEC 决定减产，油价缓慢回升，可以期待今后油、气及石化领域的新项目。

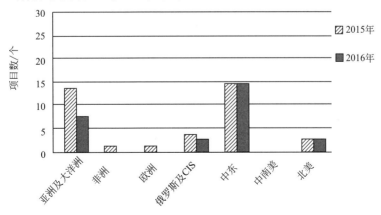

图 6　2015 年及 2016 年年间公布的各地区主要石化、化学项目数量

2.3 中国石化项目状况

如图 7 所示，中国乙烯、丙烯及丁二烯这些基础产品仍然供不应求，环境、安全、资源方面都有诸多问题，目前将继续进行装置投资。为对抗以中东乙烷及美国页岩气为原料的低价石化制品流入（2018 年问题），产业政策方面正推行煤炭化学装置 CTO 及 MTO。2015 年，中国石油系乙烯产量为 1860 万吨/年，再加上煤炭系及 MTO，总量为 2280 万吨/年。截至 2016 年年底，装置产量（计划基础）为 CTO308 万吨、MTO237 万吨。预计 2017 年投产的项目如表 7 所示。原油价格继续回升，考虑到未来原油价格动态，除提高煤炭法对石脑油基础的成本竞争力外，还需解决水资源问题及 CO_2 排放等大气环境污染问题。

受原油价格变动影响，到 2020 年左右为止，仍需由 CTO/MTO 牵动丙烯制造。低价页岩气普及、巴拿马运河扩张，LPG 出口至亚洲的潮流或将到来。基于这种预测，近年丙烷脱氢（PDH）项目数量剧增。在浙江省，使用 UOP 的 OLEFLEX 工艺的浙江卫星 PD 项目计划在 2017 年扩容到 45 万吨；在河北省，使用 CB&I Lummus 的 CATOFIN 工艺的海伟 PDH 项目计划在 2016～2017 年增建 100 万吨，今后的发展值得关注。

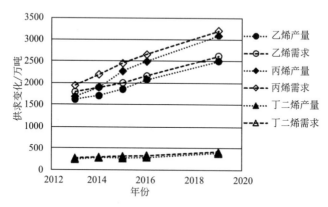

图 7　中国烯烃（乙烯/丙烯/丁二烯）供求变化

表 7　2017 年中国预计投产的 CTO/MTO 项目

公司名称	省份	项目	产量/万吨
江苏斯尔邦	江苏省	MTO	80
聊城煤武	山东省	MTO	30
久泰能源	内蒙古	MTO	60

续表

公司名称	省份	项目	产量/万吨
青海矿业	青海省	CTO	68
中安联合煤业	安徽省	CTO	60
神华包头煤化	内蒙古	CTO	68
山西七一能源	陕西省	CTO	30
陕西延长石油	陕西省	CTO	60

参考文献

[1] ENGINEERING NETWORK，vol. 370，p14-25（2016）.

[2] ENGINEERING NETWORK，vol. 390，p9-17（2016）.

[3] ENGINEERING NETWORK，vol. 392，p13-22（2017）.

[4] http：//www. ogj. com/articles/2014/02/iraq-breaks-ground-on-karbala-refinery. html.

[5] http：//www. pecj. or. jp/japanese/overseas/refinery/russia _ nis. html.

[6] http：//www. hydrocarbonprocessing. com/Article/3014435/Dow-to-build-world-scale-ethylene-plant-by-2017-at-Freeport-complex. html.

[7] http：//www. icis. com/resources/news/2014/04/02/9769002/chevron-phillips-chem-breaks-ground-for-1-5m-tonne-year-us-cracker/.

[8] http：//www. hydrocarbonprocessing. com/Article/3396597/Latest-News/sasol-awards-furnace-engineering-work-to-Technip-for-new-US-cracker. html.

[9] http：//www. meti. go. jp/press/2016/07/20160708002/20160708002. pdf.
    http：//www. meti. go. jp/press/2016/07/20160708002/20160708002-1. pdf.

[10] https：//www. jetro. go. jp/ext _ images/world/gtir/2016/pdf/50. pdf.

[11] 化学经济，2016，12 月增刊号，2016 年版「アジア化学工業白書」p32-66（2016）.

第**4**篇

国际会议信息

Pre-symposium of 16th International Congress on Catalysis and 2nd International Symposium of Institute for Catalysis, "Novel Catalysts for Energy and Environmental Issues"

中岛清隆

（北海道大学催化科学研究所）

1　序言

本次会议是在 2016 年 7 月于中国北京召开的国际催化大会（16th International Congress on Catalysis）的一次卫星会议。为解决 21 世纪人类面临的能源、环境问题，构建一个可持续发展的社会，高效利用能源和资源；大幅减少污染环境的副产物和废弃物；降低对可枯竭资源（能源、稀缺资源）的依赖；广泛应用可再生资源等课题均是当今化学产业必须要解决的重大问题。而为了实现以化石资源为中心的"创造高效且环境友好的产品"这一目标，催化科学正在研究其中最为关键的基础技术，因此毫无疑问催化科学在化学工业中占有举足轻重的地位。在本次会议中，邀请了许多在能源、环境领域的世界顶级专家（主题演讲 3 场；特约演讲 9 场），就最新的催化研究动态发表演讲。另外，还通过口头报告以及海报展示的方式，为肩负重任的青年科研人员提供交流的平台，相互就今后亟待解决的课题以及解决方法等进行深入交流。下面将介绍本次会议的概况。

2　时间地点

时间：2016 年 6 月 30 日～7 月 1 日

地点：北海道大学催化科学研究所，大会议室以及会议室 BC（札幌市）

3　演讲实况

本次会议共包括 3 场主题演讲、9 场特约演讲、21 场口头报告、39 幅海报展示。日本方面的主题演讲有 1 场［江口浩一教授（京都大学）］；受邀演讲有 3 场［山中一郎教授（东工大）、稻垣伸二博士（丰田中研）、渡边佳英（丰田中研）］。主题演讲和受邀演讲的具体情况如下。

主题演讲（3 场）：Professor Xinhe Bao（Dalian Institute of Chemical Physics，the Chinese Academy of Sciences，China），Professor Koichi Eguchi（Kyoto University，Japan），Professor Bert F. Sels（Katholieke Universiteit Leuven，Belgium）

受邀演讲（9 场）：Professor Ichiro Yamanaka（Tokyo Institute of Technology，Japan），Professor Stuart Taylor（Cardiff University，UK），Dr. Evgeny A. Pidko（Technische Universiteit Eindhoven，The Netherlands），Dr. Shinji Inagaki（Toyota Cenral R&D Labs.，Japan），Professor Roberto Rinaldi（Imperial College London，UK），Dr. Yoshihide Watanabe（Toyota Cenral R&D Labs.，Japan），Professor Carsten Sievers（Georgia Institute of Technology，USA），Professor Friederike C. Jentoft（University of Massachusetts，USA），*Dr. Jens S. Hummelshøj*（SLAC National Accelerator Laboratory，USA）

主题演讲在大会议室举行，随后特约演讲以及一般口头报告则在 2 个分会场分别举行。在演讲报告的主题方面，本次会议采纳了包括材料和催化反应在内的诸多研究课题，但这些研究主要还是都集中在以氢气制造和载能体为中心的能源相关领域；以纤维素类生物质和木质素为中心的生物质转化领域；以及旨在合成基础化学品的甲烷相关领域。总参加人数为 126 人，其中大约 35% 为学生。本次会议的一个重要目的就是为日本国内的青年科研人员提供一个交流平台，因此在会议召开过程中为大家提供了不少交流的机会。在第一天的发表结束后，于会场 1 楼的餐厅内还召开了联谊会。包括学生在内的众多青年科研人员均参加了联谊，与从日本国外邀请而来的特约演讲嘉宾一起就研究内容进行热烈地讨论，气氛十分和谐。

Bert F. Sels 教授正在进行主题演讲

口头报告情况（大会议室）

海报展示情况

联谊会集体照

4　感悟

在本次会议上，就上文提到的 3 个催化科学中的重要研究领域分享了许多前沿的研究并进行热烈地讨论。我深刻地感受到在这些领域，这些划时代的新技术均处在积极地研发过程中，不过想要完全实现这些技术我们还仍然存在许多必须要跨过的障碍。"利用可再生资源获取能源合成基本化学品"是一个全球性的课题，我相信这个问题最终一定能够像合成氨一样，通过巧妙又具有创造性的催化技术得到解决。希望本次会议能够为相关技术开发提供一些启发。最后，在此对为本次会议提供帮助的各位表示诚挚地感谢。

11th Natural Gas Conversion Symposium（NGCS 11）

小河脩平

（早稻田大学理工学术院先进理工学部）

1 序言

Natural Gas Conversion Symposium（NGCS）是一个以天然气转化为主题的国际性会议，每 3 年召开一次。召开地点主要集中在天然气产出国，继第一次会议 NGCS 1（Auckland，New Zealand）之后相继召开了 NGCS 2（Oslo，Norway）、NGCS 3（Sydney，Australia）、NGCS 4（Kruger Park，South Africa）、NGCS 5（Taormina，Italy）、NGCS 6（Alaska，United States）、NGCS 7（Dalian，China）、NGCS 8（Natal，Brazil）、NGCS 9（Lyon，France）、NGCS 10（Doha，Qatar）等多次会议，本次为第 11 届会议，召开地点为挪威的特隆姆瑟市。预计第 12 届大会将于 2019 年在美国的圣安东尼奥市召开。

2 会议概况

时间：2016 年 6 月 5～9 日

地点：Clarion Hotel The Edge（Oral）and Quality Hotel Saga（Poster），Tromsø，Norway

参加人数：290 人［欧洲 195 人；日本 20 人；亚洲（除日本外）28 人，北美 24 人；中东 10 人；南美 8 人；其他地区 5 人］

发表课题数量：Plenary lecture 4 场；Keynote lecture 10 场；Oral 约 120 场；Poster 约 140 幅

3 演讲进程

Plenary lecture 为第 2～5 天的上午第一场，Plenary lecture 结束之后在 3 个分会场分别举行了 Keynote lecture 和 Oral presentation。Poster 展示则在第 2 天和第 4 天的傍晚于会场中进行。报告主题主要集中在甲烷的水蒸气重整和二氧化碳重整；通过部分氧化制备氢气、合成气体；利用 OCM（甲烷氧化偶联）和 MTB（甲烷直接制苯）反应制备乙烯和芳香族碳氢化合物；FT 合成；乙烷和丙烷的脱氢等方面，此外除了传统的热催化反应，关于利用光催化和等离子体、电场等特殊反应场的研究报告也多有出现。

由于本次会议是在挪威召开，因此欧洲各国尤其是北欧来的与会者较多，但是不远万里从亚洲各国，特别是日本过来的与会者、演讲人也不少，这也彰显了日本科研人员在天然气转化领域的影响力。

4 重要论文

（1）Prof. Xinhe Bao（Chinese Academy of Science）

"New horizons in C1 chemistry"（The Award for Excellence in Natural Gas conversion）

（2）Dr. Jim Rekoske（UOP）

"Technoeconomic Impacts of Abundant Natural Gas Liquids on the Chemical Industry"

（3）Dr. Gary Jacobs（University of Kentucky）

"Fischer-Tropsch synthesis：use of hard and soft X-rays in the characterization of catalysts and contaminants"

（4）Prof. Unni Olsbye（University of Oslo）

"MTH revisited，status and prospects from fundamental studies"

5 感悟

在页岩气等非传统天然气的供应量不断增加的背景下，利用低廉的天然气来高效地制备基础化学品产生能源的技术正受到极大关注。从天然气中提取出乙烷并转化为乙烯的技术；制备氢气、合成气体的技术；通过合成气体制备甲醇和低级烯烃等研究的发展确实有目共睹，但是，由于甲烷的直接转化技术难度太大，距离实用化还有很长的路要走也是不容忽视的事实。对此，日本在平成 27 年（2015 年）制定了"制造利用丰富天然含碳资源的革命性催化剂"[1]的战略目标，再次强调了以甲烷为代表的惰性低级烷类转化为各种化学品和能源所需催化技术的重要性。随着"CREST"[2]和"さきがけ（先驱）"[3]等相关项目启动，天然气直接转化领域未来的发展前景非常令人期待。

在本次 NGCS 11 中还新增设了一个"Direct conversion of methane"的展示环节，甲烷直接转化的研究正逐渐被世界关注。在该展示环节中口头报告共 17 场，其中日本方面的报告有 4 场，中国和韩国方面的报告各有 2 场，在这一领域亚洲国家展示了其强大的研究实力。我无比期待在"CREST"和"さきがけ（先驱）"的研究中能取得一些领先世界的成果，希望在不久的将来，当 NGCS 在日本召开的时候，我们能把日本的先进技术展示给全世界。

参考文献

［1］文部科学省，平成 27 年（2015 年）度战略目标"制造利用丰富天然含碳资源的革命性催化剂"，http：//www. mext. go. jp/b _ menu/houdou/27/05/attach/1357905. htm.

［2］JST CREST，"用于利用丰富天然含碳资源的革命性催化剂和制造技术"领域，http：//www. jst. go. jp/kisoken/crest/research _ area/ongoing/bunyah27-3. html.

［3］JSTさきがけ（先驱），"革命性催化剂的科学和制造"领域，http：//www. jst. go. jp/kisoken/presto/research _ area/ongoing/bunyah27-3. html.

Banquet 的情况   Tromsφ(特隆姆瑟市) 的街景

The 18th International Zeolite Conference（18 IZC）

片田直伸

（鸟取大学大学院工学研究科）

1 概况

本次会议于 2016 年 6 月 19～24 日，在巴西里约热内卢西郊 Barra da Tijuca 地区的 Windsor Barra Hotel 召开。该会议是沸石以及类似化合物、各种多孔材料、层状化合物、配位聚合物等的合成、功能、应用方面最大型的国际会议，目前每 3 年召开一次。本次共有 Plenary Lecture 会场以及 3 个分会场分别举办了 Keynote Lecture、Oral Presentation、Technical Session（介绍企业动态·产品等）以及 Poster Presentation，总发表次数约 600 次，在会议正式开始之前还召开了 Pre-symposium School（例行的 Post-symposium Field Trip 本期取消）。

2 过去以及未来的展望

随着沸石的科学与技术飞速发展，在 1962 年的 Gordon Conference 上，由 R.M.Barrer 提议希望召开一个关于沸石的国际性会议，于是 1967 年在伦敦正式召开了第 1 届 IZC［1986 年于东京召开（第 7 次）］，之后每隔 2～3 年在世界各地循环举行。

根据惯例，IZC 通常会在每次会议期间举行的 International Zeolite Association（IZA）总会上，通过投票的方式选出下下次的举办地，也正因为这个原因，会议的举办地总是选在像开普敦（在投票中赢过札幌）、北京、索伦托、莫斯科等距离日本以及欧美都很远的观光胜地，而这次的举办地更是遥远，从日本的角度来看，几乎就是在和日本相对的地球另一面。预计于 2020 年举办的下一次会议同样也是如此。然而在本次的总会上，IZA 会长 G. Belluss 非常直接地指出以这种投票方式选择举办地，在经济性以及治安方面都难以得到保证，并提议我们应该取消这种投票方式。后来经过激烈地讨论，大家接受了该提议，并决定从下次会议开始正式取消这种投票方式。在本届会议中最后一次通过传统方式选出的举办地是巴伦西亚，预计将于 2023 年正式召开。这不禁让人感受到一段历史的结束与开始。随着举办地选择方式的更改，在日本与会人员之间，希望日本再次竞选举办地的呼声也越来越高。

3　特别演讲

（1）Plenary Lecture 的演讲人和演讲题目

• G. Centi，Disruptive catalysis by micro-and meso-porous materials to address the new scenario for sustainable energy and chemical production

• M. Thommes，Progress and Challenges in the Structural Characterization of Mesoporous Zeolites by Physical Adsorption

• N. Rosch，Tuning C-C vs. C-H selectivities in zeolites-Insights into a complex reaction network from DFT calculations

• W. Schwiefer，Hierarchical zeolite containing porous systems：preparation concepts and potential applications

• T. Tatsumi，Advanced Zeolites with Heteroatoms Site Distribution in the Framework Controlled

（2）Keynote Lecture 的演讲人

• A . Martinez，F. -S. Xiao，F. Rey，F. Ribeiro，G. Vayssilov，G. Busca，J. P. Gilson，L. Martins，K. Balkus，R. Morris，S. C. de Menezes，G. Maurin

4　会议的整体感受、人数、主题

也不知道是好事还是坏事，由于会议举办地距离亚洲和欧美都很远，因此到场的与会人员在国籍上并没有出现过于集中的现象，总人数达到452 人（图 1）。本次的与会人数对于 IZC 来说算是比较少的，不过会场依旧热闹空前，讨论也非常活跃（图2）。

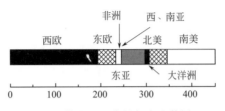

图1　按地区区分的与会人数图

图2　会场的情况

令我印象最深的是以无 OSDA（有机结构导向剂）法为代表的沸石合成相关的报告，这些报告均体现出了沸石合成科学的进步。除此之外比较吸引人的课题还有含有机-无机混合物的层状沸石·分层多孔性物质的介孔结构控制；光学材料等在新领域的应用；用于生物质反应的催化剂；实验与理论化学的结合等。沸石研究在逐渐深入各种类似物质和新应用领域的同时，在主体部分对于合成、结构、功能相关原理机制的理解也在逐渐加深。

在本次会议上还进行了表彰仪式，其中 Breck Award 授予了 S. Mintova 和 V. Valtchev；IZA Award（之后 3 年内将担任 IZA Ambassador）则授予了 A. Corma。此外 IZA 的新会长由 V. Valtchev 担任。

在去之前我还很担心当地的治安情况以及传染病，去了之后才发现 Barra da Tijuca 地区其实很安全而且舒适。笔者很遗憾没有参加 Excursion，听说他们还体验了当地的桑巴舞。就在我们开会的会场，在 2017 年 5 月召开了 Acid Base Catalysis 8。

16th International Congress on Catalysis（16th ICC）

清水研一

（北海道大学催化科学研究所）

1 会议概况

第 16 届国际催化大会（The 16th International Congress on Catalysis，16th ICC）于 2016 年 7 月 3～8 日在北京（中国）的国家会议中心（China National Convention Center）召开。由中国科学院大连化学物理研究所（主席为 Prof. Can Li；Secretary General 为 Prof. Wenjie Shen）主办。

国际催化大会自 1956 年召开第一届会议以来，每 4 年召开一次，与奥运会同步，此外本会议也是公认的在催化科学技术领域规模世界最大且最具有权威性的学术会议。

以"助力可持续发展的催化作用"为主题，覆盖催化科学与技术的所有相关领域，共分为 6 大平行板块（1. 催化作用机制；2. 催化物质；3. 催化剂与能源；4. 环境催化；5. 化学品合成催化；6. 跨学科领域），举行了 308 场口头报告（特别演讲 5 场、获奖演讲 2 场、主题演讲 18 场）并展示了 1739 幅海报。来自 50 多个国家的超过 2500 人参加了本次盛会。通过该学术会议，可以了解到过去 4 年在催化领域的研究进展；近期的发展趋势；各领域的 key player 等诸多信息，因此对于该领域来说无疑是一次极其重要的会议。在本次会议上，我深深地感受到了中国方面极大的竞争力和影响力，但是在演讲的过程中似乎没有对拍照录像进行限制，因此我还是有些担心这些录像会不会被"国际化"地滥用。

2 演讲数量·与会者

特别演讲包括以下 5 场。

(1) B. C. Gates（University of California，Davis，USA）

"Molecular and single-site metal catalysis on surfaces"

(2) C. T. Campbell（University of Washington，USA）

"Thermodynamics and kinetics of elementary reaction steps on late transition metal catalysts，and in their sintering"

(3) K. P. de Jong（Utrecht University，The Netherlands）

"Nanoscale effects in heterogeneous catalysis"

(4) M. Beller（Leibniz Institute for Catalysis at the University of Rostock，Germany）

"Bridging homogeneous and heterogeneous catalysis：what can we learn from each other?"

(5) J. G. Santiesteban（ExxonMobil Research and Engineering，USA）

"Recent advances in the application of zeolites for the production of fuels and petrochemicals"

会场情况

宴会情况

Pre-symposium of ICC16: International Symposium on Catalytic Conversions of Biomass（ISCCB—2016）

西村俊

（北陆先端科学技术大学院大学）

1 会议概况

时间：2016 年 6 月 27～30 日

地点：NTUH International Convention Center（中国台湾，台北）

本会议是一次"以生物质相关催化化学与技术为主题的国际会议"，属于在 7 月 3～8 日于中国北京召开的 ICC-16 的卫星会议。会议内容十分丰富，包括催化剂开发（均相系统、非均相系统、酶等）；资源开发（碳水化合物类、藻类等）；相关的催化剂制造和表征；催化反应深层机制的研究；模型、计算科学的研究方法等，涵盖了从生物质到能源、化学品合成工艺的多种研究领域。本会议希望通过共享近几年研究成果的方式，为世界各地的与会者提供一个交流平台，从而促进生物质资源开发技术的进一步发展。

2 演讲流程与主题

在 ISCCB-2016 上，以 Conversion of Cellulosic Biomass by Carbon Catalysts（Prof. Atsushi Fukuoka）；Production of α, ω-Diols from Biomass（Prof. George W. Huber）；Acid-Base Catalysis for the Valorization of Biomass derivative Intermediate Molecules：Glycerol，Lactic Acid and Xylose

(Prof. Bo-Qian Xu) 的 3 场 Plenary 为代表，举行了 10 场 Keynote，19 场 Invited Lectures，42 场 Oral，并发表了 53 张 Poster 研究报告。会议聚集了来自 14 个国家和地区的超过 140 人，就乙酰丙酸和琥珀酸的有机酸合成；glycerol 的加氢裂化；1,3-cyclopentanediol 和 isosorbide 环状二元醇合成；以甲壳素为原料的新生物炼制方法和合金催化剂的作用机制等展开了广泛的讨论。此外，在本次会议中报告的部分研究成果预计还将会以 ChemCatChem 以及 J Taiwan Inst Chem Eng 的 Special issues 的形式进行发表。

合影

Defects in Semiconductors: Gordon Research Conference

兼古宽之

（东京大学大学院工学系研究科）

1 序言

Gordon Research Conference（GRC）涵盖生物学、化学、物理学、药学等多个领域，拥有超过 360 个主题，是一个历史悠久的学术会议。本次，笔者有幸参加了其中 1 场 "Defects in Semiconductors" 的会议。而在 GRC 召开之前，笔者还参加了主要面向学生和博士后等青年科研人员的 Gordon Research Seminar（GRS），并展示了海报参与了讨论。

2 会议内容

时间：平成 28 年（2016 年）8 月 13～14 日（GRS）；8 月 14～19 日（GRC）

地点：Colby-Sawyer College，New London，New Hampshire，United States

本次会议的参加者主要来自欧美，其中 GRS 约 50 人；GRC 约 130 人，与会人员不论身份高低，全部统一安排在会场所在大学住宿生活。因此，大家拥有大量的机会可以进行讨论，而且在共同生活期间也培养了各位科研人员的友谊。此外，会议发表的内容均严格保密，所以大家可以畅所欲言地交流一些尚未公开的研究成果。这种会议形式正是拥有 80 多年历史传统的 GRC 会议的鲜明特征。不仅如此，各位与会者每天还有 2.5 小时的自由活动时间，利用这个时间可以和其他与会者一起漫步森林，促进相互交流。

围绕本次会议的主题 "Defects in Semiconductors"，笔者同光催化、激光、自旋电子、太阳能电池等多个领域的研究者一道进行了为期一周的交流，期间除了专业知识外，还收获了不少指导性的意见。轮到笔者自己发表报告时，各个不同领域的研究者就我所报告的光催化、光电极的基本现象进行了深入的提问，这对笔者来说也是一次十分宝贵的经历。在 GRS 上，还举行了以科研人员的职业规划为主题的演讲。从中学可以学到很多在欧美从事研究工作的信息，笔者对此也非常感兴趣。

最后，在参加本次会议的过程中，笔者受到了催化协会 50 周年纪念事业 "青年科研人员的海外旅行费用补助" 的莫大支持，特此向学会表达我最诚挚的谢意。

GRC 与会人员合影。第 6 排从右数第 2 个是笔者（Photo courtesy of GRC）

Chemeca 2016（国际化工会议）

清川贵康

（关西大学大学院理工学研究科）

1 序言

Chemeca 即由澳大利亚和新西兰两国联合举办的国际化工会议。自1970 年首次于澳大利亚召开以来，至今已举办 44 届，在化学工程、程序工程、工业化学领域发表了大量的研究报告。大量来自其他国家的与会者齐聚一堂，交换意见。2015 年，APCChE 2015（Asian Pacific Confederation of Chemical Engineering：亚太化工联盟大会）和 Chemeca 进行了联合举办，使得本会议与亚洲方面的联系也愈发紧密。本次的 Chemeca 2016 以 Chemical Engineering-Regeneration，Recovery and Reinvention 为主题，希望通过化学工程，为建立可持续发展社会和促进将来化学工业的发展讨论并提出一些具有建设性的意见和方案。

2 会议概况

时间：平成 28 年（2016 年）9 月 25～28 日

地点：阿德莱德会展中心

（澳大利亚．南澳洲．阿德莱德）

在会议的第 2 天和第 3 天中，共举办了 6 场特别演讲和 10 场 Keynote 演讲。以下为各特别演讲的演讲人和题目。

Dr Leanna Read："Chemeca 2016 conference opening"

Professor Gu Ming："Translational research of new biomaterial:

Mussel adhesive protein（MAP）"

Dr Richard Corkish："Solar photovoltaics technology update and challenges for chemical engineers"

Aimee Allan："Olympic Dam Update"

Chris Vains："Industry 4.0-Influencing Regeneration，Recovery and Reinvention"

Dr Fiona Kerr："Artificial Intelligence-Friend AND Foe"

本次特别演讲不包括催化相关的内容，主要涉及了太阳能发电技术以及过程自动化控制系统等工业领域。虽然这次没有催化方面的特别演讲甚是遗憾，但是也借此机会再次认识到了工业的发展对今后全球各类产业的重要性。不过在一般的口头报告和海报展示中，我倒发现了不少关于催化的内容。其中甚至还有关于光催化的研究报告，因此我也就这些次世代的尖端技术进行了不少深入的讨论。

海报展示情况

我自己本次的报告题目是"Oxidative dehydrogenation of 1-butene with copper ferrite catalysts prepared by various preparation methods"。但是有些遗憾的是在本次会议上的提问大多都集中在反应器和反应过程的选择上，因此关于催化的讨论比较流于表面。不过我也相信，这确实是一次难得的机会可以让各位感受到催化剂和化学工程的进一步融合对今后化学工业发展的重要性。

3　会议感受

本次 Chemeca 发表的报告涉及以化学工程为主的多个领域。会议气氛非常和谐，不同领域的人士均可自由地交流并交换意见。除此之外，以 Welcome reception 和 Banquet 为代表，在会议期间还举办了 Morning tea、Lunch、Afternoon tea 等活动，更加充实了交流平台。本次 Chemeca 2016 的参加者主要来自澳大利亚和新西兰，再加上其他各国的参加者总计约 250 人。亚洲各国也有不少参加会议的人士，其中大多来自中国和韩国，他们也同样和大家进行积极地讨论。

从整体来看，会议的报告内容主要集中在生物质的利用方面。在催化领域，报告了使用淀粉（生物质典型物质）合成活性炭催化剂，并用于从生物油和乙醇出发合成生物柴油相关的研究成果，该研究旨在降低环境负担，适应当代社会的需求，内容十分吸引人。不论是在化学工程领域还是在催化领域，通过各位的报告均让人感受到了当前社会对生物质利用技术创新的急切需求。此外，还有像含有 La-Ni-Fe 系钙钛矿型催化剂的氧空位缺陷作用以及 CuO/SiO_2 催化剂的制造方法对氢化反应的影响等，报告内容十分广泛。而在光催化领域的报告内容也非常丰富，涉及 ZnO、Cu_2O、$BiOCl$、TiO_2 催化剂等多种物质。此外，旨在提高效率并取代现有反应器的，新催化反应装置（蒸气重整反应装置）的工艺流程设计相关的研究报告也不少。化学工程属于化学工业的基础技术，催化领域也只是其中的一部分。因此为了加快化学工业的发展，催化剂开发团队与工艺流程设计团队之间的相互沟通协作必不可少。

　　有些遗憾的是，在本次 Chemeca 2016 的过程中，日本方面的报告数量相比过去有所下降，不过从 Chemeca 整体来看，与催化剂相关的报告数量确实也不多。我认为日本方面的催化领域科研人员参加本次会议，有助于向世界展示日本所拥有的先进的催化技术，同时也可以促进催化研究的进一步发展。

（左上）Welcome reception 会场；
（右上）Morning tea、Lunch、Afternoon tea 会场　（下）Banquet 情况

International Symposium on Catalysis & Fine Chemicals 2016 (C&FC2016)

水垣共雄

（大阪大学大学院基础工学研究科）

1　会议概况

时间：2016 年 11 月 10 (周四) ～14 日 (周日)

地点：福华国际文教会馆（中国台湾，台北）

与会人数：约 350 人

2　历史背景

International Symposium on Catalysis and Fine Chemicals (C&FC) 是一个于亚洲各地召开的国际性学术会议，以催化协会精细有机合成催化研究会（精研）为主体，旨在促进亚洲地区的精细有机合成领域的研究交流。继 2001 年第一届会议（C&FC2001）在早稻田大学召开后，相继召开了 C&FC2004（中国·香港理工大学）、C&FC2007（新加坡·南洋理工大学）、C&FC2009（韩国·高丽大学）、C&FC2011（日本·奈良县新公会堂）、C&FC2013（中国·人民大学）等多次会议，本次会议为第 7 届 C&FC2016，于中国台湾福华国际文教会馆召开。召开时间按照惯例为 12 月初，为了防止与 Pacifichem 等出现冲突，本会议每隔 2～3 年举办一次。下一届会议预计将于 2018 年 12 月在泰国朱拉隆功大学举办。

3　演讲内容

会议的第一天，在热闹的狮子舞表演中，Opening Ceremony 正式开始，由催化协会会长尾中笃先生致开幕词，并对在 2014 年去世的曾为建立和运营 C&FC 立下汗马功劳的清水功雄先生做了生平简介。本次会议的主题大致可分为 7 类（Supramolecular chemistry；asymmetric catalysis；inorganic/organometallic synthesis；catalysis；organic synthesis；fine chemicals for materials；bioinorganic/bioorganic chemistry），围绕上述主题，举办了 Plenary Lecture（5 场）、Keynote Lecture（15 场）、Invited Lecture（89 场）、Invited Short Talk（10 场）、Young Oral（25 场）以及 Poster session（92 幅）。

照片（左、中）Opening ceremony 情况，（右）催化协会会长尾中笃先生致辞

Plenary 演讲包括以下 5 场。

（1）Prof. Frank Würthner，Universität Würzburg，Germany. "Supramole-cular photosystems based on perylene bisimide dyes"

（2）Prof. Chihaya Adachi，Kyushu University. "Organic light emitting diodes demonstrating 100% electron into photon conversion based on delayed fluorescene molecules"

（3）Prof. Wonwoo Nam，Ewha Womans University，Korea. "Biomimetic metal-oxygen intermediates in dioxygen activation chemistry"

（4）Prof. Kuiling Ding，Chinese Academy of Science，China. "Cooperative catalysis in asymmetric synthesis：case studies of mechanistic understanding and process innovation"

（5）Prof. Chien-Hong Cheng，National Tsing-Hua University，Taiwan. "Cobalt-catalyzed organic reactions involving C-H activation"

每天的首场活动是 Plenary 演讲（在最后一天的开头和结尾共举行了 2 场），于 Convention hall 举行，其他的演讲则在各个分会场举行，会议首日和第 2 天分为 4 个分会场；第 3 天和第 4 天分为 3 个分会场。在口头报告和海报展示的环节大家进行了热烈的讨论，并通过 welcome reception 和 banquet、excursion 的形式进一步促进了与会者之间的交流。演讲内容以精细化工为核心，涵盖了有机器件和高分子合成以及生物质转化等相关研究，范围甚广。此外，本国际会议主要旨在促进亚洲地区的研究交流，因此与会人员主要来自亚洲，总计达到约 350 人（中国台湾 134 人；日本约 100 人；韩国约 50 人；以及来自中国大陆、印度、泰国、新加坡等的少数人士）。本国际会议的与会人数通常稳定在 350 人左右，相信本会议的主旨能够有效地落实到亚洲各国的催化以及有机合成领域中。下一次会议预计将于 2018 年在泰国举办，期待本会议在今后能取得进一步发展。

在 Closing ceremony 上，大会对在 Young Oral 以及 poster 展示中表现优异者颁发了学生优秀演讲奖。此外，还由和光纯药工业株式会社向最佳海报制作者（学生）颁发了 WAKO prize。

最后，在此对在本次会议召开期间向我们提供协助的各位，表示我最诚挚的谢意。

照片（左）poster session 情况，（右）excursion（故宫博物院参观）合影

第5篇

2016年全球催化剂技术动态

大竹正之
（株式会社）三菱化学技术研究

1　世界化学工业及催化剂研究动态

2016 年，英国脱欧（Brexit）、唐纳德·特朗普得胜美国大选、IS 组织不断引发恐怖事件……世界政局为之震荡。14 个 OPEC 加盟国于 2016 年 9 月 18 日召开临时大会、2016 年 11 月 30 日召开大会，协议减产，此乃时隔 8 年的减产之举，非加盟国也采取了同步措施。由此，原油价格回升到 50 美元/桶（1 桶＝0.14t），而在 2016 年年初，其已下跌到 30 美元/桶。

化学产业方面，日本国内外出现了两股动向：一是石化产业重建；一是功能性化学产业的增强。在不断变化的竞争环境中，连曾经的核心产业都难逃退出市场或缩小规模的命运，而石化产业重新审视了这些基础产业的地位。功能性化学产业则积极开拓新型产业，踊跃开展企业并购，同时进行装置投资与研究开发。2015 年，世界原油、天然气储量仍呈增势，涉资超过 100 亿美元的大型并购重组不断推行，而到 2016 年，世界石油巨头销售资产、缩小投资规模的速度加快，页岩气企业也开始强化经营基础，进行以国际石油资本为主导的重组。中国化工集团（ChemChina）收购世界最大的农药种子企业，即瑞士先正达。2015 年，中国企业已经收购了意大利倍耐力 Pirelli（高级轮胎厂商），其瞄准发达国家知识产权及品牌的大型收购行为十分引人注目。中国政府提出合并中国中化集团（Sinochem）和中国化工集团（ChemChina），希望借此提高国际竞争力。

1.1　页岩气生产

在 IT（信息技术）的推动下，近两年，美国页岩油的产能大幅提高，贝肯、伊格福特、帕米亚三处油田产量翻倍。页岩气开发规模不断扩大，美国石化产业也提出了一系列投资方案。美国化学理事会相关数据显示，页岩气革命中，美国化学产业投资项目达 264 个，总金额达 1640 亿美元。其中，已完成或正在建设的项目占 40%，还有 55% 处于计划阶段。2017 年，5 台大型乙烷裂解装置投产，相关产业迎来了新时代。原油价格下跌并不会撼动乙烷的优势，丙烯却有所不同。北美，墨西哥从德克萨斯州进口天然气，正在不断加强石化产业。墨西哥 Pemex（墨西哥石油国家公司）、墨西哥化工公司（Mexichem）整合了 ETY（乙烯）、VCM（氯乙烯）及电解产业，巴西布拉斯科公司（Braschem）也拓展了 ETY 及 PE（聚乙烯）产业。

ExxonMobil Chemical（埃克森美孚化工）与 Sabic（沙特基础工业公司）计划在美国墨西哥湾设置世界最大的裂解装置，其 ETY 产能为 180 万吨/年。两公司正在沙特阿拉伯（Yanpet，Kemya）推行石化产业，沙特基础工业公司在欧洲和中国也有石化产业相关的活动（Chem & Eng News，2018/08/01，p10）。

美国埃克塞尔（Axiall）与韩国乐天化学（Lotte Chemical）达成合作，着手推进乙烷裂解装置（LACC，ETY 产量 100 万吨/年）项目（日本化学工业日报，2016/06/16，p2）。

德克萨斯大学奥斯汀分校（Univ Texas Austin）的 Sean E. DeRosa 等就一类化学产业进行了研究，该产业预计选址于美国内陆（New Mexico，San Juan Basin），以天然气为原料（Ind & Eng Chem Res，2016，55，p8480）。

美国萨宾帕斯（Sabine Pass）液化天然气（甲烷）出口基地竣工，开始对南美、欧洲（挪威）、亚洲出口。努萨、卡梅隆、弗里波特正在建设。在美国，新增乙烯装置的计划方案不断涌现（于 2016～2017 年投产的：6 项扩能计划，5 项新增计划），乙烯原料产能会持续增加。美国南部德克萨斯、路易斯安那两州已有多个乙烷裂解装置正在建设，东北部马塞勒斯区域（纽约、宾夕法尼亚、俄亥俄、西弗吉尼亚州）等各州也正在发展石化产业，但化学产品的市场环境还存在诸多悬念。乙烷出口站已完善（日本化学工业日报，2016/02/15，p3；04/11，p3）。

加拿大艾伯塔州州政府为振兴石化产业，对该州以乙烷为原料的化学产业予以支持（日本化学工业日报，2016/02/05，p2）。

英国石油公司（BP）在 2016 能源展望报告中表示，今后 20 年内，页岩气产量会大幅提升（Chem Business，2016/02/22～03/06，p5）。英国方面，英力士（Ineos）正在考虑页岩气生产问题（Chem Week，2016/10/17，p28）。美国方面，页岩气产生的乙烷有所冗余，欧洲（英力士，挪威）、巴西（布拉斯科公司）正在发展石化的企业都将其作为原料进口，中国、印度等亚洲国家也是如此。中国方面，新浦（SP）化学正在江苏泰兴建设乙烷裂解装置（ETY 65 万吨/年），预计于 2018 年投产。台塑（FPC）发表了路易斯安那州二期计划及大型石油复合（EG、PE、PVC）计划，前者乙烯产量 240 万吨/年，将成为美国第三套装置。英国石油公司与中国石油（CNPC）合作，开发四川省内江地区、荣昌北部地区的页岩层。

沙特基础工业公司与埃克森美孚化学就美国墨西哥湾地区的合资石化产业（ETY 180 万吨/年）展开讨论，两公司已在沙特阿拉伯合作（Kemya，Yanpet）过 35 年，有这方面的合作基础（Chem Week，2016/08/01～08，p12）。

萨索尔（Sasol）公布了其在 Lake Charles（莱克查尔斯，路易斯安那州）实施的年产量 150 万吨乙烷裂解装置计划（2014 年发表，目前正在建设，2019 年投产），除 PE、EO/MEG 外，在南亚有工业实绩的西格那醇（Ziegler alcohol）& 吉尔伯特醇（Guerbet alcohol）占了 30%。天然气制油（GTL）计划延期，投资增至 110 亿美元（Chem Business，2016/09/05～11，p5，p15）。

美国认为有必要研究 PPA/BTA 的高附加值；曾就烷基化物及烯烃类生产做出提案的《Hydrocarbon Process》杂志再次提议，应将增塑剂、洗涤剂、润滑剂原料化（同刊 Gas Processing，2016，5/6，p29）。

1.2 中国石油化工与煤化工

日本《化学经济》杂志于 2014 年专题介绍过中国煤炭化工的动态（同刊，2014 年 12 月号），2015 年，中国乙烯产量达 1715 万吨，一举刷新纪录，虽然总体经济增长速度放慢，但化学部门仍在坚定不移地前进。煤炭制烯烃（CTO）、甲醇制烯烃（MTO）、丙烷脱氢（PDH）方面，投资仍然活跃。神华集团的大型 CTL（煤炭处理量 2000 吨/年，费托反应下的石脑油、轻油、液化石油气产量分别为 100 万/年、275 万/年、35 万/年）已投产。然而，装置投资持续过剩，使 PTA、SBR、PVC、丙烯酸等的生产效率降低到了 60%。PTA、PVC 方面，已转变为实际出口国。原油价格走低，中国石油化工集团（Sinopec）、中国石油天然气集团（Petrochina，CNPC）、中国海洋石油（CNOOC）等国有石油企业业绩下滑。中石化胜利油田关停 4 处油田，中国石油减少大庆油田 30% 产量（日经产业新闻，

2016/02/02，p5）。预测今后还将重整 CTO 产业化计划（Chem Business，2016/05/30～06/05，p5；日经产业新闻，2016/11/22，p5）。壳牌公司与中国海洋石油共同推进的广东省合资产业（中海壳牌石化公司，CSPC）接收惠炼二期在建 ETY 120 万吨/年项目，将推进 EO/MEG（OMEGA 法）、PO、SM 等石化产业（日本化学工业日报，2016/11/07，p3）。沙特基础工业公司已同中国宁夏回族自治区政府及神华集团旗下神华宁夏煤业集团达成协议，将在中国推进 CTO 产业项目，以及 70 万吨/年烯烃生产、535 万吨/年煤炭生产、LDPE 等衍生物产业（日本化学工业日报，2016/09/09，p1）。

中国环境保护部制订了新建、改建、增减相关的试行方案，以期提升煤化学（汽化、液化、燃油及化学品制造）的环境效应（日本化学工业日报，2016/01/07，p2）。

大连市长兴岛经济区（中国七大石化基地之一）正进行石化相关整顿。恒力石化已开始进行石油精炼（2000 万吨/年）及石化工程，计划于 2018 年投产；同时，诚志股份也有 MTO 计划（日本化学工业日报，2016/03/02，p2）。

山东省鲁西化工决定采用霍尼韦尔 UOP 的先进 MTO 技术，至此，中国累计已有 8 家公司采用该工艺，产能达 320 万吨/年。2016 年，中国相继启动了 MTO 5 装置、CTO 5 装置及 PDH 3 装置，新供给源突破 200 万吨/年，PPY 供给过剩（日本化学工业日报，2016/02/08，p2）。福建省福建联合石油化学有限公司（FREP）与中国台湾旭腾投资有限公司（Dynamic Ever Investment）达成合作，开始建设石化工厂；该工厂以 MTO 法 ETY 120 万吨/年为主（Chem Week，2016/01/04～11，p14）。

沙特阿拉伯沙特基础工业公司联合中国神华集团，在宁夏回族自治区推进石炭化学产业（MTO、MTP 及衍生物）。2014 年，神华集团曾与美国 Dow Chemical 在陕西实施煤化学合作，但其后并无下文（日本化学工业日报，2016/06/01，p2）。同时，中国出资的精炼及石化计划正在阿曼展开（日本化学工业日报，2016/08/30，p2）。

新加坡出资的新浦化学（SP Chemicals）正计划在江苏泰兴建设乙烷裂解装置（65 万吨/年），将采用德西尼布（Technip）的技术（日本化学工业日报，2016/2/26，p2）。

中国宝钢集团（上海）与武汉钢铁集团合并，世界第二的钢铁大厂（6070 万吨/年）就此诞生。产能过剩是中国需要解决的主要问题（Chem

Week，2016/08/15～22，p22；日刊工业新闻，2016/09/26，p1）。

2016 年 9 月举办 G20 峰会后，为控制以碳化物为原料的 VCM、PVC 装置引发的环境问题，中国限制了内蒙古自治区等地区的生产活动，会议结束后，这些限制仍在继续（日本化学工业日报，2016/10/04，p10）。中国于 2014 年成为 PVC 出口国，2016 年成为 PTA 出口国。2017 年，中国产能将远超内需（Chem Business，2016/09/26～10/02，p32）。

1.3 俄罗斯石油化学产业

中国将开发东西伯利亚地区；俄罗斯财政紧缩，希望得到其资金援助。国营俄罗斯石油公司（正考虑民营化）正加快构建与中国企业的战略合作伙伴关系（股份转让、长期原油供给、石化共同投资等）。卢克石油公司（Lukoil）位于里海附近布琼诺夫斯克的气体处理装置已投产。此装置处理的气体将用作发电燃料及石化原料（ETY 30 万吨/年、PPY 12.8 万吨/年、HDPE 30 万吨/年、PP 12 万吨/年等）（日本化学工业日报，2016/02/22，p3）。

俄罗斯远东石化公司（FEPCO）正根据石化计划（PE，PP 等）推进研讨；该计划的前提是与中国企业合资（日本化学工业日报，2016/09/08，p2）。

1.4 亚洲石油化工及产业基础

进入 2016 年，亚洲及中东地区的 ETY 工厂仍保持高运转率。印度方面（ETY 总产能为 600 万吨/年），乙烷原料等新增石化设计方案正在推进。2016 年，印度天然气有限公司出资的 BCPL 石化项目（阿萨姆邦）启动，3～4 年后，印度石油公司（IOC）还将在东部奥迪萨邦开发石化产业（炼油厂一体化），由此或可促进汽车产业振兴及化学、基础设施相关投资。在亚洲开发银行（ADB）的支持下，印度正在建设始于伊朗、土库曼斯坦，途经巴基斯坦的天然气管道（TAPI、IPI）（Oil & Gas J，2016/05/02，p89）。

2015 年 11 月，新加坡裕廊岛的壳牌石油（Shell）石脑油裂解炉因装置故障停运，烯烃生产状况恶化，2016 年 7 月重新投产，9 月因冷凝机故障再次停产。对经管道接收原料的裕廊岛石化工厂而言，这一事件影响极大（日本化学工业日报，2016/10/05，p2）。

受原油价格走低影响，新加坡石化（PCS）及参与出资的卡塔尔国营石油（QP）将重新审视石化产业。另一方面，继 LNG（液化天然气）储存终端站（3 处 600 万吨）后，化学产业集中的裕廊岛建成了 LPG 进口站

（8 万立方米），同时还正在考虑实施煤炭火电、新建煤炭气化设施，以期增强竞争力。

在东南亚，马来西亚（RAPID，建设中）、越南（Long Song，Victory）、泰国（Map Ta Phut）、印度尼西亚（Pertamina，Lotte-Titan）、菲律宾（JG Summit）都将新建裂解装置。马来西亚 Petronas Chemicals Group 进入基础化学品产业及功能化学品产业，RAPID（Refinery and Petrochemical Integrated Development）项目也越发稳定（Chem Week，2016/02/08 ～ 15，p17）。在 RAPID 计划中探讨了 C4 产业的优化，加入丁二烯衍生物（SBR、S-SBR、BR）。石脑油裂解装置产生的丁二烯（BD）量为 18 万吨/年。沙特阿美石油公司再次研究是否加入炼油厂计划，放弃了同维萨雷斯公司（Versalis）合作至此的弹性体产业计划（日本化学工业日报，2016/05/11，p3；Chem & Eng News，2016/04/25，p15）。继 BASF、泰国 PTT、意大利 Versalis 后，德国赢创（Evonik）也决定退出 RAPID 计划（日本化学工业日报，2016/10/20，p1）。2016 年 11 月，BASF 与马来西亚国油化学公司（Petronas Chemical）在关丹（Kuantan）合资产业投产。2020 年，泰国 PPT 全球化工（PTTGC）的 PPY 产能预计达到 311 万吨/年，成为东南亚第一；除势头良好的石化产业外，其还计划新建石脑油裂解装置，推进 PO 等 C3、C4 衍生物及合成橡胶的产业化。在美国开展以页岩气为原料的石化产业。芳香族、苯酚增产投资（Map Ta Phut 2 期）完成，规模为业界最大，旗下 IRPC 也已于 2016 年 6 月建成二环己基碳二亚胺（DCC）装置，开始正式生产，并正考虑新建石脑油裂解炉（日本化学工业日报，2016/07/13，p2）。泰国 SCG（泰国暹罗水泥集团）也正在 ASEAN（东盟）积极推行石化项目。泰国 Indorama 收购英国石油公司的 PTA 工厂，积极扩大 PET 产业（日本化学工业日报，2016/02/15，p2；02/04，p2）。沙特阿美石油公司（Aramco）退出后，泰国 PTTGC 的越南平定省（Binh Dinh 省）石化计划终止；正考虑加入泰国 SCG 发起的 Long Song 岛计划。卡塔尔国营石油（QP）撤资 Long Song 岛计划，该计划正在寻找新投资人（日本化学工业日报，2016/07/22，p2，07/28，p2）。在越南，宜山（Nghi Son）炼油厂（科威特国家石油公司 Kuwait KNPC、出光兴产、越南国家油气集团 Petro Vietnam、三井化学）的发展值得期待。荣橘（Dung Quat）炼油厂的外企出资规模不断扩大。

在印度尼西亚，2015 年，Chandra Asri Petrochemical 完成石脑油裂解装置增产（从 60 万吨/年到 86 万吨/年），与投资方泰国 SCG 规划了新衍生物产业（Chem Eng，2016，3，p14），同时还正考虑新建 ETY 工厂，以满足国内需求的增长（日本化学工业日报，2016/10/14，p2）。沙特阿美石油公司加入 PT Pertamina（印尼国家石油公司）的炼油厂扩张计划。韩国乐天化工重启一度中断的印度尼西亚石脑油裂解装置（ETY＋PPY 100 万吨/年）新建计划（日本化学工业日报，2016/06/01，p3）。

菲律宾石化巨头 JGSP 公开石脑油裂解炉增量（增至 50 万吨/年）计划，于 2017 年开工（日本化学工业日报，2016/07/13，p2）。在日本、泰国与缅甸政府共同推行的石化、重工业计划中，中国企业将于缅甸 Dawei 经济特区建设港湾、炼油厂（10 万 bpd，1bpd＝50 吨/年）（日本经济新闻，2016/04/08，p9）。亚洲石化工业会议（APIC 2016）在新加坡召开（日本化学工业日报，2016/05/23，p1）。

在印度，欧美化学企业扩大对功能化学品相关产业投资，多个投资项目启动（日本化学工业日报，2016/10/19，p3）。

进入 21 世纪后，韩国大幅扩大石化装置（ETY 能力 855 万吨/年，世界第 4），而今出口市场缩小，美国石化大量增建，和日本一样，韩国也开始结构改革、重整业界。韩国 LG 化学决定增建乙烯装置（从 104 万吨/年到 127 万吨/年，2019 投产），将供给过剩的 PS 转换为 ABS，推动石化产业走出困境（日本化学工业日报，2016/10/19，p2）。

1.5 中东各国的石油化学产业

中东地区政治危机突显，各国因能源资源等各种利害关系不断产生矛盾，内战及过激组织 IS 等恐怖组织活跃，危机频发。民族宗教隔阂及内战中，国家矛盾的走向仍未可知，而沙特阿美石油公司、阿布扎比国家石油公司（ADNOC）等的石化投资仍在继续。

在伊朗、俄罗斯的影响下，沙特阿拉伯原油占比下降。在 2016 年 4 月的经济改革构想《愿景 2030》中，其公开了新战略，将脱离依靠原油销售的经济结构。国营石油 Aramco 新股上市，积极拓展亚洲市场，发展多元化经济（日本经济新闻，2016/09/04，p5）。除加强化学产业（Sadara 化学公司、沙特拉比格石化 Petro Rabigh、Satorp 公司）、强化财政基础（削减财政支出、发行国债），还将推行海水淡化、整顿基础设施（Chem

Business，2016/05/02～08，p10)。沙特阿美、沙比克加入中国唐山（7 大石化产业基地之一）的石油精炼及石化项目。在日本国内，沙特阿美和开发计划厅（NICPD）一起与中国化工集团（ChemChina）在石化、再生能源方面展开合作。中东其他国家也意识到需要进行改革以摆脱依存原油的现状，2016 年 11 月 OPEC 达成减产协议后，原油价格回升至 50 美元/桶，各国财政赤字均有所缓解。

Sadara 化学公司（沙特阿美、美国陶氏化学合资，混合进料，ETY 150 万吨/年、PPY 40 万吨/年）竣工，于 2016 年年中依次投产。住友化学合资的拉比格石化 Rabigh Refining and Petrochemical Co（Petro Rabigh）第 2 期装置群也于 2017 年投产（Chem Week，2016/08/29～09/05，p12)。2016 年 4 月，与 Lanxess（朗盛）合资的合成橡胶项目（ARLANXEO）开始启动。沙特阿拉伯政府将 ETA 价格提高到 2 倍以上（从 0.75 美元/mmBtu 到 1.75 美元/mmBtu)，甲烷价格也从 0.75 美元/mmBtu（1mmBtu＝10.5× 10^5 kJ）上涨到 1.25 美元/mmBtu（日本化学工业日报，2016/02/15，p2)。

美国议会通过了恐怖活动支持者制裁法。中东正重新审视大量涌现的大型石化计划。Aramco 计划公开新股（IPO)，同时筹措资金以发展精炼及化学产业。由于东部地区富含磷、铝土矿等矿物资源，面向矿业的国内投资也在加强。

经济制裁解除（2016 年 1 月）后，对伊朗（人口 8280 万，面积是日本的 4 倍）的外资投入引人注目。2014 年，伊朗石化产品产能（出口量 1800 万吨/年）为 4500 万吨/年，这一数值预计将在今后 20 年间增至 4 倍，出口量增至 5000 万吨/年；2020 年，ETY 将达 1000 万吨/年。巨头 PGPIC 正开展 MeOH、尿素等多个项目计划。围绕阿扎德甘、鲁迈拉等巨型油田展开的争夺战日渐升级（日经产业新闻，2016/10/26，p1)。通过管道，NPC（伊朗国家石化公司）每年由南帕尔斯（South Pars）气田向 Assaluyeh 城的 Kavyan 乙烯厂石化项目（2016 年投产）供给 50 万吨乙烷（Chem Week，2016/01/18，p15)。丸红、NIOC（伊朗国家石油公司）、NPC（伊朗国家石化公司）都加入了 PGPIC（波斯湾石油化工工业有限公司）在伊朗开展的石化项目（日本化学工业日报，2016/09/28，p2)。Shell（壳牌）正和伊朗 NPC 探索开展化学产业方面的合作。

阿曼正在与宁夏中阿万方合作，由中国投资建设相关的石油精炼及石化项目。为在 SOIC 工业城市建设 23 万 bpd（1bpd＝50 吨/年）的炼油厂，正呼吁印度及非洲各国投资（日本化学工业日报，2016/08/30，p2）。

1.6 催化剂技术动态

减少 Pt 负载量一直以来都是广受关注的课题，随着 FCV（一种电动汽车）的普及，电池技术前景光明。加拿大 Blue-O Technology 开发了用于 PEFC 的负载 Pt 圆片状纳米粒子的（2～5nm）载碳催化剂，负载量为 $0.125mg/m^2$。

对于生物质能制芳烃（Bio-BTX），美国 Anellotech 公司推进技术开发，和庄信万丰（Johnson Matthey）、法国石油和新能源研究院（IFPEN）、法国 Axens 实现了合作。在日本，2012 年，三得利就生物基聚酯与 Anellotech 达成了合作。聚酯方面，荷兰 Avantium 公司及 BASF 等开发了以糖为原料制造 2，5-呋喃二甲酸的技术，计划生产 PEF、PTF。石化及石油精炼领域也在不断开发催化剂新技术，Cat Tech、CRI、Criterion、Grace、托普索（Haldor Topsoe）、Sabin、Axens、Johnson Matthey Puraspec 等技术出现在人们视野之中（Hydrocarbon Process，2016，3，C73～C93）。

1.7 其他

2015 年 12 月 11 日，杜邦与陶氏化学就合并方针达成一致，于 2016 年后半期最终决定合并为杜邦陶氏化学。同时，将产业分为农业、材料、功能化学品三块（Chem Week，2016/03/14，p16）。2016 年 4 月 16 日，沙特基础工业公司及朱拜勒（Jubail）的 EO（环氧乙烷）工厂发生重大事故，2016 年 4 月 20 日，墨西哥化学集团（Mexichem/墨西哥国家石油公司 Pemex），夸察夸尔科斯（Coatzacoalcos）的 VCM 工厂也发生重大事故，两起事故中均有 10 人以上死亡、100 人以上负伤（Chem & Eng News，2016/04/25，p15）。2016 年 10 月 17 日，德国 BASF 公司 Ludwigshafen（路德维希港）化工基地的 ETY 工厂（2 期、64 万吨/年）发生爆炸，3 人死亡、8 人重伤（Chem Business，2016/10/24～30，p9）。

德国 PI（Platform Industry）4.0（2013/04）、美国 IIC（Industrial Internet Consortiam，2014/03）成立，IIOT（工业 4.0，第四次工业革命）已拉开帷幕（Chem Week，2016/10/17，p15）。

2 石油化学领域的催化剂技术开发

2.1 基础原料

2.1.1 乙烯（ETY）生产（2015年世界需求为14600万吨）

ETY生产原料为各种烃原料，生产方法为水蒸气裂解。欧美多以乙烷为原料，亚洲则多用石脑油、瓦斯油、气体凝析油，副产品为PPY、C4烯烃及芳香族（来自裂解汽油馏分）。MTO反应利用率提高，石化原料走向多样化。亚洲有14家ETY产量100万吨/年以上的大规模工厂正在运行（Chem Business，2016/05/16～22，p35）。据日本经济产业省预测，到2020年，世界ETY产能将达约2亿吨/年（日本化学工业日报，2016/07/11，p12）。

数年前起，沙特阿拉伯沙特基础工业公司及沙特阿美石油公司已经开始开发制造烯烃的新技术，这种技术直接以原油而非石脑油作为原料。目前，该国以天然气、伴生气为石化原料，2017年开始进行探究，预计2020年完成（Chem & Eng News，2016/07/04，p14；WO2015/000844等）。Exxon Mobil（埃克森美孚）也独立开发了类似技术，并在2014年用于建造新加坡的蒸汽裂解装置，为世界首例（日本化学工业日报，2016/06/30，p1）。

德国慕尼黑工业大学的Johannes Lercher等人通过HAADF-STEM法研究了对乙烷氧化及氧化脱氢有效的MoVTeNb氧化物催化剂的活性（M1），明确了结晶面（010）、（120）、（210）的特征（Angew Chem Int Ed，2016，55，p8873）。

阿根廷INCAPE的Maria A Ulla等人在蜂窝状堇青石（64 cell/cm^2、开孔率77%）上涂覆NiO/Al_2O_3，并以此为催化剂研究了乙烷氧化脱氢（500℃、30%转化率/70%选择性）（Ind & Eng Chem Res，2016，55，p1503）。

巴西布拉斯科公司（Braskem）建于墨西哥的石化工厂（105万吨/年）竣工投产。PE3系列也将于2018年4月投产（日本化学工业日报，

2016/03/28,p2)。

美国德克萨斯 A&M 大学 C. A. Floudas 等探讨了制造 C2~C4 低级烯烃的最优流程（反应），该反应以天然气为原料，以 MeOH 为过程产物（Ind & Eng Chem Res，2016，55，p3043）。美国 Siluria Technology 正在开发通过天然气 OCM 反应制造 ETY 的技术，意大利 Meire Technimont 也参加了这一项目开发。该项目已获得沙特阿美石油公司、伊朗国家石油化工公司等一流企业的资金支持（Chem Week，2016/05/30~06/06，p5）。

中国武汉物理数学研究所的 Fen Deng 等人通过 ^{13}C-^{27}Al 双谐振固体 NMR 法研究了使用 H-ZSM-5 催化剂的 MTO 反应机理，明确了烃池机理。德国慕尼黑工业大学的 Johanns A. Lercher 等人通过 DFT 计算及模型反应研究了产生初始 C—C 键合的反应机理，这是一种 MeOH 转换为烃的反应（MTH、MTO、MTG 等）。荷兰乌得勒支大学（Utrecht Univ）的 Marc Baldus 等人通过 NMR 研究得出，使用 H-SAPO-34 催化剂的 MTO 反应中，所生成 C—C 键合的中间物为醋酸（甲基）（Angew Chem Int Ed，2016，55，p2507，p5723，p15840）；Bert M. Weckhuysen 等人在原子探针层析技术（APT）中使用了 [13]CH$_3$OH，研究了以 ZSM-5 沸石为催化剂的 MeOH 到烃转换（MTH）反应中产生的碳析出，确认结晶时生成了 [13]C 群（微细焦炭）（Angew Chem Int Ed，2016，55，p11173）。

挪威奥斯陆大学（Univ Oslo）的 Unni Olsbye 研究了以合成气为原料一步法制造 C2~C4 烯烃，过程产物为 MeOH（催化剂 ZrZn，SAPO-34）（Angew Chem Int Ed，2016，55，p72944）。

美国布朗大学（Brown Univ）的 S. Sun 等人公开了一种以 CO$_2$ 为原料的制造 ETY（79%转化率）的技术，催化剂是一种富氮石墨烯，其上承载高度分散的 Cu 纳米粒子（7nm）（Chem Eng，2016，5，p8）。

中国厦门大学的 Ye Wang 等使用一种直接将合成气转换为低级烯烃的催化剂，研究了 MeOH 合成（Zr-Zn-O）、MTO（SAPO-34）的双功能催化剂，最大得到了 69%的 C2~C4 烯烃转化率（CO 转化率 6.8%、673K）（Angew Chem Int Ed，2016，55，p4725）。

中国鲁西化工集团采用 UOP 的 MTO 技术，在山东省聊城市新建了产能 29.3 万吨/年的 ETY 及 PPY 工厂（Chem Eng，2016，1，p12）。康乃尔化学工业股份有限公司在吉林新建 UOP 法 MTO 60 万吨/年的新工厂

（日本化学工业日报，2016/04/13，p3）。

西班牙国立巴斯克大学（Univ Basque County）的 Paula Perez-Uriate 等人研究了反应条件（温度、接触时间）对使用 HZSM-5（$SiO_2/Al_2O_3 = 280$）催化剂、以 DME 为原料的烯烃生成反应的影响，并提出了实现高收率的条件（Ind & Eng Chem Res，2016，55，p6569）。

德国柏林工学院的 Gunter Wozny 等研究了流化床反应引发的甲烷氧化耦合（OCM），并正通过模型计算（CFD）来验算反应条件的影响（Ind & Eng Chem Res，2016，55，p1149）。

美国西北大学（Northwestern Univ）的 Eric Masanet 等人发表了呈多样化发展的 ETY 制造法（原料及反应层面：微波裂解，微通道，复合膜的制备及其膜蒸馏，高频传导）的能源经济性分析（Ind & Eng Chem Res，2016，55，p3493）。

印度信实工业集团（Reliance）正在印度贾姆纳格尔建设 135 万吨/年的乙烷裂解装置，于 2017 年投产。在原料方面，将整合美国进口原料、炼油厂 pXL（220 万吨/年，2016 竣工）以及 2015 年竣工的 PTA 工厂（115 万吨/年×2 系列）的连续 PET 产业链（日本化学工业日报，2016/09/13，p1）

美国 Siluria Technologies 公司（2008 年设立）以甲烷原料制 ETY（OCM）的技术得到了意大利 Maire Technimont 的资金支持，并进一步推进技术开发。在催化剂技术开发方面，与法液空实现了合作（Chem & Eng News，2016/06/06，p15）。除制乙烯催化剂及技术开发（商业规模、10 万吨/年），还在开发将 ETY 转换为液体燃料（汽油、轻油、航空煤油）的技术，并开展中试试验（Chem Business，2016/01/25～31，p16）。另外，沙特阿拉伯、中国石油（CNPC）、中国科学院大连物理化学研究所正研究使甲烷直接合成烯烃的技术实用化。他们使用的是大连物理化学研究所开发的 Fe 系催化剂（CH_4 48.1%，ETY 48.4%）（日本化学工业日报，2016/03/28，p2；特愿 2015-533419）。在石蜡及烯烃膜分离方面，美国 Compact Membrane Systems 公司开发的银粒子改性氟树脂膜获得了 ICIS 创新奖。

2.1.2　丙烯（PPY）、异丁烯生产（2015 年全世界对 PPY 的需求量为 9350 万吨）

西班牙巴斯克大学（Univ Basque）的 Paula Perez-Uriarte 等人使用

$SiO_2/Al_2O_3 = 30,80,280$ 及 HZSM-5（γ-Al_2O_3 载体）催化剂，研究了 DME 到 PPY 的转换反应（固定床、$350\sim450℃$）。$SiO_2/Al_2O_3 = 280$ 时，活性及烯烃收率良好（Ind & Eng Chem Res，2016，55，p1513）。

伊朗 Badr-e-Shargh 石化公司计划在恰巴哈尔（Chabahar）港新建世界规模的 MeOH（5000 吨/天）及 MTP 工厂（PPY 50 万吨/年），预计 2018 年投产（Chem Week，2016/02/08$\sim$15，p16）。

BASF 表示，将延期原计划在美国德克萨斯建立的甲醇制丙烯（MTP，47.5 万吨/年）项目（Chem Business，2016/06/13$\sim$19，p6）。

韩国 S-Oil 石油公司的蔚山石化装置建设正不断推进。该装置采用 JX 能源开发的高强度流化床接触分解技术（HS-FCC），是以石油精炼及 PPY 衍生物（PP、PO）为主的石油化学基地（日本化学工业日报，2016/06/02，p2）。

大连理工大学的 An-Hui Lu 等人研究了 Al_2O_3 载体的 5 配位 Al^{3+}，其能用于 PDH 反应的 Pt-Sn 群催化剂稳定化（Angew Chem Int Ed，2015，54，p13994）。

韩国科学技术院（KAIST）的 Minkee Choi 等人研究了 Pt 系丙烷脱氢（PDH）催化剂的抗烧结性（ACS Catal，doi：10.1021/acscatal.6b00329）。沙特阿拉伯领先石化公司（Advanced Petrochemical Co）及科威特萨法特（Safat）建设于韩国 SK 蔚山工厂的 PDH 装置（60 万吨/年，Lummus 技术）已投产（Chem Week，2016/07/04$\sim$11，p5）。

陶氏化学新建于德州弗里波特的 PDH 成套装置已于（PPY 75 万吨/年）2015 年 12 月投产（Chem Eng，2016，2，p12）。沙特阿拉伯领先石化（Advanced Petrochemical）的 PDH 成套装置（60 万吨/年）已开始试运行（Chem Business，2016/03/21 $\sim$ 27，p8）。美国 Ascend Performance Materials 公司计划于彭萨克拉（Pensacola），德克萨斯（Tex）建设的 PDH（100 万吨/年、UOP Oleflex 法）已经中断。BASF 于美国发表的 PDH 法 PPY 制造计划也仍在延期（日本化学工业日报，2016/05/12，p2；06/08，p3）。北欧化工（Borealis）计划在比利时卡洛（Kallo）新建 PDH 法 PPY 75 万吨/年成套装置（2016 年已有 45 万吨/年产量，新建后将保持这个数值）。采用 UOP 的 Oleflex 技术，预计于 2021 年投产（Chem Week，2016/10/03$\sim$10，p23）。

2015年，中国PDH成套装置相继投产，产量达2400万吨/年。大连恒力石化将建设CB&I Catofin法的丙烷、丁烷脱氢成套装置。预计PPY年产量30万吨、异丁烯60万吨，采用科莱恩的催化技术（Chem Week，2018/01/18，p15）。2015年上半年，中国的PPY价格为1000美元/吨，到下半年则跌至600美元/吨，持续低迷，其原因在于PDH（韩国SK）、DCC（泰国IRPC）投产，导致供给能力过剩（Chem Business，2016/04/04~10，p9）。

科威特石化工业公司（Petrochemical Industries Co）正考虑在加拿大艾伯塔州建设PDH-PP（80万吨/年）（2020年投产）。在UAE方面，北欧化工正考虑增建PDH。美国方面，恩特普赖斯（75万吨/年）、台塑（Formosa Plastics）（66万吨/年）正在建设之中（Chem Week，2016/04/18，p9；；11/21~28，p13）。

采用了提高PPA/PPY蒸馏分离塔效率的格力齐（Koch-Glitsch）SUPERFRAC塔，发挥初期性能（Chem Eng，2016，5，p80）。

异丁烯分离方面，制造*tert*-BuOH或MTBE（甲基叔丁基乙醚）中间产物。甲基叔丁基醚MTBE合成方面，使用离子交换树脂催化剂，通过液相或气相反应制MeOH。MTBE直接作为汽油添加剂使用，或作为异辛烷（Snamprogetti工艺，SP-isoether工艺、KBR-Fortum Oil Nexoctane工艺）使用。

2.1.3　C4馏分、丁二烯（BD）（2015年的BD世界需求为1500万吨）

石脑油裂解装置（ETY成套装置）会以副产物形式生产大量丁二烯（BD），而以乙烷为原料时，也能以低收率得到丁二烯（BD）。大规模ETA裂解装置生产中，美国的丁二烯（BD）供求从不足转向自给自足，南美产品可能面向亚洲出口（日本化学工业日报，2016/06/17，p12）。

美国TPC集团正推进丁二烯成套装置计划，其具备OXO-D（氧化脱氢）技术且已获得UOP的实施许可，因此可采用这一技术，但时期尚未确定（Chem Business，2016/02/01~07，p16）。德国蒂森克虏伯工业解决方案公司（Thyssenkrupp Industrial Solution AG）的M Renger等人提出了一种提高蒸汽裂解装置或（SC）FCC中产生的C4馏分的附加值的最佳利用法（Hydrocarbon Process，2016，6，p73；2016，7，p61）。

印度石油天然气公司（ONGC）旗下Petro additions Ltd（Opal）公司

的丁二烯提取成套装置（11.5 万吨/年、ETY 110 万吨/年成套装置内）已于 2016 年投产，丁二烯预计用于出口（Chem Business，2016/10/03～09，p8）。

2.1.4 异戊二烯、C5 馏分

20 世纪 70～80 年代，人们研究了以 *tert*-BuOH、MTBE、异丁烯及 H_2CO 为原料，经普林斯（Prins）反应合成异戊二烯的过程，但只有可乐丽实现了工业化。泰国朱拉隆功大学（Chulalongkorn Univ）的 P. Prasassarakich 等人由 MTBE、H_2CO 合成异戊二烯。在液相状态下合成并分解 4，4-二甲基-1，3-二氧六环，以 50% 的收率获得了异戊二烯，副产品为吡喃，采用杂多酸催化剂（Ind & Eng Chem Res，2016，55，p8933）。

珠海宝塔海港石化（广东省）新建产能 15 万吨/年的 C5 提取装置，将异戊二烯橡胶（IR）、双环戊二烯（DCPD）、石油树脂等产业化（日本化学工业日报，2016/08/25，p2）。

加拿大 Garry L. Rempel 等人通过甲基叔丁基醚（MTBE）、H_2、CO 的液相一段反应合成了异戊二烯。催化剂为杂多酸，转化率 96%，选择性 65%。3,4-二甲基-2H-吡喃为中间物。中国及俄罗斯正在研究：使异丁烯及 *tert*-BuOH 与天然气（H_2CO）发生反应，从而合成异戊二烯（Ind & Eng Chem Res，2016，55，p8933）。

2.1.5 直链 α-烯烃（LAO）

壳牌公司已开始在路易斯安那州的 Geismar 建设 α-烯烃成套装置（442.5 万吨/年，预计 2018 年投产），以润滑油、树脂、切削油、洗涤剂等为原料，总生产能力 130 万吨/年。瑞士英力士低聚物公司（Ineos Oligomers）发布计划，称将在德克萨斯州的 Chocolate Bayou 新建 42 万吨/年的大型 α-烯烃成套装置。该装置预计于 2018 年投产，完成后，该公司在世界范围内的产能将达到 100 万吨/年（Chem Eng，2016，1，p12、2016，6，p12）。

在 α-烯烃（1-BTE、1-己烯）生产方面，拥有自主工艺（AlphaButol，AlphaHexol）的法国 Axens 公司考虑到 2017 年后北美可能实施的 PE 增产计划，提出了目的生产法（日本化学工业日报，2016/03/29，p2；特开 2014-12665）。

2.1.6　乙炔

德国 BASF 于路德维希港（Ludwigshafen）新建 90000 吨/年的乙炔成套装置，产品将用作医药、树脂（1，4-BDO 等）、溶剂等 20 种衍生物的原料。2019 年竣工后将废弃旧装置（Chem Business，2019/10/03～09，p7）。

2.1.7　芳香烃

英国伦敦大学（Univ College London）的 Andrew M. Beale 等人通过 X 射线法（XRD，HERFD-XANES/XES），研究了在以 Mo-ZSM-5 为催化剂的甲烷脱氢环化中发生作用的 Mo 的化学种（MoCxOy）（Angew Chem Int Ed，2016，55，p5215）。

2.2　衍生物

2.2.1　脂肪族衍生物

（1）环氧乙烷（EO）、乙二醇（MEG）（2015 年世界需求量为 2600 万吨）

由 ETY 的气相氧化得到 EO，经过 EO 水合，蒸馏精制后得到 MEG。沙特阿拉伯及科威特已有多个 MEG 100 万吨/年以上的大型工厂投产。2015 年，中国通过煤炭化学法生产 MEG 的能力为 150 万吨/年，预计到 2019 年会增加到 300 万吨/年。

环球乙二醇（MEGlobal）公司已开始在陶氏化学德克萨斯州工厂建设 MEG 75 万吨/年的新装置。该装置采用 Dow 的 Meteor 技术，预计于 2019 年投产，由普莱克斯（Praxair）供氧（Chem Business，2016/08/15～21，p6）。亨斯迈将内奇斯港，德克萨斯的 EO 成套装置产能提高至 12 万吨/年，已于 2016 年 4 月开始运行（Chem Business，2016/03/27～04/03，p6）。埃克森美孚及沙特基础工业公司计划在美国墨西哥湾新建石化复合（ETY 180 万吨/年）装置，衍生物包括 MEG。南非萨索尔（Sasol）、乐天（Lotte）正计划生产 MEG（日本化学工业日报，2016/08/02，p2）。

壳牌石油化工有限公司中国海洋石油总公司共同在广东建设 ETY 100 万吨/年及 12 种衍生物成套装置。以 POSM 法制造 PO、SM，Omega 法制造 EO（15 万吨/年）、MEG（48 万吨/年）及多元醇（60 万吨/年）（Chem Week，2016/04/04～11，p18）。

在通过 ETY 气相氧化制造 EO 的过程中，西班牙萨拉戈萨大学（Univ Zaragoza）的 Jesus Santamaria 等开发了在非晶管状 CuO 上负载 Ag 纳米粒子（<5nm）的催化剂（共沉淀法），并与工业催化剂（Ag：100～200nm）进行比较，发现在 200～225℃的低温下添加 1，2-EDC $4×10^{-6}$ 时，可高效率（活性、选择性）生成 EO（Angew Chem Int Ed，2016，55，p11158）。

山东华鲁恒升化工有限公司将新建使用合成气法的 MEG 50 万吨/年装置。该公司使用合成气法的 5 万吨/年装置已于 2011 年投产，并正通过自主煤炭气化技术迈向大型化，预计于 2018 年投产（日本化学工业日报，2016/05/27，p2）。对于用 DMO（草酸二甲酯）法制造 MEG，天津大学的 Xin Gao 等人提出了与 1，2-丁二醇共沸的问题，并研究了与乙醛（AcH）缩醛化、蒸馏的方法（Ind & Eng Chem Res，2016，55，p9994）。

印度瑞来斯实业公司在贾姆讷格尔县，古吉拉特邦新建的 MEG 75 万吨/年的成套装置，于 2017 年投产（Chem Business，2016/03/14～20，p8）。

乙醇胺类（MEA，DEA，TEA）可通过 EO、NH_3 的反应获得。在 NH_3 过剩条件下反应，过剩成分与 H_2O 一起分离回收（Chem Business，2016/05/16～22，p34）。

（2）乙醛（AcH）

美国弗吉尼亚大学的 Robert J. Davis 等人通过 TiO_2、HAP（羟基磷灰石）、MgO 这三种催化剂比较了 AcH 的羟醛缩合。在固定床、533～633K、220kPa 的条件下，生成丁烯醛、H_2O。测定了动力学同位素效应、EtOH 等反应（ACS Catal，2016，6，p3193）。

（3）醋酸

采用 MeOH 羰基化的孟山都公司、英国石油公司（BP）Cativa 催化法、塞拉尼斯公司（Celanese）AO Plus（酸优化法）等工艺最常用。BASF 在 1913 年发现了 MeOH/CO 反应，于 1960 年将其工业化（CoI_2 催化剂），但这种方法已经完全被 Rh、Ir 催化剂法取代。Chiyoda Acetica 工艺也正在开发中。英国石油公司的沸石催化剂羟基化（SaaBre）法的工业化引人注目。部分采用了 Wacker 法乙醛氧化。

以中国为中心，醋酸市场持续供给过剩。通过改良技术、削减原料成本，2015 年塞拉尼斯的制造成本比 2012 年减少了 17%，并将德克萨斯州的产能从 135 万吨/年提高到 150 万吨/年以上（日本化学工业日报，2016/04/01，p1）。

中国台湾长春集团以装置内生成的 CO_2 为原料制造醋酸（69 万吨/年）原

料 CO，不足的 CO_2 则从 FPC 购买（日本化学工业日报，2016/10/12，p2）。

（4）醋酸乙酯（Etac）、醋酸丁酯（Butac）

通过醋酸、EtOH 的反应（硫酸催化剂等）合成醋酸乙酯，通过蒸馏共沸混合物的蒸馏塔组合精制醋酸乙酯。乙醛缩合法（烷氧基催化剂）仍在沿用，中国、南亚等地采用 ETY 原料法（Chem Business，2016/02/18-24，p32）。

在由反应蒸馏法制造 Etac 的过程中，中国天津大学的 Hui Ding 等人研究了微波（MW）加热法。用 MW 加热填充塔中部的原料供给及 RIE 催化剂反应部分（Ind & Eng Chem Res，2016，55，p1590）。国立台湾大学的 Cheng-Liang Chen 等人对结合了反应蒸馏及浸透气化膜的液相酯化进行了研究（Ind & Eng Chem Res，2016，55，p5802）。

英国英力士集团（Ineos Group）将英国赫尔的醋酸乙酯产能增加到 10 万吨/年（总产能 34.5 万吨/年），以页岩气为原料（Chem Business，2016/07/11～24，p6）。

（5）醋酸乙烯单体（VAM）等

VAM 是通过 ETY 气相氧化乙酰氧基化反应合成的。通常使用的条件为：固定床多管反应器、载 Pd 催化剂、175～200℃、0.5～0.9MPa。英力士（Ineos）开发并使用流化床反应法（LEAP），塞拉尼斯（Celanese）开发并采用 V Antage 法。普莱克斯（Praxair）提出了一种反应法，这种方法使用纯氧减少催化剂损失，提高选择性。伊士曼化工（Eastman Chemical）已经开发了液相三段法（95％收率），这种方法仅以 AcOH 为原料（Chem Business，2016/11/21～27，p31）。

（6）氯乙烯单体（VCM）、二氯乙烯（EDC）（VCM 的世界需求量为 4100 万吨/年）

EDC 是通过 ETY 的直接氯化（DC）、氧氯化（OC）制造的，多用作 VCM 的原料。DC 方面，德国 Vinnolit 旗下的 VinTec 正在开发高温氯化法（Chem Business，2016/06/06～12，p33）。

美国西湖化学公司（Westlake Chemical Corp）收购了埃克赛尔公司，PVC 产能上升至 200 万吨/年（北美第二）（Chem Week，2016/08/29～09/05，p9）。

瑞士苏黎世联邦理工学院的 Javier Oerez-Ramirez 等发现，在以 CeO_2

为催化剂的乙烯（ETY）、HCl 的 OC 中，同时发生 EDC 的脱 HCl，并生成 VCM。573K 时的主要生成物为 EDC、723K 以上则 VCM 为主产物（Angew Chem Int Ed，2016，55，p3068）。

中国多以乙炔为原料生产 VCM，但如今原油价格下跌，其竞争力减弱。有报告预测了原油价格走势，并比较了这种方法与乙烷法和石脑油法的前景（Chem Business，2016/05/30～06/05，p30）。

墨西哥 PMV（墨西哥化工公司集团）的 VCM 工厂发生了爆炸事故。事故时间为 2016 年 4 月 20 日，32 人死亡，100 人以上负伤（Chem Business，2016/05/09～15，p17）。

（7）异丙醇

异丙醇是通过炼油厂等级的 PPY 水和（硫酸催化剂，间接法）或化学纯度 PPY 的水和（液相 RIE 催化剂、磷钨酸催化剂、气相水和法等，直接法）制造的。陶氏化学（Dow Chemical）、埃克森美孚（ExxonMobil）等企业属于巨头厂商，法国 Novapex、日本三井化学等则采用丙酮氢化法（小规模）（Chem Business，2016/03/21～27，p34）。

（8）环氧丙烷（PO）、烯烃环氧化

荷兰立安德巴塞尔工业公司（LyondellBasell）计划在美国休斯顿新建 PO 45 万吨/年的世界最大 PO-TBA 成套装置，并向沃利帕森斯集团（WorleyParsons）下了订单。还将同时生产 TBA（90 万吨/年）（Chem Eng，2016，3，p14）。

泰国 PTTGC（PTT 全球化工）新建了计划中的 PO 装置（与丰田通商合资，20 万吨/年），采用住友化学的异丙苯 HPO 氧化法（日本化学工业日报，2016/04/11，p2）。

中国江苏恰达化学将新建 PO 15 万吨/年的装置（1 期，总计 35 万吨/年），同时也将建设 H_2O_2 11 万吨/年的装置（日本化学工业日报，2016/10/18，p2）。

MPG 是通过 PO 水和制造的，和制造 MEG 时一样，也会产生 DPG、TPG 等副产品。业界开发了从甘油等可再生原料中制造 MPG 的方法，2008 年国际生物有限公司（香港）将其工业化，2011 年阿彻丹尼尔斯米德兰公司将其工业化（Chem Business，2016/05/02～08，p34；US2015-0152031）。

美国 Novomer 开发了一种制造丁二酸酐的技术，即在 CO 环化加成产

生 β-丙内酯后再次环化加成 CO；此处的丁二酸酐是 PO 的衍生物。丁二酸酐这一中间物可演变为丙烯酸、1，4-BDO 等衍生物（Chem & Eng News，2016/11/21，p29）。

（9）丙二醇（MPG）、碳酸丙烯酯

有 MPGI（工业级）、UPR（不饱和聚酯树脂）这两种。它们都是通过 PO 水和合成的，和 EO 水和一样，副产物为 DPG、TPG 等（Chem Business，2016/10/24～30，p47）。

沙特阿美石油公司（Saudi）于 2013 年收购了美国 Novomer，正计划采用其 Converg 工艺生产聚碳酸酯二醇（PO＋CO_2，M_w 为 1000）（Chem Week，2016/11/14，p17）。

（10）丙烯腈（AN，2015 年的世界需求量为 557 万吨）

AN 是通过丙烯或丙烷的氨氧化生产的。原料为纤维、树脂、弹性体及丙烯酰胺（AAM）、己二腈（ADN）（Chem Business，2016/02/15～21，p30）。

2013 年，英力士集团和天津渤海化工集团共同订立了中国天津 AN 计划，而由于爆炸事故的影响，该计划延期，目前仍未重启（Chem Week，2016/09/19～26，p16）。

（11）丙烯酰胺（AAm）

BASF 与英国哈德斯菲尔德大学等共同开发了生物法 AAm 制法（AN 水和），2014 年在美国萨福克（Suffolk）、弗吉尼亚新建工厂，其后又于英国布拉德福德（Bradford）新建工厂，同时还生产 PAAm 聚合物（日本化学工业日报，2014/04/19，p2；WO2016/050819）。美国索里斯（Solenis）将在俄罗斯新建制造 PAAm 粉末的成套装置（Chem Eng，2016，3，p14；WO2016/050816-2016/050819）。

印度 Black Rose Industries Ltd 公司是南亚唯一的 AAm 制造商，于 2013 年投产，到 2016 年，产能已增至 20000 吨/年（日本化学工业日报，2016/03/14，p2）。法国 SNF（PAAm 产量为世界第一）于中国江苏省新建了工厂，将于 2018 年开始生产水溶性聚合物及表面活性剂（日本化学工业日报，2016/10/25，p2）。

（12）丙烯酸及丙烯酸衍生物

丙烯酸是通过丙烯（化学纯度）的气相氧化法制造的，也有人研究以醋酸、甘油等为原料的制造法（Chem Eng，2016，2，p36）。

在全世界发展丙烯酸产业的阿科玛（Arkema）收购了中国泰兴市升科化工（2012 成立）的产业（80000 吨/年）（Chem Business，2016/05/16～22，p8，p10）。

芬兰于韦斯屈莱大学的 K. Honkala 等通过 DFT 计算法，研究了丙烯醛在 Pd 及 Pt 催化剂（111）下的加氢选择性（一般会生成 1-丙醛）（Angew Chem Int Ed，2016，55，p1670）。

（13）氯甲基环氧乙烷（ECH）

迄今为止，ECH 是以 PPY（聚吡咯）、氯为原料，以烯丙基氯为过程产物，通过环氧化（氯醇法）制造的，但以丙烯醇及甘油为原料的新方法也正在开发之中。在中国，通过甘油法生产的 ECH 达到了总产量的 1/3（Chem Business，2016/04/18～24，p30）。

（14）丙酮、甲基异丁基酮（MIBK）

83％的丙酮是通过异丙苯法制造苯酚时的副产物（Chem Business，2016/01/25～31，p38）。

（15）氧代衍生物

丁醛（n-/iso-BD）、丁醇（n-/iso-BuOH）、二乙基己醇（2-EH）等氧代制品（增塑剂原料）是通过 PPY 的氢甲酰化反应、羟醛缩合和脱水及氢化制造的。除前一段落所述的戴维 LP-Oxo 法（70％）之外，还有多个 Co、Rh 配合物催化剂法正在开发之中（Chem Business，2016/03/14～20，p33，）。2-EH 的巨头厂商有德国 Oxea、美国伊士曼化工（Eastman Chemical）、美国 BASF 以及中国厂商；产物多用作增塑剂（DOP、DOTP、TOTM、DOA 等）原料（Chem Business，2016/07/04～10，p34）。

大连化学物理研究所的 Tao Zhang 发现，负载于 ZnO 上的单原子 Rh（负载量 0.006％）经过烯烃氢甲酰化后，将拥有和 $RhCl(PPh)_3$ 相同的催化剂活性（Angew Chem Int Ed，2016，55，p16054）。

德国柏林工业大学的 Markus Illner 等研究了长链烯在微型乳剂（水/油/表面活性剂）中的氢甲酰化反应。小型装置也进行了 200h 的流通测试（Ind & Eng Chem Res，2016，55，p8616）。

在 n-丁二烯向 2-EH 转换的过程中，中国河北工业大学的 Xinqiang Zhao 等人研究了一段进行羟醛缩合及氢化的方法。同时使用 γ-Al_2O_3（缩合）及 Ni/La-Al_2O_3（氢化）催化剂，在 180℃、4MPa H_2 的条件下得到了

100％转化率、67.0％选择性（Ind & Eng Chem Res，2016，55，p6293）。

BASF 投资集中于墨西哥湾地区，正在研究以甲烷为原料的 PPY 生产（MTP）和 PPY 产业强化，并将 2-PH（异癸醇）装置转换为了 2-EH。Celanese 也正协同三井物产加强 MeOH 生产及开发乙酰产业。

（16）甲基丙烯酸、甲基丙烯酸甲酯（MMA）衍生物

20 世纪 30 年代已通过 ACH（丙酮氰醇）法开始生产 MMA，该技术沿用至今。迄今为止，还开发了 Lucite Alpha 工艺、异丁烯气相氧化法、改良 ACH 法等不会生成硫胺这一副产物的工艺（Chem Business，2016/04/25～05/01，p32）。

三菱人造丝在中东设立的 MMA 成套装置是该地区第一套此类装置（与沙特基础工业公司合资，25 万吨/年），于 2017 年投产。住友化学也在佩特罗拉比新建了 MMA 9 万吨/年的装置，于 2017 年投产。汽车及建筑领域的市场动态引人注目（Chem Business，2016/08/22～09/04，p24）。

上海华谊集团新建了 MMA 5 万吨/年的装置，采用异丁烯法及自有技术。其已进行 2000 吨/年规模的中试试验，并在 2017 年与山东玉皇集团合资建设 50000 吨/年规模的商业装置，同时，还将考虑二期工程（南京诺奥新材料有限公司）。万华化学也在山东省新建了采用异丁烯法的 MMA 装置，以及聚甲基丙烯酸甲酯（PMMA）8 万吨/年的装置（日本化学工业日报，2016/05/24，p2；08/22，p2）。

德国卡尔斯鲁厄理工学院的 Kraushaar Czarnetzki 等在中试试验中研究了用于制造甲基丙烯的杂多酸催化剂（$Cs_1 Mo_{12} P_{1.5} V_{0.5} Sb_1 O_x$）的稳定性（Ind & Eng Chem Res，2016，55，p8509）。

（17）无水马来酸

无水马来酸是通过正丁烷及苯的气相氧化法生产的，丁烷经济性更佳（Chem Business，2016/08/22～09/04，p30）。氧化使用固定床多管式或流化床反应器，通过生成熔盐或水蒸气除热。在溶剂吸收、蒸馏精制后得到成品（Chem Business，2016/03/28～04/03，p35）。

新建无水马来酸 4.5 万吨/年的装置时，俄罗斯西布尔（Sibur）公司引入了意大利 Conse 公司的技术（日本化学工业日报，2016/10/18，p2）。

（18）1,4-丁二醇（BDO）、γ-丁内酯（GBL）、THF 衍生物

1,4-BDO 生产方面，已开发并利用了 Reppe 法、LyondellBasell-

Kuraray（PO原料）法、马来酸酐氢化法（英国石油公司－Lurgi Geminox 法）、丁二烯法等多种技术，生物质法（琥珀酸氢化等）生产也已开始（Chem Business，2016/06/25～31，p39）。

英威达（Invista）已许可中国新疆蓝山屯河化工股份有限公司使用 PTMEG（聚四氢呋喃）制造技术。2016年4月，采用这一技术的屯河化工 46000吨/年装置投产（Chem & Eng News，2016/05/09，p12）。BASF 与新疆美克化工股份合作后，1，4-BDO（10万吨/年）、PTMEG 新装置（5 万吨/年）也竣工投产，加上现有的上海及韩国蔚山工厂，BASF 在全世界的 PTMEG 产能已达35万吨/年（日本化学工业日报，2016/07/11，p2）。

2011年，ISP（领先特品公司）收购美国 Ashland（亚什兰集团公司），后者就此加入1，4-BDO 产业（Reppe 法、丁烷法），但目前正在考虑出售该业务（Chem & Eng News，2016/11/21，p12）。通过乙烯基取代环状碳酸盐（环氧丁烯-1＋CO_2 加成）的异构化，西班牙 Barcelona Inst Sci Techmol 公司的 Arjan W Kleij 等合成了2-丁烯-1,4-二醇（1,4-BDO 中间体，有机合成原料）（Angew Chem Int Ed，2016，55，p11037）。

（19）己二酸、己二腈（ADN）

通过毛细管微型反应器，荷兰埃茵霍芬理工大学的 Volker Hessel 等研究了环己烯的 H_2O_2 氧化（70～115℃，7MPa）和己二酸合成（Ind & Eng Chem Res，2016，55，p2669）。

中国湘潭大学的 He'an Luo 等人使用固体催化剂（NiAl-VPO/MCM-41）及 NO_2 氧化剂（摩尔比1～10、当量比2.5、实验多用5倍摩尔比）进行氧化（80℃，24h），选择性地由环己烷制造了己二酸（65.1%转化率、85.3%选择性），主要副产物是硝基环乙烷（Ind & Eng Chem Res，2016，55，p3729）。

2016年7月起，法国 Butachimie（英威达和索尔维的合资公司）开始在沙拉普（Chalampe）工厂使用丁二烯法生产 ADN（Chem Business，2016/07/11～24，p7）。

（20）己内酰胺（CL、2015年的世界需求量为490万吨）、己二胺（HMD，HDI）

在肟的气相 Beckmannn 反应中，荷兰 DSM 化学技术研发中心的 M. M. Maronna 等使用 NbO_x/SiO_2 催化剂研究了固定床反应（360～420℃）

（Ind & Eng Chem Res，2016，55，p1202）。

2015 年，中国的己内酰胺产量达到 183.5 万吨/年（同比增加 21%），但仍在继续进口。多个新建、增建计划（2016 年、70 万吨/年）得到重新审视，中国平煤神马集团（河南省）、兰化、阳煤（山西省）、恒逸（南京）投产（日本化学工业日报，2016/12/21，p11）。为缓和供求矛盾，中国出现了新建、增建 CL 装置的爆炸性发展趋势（2017 年后投产），另一方面，德国 BASF（50 万吨/年减至 40 万吨/年）、荷兰 Fibrant（帝斯曼及 CVC 的子公司，美国 25 万吨/年装置停运）则宣布将削减产能。各厂商都将转型为 PA6 生产（日本石油化学新闻，2016/09/19，p3）。

科思创（Covestro）于中国上海增建 HDI，产能为 8 万吨/年（世界第一）。采用气相光气化（GPP）法，争取实现节能（日本化学工业日报，2016/07/11，p2）。Invista 于上海开始了 21.5 万吨/年的 HMD 生产。己二腈 30 万吨/年、PA66 15 万吨/年的装置也正在建设中（Chem Week，2015/05/16～23，p5）。中国万华化学于 2017 年提升宁波市 HDI 装置产能，从 1.5 万吨/年提高到 5 万吨/年（日本化学工业日报，2016/07/27，p3）。

（21）异佛尔酮、异佛尔酮二胺（IPDA）

北京化工大学的 Chunxi Li 等人提出，在以丙酮为原料的异佛尔酮合成中，可使用 CaC_2 作为催化剂。在水的作用下会生成乙炔及 $Ca(OH)_2$，后者成为丙酮缩合催化剂，由此生成异佛尔酮。在 150℃下进行反应时，收率为 21.3%（Ind & Eng Chem Res，2016，55，p5257）。

（22）其他

英国格拉斯哥大学的 S. David Jackson 等以 Pt/Al_2O_3 为催化剂，研究了 C4 不饱和腈类的液相加氢（Ind & Eng Chem Res，2016，55，p1843）。

美国西北大学的 Tobin J. Marks 等以载 Zr 配合物（Cp*Zr(H)Bz/ZrS；$ZrS＝ZrO_2-SO_3$）为催化剂，在二甲苯（XL）的氢化中得到了 cis 型环己烷（CHX）（Angew Chem Int Ed，2016，55，p5263）。

南非萨索尔公司正在美国莱克查尔斯开展以页岩气为原料的石化项目（LCCP、150 万吨/年），其中 ETY 的 50%、20% 分别用于 PE 及 EO-EG 生产，30% 用于 Ziegler-Alfol 合成（Karl Ziegler，1955），以及盖尔贝（Guerbet）反应下的长链醇生产（Chem Business，2016/09/05～11，p5）。

2.2.2 芳香族衍生物

（1）苯（BZ）

含苯的芳香族六氯乙烷（HC），是通过石脑油、瓦斯油、气体凝析油等物质的催化重整及蒸汽裂解（制烯烃）中作为副产物生成的裂解汽油制造（提取＋精密精馏）的。也有机构采用甲苯歧化（同时生成 TDP、STDP、p-XL）、氢化脱烷基（HDA）等方法，但 HDA 的采用正在减少（Chem Business，2016/02/15～21，p31）。2015 年，全世界的苯需求量约为 4500 万吨/年，据推测，到 2019 年，这个数字将扩大到 5200 万吨/年，其中四成需求来自美国及中国（日经产业新闻，2016/04/12，p17）。亚洲（印度、中国、韩国等）、中东（沙特阿拉伯）正相继新建、增建装置（日本化学工业日报，2016/09/08，p11）。

荷兰埃茵霍芬理工大学的 Emiel J. M. Hensen 等在甲烷的脱氢芳香化（5％Mo/ZSM-5 催化剂）中导入 O_2 脉冲，研究了选择性焙烧、去除焦炭的方法（Angew Chem Int Ed，2016，55，p15086）。

印度信实工业集团（Reliance）在 Jamnagar 炼油厂导入了苯回收装置。该装置符合 US EPA 2011 规制，汽油中的苯在 0.62％以下，采用印度石油研究所（Indian Inst Petroleum）开发的技术（日本化学工业日报，2016/06/23，p2；特表 2015-524509）。

（2）甲苯

甲苯制法（石脑油分解、催化重整）同苯、二甲苯。

（3）二甲苯（XL）（2015 年世界需求量为 4200 万吨，p-XL 为 3670 万吨）

p-XL 是通过石脑油分解气（Pygas）、重整提取、XL 异构体的异构化及 TL（甲苯）歧化等方法制造的。使用 MeOH 的 TL 烷基化、生物质法的开发引人注目。97％的 p-XL 都用于高纯度对苯二酸（PTA），中国是最大的进口国（75～80 万吨/月）。PTA 是纤维（65％）、树脂（30％）的原料（Chem Business，2016/05/02～08，p24）。

英国石油公司与科威特石油公司（KPC）就石化产业达成合作，为 KPC 的 p-XL 产业计划提供技术支持（Chem Business，2016/04/04～10，p8）。

西班牙石油公司（CEPSA）将增产 m-XL，规模 7 万吨/年，以泰国因多拉玛公司（IVL）的间苯二甲酸为原料（Chem & Eng News，2016/08/22，p15）。三菱瓦斯化学也将水岛的 m-XL 产能增加了 70000 吨/年，未来应将增产间苯二甲酸（Chem & Eng News，2016/08/22，p15）。

美国乔治亚理工学院的 Ryan Lively 及埃克森美孚公司使用由中空纤维膜制造的分子筛碳膜，采用反渗透（OSRO）法，成功分离了 p-XL（Chem Eng，2016，10，p7）。

（4）高纯度对苯二酸（PTA）（2016 年，亚洲的 PTA 产能为 5590 万吨）

印度信诚工业集团在达黑（Dahej）投产了 115 万吨/年的 PTA 装置，相同规模的装置已于 2015 年投产（Chem Week，2016/01/25～02/01，p15）。

泰国因多拉玛公司（PET 树脂产能世界第一）收购了英国石油公司的美国迪凯特（阿拉斯加州）的 PTA、p-XL 装置（p-XL 110 万吨/年、PTA 110 万吨/年）。美国产业加强后，其得到了迪凯特的 PET 树脂（44 万吨/年）装置，确保了正在建设的第二工厂的原料。MEG 方面，收购了美国 Old World Industries 的克利尔莱克工厂（2012），PTA 方面，收购了西班牙石油公司的加拿大蒙特利尔工厂，以及西班牙的 PTA、PIA、PET 装置（日本经济新闻，2016/01/08，p1；Chem Week，2016/04/18，p17）。

中国方面，新疆蓝山屯河化工计划新建 PTA 120 万吨/年的装置，PET、PBS、PBT 也有相应计划，还将进入聚酯产业（日本化学工业日报，2016/06/27，p2）。汉邦石化于中国江苏省新建的 PTA 220 万吨/年超大型装置已开始试运行。60 万吨/年的装置已在运行之中（Chem Business，2016/02/01～07，p8）。2012 年，中国 PTA 进口量为 537 万吨/年，到 2015 年，已减少至 51.6 万吨/年。

（5）邻苯二甲酸酐（PA）

邻苯二甲酸酐是通过萘（NL）、o-XL 的气相氧化制造的。全世界有 16％的装置采用 NL 原料法，美国则 100％采用 o-XL 原料法。催化剂寿命为 3 年，性能逐渐提高。空气比（重量比 9.5）降低，不断实现节能化（Chem Business，2016/06/20～26，p34）。

（6）苯乙烯单体（SM）（2015 年的世界需求量为 2800 万吨、产能为 3250 万吨）

BZ、ETY 烷基化可得 EB，EB 脱氢得到 SM。PO/SM 法也生成 SM，欧洲使用这两种工艺的比率为 55：45，美国则仅有利安德巴赛尔

(LyondellBasell)。中国正持续增产 SM。2016 年有 6 家企业投产,规模达 126 万吨/年。2017 年,SP 化学、常州东化工（30 万吨/年）、宁波大榭石化（28 万吨/年）等公司的 66 万吨/年装置投产（Chem Business,2016/10/03～09,p31、10/31～11/13,p27）。EB 脱氢方面,德国科莱恩新开发的催化剂 StyroMax UL-3 问世。这种催化剂活性、选择性（＋0.5％）、H_2O/EB（SHR）比优秀,2016 年用于中国台湾 GPCC 的装置（Chem Eng,2016,55,12,p8）。

(7) 苯酚（PhOH,2015 年的世界产能为 1200 万吨）、双酚 A（BPA）

大多 PhOH 是通过异丙苯法合成的,因副产丙酮（AT）评价很高,被认为是最优制法（Chem Business,2016/07/04～10,p35）。世界市场处于供给过剩状态,而亚洲仍在继续新建、增建装置。2015 年,中国完成 3 处 80 万吨/年的装置。2016 年,泰国及韩国建成 2 处 55 万吨/年装置、沙特阿拉伯拉比格石化（Petro Rabigh）的 27.5 万吨/年装置投产,英力士在中国南京的 40 万吨/年装置也即将投产。BPA/PC（占需求总量的 50％以上）、苯酚树脂（同 30％）及环乙酮方面的用量正不断增加（日本化学工业日报,2016/12/08,p2）。

伊朗德黑兰大学的 Alireza Badiei 等在介孔二氧化硅 SBA-16 上负载 Fe,以此为催化剂（10％Fe/SBA-16）研究了通过 BZ 的 H_2O_2 氧化制造 PhOH（45～80℃,8h）反应。BZ 转化率 12.1％、PhOH 选择性 96.4％（Ind & Eng Chem Res,2016,55,p3900）。

双酚基丙烷（BPA）是通过 PhOH、AT 的缩合制造的。使用酸催化剂（HCl、RIE）及硫醇助催化剂,进行水洗、中和、减压蒸馏精制。最新工艺是通过蒸馏、加压下的结晶化进行精制（Chem Business,2016/02/22～03/06,p43）。

(8) 芳香族胺、二胺

Chem Eng 介绍了硝基苯的液相加氢合成苯胺的工艺（Chem Eng,2016,3,p48）。新加坡国立大学（National Univ Singapore）的 Ning Yan 等开发了一种催化剂,这种催化剂是在磷钼酸（$H_3PMo_{12}O_{40}$）（活性炭载体）上负载 Pd 原子而成的,同时,他们在 $Ph-NO_2$,$PH-CH=CH_2$ 氢化等模型反应中研究了单一原子催化剂（SACs）。使用 Pd/AC 催化剂时,副产物有 Ph-NO 及 Ph-NHOH,而使用 $Pd/PMo_{12}/AC$ 催化剂时,副产物只有

Ph-NH$_2$（Angew Chem Int Ed，2016，55，p8319）。

美国加州大学圣塔芭芭拉分校的 Bruce H Lipshutz 等提出，在水溶液中硝基芳香族化合物加氢（常温）时，可使用微量 Pd（80×10^{-6}）改性过的 Fe 作为催化剂（Angew Chem Int Ed，2016，55，p8979）。

科聚亚将扩大意大利拉蒂纳（Latina）的无 MBOCA［4，4'-亚甲基-双（2-氯苯胺）］聚氨酯弹性体的生产规模。根据欧洲 REACH 法规，自 2017 年起，其被列为禁止使用对象（Chem & Eng News，2016/04/18，p15）。

（9）芳香族二异氰酸酯（TDI，MDI）

2015 年，全球 TDI（甲苯二异氰酸酯）、MDI（二苯基甲烷二异氰酸酯）的需求量分别约为 300 万吨/年、600 万吨/年，生产 MDI 时减压蒸馏所生成产物的比例为聚合 MDI 70％～80％、单体 MDI 20％～30％。世界第一的 MDI 厂商为中国万华化学。除 MDI 206 万吨/年之外，万华化学还经营 TDI、脂肪族二异氰酸酯、聚醚多元醇（PTMEG）等多种聚氨酯原料。万华化学于 2016 年 3 月开始运行 IPDI 装置，而 2016 年 9 月，MDI 装置发生爆炸事故（Chem & Eng News，2016/05/23，p24、10/03，p14；日本化学工业日报，2016/08/03，p9）。

BASF 于路德维西港（Ludwigshafen）工厂新建 30 万吨/年的 TDI 装置（30 万吨/年），已投产。该计划是于 2011 年发表的。光气化反应过程，BASF 未公布是否采用 Bayer 自 2013 年沿用至今的气相法，但提出了气相（WO2014/09011）、液相（WO2015/162106）、碳酸酯法（WO2008/031755）等专利申请（Chem Business，2016/05/23～29，p6），且正计划在美国路易斯安那州 Geismer 新建 MDI 60 万吨/年装置（Chem & Eng News，2016/11/21，p14）。

科思创将布隆斯比特的 TDI 装置转换为 MDI 并大幅增产至 40 万吨/年，该装置将于 2018 年年末投产。同时，还将关闭塔拉戈纳的 17 万吨/年装置（Chem Business，2016/09/12～18，p34）。

印度 GNF 的 TDI 工厂发生光气泄漏事故，4 人死亡，13 人受伤。2014 年也发生过同样的事故（日本化学工业日报，2016/11/08，p2）。

2.2.3　高分子合成

以汽车、电气及电子产品为中心，工程塑料（ABS、PBT、PC、PA等）的需求量正不断扩大；针对这一情况，Chem Week 刊登了相关专题介绍（Chem Week，2016/03/21～28，p19）。

（1）聚烯烃（PO）

2015 年，世界 PE、PP 年产量分别为 10160 万吨/年、7200 万吨/年。沙特基础工业公司/韩国 SK 全球化工的合资公司开发了 Nexlene PE（茂金属催化剂）工艺、雪佛龙·菲利普斯化工（Chevron Phillips Chemical）开发了 MarTech PE 工艺等，如今正处于新技术开发阶段。开发茂金属催化剂法的 Nexlene 将和陶氏化学、埃克森美孚、三井化学进行技术竞争（Chem Business，2016/10/03～10，p27）。

LLDPE（线型低密度聚乙烯）是 α-烯烃（1-丁烯，1-己烯，1-辛烯）和 ETY 的共聚物，密度类似 LDPE（低密度聚乙烯），直链性类似 HDPE（高密度聚乙烯）。制作工艺有溶液、浆态及气相聚合，气相法工艺代表有 Unipol、Innovene G（Chem Eng，2016，7，p34）。HDPE 方面，开发了浆态、溶液及气相法，并正局部进行 LLDPE 的转换生产。使用茂金属催化剂，通过浆液循环反应也可得到 LLDPE。LDPE 方面，采用搅拌槽及管式反应器的方法逐渐取代了高压釜法，此外，与 VAM 等极性单体共聚物的联产方法也同时被采用（Chem Business，2016/06/27～07/03，p39；07/25～31，p119）。

Ziegler-Natta 催化剂（$MgCl_2$-$TiCl_4$-DBP-$AlEt_3$-$R_2Si(OMe)_2$）法已发现 60 年，而意大利那不勒斯费德里克二世大学的 V. Busico 等指出，需要弄清使用这种催化剂的等规 PP 合成的反应机理，并通过 HTE 法进行研究（Ind & Eng Chem Res，2016，55，p2686）。在 PE 聚合中，意大利都灵大学的 Elena Gruppo 等研究了 Ziegler 系 Ti^{3+}-Al^{3+}/Cl-δ-Al_2O_3 双功能催化剂。负载 $TiCl_4$、通过 H_2 还原活化。并且确认到，没有共聚单体时，生成分枝型 PE（M_p 为 195000，$T_m = 128℃$）（Angew Chem Int Ed，2016，55，p11203）。

美国埃克森美孚在休斯顿使用茂金属催化法生产的新 PE（Exceed XP）开始进入中国市场。这种 PE 的抗弯曲疲劳性能优异，熔融张力、密封性、刚性较好，膜性能也有所提高。同时还正考虑在博波蒙特镇、德克萨斯（Beaumont，Tex）新建 65 万吨/年的装置（日本化学工业日报，2016/05/09，p2；Chem Week，2016/11/21～28，p4）。

美国雪佛龙菲利浦斯化学公司（Chevron Phillips Chemical）开始中试

装置测试，以评估 MarTech（Loop Slurry Reactor process；SL，ADL）法 PE 的催化剂及聚合物（Chem Week，2016/08/01～08，p4）。

陶氏化学公司开发了韧性、刚性俱佳的 LLDPE（Innate），在欧洲及美国两处基地生产。通过 High-throughput 法开发了催化剂（Chem Eng，2016，1，p9）。

利安德巴塞尔工业公司（LyondellBasell）决定在美国墨西哥湾投资以乙烷为原料的石化项目，且在 HDPE（50 万吨/年）装置初次采用了自主开发的 Hyperzone 技术（抗裂性、冲击强度、刚性取得良好平衡），预计于 2019 年投产。美国方面，英力士/萨索尔（Sasol）达成合并，于 2017 年建设埃克森美孚、雪佛龙菲利浦斯的 HDPE 新装置（日本化学工业日报，2016/08/02，p2）。

巴西布拉斯科公司与墨西哥英力士公司合并（75/25）建立墨西哥乙烯 XXI 项目，105 万吨/年的 ETY、75 万吨/年的 HDPE、30 万吨/年的 LDPE 于 2016 年投产，同时 PP 也预定开工（Chem Business，2016/05/02～08，p28）。布拉斯科公司预计依靠自主技术，在美国拉波特，德克萨斯州将超高分子量 PE 产业化（Chem Week，2016/10/24～31，p11）。

塞拉尼斯（Celanese）将超高分子量 PE（UHMW-PE）的产能提高至 38000 吨/年，以此满足蓄电池隔板、医疗、过滤膜等领域增长的需求（日本化学工业日报，2016/01/07，p2）。

聚丙烯（PP）制造技术方面，Montecatini/Himont（现 LyondellBasell）于 1982 年开发的 Spheripol 工艺和北欧化工（Borealis）于 19 世纪 90 年代开发的 Borstar 工艺都属于本体聚合，将向 PPY 溶剂转换。为改善物性，气相聚合、循环型（流动层、移动层）反应等聚合技术及催化技术也有所进步（Chem Business，2016/04/04～10，p33）。除英力士（INEOS，Innovene gas-phase）、利安德巴塞尔工业公司（LyondellBasell，Spheripol）、北欧化工（Borealis，Borstar）之外，还采用了流化床、使用多区循环反应器工艺。2013 年，W. R. Grace（格雷斯公司）收购了陶氏化学（Dow Chemical）的 Unipol 气相法，正逐步转换为茂金属催化剂法（Chem Business，2016/01/18～24，p33，08/15～21，p50）。沙特基础工业公司在荷兰赫伦（Geleen）建设了气相流化床法这一新 PP 技术的中试测试装置，于 2017 年 3 月开始测试（Chem Business，2016/11/21～27，p6）。

玻利维亚发表了该国首个 PP 生产计划（25 万吨/年），通过 PPA 脱氢制造 PPY，聚合则采用利安德巴塞尔工业公司的 Spheripol 法（Chem & Eng News，2016/06/06，p14）。

俄罗斯西布尔（SIBUR）正在研究 Zapsibneftekhim 石化项目，该项目预计在 2020 年前实现 200 万吨/年的 PE、PP 能力，提供给国内及周边各国（Chem Business，2016/05/02～08，p15）。

（2）PVA，EVA，PVOH，EVOH（EVA 的世界产能为 469 万吨/年、需求为 311 万吨/年）

塞拉尼斯和中国台湾长春集团的醋酸乙烯-醋酸乙酯乙烯共聚物（EVA）乳剂相继在新加坡投产，用于低 VOC 涂料及黏合剂等（日本化学工业日报，2016/06/02，p2）。

EVA 之中，VAm（醋酸乙烯单体）18％用作运动鞋鞋底，28％～33％品用于制造 PV 面板，通过用于 LDPE 生产的管状反应器或高压釜反应器制造（Chem Business，2016/06/13～19，p35）。

可乐丽计划提高帕萨迪纳（德克萨斯）工厂的 EVOH（乙烯-乙烯醇共聚物）产能，增加 11000 吨/年，达到 58000 吨/年。安特卫普（Antwerp）工厂也计划增产 11000 吨/年，达到 35000 吨/年（Chem Week，2016/05/16～23，p17）。

积水化学工业开发了玻璃中间膜（自发光 PVB），用于汽车挡风玻璃的全角度显示（Head-up Display）（日经产业新闻，2016/10/13，p13）。

塞拉尼斯的新加坡 EVA 工厂（5 万吨/年）投产，开始供给水性乳剂（日本化学工业日报，2016/09/26，p3）。韩国韩华道达尔化工（Hanwha Total Petrochem）改造了大山的 EVA/LDPE 联产装置，EVA 产能提高到 4 万吨/年。瓦克化学（Wacker Chemie）在江苏省南京新建了 EVA 弥散的实验装置（Chem Business，2016/10/24～30，p8；11/21～27，p8）

（3）聚氯乙烯（PVC）、聚偏二氟乙烯（PVDF）（PVC 2015 年世界需求量 4100 万吨）

约 90％的 PVC（聚氯乙烯）是通过氯乙烯（VCM）的悬浊共聚合成的，也采用乳化共聚和嵌段共聚（Chem Business，2016/11/28～12/04，p31）。韩国韩华（Hanwha）开始在蔚山生产氯化 PVC（CPVC，3 万吨/年），就此涉足该产业领域（日本化学工业日报，2016/03/25，p2）。印度进口 EDC（1，2-二氯乙烷）及 VCM 以生产 PVC，2015 年的进口量超过 150 万吨且持续增加，赋予其价格决定力（Chem Business，2016/09/12～18，p22）。

阿科玛（Arkema）将中国常熟的 PVDF（聚偏二氟乙烯，2012 年产能已翻倍）产能提高了 25%，成为亚洲最大的工厂（日本化学工业日报，2016/10/26，p2）。

（4）其他乙烯基聚合物

BASF 在上海新建了乙烯替吡咯烷酮及聚合体（PVP）工厂，并已投产。这种物质是医药及化妆品的原料（Chem Business，2016/10/03～09，p8）。

（5）ABS（成分为苯乙烯/丙烯腈/丁二烯＝60：25：15，2015 年的世界需求为 770 万吨/年）

胶乳方面，自斯泰龙（Styron Llc）独立的 Trinseo SA 公司占有世界首位市场份额，该公司新建有高性能 ABS 树脂工厂（张家港）（日本化学工业日报，2016/03/23，p1）。

韩国 LG 化学提高了与广东省中国海洋石油集团公司（CNOOC）合资的 ABS 工厂的产能，加上宁波 80 万吨/年的装置，到 2018 年，其在中国的产能将达 110 万吨/年。韩国方面，丽水 PS 装置转换为 ABS，产能达 88 万吨/年，LG 合计 200 万吨/年，与凭 210 万吨/年占据世界首位的中国台湾奇美实业比肩。中国对 ABS 的需求量为 430 万吨/年，欧美汽车对 ABS 的需求量也在不断扩大（Chem Week，2016/10/24/31，p17）。

（6）聚丙烯酰胺、聚甲基丙烯酰亚胺（PMI）

赢创集团正在考虑提高 PMI（产品名 ROHACELL，轻量发泡体）的产能（2017 年内），这种合成的原料是甲基丙烯酸及甲基丙烯腈共聚体（Chem Business，2016/11/28～12/04，p7）。

（7）聚氨酯（PU）

在美国化学学会主持的聚酯氨技术会议上，领先化学发布了 BiCATs 8840、8842，Dow 发布了 POLYCAT 203、204，这两者都是共聚催化剂，是代替 HFCs 的新型发泡剂（Chem Business，2016/10/10～16，p15；US2016/0200888）。

科思创开发了以 CO_2 为原料的制多元醇技术，产业化规模 10 万吨/年，预计于 2021 年投产（日本化学工业日报，2016/11/09，p3；WO2015/

014732)。

沙特阿拉伯 Sadara（沙特阿美石油公司/陶氏化学合资）石化复合装置已依次投产，可以预见，大型异氰酸酯及多元醇装置投产后，世界 PU 产业将为之一变（ICIS ACC Supplement，2016，10，p3）。

中国华大化学集团在山东省烟台及安徽省宿州新建、增建 PU 生产装置（原料购自外部），产能翻倍，预计于 2017、2018 年投产（日本化学工业日报，2016/7/25，p2）。

2016 年欧洲杯上使用的足球就使用了科思创（Covestro）的聚氨酯，2014 年世界杯也使用了该公司的 Brazuca 球。这种球的表面是 5 层结构，改善了控球性等（Chem & Eng News，2016/06/06，p14）。科思创（Covestro）于中国上海增建 HDI（六亚甲基二异氰酸酯），产能为 8 万吨/年（世界第一）。采用气相光气化（GPP）法，争取实现节能。二醇成分方面，正在开发以 PO、CO_2 为原料制造聚碳酸酯二醇（cardyon polyols）的技术（日本化学工业日报，2016/07/11，p2；10/21，p2）。

中石化的宁夏越华新材料股份已着手建设 6 万吨/年的 PU 弹性纤维（斯潘德克斯弹性纤维）新装置，3 万吨/年（1 期）2017 年投产。韩国晓星产业（在中国、土耳其、越南、巴西生产斯潘德克斯弹性纤维）将于中国建设 16000 吨/年的新装置，并将把土耳其工厂的产能提高 5000 吨/年，完成后，产能将达 22.1 万吨/年（世界份额 30%）（日本化学工业日报，2016/08/22，p2；10/19，p2）。

（8）聚醋酸乙烯酯、乙烯-乙烯醇共聚物（EVOH）、聚乙烯醇树脂（PVOH）

可乐丽于美国帕萨迪纳，德克萨斯州（Pasadena、Tex）新建了以页岩气为原料的 PVOH 工厂，并已于 2016 年 4 月投产。同时计划在 2018 年实现相邻 EVOH 增产（日本经济新闻，2016/07/05，p8）。

（9）聚酯

PET（聚对苯二甲酸乙二醇酯）是通过 TPA（对苯二甲酸）或 DMT（对苯二甲酸二甲酯）与 MEG（单乙二醇）的缩聚实现的，缩聚方法有熔融相、Uhde-Inventa-Fischer 法、Lurgi-Zimmer 法。2007 年，DuPont 与 Fluor Daniel 共同开发了 NG3 工艺，但并未使用。同时，英国的 Johnson Matthey 开发了代替重金属的 Ti 催化剂，借此，装置产能可提高 15%

（Chem Business，2016/05/30～06/05，p37）。

伊士曼化工（Eastman Chemical）将共聚酯 Tritan ［二羧酸采用对苯二甲酸（＋1,4-环己二甲酸），二醇采用 1,4-CHDM＋2,2,4,4-四甲基-1,3-环丁二醇］用于化妆品容器（Chem Business，2016/03/21～28，p8）。

意大利 SMC 技术（SMC Technology）开发了一种微波装置，用来干燥 PET、PC、PPS、丙烯等树脂切片。日本稻田产业将开始示范试验（EO1703239）。

2015 年，世界 PBT（聚对苯二甲酸丁二醇酯）需求量为 80 万吨/年。中国产能已达 80 万吨/年，台湾地区厂商仍在建设大型装置（日本化学工业日报，2016/02/04，p2）。2016 年，世界 PBT 树脂需求量为 90～95 万吨（到 2020 年，中国需求量将达 50 万吨/年）。汽车领域走势良好，由于电子及电装零件（Wire Harness 插座、ECU 相关）增加，相应需求也将上涨（日本石油化学新闻，2016/10/10，p3）。

意大利 M&G 集团公布了 PTA、PET 树脂（110 万吨/年）计划，该计划将在美国展开，预计于 2016 年后半期投产（日本化学工业日报，2016/1/29，p2）。

（10）聚酰胺（PA）（2015 年世界产能为 390 万吨）

PA6、PA66 占聚酰胺总量的 90%，长链尼龙（C9 以上的脂肪族长链结构）厂商增加。功能性树脂方面，以 PA610、PA10T 等为原料、含生物质成分的 PA 也颇受关注。DuPont 继续提升 PA6、PA66、PA6T 等的产能，持续供给汽车产业，并于 2016 年开售高耐热尼龙树脂 "Zytel HTN" 的新牌号产品（日本化学工业日报，2016/05/18，p8；化学经济，2016，3，增刊，p140）。PA6 是在 227℃ 左右加热并聚合己内酰胺、水及醋酸（控制分子量）后得到的。欧洲正陆续新建、增建 PA6 聚合装置。德国 BASF SE 将施瓦茨海德（Schwarzheide）的聚酰胺产能提高到 70000 吨/年（Chem Eng，2016，1，p12）。赢创工业集团（Evonik Industries AG）将马尔（Marl）工厂的 PA12 粉末产能提高了 50%（Chem Eng，2015，3，p14）。英威达（Invista）推进 PA66 生产基地集约化（Chem Week，2016/07/25～28，p12）。美国塞拉尼斯（Celanese）将 POM、PET、PBT、PPS、UHMWPE 及 PA 并入工程塑料产业，为汽车领域提供复合材料（Chem Business，2016/06/20～26，p26）。

　　索尔维（Solvay）的聚酰胺树脂（PA66、PA610）取得了饮用水资格认证及美国、英国、法国、德国及欧盟其他国家认证机构的认证，可投入水道配管装置等接触饮用水的地方。以纤维废弃物为原料的 PA66 也已上市（日本化学工业日报，2016/05/11，p3；11/24，p2）。阿科玛（Arkema）正在提升中国江苏省张家港的 PA10、PA11 产能（Chem Eng，2016，10，p14）。

　　2014 年，中国芳纶产能为对位芳纶 3800 吨/年（5 家企业）、间位芳纶 1000 吨/年（3 家企业），并不断增强（日本化学工业日报，2016/07/15，p14）。

　　（11）聚碳酸酯（PC）（2015 年世界需求量为 350 万吨，工程塑料需求最大）

　　拜耳、通用于 20 世纪 50 年代开发的表面聚合法正逐渐转换为非光气法（熔融聚合）。透明性、耐冲击性俱佳的 PC 树脂，广泛用于电气及电子零件、OA 机器、汽车零件、合金等领域。2015 年的世界需求量为 350 万吨，产能则为 460 万吨/年，远大于需求（日本化学工业日报，2016/05/18，p9）。

　　德国科思创（Covestro）提升了上海化学工业园的 PC 产能，为 40 万吨/年（世界第一）。同时设立了 10 万吨/年的化合物装置。日系厂商方面，三菱化学与中石化合作，正在提升北京工厂的产能，目标是 7.2 万吨/年。持续生产 PhOH（2012 年投产）的中国利华益集团也将加入 PC 产业。该集团获得旭化成非光气法技术的使用许可，规模为 6 万吨/年。万华集团、泸州市工业投资集团等也公布了投资计划（日本化学工业日报，2016/04/28，p1；05/30，p2）。

　　荷兰埃茵霍芬理工大学的 Cor E. Koning 等合成了二氧化萜二烯（双环氧化合物）与 CO_2 交替聚合的聚碳酸酯，介绍了新型脂肪族聚碳酸酯的特性（Angew Chem Int Ed，2016，55，p11572）。

　　（12）聚甲醛（POM）（2015 年世界需求量为 110 万吨）

　　中国产能为 50 万吨/年，世界 POM 产能为 160 万吨/年，供给远大于需求。开发低 VOC 级制品、实现高功能化、开拓汽车市场都是当前面临的课题。沙特阿拉伯沙特基础工业公司与塞拉尼斯（Celanese）合资（Ibn SINA）设立了 5 万吨/年的装置，其动态引人注目（日本化学工业日报，2016/06/30，p9）。

BASF 与韩国可隆塑胶（Kolon Plastics）合资，将于韩国建设 7000 吨/年的 POM 装置，预计于 2018 年投产，届时 BASF 将关闭德国路德维希港（Ludwigshafen）的 55000 吨/年装置（Chem Week，2016/03/21～28，p18）。

（13）环氧树脂

环氧树脂是双酚 A（BPA）、氯甲基环氧乙烷（ECH）与催化剂一起加热制备的。为提高耐热性，正在研究加入各种二醇类（Chem Business，2016/04/18～24，p31）。

（14）其他工程塑料

德国赢创工业集团（Evonik Industries）提高了其在中国长春的 PEEK（聚醚醚酮）树脂产能，并将推出新规格产品，扩大产业规模（日本化学工业日报，2016/01/13，p3）。

PPS（聚砜）的全球需求量预测为 5 万吨/年。索尔维（Solvay）的 PPS 用于波音 737、747、777 等飞机的黏合剂，空客也正考虑采用（Chem & Eng News，2016/03/14，p15）。中国重庆聚狮新材料科技有限公司在重庆建设了 PPS 新装置，生产纤维，规模 3 万吨/年，预计用于袋滤器（日本化学工业日报，2016/07/26，p2）。

德国蒂森克虏伯集团（ThyssenKrupp AG）公开了纤维增强塑料（FRP）制作的螺旋弹簧（用于汽车悬挂系统），其特征为：轻量、耐久性好、抗腐蚀性强（日本化学工业日报，2016/05/26，p10；WO2015/188963）。

（15）石油树脂

中国泰兴天马化工新建了 C5/C9 共聚加氢石油树脂生产装置（40000 吨/年），用于热熔黏合剂（日本化学工业日报，2016/05/10，p2）。

（16）热可塑性弹性体（TPE）

LG 化学将提升韩国大山的聚烯烃弹性体产能。2018 年前，将建成使用茂金属催化剂法的 20 万吨/年新装置，加上现有装置，总产能将达 29 万吨/年。2015 年，SK 综合化学的 LLDPE 及弹性体同时生产装置（23 万吨/年）投产（日本化学工业日报，2016/07/27，p2）。中国台湾李长荣化学（LCY）将其大陆的加氢苯乙烯系 TPE（SEBS）装置（2016 年内投产）产能提升至 50 万吨/年，采用自行开发的催化剂及反应装置（日本化学工业日报，2016/8/30，p2）。

韩国 LG 化学增设了热可塑性弹性体装置，该装置使用茂金属催化剂，产能 29 万吨/年，并预计 2018 年投产（Chem Week，2016/08/01～08，p18）。

（17）合成橡胶

合成橡胶价格虽然主要受天然橡胶产量影响，但合成橡胶性能不断提高，竞争优势大于天然橡胶。丁二烯原料的需求以 2%/年的速度增加，供需紧平衡持续（Chem Business，2016/09/19～25，p9）。印度石油合资公司 ISRL 生产丁苯橡胶（SBR，13 万吨/年），印度信实工业集团（Reliance）产能为 15 万吨/年，不能满足国内需求（50 万吨/年），仍需要进口。Reliance 也生产顺丁橡胶（BR）（日本化学工业日报，2016/02/29，p2）。

2016 年 4 月，德国朗盛（世界最大的合成橡胶厂商）与沙特阿美石油公司合资设立了合成橡胶公司 Arlanxeo（荷兰）。相关协议是于 2015 年达成的（Chem Week，2016/02/08～15，p5）。

Total（道达尔）子公司 Cray Valley（克雷威利）开始在法国 Carling 建设其第 5 个液状聚丁二烯生产基地。目标是实现品种多样化及产量提升（Chem Week，2016/04/25～05/02，p20）。

在 2016 国际橡胶会议（日本九州）上，陶氏化学（Dow Chemical）发表了使用 AMC（乙酰基甲基甲醇）催化剂的 EPDM（乙丙橡胶）。新催化剂实现了高效率生产，催化剂残渣少，各生产批次差异小，茂金属催化剂的特点得到了充分发挥（日本化学工业日报，2016/10/24，p9）。

（18）丁基橡胶（IIR）、聚异丁烯（PIB）、丁苯橡胶（SBR）

世界范围内，聚丁二烯（PBR 或 BR）及溶液聚合法 SBR（S-SBR）的产量正在稳定增加，2015 年，SBR 为 680 万吨，其中，S-SBR 达到 200 万吨以上，装置开工率为 58%。SBR 是通过 BD/SM＝3/1（质量比）左右而共聚制备的，通常是通过乳化聚合（E-SBR 连续）制备的，另外，使用溶液聚合（S-SBR）法时，使用烃类溶剂及有机金属催化剂（Chem Business，2016/02/22～03/06，p42）。有关文献介绍了乳液聚合 SBR（E-SBR）技术（Chem Eng，2016，5，p40）。

BASF 与马来西亚石油（Petronas）达成合作，已着手建设高反应性聚异丁烯（HR-PIB）装置（50000 吨/年）（Chem Week，2016/4/4～11，p18）。

2.2.4 其他石化衍生物

（1）合成气

法国液化空气集团（Air Liquide）的 Holger Schichting 等提出了一种提高能源效率的方法，用于甲烷的水蒸气重整（SMR）。他们在催化剂层的高温部分（上部）设置螺旋状内壁，以此促进热传递（ePTQ，2016/Q3，p99）。瑞士苏黎世联邦理工学院（ETH Zurich）的 Javier Perez-Ramirez 等提出了一种通过 CH_4 氢氧化（$(VO)_2P_2O_7$ 催化剂）制造 CO 的方法，作为副产物生成的 CO_2 仅有 5％左右（Angew Chem Int Ed，2016，55，p15619）。

在煤炭等物质的合成气化中，微量重芳香族不纯物始终是一个问题，而法国洛林大学（Univ Lorraine）的 Denis Roizard 研究了如何通过高分子膜（交联 PDMS）去除这些不纯物。甲苯及萘等物质可高浓度溶解于 PDMS（聚二甲基硅氧烷），因此，也可选择性地将其从合成气成分中（$TL/H_2 = 4.0$，$NL/H_2 = 73$）排出到膜外（Ind & Eng Chem Res，2016，55，p9028）。

德国马普学会弗里茨哈伯研究所（Fritz-Haber Institute Max Planck Gesellschaft）的 Thomas Lunkenbein 等开发了一种高温稳定性 Ni 纳米粒子（7～20nm）催化剂，用于甲烷的 CO_2 重整，通过 Hydrotalcite（水滑石）法制造（ACS Catalysis，2016，6，p7238）。

西班牙巴斯克大学（Univ Basque）的 Ana G. Gayubo 等在 MeOH 及 DME 的水蒸气重整中比较了贵金属系（Pt、Rh）与铜系（$CuFe_2O_4$、$CuO-ZnO-Al_2O_3$）催化剂的性能，Cu 系催化剂的低温活性更好（Ind & Eng Chem Res，2016，55，p3546）。

美国纽约州立大学石溪分校（State Univ New York Stony Brook）的 Jose A Rodriguez 等通过甲烷的 CO_2 重整研究了 NiO/CeO_2 催化剂，并研究了金属与载体的相互作用（Angew Chem Int Ed，2016，55，p7455）。

天津大学的 Bingsi Liu 等人通过 CH_4 的 CO_2 重整研究了 MgO 掺杂 Ni/MAS-24（ZSM-5 型）催化剂，在等摩尔供料、800℃ 条件下，实现了 CH_4，CO_2 转化率 93％、99％、$H_2 + CO$ 选择性 99％（Ind & Eng Chem Res，2016，55，p6931）。

德国汉诺威莱布尼茨大学（Leibniz Univ Hannover）的 Armin Feldhoff 等研究了使用夹层型对称性输氧膜（$Ba_{0.5}Sr_{0.5}Co_{0.8}Fe_{0.2}O_{3-\delta}$ Perovskite）的水分解和氢气发生反应，使用氧气的甲烷部分氧化制合成气

（Angew Chem Int Ed，2016，55，p8648）。

丹麦托普索公司（Haldor Topsoe A/S）发布了不含 Fe 的新型 HTS 催化剂"SK-501 Flex"，该催化剂是于 Nitrogen＋Syngas 2016 Conference（Berlin，2016/02/29～03/03）发表的，可在任意蒸汽、碳比条件下使用，因此可实现低蒸汽化。催化剂是 $ZnO/ZnAl_2O_4$ 尖晶石结构。这次会议中，科莱恩也发布了催化剂"Shift Guard 200"。这种催化剂无 Cr，能吸附处理导入 LTS 的气流中的氯，延长 LTS 催化剂寿命，抑制生成副产物 MeOH（Chem Eng，2016，4，p7；WO2010/000387）。中国湖南大学的 Zhiwu Liang 等人使用 CO_2 化学吸收剂研究了同时使用叔胺及仲胺（MDEA、MEA）和 1-二甲氨基-2-丙醇（1DMA2P）的系统，报告了再生能源削减效果（Ind & Eng Chem Res，2016，55，p3710）。阿联酋石油研究所（UAE Pteroleum Institute）的 Abhijet Raj 等探讨了在去除合成气中的酸性气（H_2S，CO_2）的同时回收硫（S）的可能性（Ind & Eng Chem Res，2016，55，p6743）。意大利米兰理工（Politecnico Milano）的 F. Manenti 等研究了以 H_2S、CO_2 为原料制造合成气（$2H_2S+CO_2 \rightarrow 2H_2+CO+3/4S_2+1/2SO_2$）的可能性，发现难度很高（Hydrocarbon Process，2016，6，p39）。

空气产品公司（Air Products）已许可神华集团的煤液化装置（宁夏回族自治区）使用膜分离技术（用于氢提纯）（Chem Eng，2016，4，p14）。

（2）氨

美国西北大学（Northwestern Univ）的 M. G. Kanatzidis 等发现，在 N_2 的光还原反应中，Fe_3S_4-$[Sn_2S_6]^{4-}$ 凝胶催化剂会生成 NH_3（Chem & Eng News，2016/05/16，p10）。

Grannus Llc 公司开发了高效率的无水氨（NH_3 8000 吨/年）生产技术与联合发电技术，美国阿美科福斯特惠勒（Amec Foster Wheeler）建设了这两项技术的工艺测试装置，通过 SMR 法制造合成气（WO2014/001917；Chem Week，2016/01/25～02/01，p4）。

美国相继涌现使用页岩气的 NH_3/Urea（脲）生产计划。2016 年产能达 550 万吨/年、2017 年达 430 万吨/年、2018 年达 250 万吨/年（Hydrocarbon Process，2016，3，p11）。

澳大利亚 Incitec Pivot Ltd（IPL）建于美国路易斯安那州的 NH_3 装置（80 万吨/年）竣工（Chem Business，2016/05/16～22，p8）。

东洋工程接受印度 Gadepan 委托建设 2200t/d 的 NH_3 装置、4000t/d 的尿素装置，采用该公司的 ACES21 工艺 (Chem Week，2016/04/04～11，p18)。

宇部兴产与双日同越南 PFC 合资，正在考虑 NH_3 产业化 (日本化学工业日报，2016/09/08，p1)。

伊朗 MIS 石化 (MIS Petrochemical) 正在计划新建 2050t/d 的 NH_3 装置和 3250t/d 的尿素装置 (日本化学工业日报，2016/06/15，p3)。

(3) 硝酸

美国 KBR 子公司 Weatherly Inc 发布了制造硝酸的 (可实现 1000t/d 的产量) 双加压硝酸工艺 (DPNA) 工艺。通过 Pt 催化剂高温低压氧化 NH_3 后，于低压冷却凝缩，通过 NO、NO_2、O_2、H_2O 的反应将其转换为 HNO_3，压缩并高压冷却凝缩生成的气体，得到 68％硝酸 (Chem Eng，2016，10，p8)。

(4) 甲醇 (MeOH)

MeOH 是将烃原料 (天然气、石脑油、煤炭、燃料油、减压残渣油、生物质能等) 转换为合成气，再由合成气转换合成 MeOH 并精制而成，面向大型化的催化剂与工艺正不断改良 (Chem Eng，2016，3，p37)。2015 年，世界 MeOH 产能为 1.17 亿吨/年，预计到 2020 年将增加至 1.84 亿吨/年。2015 年，美国产能翻倍，中国、伊朗 (2016、2017 年投产) 及莫桑比克也在增加产能 (日本化学工业日报，2016/06/09，p2)。马来西亚国营石油公司也在沙捞越州展开了大型 MeOH 项目。受中国消费 (占世界 54％) 影响，需求结构变化巨大。Hydrocarbon Processing 与 Gas Processing News 杂志强调了 MeOH 及其衍生物在非既有型气资源方面的利用可能性 (2016，3/4，p19)。

这些物质是在天然气及煤炭转换为合成气的过程中合成的。中国采用煤炭原料法的大型装置投产，拉动了对 MTO/MT 反应的需求，2015 年聚烯烃装置 175 万吨/年投产，2016 年 364 万吨/年投产 (Chem Business，2016/08/22～09/04，p31)。

瑞士苏黎世联邦理工学院的 Javier Perez-Rmirez 等结合 SXRPD (同步加速 X 射线衍射) 与调制激发 IR 法，观察研究了 CO_2 对使用 Cu-ZnO-Al_2O_3 工业催化剂的 MeOH 生成反应产生促进效果的反应机理。瑞士生物化工研究所（Inst Chem Bioengineering）的 Jeroen A. Van Bokhoven 等发现，以置换了 Cu 离子的 MOR 沸石为催化剂的甲烷等温氧化（200℃、高压釜、CH_4 0.1～4MPa，O_2 0.1～0.6MPa、水蒸气解吸）会生成 MeOH（Angew Chem Int Ed，2016，55，p5467，p11031）。以 Fe/沸石为催化剂的甲烷氧化会生成 MeOH，美国斯坦福大学（Stanford Univ）的 Edward I Solomon 等研究了这一机理（Nature，2016，536，p317）。美国麻省理工（Massachusetts Inst Technology）的 Yuriy R Leshkov 等以铜置换沸石（SSZ-13）为催化剂，在 483～498K 的低温下合成了 MeOH（ACS Central Science，2016，2，p424）。

加拿大滑铁卢大学（Univ Waterloo）的 A Alarifi 等使用 GA-GPS Algorithm 进行计算，研究了 Lurgi MeOH 合成工艺优化，并研究了合成气制造中碳沉积的影响，以及合成塔中添加 CO_2 和外壳温度的影响（Ind & Eng Chem Res，2016，55，p1164）。

梅思恩（Methanex）同意从智利石油公社获取天然气，这样，170 万吨/年的 MeOH 装置运转率将提高 60%（日本化学工业日报，2016/08/01，p3）。

中东（特别是伊朗）及东南亚（文莱、印度尼西亚）出口到中国的 MeOH 量急剧增加，用作中国沿海地区 MTO 工厂的原料（日本化学工业日报，2016/05/09，p2）。

G2X 能源（G2X Energy）联合瑞士 Proman 集团及东洋工程，正计划建设采用天然气原料的大型 MeOH 装置（莱克查尔斯，路易斯安那州）（Hydrocarbon Process，Gas Processing News，2016，3/4，p13）。

瑞士苏黎世联邦理工学院的 Javier Perez-Ramirez 等发现，在通过 CO_2 氢化合成 MeOH 的过程中，In_2O_3/ZrO_2 是非常优秀的催化剂。在高 CO_2 浓度下，$Cu-Zn-Al_2O_3$ 催化剂将会快速失效。中科院化学研究所报告，在通过 CO_2 电解还原反应合成 MeOH 的过程中，Mo-Bi-S 纳米层电极及 $BMI-BF_4$/Acetonitrile（乙腈）电解液是有效的（Angew Chem Int Ed，2016，55，p6261；p6771）。荷兰格罗宁根大学（Univ Groningen）的 Jozef G. M. Winkelman 等验证了 MeOH 合成反应下水气转换平衡状况。这方面已有多个报告，但这次补充消除了 MeOH 合成均衡常数的较大偏差（Ind & Eng Chem Res，2016，55，p5854）。

中资 NW 创新工厂（NW Innovationn Work）正计划在美国西海岸新

建 3 套超大型 MeOH 装置，塔科马（Tacoma，华盛顿州）计划已取消，Clatskanie（俄勒冈州）及 Kalama（华盛顿州）的计划将继续进行（Chem & Eng News，2016/04/25，p14）。山东玉皇化工建于路易斯安那州的 MeOH 装置（170 万吨/年）将在 2017 年投产，第 2 期（130 万吨/年）预计于 2020 年投产。中国成为世界最大的 MeOH 进口国（Chem Business，2016/05/16～22，p7）。

美国 G2X 及瑞士 Proman 集团正计划在美国路易斯安那州新建 MeOH 制造装置（140 万吨/年），该装置采用 Johnson Matthey（庄信万丰）的技术，由东洋工程负责基础设计（Chem Week，2016/03/14，p15）。美国普利茅斯能源有限公司（Plymouth Energy LLc）建设的小型 GTL 装置用来生产 MeOH（160t/d），于 2017 年投产（Hydrocarbon Process，Gas Processing News，2016，3/4，p13）。

德国汉诺威莱布尼茨大学（Leibniz Univ Hannover）的 Jurgen Caro 等使用 FAU-LTA 沸石膜反应器，以 MeOH 为原料制造了 DME（310℃、90.9%转化率、100%选择性）（Angew Chem Int Ed，2016，55，p12678）。

2015 年，中国 175 万吨/年的 MTO/MTP 装置投产，2016 年又增加了 364 万吨/年的装置，对 MeOH 市场的影响力大幅增加（Chem Business，2016/04/18～24，p10）。

美国劳伦斯·利弗摩尔国家实验室（Lawrence Livermore National Lab）的研究人员使用 3D 打印机开发了将甲烷氧化菌（methanotrophs）固定在聚合体上的反应器，研究了室温、常压下的 MeOH 生产（Chem Eng，2016，7，p9）。

海湾石化化工学会（GPCA，Gulf Petrochem Chem Association）召开了第一届 MeOH 研讨会（2016/02/15～16）。

（5）乙炔

德国 BASF 正在新建 90000 吨/年的乙炔装置（Ludwigshafen），将于 2019 年投产并更新现有装置，还将生产 20 种衍生物（Chem Week，2016/10/03～10，p23）。

（6）硅

赢创工业集团（Evonik Industries）已开始在上海化学工业园区内建设特种硅装置。德国埃森（Essen）已提高装置产能，可满足树脂、纤维、涂料及墨水、建筑领域增长的需求（Chem Week，2016/04/04～11，p18）。瓦克集团（Wacker Chemie）将搬迁韩国工厂，提高聚硅氧烷密封剂及特种硅的产能（日本化学工业日报，2016/06/27，p3）。

（7）过氧化氢

索尔维（Solvay）位于中国江苏省镇江的 6 万吨/年过氧化氢装置已竣工投产，将用于半导体及水处理。该公司在世界范围内有 16 家工厂（Chem Business，2016/09/12～18，p8）。

（8）食盐电解和氯

陶氏化学与 Olin（欧林）合作，重组氯产业，推动了美国氯碱产业重整。Westlake（威师轮胎）收购了 Axiall（埃克赛尔）的 PVC 产业（日本化学工业日报，2016/02/16，p2）。

德国科思创集团（Covestro AG）正在进行中试试验，以实现聚碳酸酯制造工程中所生成副产物即盐水的电解、氯回收及碱水循环（Chem Eng，2016，3，p8）。

欧洲正将水银法电解槽向膜法转换，在欧盟委员会（European Commission）指定的期限（即 2017 年）完成（Chem & Eng News，2016/04/18，p14）。

（9）碳纤维（CF）、碳纳米材料

2014 年，全球 CF 需求为 52000 吨/年，2015 年为 60000 吨/年，2016 年为 70000 吨/年，保持高增长速度。风力发电、飞机、氢及天然气气罐等领域需求旺盛，汽车领域渐有需求。德国汽车厂商开发了 VW 等汽车用 CF，不断推动"多功能轻量结构材料融合项目（MERGE）"，凯姆尼茨工业大学（Tech Univ Chemnitz）是该项目的战略据点（日本石油化学新闻，2016/03/28，p11；日经产业新闻，2016/04/20，p1）。然而，欧洲空客（AirBus）、美国波音（Boeing）的大型客机订单正微量减少。这两家公司都重新审视了生产计划，缩小 A380、747 等超大型机的生产规模或停产。中小型机的需求则依旧稳定（日刊工业新闻，2016/08/02，p7）。

美国雷蒙德复合材料（LeMond Composites）采用橡树岭（Oak Ridge NL）开发的节能（节能 60%）技术，正计划以低成本（−50%）生产 CF，同时使用 PAN 系与新一代纤维，于 2017 年开工（Chem Eng，2016，1，p8）。

索尔维（Solvay）将提升美国南卡罗来纳州（South Carolina）的 CF 产能，使之翻倍。与阿联酋（UAE）的阿布扎比姆巴达拉发展公司（Mubadala Development Co）合作，目标是发展面向波音 777X 的 CF 复合材料产业（Chem Week，2016/07/18～25，p17）。

俄罗斯投资公司 RT-Business（国营军需产业 Rostech 的子公司）与中国碳制品厂商——银基稀碳新材料公司就碳纤维及石墨烯相关产业合作（日本化学工业日报，2016/10/05，p2）。

台塑与上伟企业合作设立上伟（江苏）碳纤复合材料，开始生产 CFRP（碳纤维增强复合材料），预计供给中国汽车厂商（日本化学工业日报，2016/10/03，p3）。

CF 市场方面，东丽、东邦 TENAX 及三菱人造丝这三家日本公司名列前茅，三家公司的市场份额合计（2015 年）达到 68.5％。收购美国卓尔泰克（Zoltek）后，世界第一的东丽更加引人注目。三井物产计划与生产 CF 复合材料的德国 Forward Engineering 实现合作，以此进入汽车市场。三菱人造丝与美国大陆结构塑料公司（Continental Structural Plastics，CSP）达成一致（2016 年 3 月），将成立生产 CFRP 零件的合资公司。其后，韩国韩华、LG、德国 BASF 等多个外资企业提出收购 CSP（日经产业新闻，2016/07/20，p13）。2014 年，中国已有 24 家企业参与，PAN 基总产能达 15000 吨/年。中安信科技有限公司 1700 吨/年的装置投产，该公司同时在考虑增建（日本化学工业日报，2016/08/02，p12；07/15，p14；08/22，p2）。山东大学与中国科学院达成一致，将共同研究 T1000 碳纤维（日本化学工业日报，2016/08/25，p2）。

面向汽车的碳纤维增强树脂基复合材料日渐普及，有必要降低 CF 价格，减少热固性树脂（环氧、不饱和聚酯、氨脂）的固化时间（Chem Business，2016/11/28～12/04，p10）。

（10）其他

中国化工集团相继收购了德国树脂加工机械厂商克劳斯玛菲集团（KraussMaffei Group）和世界最大的农药和生物科技厂商先正达（Syngenta）（Chem & Eng News，2016/01/18，p16）。

2014 年，生产聚合物型磷系阻燃剂"Nofia"的美国 FRX Polymers Inc 开始在比利时生产基地投产，纤维及树脂领域的市场份额持续扩大（日本化学工业日报，2016/05/23，p10；特表 2014-515778）。

美国南卡罗来纳大学（Univ South Carolina）的 James A. Ritter 等发表了一种工艺，即使用碳分子筛，以 PSA 方式制造高纯度氧（Ind & Eng Chem Res，2016，55，p10758）。

在工业气产业领域，法国液化空气集团收购了美国液化空气公司（Airgas），其后，工业气巨头美国普莱克斯与德国林德（Linde）又发表了合并消息，但谈判最终破裂。此外，大阳日酸收购了美国液化空气公司的部分美国产业（日本化学工业日报，2016/08/18，p1、09/15，p5）。美国液化空气公司的 N_2O 工厂发生了大爆炸（1 人死亡）（Chem Week，2016/08/29～09/05，p8）。

3　石油精炼

3.1　石油精炼技术

在第十三个五年计划（2016～2020 年）中，中国将汽油、轻油硫黄的相关规定提高到了欧 V（10×10^{-6}）等级，这需要大规模的装置投资。Hydrocarbon Processing 杂志整理了非既有型原油常压精馏装置等一系列精炼技术及课题，并介绍了用于处理重原油及高硫黄原油的催化剂技术。Hydrocarbon Processing 还表彰了科威特国家石油公司（KNPC Clean Fuels Project）等石油精炼领域的 2016 年度优秀项目（Hydrocarbon Processing、2016，7，p23，p35；2016，10，p45）。

全球炼油厂新建、扩建仍在继续，这一现象的中心为亚太及中东地区。中国方面，中石化、中国石油天然气集团公司、中石油、中海油等公司在 2016～2020 年间将完成 11 个计划。

霍尼韦尔 UOP 的 O. Sabitov 等提出了一种优化反应温度的方法，即通过直链烷烃（LSRN）的异构化提高辛烷值（RON）（Hydocarbon Process，2016，6，p33）。

韩国 SK 能源（SK Energy）的 S. Lee 等整理并介绍了硫化催化裂化（RFCC）（常压残渣油的 FCC）出现的主要故障及其原因（Hydrocarbon Process，2016，1，p65）。

印度坎普尔技术研究院（Indian Inst Technology Kanpur）的 N. Kaistha 等通过石脑油氢化脱硫（HDS）研究了反应蒸馏方式。在蒸馏塔托盘上充填催化剂，可得到脱硫轻（C7）石脑油及脱硫重石脑油；气相是通过甲基二乙醇胺（MDEA）吸收处理的（Ind & Eng Chem Res，2016，55，p1940）。

泰国国家石油公司（PTT）在越南的合资项目（Binh Dinh，石油精炼及石化）计划止步不前，最终取消，而沙特阿美石油公司已经退出（Chem

Week，2016/08/01～08，p18）。

清华大学的 Guangsheng Luo 等人在硫酸中添加少量己内酰胺，以此为催化剂研究了异丁烷及丁烯的烷基化（Ind & Eng Chem Res，2016，55，p12818）。

美国 Refining Hydrocarbon Technologies 公司提出了硫酸催化剂法烷化工艺（C3～C5 烯烃＋iso-丁烷），为成本削减做出了贡献（Chem Eng，2016，1，p7）。印度尼西亚国家石油和天然气公司（Pertamina）委托美国芝加哥桥梁钢铁公司（Chicago Bridge & Iron Co）制造基于 CDAlky 法的烷基化汽油装置，还将导入托普索（Haldor-Topsoe）的制硫酸技术（Chem Week，2016/08/01～08，p18）。美国 Exelus Inc 公司开发了一种将 MeOH 及混合丁烯转换为高辛烷值烷基化物的技术（M2Alk 法），使用的是 ExSact-E 这种固体催化剂（沸石系）（Chem Eng，2016，2，p7）。美国雪佛龙（Chevron）在盐湖城的炼油厂采用了 Isoalky 烷基化技术，这种技术不再使用 HF，而使用离子液体催化剂，预计于 2020 年完成，是使用离子液体最大规模的化学工艺（Chem & Eng News，2016/10/03，p16）。

壳牌石油（Shell）将马来西亚炼油厂出售给山东恒源石油化工，正展开石油精炼产业的重组（日本化学工业日报，2016/02/03，p3）。

加拿大女王大学（Queen's Univ）的 Guojun Liu 等使用超疏水性及亲油性纤维（Janus Cotton Fabric），成功实现了油水乳剂的高速、高效分离（Angew Chem Int Ed，2016，55，p1291）。

墨西哥政府向民间企业开放一直由国营石油（Pemex）独占的油田开发产业，2015 年 7 月，陆地及浅海地区开始竞标，2016 年，深海油田开始竞标（日经产业新闻，2016/07/13，p5）。墨西哥国家石油公司（Pemex）的石油精炼投资集中于超低硫黄汽油及轻油（Hydrocarbon Process，2016，6，p23）。

俄罗斯国营石油公司（Rosnefti）与中国石化（Sinopec）的东西伯利亚天然气精炼及石化项目有所进展（日本化学工业日报，2016/06/29，p2）。

（1）石油精炼技术

Chem Eng 报道，值美国炼油厂新建、扩建大潮，2016 年 AFPM（American Fuel and Petrochemical Manufacturers）年会上发表了大量优化及新型催化剂技术（Chem Eng，2016，5，p16）。催化剂方面，使用沸石

催化剂法烷基化 AlkyClean（催化剂为 Albemarle AlkyStar）的商业工艺（CB&I）已投入使用，K-SAAT（KBR、催化剂为 Exelus ExSact）也进入实用化阶段。排水处理亦有所进展（Chem Eng，2016，5，p16；Chem & Eng News，2016/06/20，p20）。法赫德国王石油与矿业大学（King Fahd Univ Petrol Minerals）的 Oki Muraza 等研究了异丁烯的固体催化剂（USY）法烷基化物制法，他们希望将异丁烯作为代替 MTBE（甲基叔丁基醚）的高辛烷值成分（Ind & Eng Chem Res，2016，55，p11193）。

有报告指出，在 API 密度及 S 含量等因素没有较大差别的情况下，使用美国产页岩油、轻油的氢化精炼处理也会受到反应性、催化剂的影响，进而对产品质量产生影响（PTQ Processing Shale Feedstocks，2016，p25）。

2013 年 6 月，泰国 IRPC 公司导入的深度接触分解装置（DCC）投入使用，PPY（聚吡咯）产能 32 万吨/年，面向 PP、SAP 等衍生物产业（日本化学工业日报，2016/03/18，p2）。

W. R. Grace（格雷斯公司）的 C. Chau 等介绍了一种通过 FCC（流化床裂化催化）提高 PPY 等石化制品的收率、提高汽油品位的方法（优化原料、FCC 催化剂及操作条件）；双分子筛（dual zeolite）方式尤其有效（Hydrocarbon Process，2016，2，p29）。德西尼布集团（Technip）已许可韩国大林集团（Daelim Industrial）使用 HS-FCC 技术，该工艺中，PPY、汽油等轻质成分收率较高（Chem Week，2016/04/25～05/02，p20）。印度国营石油（IOC）新建的 PPY 高收率型 FCC 装置已经投产，使用美国 CB&I 与 IOC 共同开发的技术，PPY 收率最大可达 24%，LPG 收率也较高。PPY 产能为 70 万吨/年，同时还在新建 PP 装置（日本化学工业日报，2016/05/12，p2；WO2014/016764）。有研究人员提出了投资最小化方法（压缩、蒸馏工程等）以加强 FCC 装置（Revamps）（ePTQ，Revamps 2016，p31）。

庄信万丰工艺技术公司（Johnson Matthey Process Technologies）的 Tom Ventham 等与 Slovnaft 公司共同发表了在 FCC 中添加 ZSM-5 可提高 PPY 收率的文章（ePTQ，Catalysis，2016，p27）。

在分离、氢化 FCC 副产 LCO 的过程中，中国石油大学的 Jinsen Gao 等研究了将其以四氢萘结构循环至 FCC 的方法，并转换为单环高辛烷值汽油（Ind & Eng Chem Res，2016，55，p5108）。

大连理工大学的 Changhai Liang 等人在十元环沸石上负载了 Pt，并以此为催化剂研究了十六烷（n-$C_{16}H_{34}$）的异构化。他们通过润滑油脱蜡等方式研究了 ZSM-22、ZSM-23、ZSM-35、ZSM-48 这 4 种物质，主要生成物为 2-Me-C15，脱蜡性能高的 ZSM-23 收率最高（Ind & Eng Chem Res，2016，55，p6069）。

印度信实工业集团（Reliance Industries Ltd）在古吉拉特邦的炼油厂设置了苯提取器装置（BRU），以此降低汽油中的苯浓度。采用与 IIT 共同开发的技术，可回收 99% 的苯（日本化学工业日报，2016/06/23，p2；特表 2015/524509）。

标准催化剂与技术（Criterion Catalysts & Technologies）的 Mike Rogers 提出了夹层型填充法，在这种方法中，通过深度脱硫低硫柴油（ULSD），用 DC-2635（CoMo）及 DN-3636（NiMo）构成三明治型催化剂层（ePTQ，Catalysis，2016，p43）。托普索（Haldor Topsoe）的 M T Schmidt 介绍了该公司氢化精炼催化剂 HyBRIM 的运行实绩。2003 年上市的 BRIM 催化剂更新为 HyBRIM 并销售，对超深度脱硫、脱芳香化做出了贡献（ePTQ，2016/Q3，p21；WO2016/041901）。

常州大学的 Tiandi Tang 等在导入了介孔的 ZSM-5 上负载 Ni_2P，并以此为催化剂研究了菲与 4，6-二甲基二苯并噻吩的氢化；导入介孔后，氢化转化率有所提高（Ind & Eng Chem Res，2016，55，p7085）。

沙特阿美石油公司将与世界汽车厂商共同开发新一代燃料，取代汽油与轻油（2016 年 5 月的 SAE Detroit 大会）。今后，运输燃料方面对轻油的需求将有所增加，对汽油的需求则不会增多，该公司此举的目的，即是将轻油转换为物理性质与汽油接近的轻质油，并将重质油化学原料化（日经产业新闻，2016/06/06，p2）。预计在沙特拉比格石化（PetroRabigh）项目中建设的硫黄回收装置（10.6 万吨/年）延期开工（MEED，2016，6，p73）。

文献介绍了瑞士苏尔寿（Sulzer）的减压蒸馏塔技术（MetallapakPlus 填充剂）及业绩（Hydrocarbon Process，2016，7）。

（2）重质油

华东理工大学的 Pei-Qing Yuan 等人通过 DFT 计算研究了次临界及超临界水中的芳烃脱基。这两种临界水条件下会发生正碳离子机理反应，长链烷基将短链化（β-切断）（Ind ＆ Eng Chem Resesarch，2016，55，p9578）。

韩国 S-Oil（沙特阿美石油公司旗下）开始在蔚山建设残渣油（76000bpd）品位升级装置，ETY 40.5 万吨/年、PPY 30 万吨/年的制造装置，预计于 2018 年 4 月竣工（Chem Week，2016/5/3006，p10）。

巴西赛阿拉联邦大学（Univ Federal do Ceara）的 Celio L. Cavalcante 等研究了通过活性炭吸附分离重质环烷馏分中的多环芳烃（PAHs，8%）成分的过程，并通过流化床和柱吸附法研究了吸附剂（Ind ＆ Eng Chem Res，2016，55，p8176，p8184）。

广东石油化工学院的 Chaolin Liang 等人介绍了他们在中国石油化工（Sinopec）炼油厂研究的焦化装置的改良操作法（Oil ＆ Gas J，2016/04/04，p58）。

印度斯坦石油公司（Hindustan Petroleum Corp）的 K. M. Kumar 等提出了一种通过减压残渣油（相对密度 1.017、含硫 3.46%）的黏度来提高经济性的改良（催化剂 Visbreaking）法。转化率从 15% 提高到 18%，有用成分的收率也提高了（Hydrocarbon Process，2016，4，p55）。

（3）润滑油基油（Base oils）

以美国为中心，近 20 年，原油（Base oil）产业在技术上取得了很大进展，ICIS 在特刊（原油装置）中整理了相关内容。雪佛龙异构脱蜡（1993），低 SAP（硫酸灰分，硫和磷）规格导入（2004），壳牌公司的 Pearl GTL（天然气制合成油）装置投产及第三类原油，纳斯特石油公司（Neste）/巴林石油公司（Bapco）的 Ⅲ 级原油产品 VHVI（高黏度指数）的装置（40 万吨/年）投产（2011），雪佛龙的 Ⅱ 类原油装置投产（2014），催化剂技术充满活力（ICIS，2016，2，p8）。

在新加坡，壳牌石油、道达尔、中国石化共同出资的润滑油工业区（Lube Park）竣工，可满足亚洲对润滑油及添加剂（Afton Chemical Corp）增长的需求（日本化学工业日报，2016/05/30，p3）。印度斯坦石油公司（HPCL）的 G. Srinivasa Rao 等提出，通过润滑油来改良溶剂（Hydrocarbon Process，2016，11，p67）。

（4）硫黄及酸性气体

印度坎普尔技术研究院（Indian Inst Technology Kanpur）的

N. Kaistha 等通过石脑油氢化脱硫（HDS）研究了反应蒸馏方式。在蒸馏塔托盘上充填催化剂，可得到脱硫轻（C7 以上）石脑油及脱硫重石脑油；气相是通过 MDEA 吸收处理的（Ind & Eng Chem Res，2016，55，p1940）。

氟素公司（Fluor Ltd）的 Nick Amott 等介绍了他们完成的 S：10000 t/d 酸性气体（CO_2 摩尔分数 10％，H_2S 摩尔分数 23％等）处理大型项目（Oil & Gas J，2016/08/01，p58）。

Hydrocarbon Process 杂志整理了燃油的硫黄法规动态及脱硫技术的最新动态（Hydrocarbon Process、2016，10，S-55）。英国氟素公司（Fluor Ltd）介绍了大型酸性气体处理装置，西哈萨克斯坦里海的高酸性天然气气井就采用了这种装置。因含有 H_2S 23％、CO_2 10％、COS $0\sim500\times10^{-6}$、有机硫黄 $0\sim100\times10^{-6}$，开发落后了 50 年。NGL（天然气液体）回收、胺（DGA）吸收 4 期等装置已完成，硫黄回收量为 9200t/d。开发的技术已用于阿联酋（UAE）阿布扎比天然气发展公司（Abu Dhabi Gas Development Co）的气井开发（Oil & Gas J，2016/08/01，p58）。

（5）其他

北京化工大学的 Zhongqi Ren 等人使用 N-取代咪唑型离子液体研究了芳烃与烷烃的分离。有 UOP/Shell 法（环丁砜溶剂）、UDEX 法（PEG）、联合碳法（TEG）、DMSO 法（二甲基亚砜）、Arosolvan 法（NMP）等工业技术（Ind & Eng Chem Res，2016，55，p747）。

荷兰皇家壳牌集团（Royal Dutch Shell）已于 2016 年 2 月 15 日完成对英国天然气集团（BG Group）的收购。其在 LNG（液化天然气）市场的影响力扩大（4500 万吨/年，份额略低于 20％），但由于原油价格走低、市况低迷，进展并不顺利。

3.2 GTL 及煤炭液化

（1）GTL（气转液）技术

韩国首尔大学的 Chonghun Han 等通过 CFD（计算流体动力学）模拟计算研究了除热法在微通道式 GTL（费托反应）中的影响（Ind & Eng Chem Res，2016，55，p543）。

南非开普敦大学（Univ Cape Town）的 Michael Claeys 等发现，在 FT（费托）反应生成低级烯烃的过程中，三棱镜形状的 CoC 纳米粒子是有效的（Chem & Eng News，2018/10/10，p11）。伊朗锡斯坦-俾路支斯坦大学（Univ Sistan and Baluchestan）的 Tahereh T. Lari 等研究了催化剂烧结温度对使用 FeCoCeOx 复合氧化物催化剂的 C2～C4 低级烯烃制造型 FT（费托）反应的影响（Ind & Eng Chem Res，2016，55，p12991）。

自从 2014 年尼日利亚建立装置之后，再没有 GTL 技术实用化方面的计划。原油价格走低、石油制品需求继续缩减，现有装置已很难确保收益。俄罗斯、尼日利亚、伊拉克及伊朗等国有大量火炬气储备，正在考虑转型为 GTL（天然气转化成液体燃料）技术及润滑油基油生产（Hydrocarbon Process，Gas Processing，2016，5/6，p21）。

挪威奥斯陆大学（Univ Oslo）及西班牙化学技术研究所（Inst Tech Quimica）的研究人员通过分离膜研究了天然气转换为芳香族烃类化合物的过程，可在无 CO_2 情况下制作喷气发动机燃料等产品（Hydrocarbon Process，Gas Processing News，2016，10，p4）。

大连化学物理研究所的 Xiulian Pan 等在以合成气为原料的低级烯烃制造中研究了 OX-ZEO（氧化物-沸石）工艺，组合了代替 MTO、FT 反应的金属氧化物（ZnCrOx）、沸石（MSAPO）（Chem & Eng News，2016/03/07，p10）。山西煤炭化学研究所的 Yisheng Tan 等研究了通过 CO_2 氢化合成异烷烃的过程，并开发了 Fe-Zn-Zr@HZSM-5（2∶1）等具备沸石壳层的核壳结构催化剂。通过 5.0MPa、340℃、$H_2/CO_2/N_2 = 69/23/8$，3000mL/（g·h）的反应，生成的 C4～C5＋异烷烃占 80％以上（Chem Commun，doi：10.1039/c6cc01965j）。北京大学的 Ding Ma 等提出了用于合成气转换的，经过 Zn、Na 改性的 Fe_5C_2 催化剂，得到了 26.5％的C2～C4 烯烃选择性，转化率为 67％（Angew Chem Int Ed，2016，55，p9902）。

加拿大萨斯喀彻温大学（Univ Saskatchewan）的 Ajay K Dalai 等使用负载在 MWCNT（多壁碳纳米管）上的 Co 催化剂（15Co/CNT），研究了 Fischer-Tropsch（费托）反应；利用 CO/H_2/Ar＝30/60/10 的催化剂，在 220℃、2MPa 的条件，转化率为 81％C2～C4 烯烃收率较高，C5＋的收率为 87.9％（Ind & Eng Chem Res，2016，55，p6049）。

GTL 技术论坛 2016 于美国休斯顿召开。Velocys 公司、Primus 绿色能源公司、EmberClear 公司等正在计划 GTL 产业。庄信万丰戴维技术介绍了固定床 GTL 反应器。Velocys 提出了微反应器法 GTL。法国液化空气集团（Air Liquide）、际特技术（GTC Technology）等也发布了费托反应以外的反应法。

柴油燃料方面，新加坡 Aum Energy 的 R. G. Vedhara 整理了二甲基醚（DME）的技术进展。中国自主生产的 MeOH 有 50% 用于 DME（20% 以下则与 LPG 混合）柴油。合成 MeOH 的 DME 化方面，无中间精制的反应蒸馏实验装置已于韩国投产（Hydrocarbon Process，Gas Processing，2016，5/6，p33）。

奥斯陆大学（Univ Oslo）、西班牙化学技术研究所（Inst Chemical Technol），巴伦西亚（Valencia）及美国 Coors Tek Inc 公司开发了将离子导电性沸石膜夹在 Cu、Ni 电极之间的反应器，并尝试以天然气为原料制造液态烃（Chem Eng，2016，10，p7）。

南非萨索尔（Sasol），赛康达（Secunda）委托 Fluor（Air Liquide）制造世界最大的空气分离（5000t/d，高度补正后相当于 5800 吨/年）装置（Chem Week，2016/11/14，p5）。

（2）天然气及液化天然气（LNG）

缅甸 MPRL 集团在南部海上矿区发现了该国最大规模的天然气田。20 个主要海上矿区的国际竞标于 2014 年春进行，国际资源巨头取得了开发权（日经产业新闻，2015/01/05，p5）。

雪佛龙等开始开发位于澳大利亚西北部的 Gorgon（高更）气田来生产 LNG。雪佛龙（47.3%）、埃克森美孚（25%）、壳牌石油（Shell）（25%）、大阪燃气（1.25%）、东京燃气（1.25%）及中部电力（0.417%）参与其中（Hydrocarbon Process，Gas Processing News，2016，3/4，p8）。

澳大利亚伍德赛德能源公司（Woodside Energy）宣布彻底取消包含浮体式 LNG 的 Browse 盆地天然气项目（三井物产等参加）（日经产业新闻，2016/03/24，p5）。

美国 Framergy Inc 得到 NSF 支援，将开发中小规模气井火炬气吸附回收工艺，该工艺使用德克萨斯农工大学（Texas A&M Univ）的 Hong-Cai Zhou 开发的 PCN-250（MOF 型吸附剂、多孔网格）（Chem Eng，2016，4，p7）。

中国投资的丝路基金（Silk Road Fund Co）参与投资俄罗斯 LNG 计划（Yamal LNG），推动了开发进程（Hydrocarbon Process，Gas Processing，

2016，3/6，p15）。

东南亚方面，PTT（泰国）、SLNG（新加坡）、马来西亚石油公司（马来西亚）、印尼国家石油公司（印度尼西亚）等企业正在建设大型 LNG 接收基地，到 2017 年，产能达 1650 万吨/年（日本经济新闻、2016/11/08，p9）。

（3）煤炭转换

美国南伊利诺伊大学（Southern Illinois Univ）的研究人员发现了能将煤炭直接转换为甲烷的微生物株，并研究其是否适用于地下低品位炭（Chem Eng，2016，3，p8）。

印度塔塔工程咨询公司（Tata Consulting Engineers Ltd）的 M Marve 提出，活用该国丰富的煤炭资源，可通过煤炭化学（乙炔、VCM 等）支持石化产业及经济（Hydrocarbon Process，2016，4，p43）。

南非萨索尔集团技术（Sasol Group Technol）的 B. M. Xaba 等使用 Co/TiO_2 负载催化剂，通过费托合成（Fischer-Tropsch）反应研究了高温条件下的烧结情况。在使用了 TiO_2 载体及市售 P25 及纯金红石（Rutile）、锐钛矿（Anatase）的 P25、金红石中，烧结速度较慢（Ind & Eng Chem Res，2016，55，9397）。

神华集团旗下的神华宁夏煤业集团完成了宁夏回族自治区宁东煤炭化学基地的 CTL 装置建设，煤炭处理量为 2000 万吨/年，通过费托反应生产 400 万吨/年的石油制品，还有石脑油 100 万年、轻油 275 万吨/年、LPG 35 万吨/年、硫黄及硫酸铵等。

3.3　生物质能转换燃料

（1）木质纤维素原料化

美国橡树岭国家实验室（Oak Ridge National Lab）的 Jeremy C. Smith 等在植物生物质能及预处理中研究了共溶剂提取（CELF）法的脱木质素效果，并在 H_2O-THF 共溶剂、445K 以下的条件下确认了这种效果（J Am Chem Soc，doi：10.1021.jacs.6b03285）。

（2）生物乙醇及汽油

生物乙醇是通过发酵淀粉及糖质原料（甜菜、蜜糖、玉米、小麦等）生产的。饮料、食品工业、林业残渣原料化正在推进。甘蔗渣、稻草等农业残渣及柳枝稷的原料化也值得期待（Chem Business，2016/05/09～15， p35）。

瑞典的 Preem、Sekab、Sveaskog 等公司得到瑞典能源局（Swedish Energy Agency）的支持，成立了生产生物异辛烷（汽油）的财团。他们使用法国国际生物（Global Bioenergy）的技术进行木糖生物转换，将所得异丁烯转换为异辛烷（Chem Business，2016/10/03～09，p7；WO2015/082447）。

芬兰阿尔托大学（Aalto Univ）的 A. J. Kurkijarvi 等在从 ABE 发酵母液中分离丙酮、丁醇及乙醇的过程中，比较了反应蒸馏法与二段提取法；提取法的单位能耗低，具备环境适应性（Ind & Eng Chem Res，2016，55，p1952）。

2015 年 11 月，美国杜邦（DuPont）启用使用纤维素原料法的 EtOH 商业生产装置。美国 POET、帝斯曼的 95 万立方米/年已在 Iowa（爱荷华）投产（Chem & Eng News，2016/04/11，p26）。

美国方面，拥有合成气发酵法 EtOH 生产技术的 Lanza Tech（兰扎技术）与玉米高粱原料法 EtOH 厂商（225 万立方米/年）合作，推进副产品生物质能气化及 EtOH 原料化（Chem & Eng News，2016/03/28，p15）。

美国德克萨斯农工大学（Texas A&M Univ）的 Christodoulos A. Floudas 等提出了一种模型并评价了其经济性，这是一种将以生物质能为原料的气化、费托反应及 MeOH 合成热化学法和 MixAlco 法（生物转换）结合在一起的模型（Ind & Eng Chem Res，2016，55，p3203）。

加拿大政府圣地亚哥运输公司（SDTC）将支援加拿大彗星生物（Comet Biorefinery）实施的以玉米芯为原料的 EtOH 生产计划（Chem Business，2016/03/14～20，p7）。

生物燃料厂商 Aemetis 公司收购了纤维素原料法乙醇厂商 Edeniq（2008 年创业）。壳牌公司收购了停业中的 Abengoa 生物乙醇工厂（Chem & Eng News，2016/05/16，p17；10/24，p13）。

美国陆军研究实验室（US Army Research Lab）的 Justin P Jahnke 等报告了一种将持续发酵的 RO 膜（反渗透膜）透过乙醇直接用作燃料电池（DEFC）燃料的系统（Ind & Eng Chem Res，2016，55，p12091）。

（3）生物柴油（BDF）

埃克森美孚与可再生能源集团公司（Renewable Energy Group）（2014

年收购 LS9）合作，研究如何通过纤维素糖发酵（LS9 技术）生产生物柴油（Chem & Eng News，2016/02/01，p18）。

罗姆生物能源（Fulcrum Bioenergy）得到英国石油公司支持，将建设以城市垃圾为原料的喷气燃料生产（气化＋FT 反应）装置（Chem & Eng News，2016/11/14，p14）。

西班牙拉古那大学（Univ La Laguna）的 H. De Paz Carmona 等提出了一种利用废弃粮食油的方式，即和直馏粗柴油（SRGO）一起氢化处理。在使用市售 $NiMo/Al_2O_3$ 催化剂的中试试验中，甘油三酸酯（20％混合）实现了 99.7％～99.8％脱硫，生成了 iso-C15～C18 烃（Hydrocarbon Process，2015，5，p59）。

四川惠盛新能源有限公司开始试运行生物柴油装置，装置产能为 10 万吨/年，以废弃食用油为原料，并得到西北大学的技术支持（日本化学工业日报，2016/05/24，p2）。马来西亚政府正普及"B10"这一棕榈油原料 BDF；2011 年及 2014 年，B5 及 B7 已实现产业化（FSBi，2016/09/27，p24）。

（4）生物航空燃料

2016 年，多个民航公司及机场采用了生物航空燃料。目标是削减 CO_2 排放量，争取在 2050 年前，排放量比 2005 年减少 50％。植物油原料法（氢化、异构化、接触分解、分离）、生物醇法（从异丁醇到异丁烯、低聚合、氢化、C12～C16 异构烃）已达实用化等级。美国将在今后 2 年内开始生产罗姆生物科技（Fulcrum BioEnergy）、红石生物原料（Red Rock Biofuels）的生物航空燃料（Chem & Eng News，2016/09/19，p16）。霍尼韦尔 UOP 开发了绿色染料（油脂氢化脱氧＋选择加氢），由此获得美国化学会化学英雄奖（2016Heroes of Chemistry Award）（Chem & Eng News，2016/10/10，p27）。

墨西哥克雷塔罗自治大学（Autonoma de Queretaro）的 C. Gutierrez-Antonio 等研究了生物航空燃料的氢化处理（麻疯树油氢化脱氧、氢化分解及异构化二段反应）这一制造方法的节能化（Ind & Eng Chem Res，2016，55，p8165）。

捷蓝（JetBlue）与美国 SG Preston 签订了生物航空燃料的 10 年购买合同，年购买量为 125 万立方米（JFK 国际机场年消费量的 20％），因此将新建多个通过油脂氢化脱氧制造直链石蜡燃料的装置（Chem & Eng News，2016/09/26，p14）。

（5）快速热分解

在 FCC（催化裂化）的 VGO（减压柴油）分解中，西班牙巴斯克县大学（Univ Basque County）的 Alvaro Ibarra 等将生物质能快速热分解油与原料混合（80/20），提高了 C3～C4、汽油收率，抑制了 CO_2、CO、焦炭生成（Ind & Eng Chem Res，2016，55，p1872）。

（6）生物质能重整

伊朗伊斯法罕科技大学（Isfahan Univ Technol）的 K. Karini 等研究了可在生物质能（稻草、松、榆树）加氢分解及有机溶剂脱木质素（Organosolve）处理中使用的有机溶剂（Ind & Eng Chem Res，2016，55，p4836）。

（7）生物气、生物 SNG

美国奥本大学（Auburn Univ）的 S. Adhikari 等研究了生物质能 CO_2 中的加热气化（700～934K）。西班牙萨拉曼卡大学（Univ Salamanca）的 Mariano Martin 等评价了经过干修饰将生物气（CH_4 50％～52％，CO_2 45％～47％）转换为 MeOH 的工艺及其经济性（Ind & Eng Chem Res，2016，55，p6677）。

德国赢创集团（Evonik Industries AG）成倍提升了奥地利气体分离用中空纤维分离膜"Sepuran"的产能，用于生物气精制等领域（Chem Eng，2016，4，p14）。

空气化工产品公司（Air Products & Chemicals）从加拿大西屋等离子体公司（Alter NRG）引进了西屋电子（Westinghouse Electric）于 20 世纪 80 年代开发的等离子气化法，推进了生物质气化技术的开发，但最终宣布取消。他们认为，在 3000℃下气化、制造合成气并用于火力发电（50MW/1000t）燃料，建设成本较直接燃烧法（35MW/1000t）高（Chem & Eng News，2016/04/11，p12）。

德国拜耳（Bayer）将农业部门的商业模式转换为数字农业主导；该公司推进数字装置农场观测及管理，争取在 5 年后实现无杂草、无病虫害的耕地状况（日本化学工业日报，2016/09/09，p1）。

（8）高效生物质能及能源作物

　　配合世界范围内展开的"4R 施肥推进运动"，联合国粮食农业机构（FAO）建议开发直接供给植物而非土地的创新肥料，而这需要植物生理学方面的知识（日本化学工业日报，2016/02/03，p1）。

　　孟山都、雷明顿（Remington HD Co）设立了谷物高粱的合作产业，通过投资与技术创新，向国际市场提供质量更好的种子（日本化学工业日报，2016/06/20，p5）。

　　住友商事收购了巴西 Cosan Bomassa SA（Cosan SA 的子公司）20％的股份，推动甘蔗渣的片状燃料化产业（Chem Eng，2016，4，p16）。

4 有机合成

4.1 有机合成

4.1.1 有机化学催化剂

加拿大里贾纳大学（Univ Regina）的 Daniel J. S. Sandbeck 等研究了正碳离子的生成和转换机理，提出了质子加成环丙烷中间体（Chem & Eng News，2016/02/15，p23）。

以色列威茨曼研究所（Weizmann Inst）的 David Milstein 使用 Co-pincer 配合物，通过二醇-胺脱氢偶联合成了吡咯类（Angew Chem Int Ed，2016，55，p14373）。

苏州大学的 Qing Li 等人通过 STM 观测及量子化学计算，研究了使用金属催化剂时醚向醇转换的过程（Angew Chem Int Ed，2016，55，p9881）。

澳大利亚莫纳什大学（Monash Univ）的 David W. Lupton 等发现了一种不对称反应，这种反应伴随使用 N-杂环碳（NHC）催化剂的 α，β-不饱和酮的极性转换（Umpolung）（Angew Chem Int Ed，2016，55，p3135）。此外，Lupton 等人还在烷（6-甲喹啉）、$tert$-亚硝酸丁酯反应中发现了合成腈的反应，这种反应能使烷的 C—H 结合活化，是一种能取代叠氮法的合成法（Chem & Eng News，2016/02/22，p30）。澳大利亚昆士兰科技大学（Queensland Univ Technol）的 Berwyck Poad 等报告，o-二乙炔基苯是已知化合物中最强的碱（Chem & Eng News，2016/08/01，p8）。

美国埃默里大学（Emory Univ）的 D. G. Musaev 使用 $CuBr_2$-联吡啶催化剂，发现了 N-氟代苯磺酸亚胺（$(PhSO_2)_2NF$、氧化剂）到 C—H 的取代（Chem & Eng News，2016/11/07，p13）。

英国约克大学（Univ York）的 William P Unsworth 等报告了使用 $AgNO_3/SiO_2$ 催化剂的烷衍生物的螺环化（Angew Chem Int Ed，2016，

55，p13798）。

德国明斯特大学（Univ Munster）的 Istvan G. Molnar 等以 p-碘甲苯为原料合成了 p-Me-C$_6$H$_4$-IF$_2$，并以此为催化剂，从末端烯烃合成了邻氟（Chem & Eng News，2016/04/11，p8）。美国马萨诸塞州技术研究院（Massachusetts Inst Technol）的 T. F. Jamison 等以 SF$_6$ 为氟化剂，将烯丙醇的—OH 转换为了—F（Angew Chem Int Ed，2016，55，p15072）。

加泰罗尼亚化学研究所（Inst Chem Research Catalonia）的 Paolo Melchiorre 等使用胺催化剂将 3-Me-环己烯酮-3 转换为了不对称烯胺，该反应过程包括自由基反应（Chem & Eng News，2016/04/18，p9；Nature，doi：10.1038/nature17438）。哈佛大学（Harvard Univ）的 Eric N. Jacobsen 等人报告了使用 Lewis 酸催化剂的烯烃与酮的歧化（Nature Chemistry，2016，8，p741）。美国明尼苏达大学（Univ Minnesota）的 Marc A Hillmyer 等使用环状缩醛的有机催化剂，成功实现了开环聚合（Et$_2$Zn＋苯甲醇催化剂，生成聚酯）（Ind & Eng Chem Res，2016，55，p11747）。

佐治亚大学（Univ Georgia）的 G. H. Robinson 等合成了通过 NHC（N-杂环卡宾）实现稳定化的磷衍生物（Phosphaphosphenium cation）（HP$_2^+$）。

日本东北大学寺田真浩及学习院大学秋山隆彦等发表的 BINOL 型不对称 Broensted 酸催化剂颇受瞩目，而德国雷根斯堡大学（Univ Regensburg）的 Ivana Fleischer 正通过环戊二烯羧酸衍生物制造不对称 Broensted 酸催化剂，并研究 Mukaiyama-Mannich 反应（Angew Chem Int Ed，2016，55，p7582）。

美国哥伦比亚大学（Columbia Univ）的 Tristan H Lambert 等开发了 1，2，3，4，5-五甲基环戊二烯骨架的不对称硼酸催化剂及酰胺催化剂（Chem & Eng News，2016/02/29，p12）。

美国麻省理工学院（Massachusetts Inst Technol）的 Richard R. Schrock 等报告：使用不对称 Mo/W 催化剂的不对称环状单体（取代降莰烯）的 ROMP（开环聚合）是通过 R-体、S-体的交互聚合进行的（Chem & Eng News，2016/09/19，p5）。

韩国科学技术院（KAIST）的 Sukbok Chang 等发现，在共轭羧酸的酯、酰胺的 α 位硅烷化（R_3SiH 附加）中，$B(C_6F_5)_3$ 是一种有效的催化剂（Angew Chem Int Ed，2016，55，p218）。

美国加州大学伯克利分校（Univ California Berkeley）的 F. Dean Toste 等介绍了金配合物催化剂的最新进展（Adv Synth Catal，2016，358，p1347）。

美国哈佛大学（Harvard Univ）的 Tobias Ritter 等发现了使用 Uranium 催化剂的光反应法这一烷烃 $C(sp^3)$—H 键合向 C—F 转换的过程（Nature Chemistry，2016，8，p822）。捷克科学院（Czech Academy of Science）的 Petr Beier 等发表了一种取代了氟化烷（CF_3、CF_3CF_2 等）的三唑类的合成法（Chem & Eng News，2016/12/19，p8）。

在烯烃与 H_2/CO 反应（Oxo 反应）的有机合成中，美国伊利诺伊大学香槟分校（Univ Illinois Urbana-Champaign）的 Scott Denmark 等不再使用 H_2/CO，转而使用 CO/H_2O，进行并发 WGS 反应的 Oxo 反应，并列举了这类使用 CO/H_2O 的有机合成反应的实例（Angew Chem Int Ed，2016，55，p12164）。

加拿大皇后大学（Queens Univ）召开了美国硼会议（Boron in the Americas，BORAM），会上介绍了各种有机硼化合物的研究现状（Chem & Eng News，2016/07/25，p20）。

自发现与苯环结构相同的无机化合物硼唑（$B_3N_3H_6$），已经过去了 90 年。其间合成了许多类似化合物，雷根斯堡大学（Univ Regensburg）的 Manfred Scheer 就合成了 P_3Si_3、As_3Si_3 的苯（Chem & Eng News，2016/08/22，p11）。

德国马普学会（Max-Planck-Inst Kohlenforschung）的 Ferdi Schuth 等使用负载了 Co_3O_4 纳米粒子的介孔炭（MC）催化剂，研究了 α，β-不饱和醛（糠醛）到不饱和醇（糠醇）的选择氢化过程；以异丙醇为氢源，以基本固定的收率得到了目标产物（Angew Chem Int Ed，2016，55，p11101）。

加拿大麦吉尔大学（McGill Univ）的 Chao-Jun Li 等通过醛的空气氧化研究了使用 Cu 配合物的 Fehling 氧化，并与使用 Ag 盐的 Tollens 氧化进行了比较（Angew Chem Int Ed，2016，55，p10806）。

美国麻省理工学院（Massachusetts Inst Technol）的 Stephan L

Buchwald 等通过以苯胺为原料合成芳香族氟化物的 Balz-Schiemann 反应，研究了重氮化等使用微反应器的流通反应（Chem & Eng News，2016/09/12，p10）。

英国爱丁堡大学（Univ Edingburgh）的 Stephen P. Thomas 等发现，通过 NHC-Fe 配合物催化剂结构，乙烯丙二烯（R—CH＝CH₂）的硼氢化反应会变成 Markonikov 型、anti-Markinikov 型（ACS Catalysis，2016，6，p7217）。

4.1.2　有机金属催化剂

加拿大渥太华大学（Univ Ottawa）的 Deryn E Fogg 等介绍了烯烃歧化（Metathesis）反应在医药母体、功能化学品合成、油脂化学等领域的工业应用。业界已提出了数百种这种反应的催化剂，其中约有 60 种实现了实用化。含 N-杂环碳（NHC）配位体的第 2 代催化剂利用率提高（Angew Chem Int Ed，2016，55，p3552）。

歧化反应通常生成的是 Z-烯烃（*cis*），而美国波士顿大学（Boston College）的 Amir H Hoveyda 等成功开发了能生成 E-烯烃（*trans*）的催化剂，得到了 E-桂利嗪-N-双官能基烯烃衍生物（Chem & Eng News，2016/05/02，p12）。

美国麻省理工学院（Massachusetts Inst Technol）的 Stephan L. Buchwald 等整理了一些报告，这些报告都与使用 CuH 催化剂的、生成烯烃与烷的氢胺化（R¹R²NH 的附加）反应有关。基于胺的烷基歧化及 Cu 配位体，可能实现多种附加形式。还研究了 F、CF₃ 取代芳香族化合物的 Negishi 交叉偶联反应（经由 Ar-ZnCl 这一中间物的偶合）。以 Pd 为催化剂时，大多生成物都是医药母体（Angew Chem Int Ed，2016，55，p48，p10463）。

德国罗斯托克大学（Univ Rostock）的 Matthias Beller 等使用 Pd 配合物催化剂研究了烯烃的氨甲酰基反应（生成歧化酰胺），还以 Mn-pincer 配合物为催化剂，通过酯及内酯的氢化合成了醇（Angew Chem Int Ed，2016，55，p13544，p15364）。

美国斯克里普斯研究所（Scripps Research Inst）的 Jin-Quan Yu 等以 Pd 配合物为催化剂，使亚甲基（R—CH₂—）活性化，成功将 Ar-碘化物转换为 R-CHAr-。这一反应难度很高，研究花了 14 年时间（Chem & Eng

News，2016/09/05，p7）。

美国密歇根大学（Univ Michigan），安娜堡（Ann Arbor）的 Corinna S. Schindler 等发现，羰基-烯烃（carbonyl-olefin）间发生歧化时，会生成碳五元环（Chem & Eng News，2016/05/02，p8）。

德国亚琛工业大学（RWTH Aachen Univ）的 J. Klankermayer 等研究了使用对称 Ru 催化剂的各种内酰胺氢化。添加 Ru-Triphos（三膦配体）催化剂及甲基磺酸（MSA），则可以 95％左右的高选择性生成六亚甲基亚胺（Angew Chem Int Ed，2016，55，p1392）。

英国剑桥大学（Univ Cambridge）的 Matthew J Gaunt 等公布了以仲胺和 CO 为原料合成 β-内酰胺的反应（Chem & Eng News，2016/11/21，p8；Science，354，6314，2016/11/18，p851）。

苏黎世联邦理工学院的 Christophe Coperet 等使用 SiO_2 固定化 Mo 配合物研究了炔的歧化（Angew Chem Int Ed，2016，55，p13960）。德国马普学院（Max Planck Inst Coal Research）的 Bill Morandi 等发现，使用 Ni 催化剂时，CN 基会在烯烃及腈之间移动（Chem & Eng News，2016/02/22，p8）。

德国伯恩大学（Univ Bonn）的 Andreas Gansauer 等发现，在环氧化物的开环（Regiodivergent Epoxide Opening）中使用不对称亚胺（Kagan）配合物催化剂时，会发生 1，3-位、1，4-位附加（二醇化）（Angew Chem Int Ed，2016，55，p12030）。

美国夏威夷大学诺阿分校（Univ Hawaii Manoa）的 Matthew F. Cain 等发表了不对称四膦配位体。Rh、Ir 配合物的反应性引人注目（Chem & Eng News，2016/07/18，p9）。

瑞士苏黎世联邦理工学院的 Antonio Mezzetti 等使用不对称铁配合物，成功实现了酮与亚胺的不对称氢化，得到不对称醇及胺（Chem & Eng News，2016/02/01，p29）。

德国马普学院（Max Planck Inst Mol Physiology）的 Abdrey P. Antonchick 等使用 CuI-2，2′-联吡啶催化剂，在过氧化物存在下使 4-氯代苯甲醛生成三聚体，并确认到生成了环丙烷环（Chem & Eng News，2016/04/18，p10）。

德国海德堡大学（Heidelberg Univ）的 A. Stephen K Hashimi 使用 P，

N-配位-Arylgold（III）配合物，以炔为原料合成了 α-arylketones（芳基酮）（Chem & Eng News，2016/04/18，p11）。

武汉大学的 Xumu Zhang 等研究了通过环戊烯类的醛化反应合成不对称醛（再通过氧化变换为羧酸）的过程（Angew Chem Int Ed，552016，p6511）。

埃默里大学（Emory Univ）的 K. Liao 等使用 Rh 二核配合物催化剂，成功地将戊烷的 2 位附加在重氮乙酸乙酯（Ar-C（＝N_2）-CO_2R）上（Ar-C（CMeBu）-CO_2R）（Chem & Eng News，2016/05/16，p9）。

四川大学的 Xiaoming Feng 等人使用 Au-Ni 配合物催化剂，以乙烯基乙醛酸酯和炔基醇为原料，一步合成了螺缩酮（Angew Chem Int Ed，2016，55，p6075）。长春应用化学研究所的 Dongmei Cui 等人报告了一种立体控制型配位聚合（异戊二烯的立体选择 3，4-聚合，与苯乙烯的共聚），这种聚合是通过产生［Flu-CH_2-Py］Y（$CH_2$$SiMe_3$）配合物的路易斯酸（$Al^iBu_3$）和碱（Py）的交叉配位控制的（Angew Chem Int Ed，2016，55，p11975）。

德国乔治-奥古斯都-哥廷根大学（Georg-August Univ）的 Sven Schneider 等直接在常温下由从 N_2 分子合成了 CH_3—CN，过程中不产生 NH_3。并由 $ReCl_2$（PNP）制造了氮化物配合物［Re(N)Cl(PNP)］且加以利用（Angew Chem Ind Ed，2016，55，p4786）。

美国加州大学圣塔芭芭拉分校（Univ California Santa Barbara）的 Bruce H. Lipshutz 报告，在使用 Pd 催化剂的 Suzuki-Miyaura 偶联反应过程中，Pd$(OAc)_2$-HandaPhos 配合物催化剂在 Pd 浓度小于 1000μg/g 时依然有效（Angew Chem Int Ed，2016，55，p4914）。

美国密歇根理工大学（Michigan Tech Univ）的 Xiaohu Xia 等在 Pd 纳米结晶种上离析出了 Ru，并进一步提取 Pd，制造了 Ru 中空纳米粒子。这种粒子对 p-硝基苯酚的氢化等反应呈现出了活性（Chem & Eng News，2016/03/28，p10）。

Chem & Eng News 在用户指南中介绍了庄信万丰的 W. A. Carole 等制造的"醋酸 Pd"试剂。这种试剂中有 $Pd_3$$(OAc)_6$ 的三聚体（溶液中也有）和 $Pd_3$$(OAc)_5$$(NO_2)$、［Pd$(OAc)_2$］$_n$聚合体，对溶解性、催化特性等有所影响（Chem & Eng News，2016/05/02，p20）。

4.1.3 酶催化剂

德国莱布尼茨天然矿产化学研究所（Leibniz Inst Natural Product Chem）的 Christian Hertweck 等报告了使用曲霉菌磺化的、—CH₂ 转换为 —CCl₂ 的过程（Angew Chem Int Ed，2016，55，p11955）。

德国马尔堡菲利普斯大学（Phillips Univ Marburg）的 Johann Heider 等使用 Benzylsuccinate synthase（苯甲基琥珀酸合成酶），将富马酸附加在 (R)-甲苯的甲基上，合成了 (R)-丁二酸二苄酯并研究了其反应机理（Angew Chem Int Ed，2016，55，p11664）。

4.1.4 医药及精细化学品

法国里昂大学（Univ Lyon）的 Anis Tlilli 等介绍了在医药及农药等领域颇受关注的 —OCF₃ 取代基导入法。与导入 —CF₃ 基的例子相比，研究 —OCF₃ 基的例子较少（Angew Chem Int Ed，2016，55，p11726）。

美国 Vertellus Specialties 公司为解决中南美洲肆虐的赛卡（Zika）病毒，正大量增产 N,N-二乙基间甲苯甲酰胺（DEET、防护剂）（Chem & Eng News，2016/04/18，p15）。

蛀牙防治方面，美国提出了代替汞合金等物质的 $AgF(NH_3)_2$，这种物质能促进 Ag 的杀菌，以及 F 生成氟磷灰石层（Chem & Eng News，2016/08/01，p16）。

德国 BASF 计划新建维生素 A（1500 吨/年）工厂，预计 2020 年投产。并将强化维生素、香料、类胡萝卜素及 Omega-3 脂肪酸等保健品相关产业（Chem Week，2016/10/17，p14；WO2005058811）。

80% 的香兰素（2-甲氧基-4-邻羟基苯甲醛）是从愈创木酚（Guaiacol）合成的，但雀巢（Nestle）等食品制造巨头已表现出仅采用天然资源（Vanilla beans 等）为原料的动向（Chem & Eng News，2016/09/12，p40）。

4.1.5 绿色化学

EPA 的 2016 年度总统绿色化学挑战奖（Presidential Green Chemistry Challenge Award，PGCCA）已经发表（Chem & Eng News，2016/07/04，p22）。Grow Bioplastics 公司开发了 TerraFlm（木质素制造的地膜），借此获得创新企业奖（Entrepreneurial Business Award）。

绿色反应条件奖（Greener Reaction Conditions Award）：氯甲基吡啶

（Nitrapyrin）（陶氏农业科学）。

最佳绿色合成路线奖（Greener Synthetic Pathways Award）：CB&I，Albemarle Zeolite AlkyClean 工艺。

小企业奖（Small Business Award）：Verdezyne Vegetable oil to Dodecanedioic acd/Nylon Yeast 工艺。

绿色化学品设计奖（Designing Greener Chemicals Award）：Newlight Technologies Air Carbon 生物催化法 PP。

学术奖（Academic Award）：Paul J. Chirik（Princeton Univ），Fe，Co & Ni Hydrosilylation Catalyst。

美国华盛顿大学（Univ Washington）的 Anthony K. Au 等正在开发一种使用 3D-CAD 打印法的微反应器，同时在总结相关综述。这或可取代软光刻技术（soft lithography），值得期待（Angew Chem Int Ed，2016，55，p3862）。

自美国环境保护署（Environmental Protection Agency，EPA）、ACS 首次举办绿色化学与工程会议（Green Chemistry & Engineering Conference，GC&E）以来，已经过去了 20 年。现在，这项会议由 ACS 的绿色化学研究院（Green Chemistry Institute）组织，功能不断扩大。化学与科学新闻（Chem & Science News）刊登了该领域最近的研究论文。一共有 8 篇论文，包括光还原 CO_2 的 $Ag_3PO_4/g-C_3N_4$ 复合催化剂与双光子系统（怀俄明大学，Univ Wyoming）、TiO_2 光催化剂纳米纤维（加州河畔大学，Univ California Riverside）、使用果皮捕捉排水中的重金属离子（Nat Univ Singapore）等（Chem & Eng News，2016/03/28，p34；06/20，p20；2016，6，Supplement，S5）。

印度尼西亚冻结了开发棕榈油园区的许可。此举旨在抑制天然林采伐等环境破坏问题，为期 5 年（FSBi、2016/08/02，p22）。

加州理工学院（California Inst Technol）的 Frances H Arnold 等发现，血红素酶会使 Si—H 键合活性化，促进生成 Si—C 键合（Chem & Eng News，2016/12/12～19，p29）。W. R. Grace（格雷斯公司）正在考虑出售德国、英国、新加坡及印度的色谱关联产业（系统、柱、填充剂等）（Chem Week，2016/05/30～06/06，p4）。

4.2　生物基础化学品及聚合物

2016 年 4 月 18～20 日，世界工业技术大会（World Congress on Industrial Biotechnology）于圣地亚哥（San Diego）召开。Genomatica（1, 4-BDO）、Avantium（FDCA，PEF）、Intrexon（异丁醇、金合欢烯）、Gevo（异丁醇）等技术进步显著，但原油价格走低的影响仍不可估（Chem Week，2016/04/25～05/02，p52）。2014 年，欧洲塑料（EUBP）的生物塑料世界生产总量为 170 万吨/年，预计到 2019 年会达到 780 万吨/年（增加 350%）（Chem Business，2016/09/26～10/02，p57）。日本、韩国、中国台湾、泰国及大洋洲的生物塑料业界团体实现合作，成立全太平洋生物塑料联盟（PPBA）（日本石油化学新闻，2016/09/26，p3）。

BASF 提出了一种名为"Mass Balance（物质平衡）"的生物制品认证方式，且其生产的聚酰胺（己内酰胺）已经取得 TUV Sud 认证，开始销售尼龙树脂。该公司同时使用生物石脑油、生物气、植物油等生物和化石原料（石脑油等），使用 100% 化石原料时，公司仍会在制品中掺入一定比例的有机碳（日经产业新闻，2016/09/30，p11）。

用于汽车内饰材料的聚合物（聚酯、聚氨酯等）方面，意大利 Alcantara SpA 公司预计在 2020 年实现全生物质化（日刊自动车新闻，2016/10/20,p3）。

生物基础聚合物越来越多地用于包装材料。PLA 于 20 世纪 90 年代开始应用，Metabolics 公司推出 PHA（多羟基脂肪酸酯），布拉斯科公司推出 Green PE（HDPE，LLDPE，LDPE），荷兰 Avantium 开始小规模生产 PEF（聚乙烯保温材料），并和 BASF 成立了合资产业（Chem Week，2016/06/27～07/03，p28；Chem Week，2016/10/17，p23）。

德国 Deinove、Arbiom 两家公司开始在美国弗吉尼亚州进行中试试验，试验内容是森林副产物磷酸加氢分解的生物质能糖化，以及 Deinococcus 菌（异常球菌）诱发的化学品转换（Chem & Eng News，2016/03/21，p16）。

（1）长链烯烃

埃尼可再生科学（Elevance Renewable Sciences）正在推动新一代生物炼油厂的规模升级，这种炼油厂采用的原料是天然油脂及乙烯，通过歧化反应制造长链烯烃。示范装置已投产，出资及参与合作的是 Versalis 公司（维萨黎司公司）（Chem Week，2016/01/25～02/01，p4）。

（2）丁二烯（BD）

诺玛蒂卡（Genomatica）、布拉斯科公司通过糖的发酵成功直接制造了丁二烯，使用 2L 釜于 2015 年 6 投产，同时还揭示了代谢系统（Chem Eng，2016，1，p9）。Genomatica 公司、意大利 Versalis 公司于 2016 年 2 月成功实现了生物法丁二烯制造，将研究生物顺丁橡胶、丁苯橡胶等衍生物的制造。2015 年起，英威达（Invista）、蓝泽科技（Lanza Tech）也在共同开发生物法丁二烯（Chem Business，2016/02/22～03/06，p42，10/24-30，p10）。

（3）醋酸乙酯

美国 Greenyug LLC，阿彻丹尼尔斯米德兰公司（Archer Daniels Midland（ADM））以玉米 EtOH 为原料，生产可再生醋酸乙酯。虽然原油价格走低，这种方法的成本竞争力还是比塞拉尼斯（Celanese）、伊士曼化学（Eastman Chemical）的石化法强（Chem & Eng News，2016/06/27，p10）。

（4）EO（环氧乙烷）、MEG

大连化学物理研究所的 Tao Zhang 等人使用 Ni/Ac＋Sn 催化剂处理纤维素，以合计 86.6％ 的收率得到了 MEG、1，2-PDO（MEG57.6％）（ACS Catal，2016，6，1，p191）。

（5）乳酸及聚乳酸（PLA）

美国 NatureWorks 公司决定在美国增建 PLA 生产装置 3 期（7.5 万吨/年），预计 2018 年投产，总产能 23.1 万吨/年。这样一来，其正在规划的亚洲计划便冻结了。世界最大的发酵法乳酸厂商、荷兰 Corbion 公司于 2016 年 10 月开始在泰国建设 PLA 装置，预计在 2018 年内投产（7.5 万吨/年）（日本石油化学新闻，2016/09/19，p1）。美国 NatureWorks 开发了通过甲烷发酵生成乳酸的商用技术，并计划在 2018 年前建成 25000sqft（1sqft＝0.0929m^2）的中试装置，得到了美国能源部（USDOE）的支持，并将在今后 6 年建设 5000 万美元的示范装置（日本化学工业日报，2016/03/11，p3），并在 2020～2021 年增建 75000 吨/年，2023～2025 年建设甲烷原料新工艺装置。法国 Total（道达尔）与荷兰 Corbion 合资，将在泰国新建 PLA 生产装置（预计 2018 年投产），产能 75000 吨/年，乳酸（100000 吨/年）及交酯（75000 吨/年）生产装置已分别于 2008 年及 2012 年投产（日本石油化学新闻，2016/08/15，p4）。

赢创工业（Evonik Industries）在 2017 年提升了聚 L-谷氨酸（PLGA）的美国、德国的产能（Chem & Eng News，2016/11/28，p14）。

美国嘉吉公司（Cargill Inc）的 Blair，Neb 生物炼油厂使用低 pH 耐性酵母生产乳酸（Natureworks，Corbion）。2015 年之前，该基地已开始生产 1，3-PDO（杜邦 Tate & Lyle 生物产品公司）、维生素 B2（BASF SE）、赖氨酸（Evonik）、1，4-BDO（BASF，意大利 Novamont；美国 Genomatica 技术）等物质（Chem Eng，2016，4，p38）。Nature Works 在明里苏达州开设了专用实验室，希望以此扩大 PLA 高功能品的销路（日本石油化学新闻，2016/09/26，p1）。伦敦帝国理工大学（Imperial College London）的 Charlotte K. Williams 等在丙交酯聚合催化剂研究中讨论了锌配合物，发现其在配体选择中表现出超高活性（TOF 60000h^{-1}）。

（6）丁醇（NBA）

美国密歇根州立大学（Michigan State Univ）的 Dennis J. Miller 等研究了通过液相 EtOH 的盖尔贝（Guerbet）反应合成 1-丁醇的过程。使用 Ni/La$_2$O$_3$/γ-Al$_2$O$_3$ 催化剂，结合 3Å 沸石脱水，得到的 EtOH 转化率 50%、选择性 75%。也有报告称，气相反应中有 99% 选择性（Ind & Eng Chem Res，2016，55，p6579）。

英国绿色生物制剂（Green Biologics）使用可再生资源（玉米）发酵法（Advanced Fermentation Process），开始在合作公司、Central Minnesota Renewable 展开丁醇及丙酮发酵法生产（75/25 重量比）（Chem Week，2016/08/01～08，p23）。美国 GS Caltex（GS 加德士）正在推进马来西亚企业与生物丁醇产业化的探讨（日本化学工业日报，2016/11/07，p2；US2016-0230196）。

（7）异丁醇（IBA）

美国 Gevo Inc 公司与阿根廷 Porta Hnos SA 公司实现合作，将在该国新建多个生物异丁醇（IBA、玉米原料）装置（Chem Eng，2016，3，p14）。Gevo 完成了位于明尼苏达州 Luverne 的异丁醇装置整改节能工程，装置重新投产（Chem Business，2016/04/04～10，p6）。该地也建设了使用玉米原料发酵法的升级工厂，但存在技术性问题。Gevo 和克莱恩也正在考虑转换为以 EtOH 为原料的制法（Chem & Eng News，2016/06/06，p14）。Gevo 仍在生产发酵法异丁醇并出售给阿拉斯加航空公司（Alaska

Airlines）、BCD、可口可乐（Coca Cola）、东丽等公司，但也在考虑改善低收益体制并调整产业（Chem Week，2016/05/30～06/06，p11）。

（8）琥珀酸

加拿大比恩生物（BioAmber）与三井物产合资的加拿大萨尼亚（Sarnia）琥珀酸装置投产，达到了加拿大持续发展技术会（Sustainable Development Technology Canada）的温室气体排放（Green House Gas emission）目标（Chem Week，2016/08/29～09/05，p4）。比恩生物（BioAmber）与韩国的 CJ 第一制糖合作，发表了将在中国生产生物琥珀酸（36000 吨/年，2018 投产）的计划（日本化学工业日报，2016/12/26，p2）。

荷兰 Reverdia 公司与中国企业达成一致，将共同开发以生物琥珀酸为原料的 PU（聚氨酯）生产技术（ChemWeek，2016/10/17，23）。

三菱化学与泰国国家石油公司（PTT）合作，在 2016 年内开始生产生物降解性生物 PBS（聚丁二酸丁二醇酯），规模为 20000 吨/年，预计在 2020 年前完全投产（日经产业新闻，2016/09/07，p14）。

（9）1，2-丙二醇（MPG）

阿根廷 ITHES 大学的 N. Amardeo 等通过甘油的气相氢化，使用 Cu/Al_2O_3 催化剂，在常压、200℃条件下制造了 MPG（60%选择性）（Ind & Eng Chem Res，2016，55，p2527）。

美国 S2G 生物化学将农业废物中的糖氢化，以此生产 ETY、MPG 混合物（Chem & Eng News，2016/06/27，p10）。

（10）1，3-丙二醇（PDO）

印度化学技术研究所（Indian Inst Chemical Technology）的 Komamndur V. R. Chary 等研究了通过甘油氢化分解合成 1,3-PDO 的过程中的有效催化剂。他们发现，将 Pt/Cu 合金负载在 H-MOR 沸石上的催化剂是有效的，在 210℃得到了 90%转化率、58.5%选择性（Ind & Eng Chem Res，2016，55，p4461）。

法国德西尼布公司，Metabolic Explorer SA（法国迈陀保利克）公司统合了甘油发酵法 1,3-PDO、PTT（聚对苯二甲酸丙二醇酯）制造技术，正在评价其产业价值（Chem Week，2016/08/29～09/05，p5）。

杜邦（DuPont）将发酵法生产的 1,3-PDO 用于生产聚酯（PTT）并低聚（Cerenol™）化，开发了柔软性很好的聚氨酯合成革（日本石油化学新闻，2016/10/03，p6)。

(11) 表氯醇

芬兰 ABO 学园大学（Abo Akademie Univ）的 Cesat A. Araujo Filho 等通过反应蒸馏法及间接反应法比较了甘油、HCl 反应引发的二氯化（DCP）。生成一氯体（α、β-MCP）、二氯体（$\alpha\beta$、$\alpha\gamma$-DCP），得到了 $\alpha\gamma$-DCP 收率最大的条件（Ind & Eng Chem Res，2016，55，p5500）。

(12) 甘油醛

华东理工大学的 Gang Qian 等研究了使用负载活性炭 Pt 催化剂的甘油液相空气氧化（60℃），得到了对应的醛和酸等物质（Ind & Eng Chem Res，2016，55，p420）。

(13) 1,4-丁二醇（BDO）、四氢呋喃（THF）

美国比恩生物（BioAmber）得到 DOE 支持，正在推行生物琥珀酸氢化 1，4-BDO、THF 技术的产业化（Chem Week，2016/09/19～26，p4）。美国 Genomatica 公司正在申请生物法 1，3-BDO、1，4-BDO 制法的专利（特许 05876822；特开 2016-063823）。

意大利 Novamont 公司已开始生产生物法 1，4-BDO，规模为 30000 吨/年，转换了该公司的赖氨酸装置，原料采用糖，使用美国 Genomatica 公司于 2008 年开发的基因重组大肠菌发酵法。BASF 也获准使用这项技术（Chem & Eng News，2016/10/10，p13）。

(14) 乙酰丙酸（2-异戊酸）、γ-戊内酯（GVL）

乙酰丙酸是一种备受期待的生物化学品中间体，意大利自 2015 年 7 月开始生产这种物质，规模为 2000 吨/年，并收购了同为乙酰丙酸厂商的美国 Segetis 公司（Chem & Eng News，2016/01/11，p18，02/29，p17）。

在从葡萄糖合成乙酰丙酸的过程中，德国亚琛工业大学（RWTH Aachen Univ）的 Regina Palkovots 等分解了过程中生成的副产物甲酸，并研究了将其转换为 $CO_2 + H_2$ 的方法。聚合物固定化 Ru-DPPE 催化剂有效。加拿大麦吉尔大学（McGill Univ）的 Marie J. Dumont 等研究了同时使用微波及油浴加热淀粉的乙酰丙酸合成，收率为 53%～55%，反应速度还可提高（Ind & Eng Chem Res，2016，55，p5597，p8941）。根据 US2015-0246865（阿彻丹尼尔斯米德兰公司，Archer Daniels Midland），使用硫酸催化剂，在 180℃下，以葡萄糖为原料的收率为 74%，以羟甲基糠醛为原料的收率为 85％。浙江大学的 Xiuyang Lu 在离子液中，催化剂存在下对葡萄糖和纤维素进行处理，乙酰丙酸的收率分别为 60.8％、54.5％。(Ind & Eng Chem Res，2016，55，p11044)。

西班牙巴斯克县大学（Univ Basque County）的 Jesus Requies 等使用固体酸催化剂（MFI、BEA、USY、杂多酸、RIE），研究了从糠醇合成乙酰丙酸（413K、1MPa、MEK 等溶剂）的过程。转化率接近 100％，收率为 56％～62％，在 H_2 压力 2MPa 条件下，收率上升至 77％（Ind & Eng Chem Res，2016，55，p5139）。

印度 CSIR-国家化学实验室（CSIR-National Chem Lab）的 Chandrashekhar V Rode 等使用负载有蒙脱石的 Fe-Ni 催化剂，通过乙酰丙酸的一步加氢环化合成了 γ-戊内酯（GVL，＞99％转化率，98％选择性）（Ind & Eng Chem Res，2016，55，p13032）。GVL 是戊烯酸及己二酸的中间物，引人注目。

（15）己内酯

德国格罗宁根大学（Univ Groningen）的 Marco Fraaije 等报告了得自市区热密卷菌（thermocrispum municipal）的环己酮单加氧酶（cyclohexanone monooxygenase，CHMO）的结构和催化特性（Angew Chem Int Ed，2016，55，p15852）。

（16）萜（terpenes）、金合欢烯（farnesene）

2014 年，美国 Amyris 公司以葡萄糖为原料开始发酵生产金合欢烯（α-金合欢烯：3，7，11-三甲基-1，3，6，10-十二碳-四烯，β-金合欢烯：(E)-7，11-二甲基-3-亚甲基-1，6，10-十二碳三烯，C15 化合物，精油成分）。Chem & Eng News 刊登了专题报道（Chem & Eng News，2016/03/28，p26）。

根据五年计划，Amyris 公司将向巨头厂商（未公开）提供其制造的金合欢烯（Chem Week，2016/04/25～05/02，p4）。

杜邦（DuPont），丹尼斯克公司正在发展 Thimol、肉桂醛(Cinnamaldehyde) 等精油成分，计划以其代替抗菌性成长促进剂（AGP），用作家禽及猪饲料的添加剂（日本化学工业日报，2016/07/04，p3）。

（17）聚羟基烷酸（PHA）

Metabolix 公司已将 PHA 产业出售给韩国 CJ CheilJedang。CJ 在美国

爱荷华州 Fort Dodge（道奇堡）生产赖氨酸，并一直在同 Metabolix 公司讨论于当地新建 10000 吨/年 PHA 装置（Chem & Eng News，2016/08/29，p14）。

（18）糠醛、5-羟甲基糠醛（5-HMF）

瑞士 AVA-CO2 正和波恩大学共同研究以 5-HMF 代替 H_2CO。借此，他们希望废弃 PhOH-H_2CO 树脂、Urea 脲-H_2CO 树脂中被指有危害性的 H_2CO（Chem & Eng News，2016/03/28，p14）。

加拿大麦加尔大学（McGill Univ）的 Marie-Josee Dumont 等在 $AlCl_3$-DMSO/离子液体中微波加热淀粉，直接转换为 5-HMF，收率为 59.8%（Ind & Eng Chem Res，2016，55，p4473）。

（19）呋喃二羧酸（2，5-FDCA）

杜邦、阿彻丹尼尔斯米德兰公司（Archer Daniels Midland（ADM）开发了通过生物法制造呋喃二羧酸甲酯（FDME）的技术，并将建设 60 吨/年的中试装置（Chem Week，2016/01/25～02/01，p4）。BASF 与荷兰 Avantium 成立了生产销售 FDCA 的合资公司 Synvina，计划销售生物聚酯（PEF）。FDCA 制造方面，Avantium 已开发了 YXY 工艺（日本化学工业日报，2016/03/17，p2；Chem & Eng News，2016/03/21，p15）。比利时投资公司 PMV、FPIM 决定向 Avantium 投资，将于安特卫普（Antwerp），比利时（Belgium）建设 50000 吨/年的装置（Chem & Eng News，2016/04/25，p15）。PEF 的气密性优于 PET，可口可乐（Coca Cola）等公司正考虑采用这种材料（Chem & Eng News，2016/01/25，p6；特表 2015-514151）。

美国尤他州立大学（Utah State Univ）的 Yujie Sun 等研究了通过 5-HMF 的电解氧化（1.0mol/L KOH 水溶液介质）合成 2，5-FDCA 的过程。他们使用非贵金属电极，期待同时生成氢。在 Ni 发泡体上负载 Ni_2P 纳米粒子阵列，以此为电极，在 1.35V（饱和甘汞电极）、定量电流效率下进行了反应（Angew Chem Int Ed，2016，55，p9913）。

美国斯坦福大学（Stanford Univ）的 Matthew W. Kanan 等以 2-糠醛及 CO_2 为原料，成功合成了 2，5-FDCA（Chem & Eng News，2016/03/21，p9；Nature 2016，doi：10.1038/nature17185）。

美国加州大学伯克利分校（Univ California Berkeley）的 Alexander

Katz 开发了使用 NU-1000（MOF）的 5-羟甲基糠醛（HMF）分离法（Chem & Eng News，2016/09/19，p6）。

（20）亚甲基丁二酸（$C_5H_6O_4$）

麻省理工学院（Massachusetts Inst Technol）的 Yiran Wang 等发现，丙酮酸乙酯会在 Hf-Zeolite 催化剂存在的情况下自主羟醛缩合，生成亚甲基丁二酸二乙酯（Chem & Eng News，2016/04/11，p9）。

英国 Revolymer 公司收购美国 Itaconix 公司，并收购生物法亚甲基丁二酸产业。这种技术用于将矿物分散于涂料中或除臭等（Chem & Eng News，2016/07/04，p14）。

（21）芳烃（BTX）

荷兰乌特勒支大学（Utrecht Univ）的 B M Weckhuysen 提出了一种制造芳香族衍生物的方法，这种方法使用的原料是生物基呋喃衍生物，采用固相反应，选择性为 80% 左右。利用 2-Me-呋喃与乙烯、马来酐等的 Diels-Alder 反应，催化剂为沸石。牛津大学（Oxford Univ）的 Shik C Edman Tsang 等通过 2，5-二甲基呋喃及乙烯（来自乙醇）的 Diels-Alder 合成了 p-XL（USY 沸石催化剂）（Angew Chem Int Ed，2016，55，p1368，p13061）

西班牙胡安卡洛斯国王大学（Rey Juan Carlos Univ）的 David P. Serrano 等通过 Ga 或 Zn 改性 ZSM-5 催化剂接触（550℃）分解了菜籽油（C18 酸 92%），并在脱氧（CO，CO_2，H_2）同时以 43% 的收率得到了 C6～C8 芳烃（Ind & Eng Chem Res，2016，55，p12723）。

美国 Anellotech 开发了以生物质能为原料的芳烃制造技术（热化学工艺：Bio-TCat），推进纽约 Pearl River（珍珠河）的装置建设（Chem & Eng News，2016/03/28，p15）。这是一种从木质纤维素合成芳香族衍生物的反应，流化床热分解、Bio-TCat 工艺，ZSM-5 催化剂、Bio-BTX 中试试验，已与 Johnson Matthey，IFPEN（法国石油与能源研究院）达成合作。新近又与美国 Trecora Resources 实现合作，在 2016 年内开始放大试验，日本丰田通商参与出资。波尔里弗（Pearl River，BTX）正在开发不可食用生物质能聚苯乙烯及其他芳香族塑料，颇受注目（Chem & Eng News，2016/02/08，p20；特表 2013-504651；US2015-0218078）。法国石油与新能源研究院（IFPEN）设计的中试试验（TCat-8）得到了诸多大企业的支持，已经投产（Chem Week，2016/04/04～11，p29）。

美国特索罗（Tesoro）收购了可再生芳香族烃（*p*-XL）厂商 Virent（Chem Business，2016/09/12～18，p7）。

（22）*p*-二甲苯（*p*-XL）、对苯二甲酸（PTA）、PET

美国 Virent 开发了通过生物发泡法、以 EtOH 等醇类为原料制造生物 *p*-XL 的技术，CocoCola 希望将其用于 PET 瓶，参与了合作（日本石油化学新闻，2016/10/03，p6）。

大连化学物理研究所的 Jie Xu 等通过生物质能己二烯二酸制造了对苯二甲酸二乙酯。进行 ETY 的 Diels-Alder 环化加成（Angew Chem Int Ed，2016，55，p249）。

美国 BP 开发了低碳型 PTA 制法，并得到"PTAir"、"PTAir Neutral"认证。欧洲开始出货（日经产业新闻，2016/09/26，p4）。

（23）己二酸、己二烯二酸、末端二羧酸、末端氨基羧酸

新加坡科技研究局（A＊STAR）的 S. Jonnalagadda 等使用基因重组大肠菌，成功通过葡萄糖转换制造了己二烯二酸；为提高产能，还在继续研究（Chem Eng，2016，10，p8）。美国 Verdezyne Inc 公司自 2017 年起在马来西亚生产 C6、C12-二羧酸（棕榈油等原料，生物转换，9000 吨/年）。美国 BP、荷兰帝斯曼及当地 Sime Derby 公司参与出资（日本化学工业日报，2016/10/21，p2；WO2012/094425，WO2014/100461）。

法国阿科玛（Arkema）公司通过蓖麻油合成 11-氨基十一烷酸，除PA11 外，还正在推行共聚酰胺产业化（日本石油化学新闻、2016/11/21，p2-3）。

（24）糖类及糖化

加拿大彗星生物（Comet Biorefining）开始以木质纤维素为原料生产葡萄糖（酶法）。美国堪萨斯大学（Univ Kansas）的 R V Chaudhari 等使用 Pt-Pd/TiO_2纳米催化剂，研究了葡萄糖氧化为葡糖二酸（44％选择性）的过程。这种中间物能通过氢化转换为己二酸（Ind ＆ Eng Chem Res，2016，55，p2932）。美国 Rivertop Renewables 公司开始在商业生产中采用将葡萄糖转换为葡糖二酸盐的氧化法（Chem ＆ Eng News，2016/04/04，p12）。

微软（Microsoft）创立人比尔·盖茨（Bill Gates）决定向开展 Plantrose 技术（通过纤维素超临界加氢分解生产糖，不需要酶、溶剂和酸催化剂）的 Renmatix（任马提科斯公司）出资，一时成为话题。首台商业

装置于 2017 年投产（Chem Week，2016/09/19～26，p29）。

华纳公司绿色化学研究所（The Warner Babcock Inst for Green Chemistry）与 Kalion 公司合作开发葡糖二酸衍生物。Kalion 具备制造葡糖二酸发酵法技术（Chem & Eng News，2016/03/14，p15）。

加拿大彗星生物（Comet Biorefining）正在考虑将以玉米穗轴为原料生产纯度 95% 的葡萄糖的技术商业化；将原料分离为纤维素（C6 糖）、半纤维素（C5 糖）、木质素后，再通过自主开发的两段法分解纤维素（Chem Eng，2016，5，p7）。

青岛科学技术大学的 Huanfei Xu 等介绍了生物质能糖化中使用的碱预处理法对酶糖化的影响，同时介绍了这种方法分离半纤维素及木质素时与其他方法的区别、AQ 催化剂的影响及挤出成型反应器（Ind & Eng Chem Res，2016，55，p8691）。

瑞士联邦理工学院（EPFL）的 J. S. Luterbacher 提出在木质素分离中使用 H_2CO 预处理法，这将形成 1,3-二氧杂环己烷加成，提高木质素的反应性（Chem & Eng News，2016/10/31，p7）。

南京工业大学的 He Huang 等人发表了以麦芽糖为原料的海藻糖合成中使用的、包括转换与分离的生物催化剂（大肠菌全细胞）（Ind & Eng Chem Res，2016，55，p10566）。

（25）脂肪酸及油脂化学

脂肪酸主要是通过植物油（棕榈油、可可油、大豆油等）水解制造的。主要制品有月桂酸 C12：0、肉豆蔻 C14：0、棕榈酸 C16：0、硬脂酸 C18：0，油酸 C18：1 等，多产于马来西亚及印度尼西亚（Chem Business，2016/06/06～12，p32，06/27～07/03，p38）。受棕榈欠收影响，含油率低的辛酸 C8：0、辛酸 C10：0 价格居高不下。世界范围内，棕榈油广泛用于食品、化妆品、工业原料等领域，但为保护热带雨林、防止不法劳动，业界正考虑采用严格的认证制度（日经产业新闻，2016/11/17，p30）。

美国埃尼可再生科学（Elevance Renewable Sciences）开始通过天然油脂及 ETY 歧化（Ethenolysis）合成功能化学品，采用的是 Richard Schrock 开发的催化剂（Chem & Eng News，2016/01/25，p16）。

BASF 为支持南摩洛哥亚冈（Argania Spinosa）森林保护及地区产业，自 2005 年推行"亚冈项目"至今。该项目的内容是提取亚冈油（核油：食用、化妆品用），向世界供给使用蛋白质及果肉萃取物等副产物制作的化妆品原料（日本化学工业日报，2016/04/20，p2）。

印度贾扬农业有机物（Jayant Agro Organics，JAO）将推进蓖麻油衍生物产业的多元化。印度蓖麻种产量 130～150 万吨/年，榨油方面，JAO 与法国阿科玛（Arkema）的合资公司生产超过 60 种制品。该合资公司还与三井化学合作建设了多元醇工厂，生产 12-羟基硬脂酸等多种衍生物。同时还在研究如何通过蓖麻杂交种将产能提高到 7000～8000kL/ha（1ha＝10000m^2）（日本化学工业日报，2016/03/17，p2；03/23，p3）。

赢创工业（Evonik Industries）将加强独马尔（Marl）的 PA12 装置，用于涂料及 3D 打印机等（Chem Week，2016/09/19～26，p16）。

长春应用化学研究所的 Zhaohui Su 等人使用植酸（肌醇-6-磷酸酯、生物材料）制造了超亲水性覆膜。这种覆膜的防雾、油水分离效果都较好（Angew Chem Int Ed，2016，55，p5093）。

西班牙国家研究委员会（CSIC）的 Ana Gutierrez 等通过霉菌的过氧化酶（heme-thiolate peroxidase）研究了烷的末端羧酸化。以 n-十二烷为原料，得到了两末端氧化为—OH、—COOH 的生成物。通过 $H_2^{18}O_2$ 确认进入的氧均为 ^{18}O（Angew Chem Int Ed，2016，55，p12248）。

日本国内外都在研究如何通过微藻类光合成生产油脂（甘酸三油酯），同时也在开发将合成气转换为醋酸、甲醇等物质、再通过微生物转换间接生产油脂的技术。麻省理工学院（Massachusetts Inst Technol）以醋酸为中间物，生产了 18g/L 的 C16～C18 油脂；中国已于 2015 年 9 月开始中试试验；除德州大学（Univ Texas）、杜邦（DuPont）、Solazyme 公司之外，清华大学及大连化学物理研究所等也在进行研究（Chem Eng，2016，5，p7）。

针对通过不饱和脂肪酸（油脂）及 ETY 的歧化反应（催化剂是 Schrock 型、Hoveyda 型 Mo/W 配合物）制造 α-烯烃（1-癸烯）及不饱和脂肪酸（9-癸烯酸）的技术，Elevance Renewable、XiMo AG、Versalis 等企业实现了合作（Chem Eng，2016，4，p10）。

获得 2016 年总统绿色化学挑战奖（Presidential Green Chemistry Challenge Awards）的 Verdezyne 以聚酰胺为原料，通过植物油（Lauric acid 等）的多段酶转换合成了二羧酸，并在中试试验中实现了 140g/L 的高效率生产，同时正在建设 9000 吨/年装置（Chem & Eng News，2016/06/20，p20）。

帝斯曼开发了 Omega-3 脂肪酸（ALA、EPA、DHA 等）制造技术（3C 工艺），借此可得到纯度 85％的脂肪酸（Chem Week，2016/10/17，p2）。

巴西 Elkeiroz 公司正在研究通过与环氧大豆油（ESBO）MeOH 的酯交换生产生物增塑剂（Chem Business，2016/12/05～11，p15）。

（26）洗涤剂

赢创工业（Evonik Industries）在斯洛文尼亚开发了通过槐糖脂（sophorolipid，天然物）发酵法生产生物表面活性剂（用于洗发水等）的技术，已开始量产（Rewoferm SL446）；同时计划实现鼠李糖脂的工业生产（Chem Business，2016/08/15～21，p35；日本化学工业日报，2016/06/23，p2；特表 2013/511266）。

（27）纤维素与纳米纤维素

新加坡国立大学（National Univ Singapore）的 Duong Hai Minh 等以废纸为原料，制造了纤维素的气凝胶。这种气凝胶的特征为轻量、屈挠性、强度高、防水（MTMS 处理品）等，并且因为具备微细孔，还可用作集油剂（Chem Eng，2016，3，p10）。

加拿大英属哥伦比亚大学（Univ British Columbia）的 Mark J MacLachlan 等开发了纤维素纳米晶（CNCs）的功能性材料，并正开拓其在胶黏剂、涂料、半导体产业中的用途（Angew Chem Int Ed，2015，54，p2888；日本化学工业日报，2016/02/24，p6）。

奥地利兰晶集团（Lenzing）在美国阿拉巴马州新建了 CS_2 溶液纺丝纤维素纤维（Tencel，Lyocell）的 90000 吨/年装置，预计于 2019 年投产（Chem & Eng News，2016/12/12～19，p18）。

（28）木质素转换及衍生物

2013 年以后，分离纯木质素以用作化学原料的趋势迅速壮大。美国农业部（DOA）、能源部（DOE）提供支持，芬兰斯道拉恩索（Stora Enso）开始生产碳纤维原料、苯酚树脂、环氧树脂原料等物质，并已展开样品评论调查。美国杜马特（Domtar）、加拿大威斯福（West Fraser）也建设了大型分离工厂（Chem & Eng News，2016/10/03，p35）。

加州大学伯克利分校（Univ California Berkeley）的 John F Hartwig 等研究了 Ni/C 负载催化剂，以实现二烯丙基醚的 C—O 键的加氢断键；并和已经研究过的均相 NHC—Ni、［Ni（CH_2TMS）$_2$（tmeda）］等配合物催化剂进行了比较（Angew Chem Int Ed，2016，55，p1474）。

加拿大威斯福（West Fraser，造纸公司）分离并开始生产在纸浆生产过程中作为副产物生成的木质素，用作黏合剂原料等化学原料（Chem & Eng News，2016/04/18，p15）。

英国帝国理工学院（Imperial College London）的 John Ralph 等整理了木质素解聚合、生物分解和催化分解、高附加价值化等主题的最新研究成果（Angew Chem Int Ed，2016，55，p8164）。

（29）生物基聚合物及生物降解树脂

美国可罗拉州立大学（Colorado State Univ）的 E. Y. X. Chen 等以生物来源 γ-丁内酯（BL）为原料，合成了高分子量的聚酯。使用超强碱 *tert*-Bu-P$_4$ 为催化剂，在 −40℃ 下聚合得到了高分子量树脂（M_n = 26.7kg/mol），在 260℃ 下加热可实现解聚合（Angew Chem Int Ed，2016，55，p4188）。

德国科思创（Covestro）转换热塑性聚氨酯 Desmopan（TPU、商品名、酯嵌段）的原料琥珀酸，并作为生物基进行培养（日本化学工业日报，2016/01/06，p3）。

法国阿科玛（Arkema）提高了中国江苏省的生物法尼龙（PA11）复合材料产能，于 2017 年投产。美国已在生产生物原料法热塑性弹性体（Chem Week，2016/09/12，p4）。德国赢创（Evonik）在服装布料中使用了 PA1010 等植物聚酰胺（日刊工业新闻，2016/10/13，p13）。

美国杜邦（DuPon）正向全世界供给 PTT（聚对苯二甲酸丙二醇酯）复合材料（Sorona EP）、PA 10、PA 1010（Zytel RS）、与高融点 PA 复合的 HTN·RS 等植物工程塑料。美国 Metabolix（MIT 发起的生物风险公司，2013 年取消了与 ADM 的合作）与韩国的 CJ 第一制糖就 PHA 生产达成合作。道奇堡（Fort Dodge）工厂由韩国 CJ 负责生产（Chem Week，2016/04/04～11，p10），已于 2015 年开始非晶质 PHA 的中试生产。PVC 及 PLA 等树脂改性剂、生物降解剂、纸涂覆等物质和技术已投入使用（日本化学工业日报，2016/04/04，p2；Chem Week，2016/04/04～11，p10）。

瑞士英威达技术（Invista Technologies）发现了生物基尼龙 7、尼龙-77 及聚酯的制造方法（特表 2015-500663）。帝斯曼开始销售一种注塑性好、来源于植物的高性能树脂（聚邻苯二甲酰胺）。聚酰胺 4T（ForTii）的改性品有 E11、E61、LDS62 三级（日经产业新闻，2016/08/18，p7）。

意大利 Novamont 公司的生物降解性树脂"Mater-Bi"（地膜等）的植物成分提高到了 75％以上。以可塑化淀粉主体（1996 年 25％、2014 年 50％）为基础，导入其他植物原料的高分子，使植物成分提高到 75％，到 2018 年，还将提高至 75％～80％（日本化学工业日报，2016/03/11，p20）。

美国俄亥俄州立大学（Uhio State Univ）的 Katina Cornish 等正在研究以蒲公英（Taraxacum koksaghyz）的根代替橡胶树并以此为原料生产胶乳，得到了轮胎厂商的支持。荷兰瓦格宁根大学（Wageningen Univ）开发了产能为 200kg/ha（1ha＝10000m^2）的高产能品种，美国 Kultevat 也在解析和改良基因密码（Chem & Eng News，2016/07/25，p28）。

（30）萜类

法国 DRT 正计划实施美国首例萜油蒸馏生产（Chem & Eng News，2016/04/18，p15）。

（31）氨基酸

2015 年世界产量：Methionine（蛋氨酸）991×10^3 吨、Lysine（赖氨酸）1803×10^3 吨、Threonine（苏氨酸）372×10^3 吨、Tryptophan（色氨酸）13.5×10^3 吨。

美国 Calysta Inc 公司、Cargill Inc 公司正计划通过天然气发酵生产鱼饲料（蛋白质；FeedKind）。挪威国家石油公司（Statoil ASA）开发的技术包括 10 种氨基酸及碳水化合物。Calysta 最初计划以甲烷为原料制造乳酸，但后来改变了计划（Chem Eng，2016，4，p8）。赢创开发了 D,L-蛋氨酸二量体（Aquavi Met-Met）并以 3000 吨/年的规模生产，用作抑水溶性虾饲料；还收购了法国 Metabolic Explorer（法国迈陀保利克）公司的蛋氨酸发酵生产技术。德国 Cysal 正在开发基于生物科技法的、必需氨基酸的赖氨酸、精氨酸（Chem & Eng News，2016/07/18，p18）。德国 BASF 同样大力加强面向水产养殖的饲料添加剂产业，主要产品是面向猪和家禽的维生素、类胡萝卜素、有机酸及酶（日本化学工业日报，2016/12/12，p3）。

世界蛋氨酸市场需求为 110 万吨/年，日本住友化学、美国诺维国际（Novus International）、赢创工业（Evonik Industries）、法国 Adisseo 这 4 家公司满足了 98％的世界需求。生物法方面，METabolic Explorer 公司开发了新技术，实现了 L-蛋氨酸生产（Chem Week，2016/07/04 ～ 11，p25）。赢创启动了生产虾等水产饲料的比利时新工厂，并在印度尼西亚开拓客户（日本化学工业日报，2016/10/07，p2）。

（32）吡啶碱

湖南大学的 Zi-Sheng Chao 等研究了从甘油和 NH_3 合成吡啶碱基的方法。他们使用碱处理沸石（ZSM-5、ZSM-22），得到了吡啶、3-甲基吡啶等产物（Ind ＆ Eng Chem Res，2016，55，p893）。

（33）氨

印度技术研究院（Indian Inst Technology）的 Andrew F. A. Hoadley 等假设了一种生物质能改性与小规模 NH_3 制造装置，并评价了技术、经济性等（Ind ＆ Eng Chem Res，2016，55，p6422）。

（34）高效生物质能

中国化工集团收购了农业化学及种子巨头先正达（瑞士）。同时，美国陶氏化学（Dow Chemical）与杜邦（DuPont）实现了合并（Chem ＆ Eng News 2016/02/08，p6）。德国拜耳（Bayer）与基因重组种子业界巨头美国孟山都达成一致，于 2017 年年末完成对后者的收购（日本经济新闻、2016/09/15，p1）。

墨西哥粮食省（SAGARPA）开始在国内推广种植资源作物"SUPER SORGHUM"，这种作物正越来越多地运用到生物乙醇原料及家畜饲料中去。该国计划生产乙醇，乳酸发酵饲料也已进入开发阶段。在东南亚也实现了合作，日本 SOL Hds 公司正在推进协商（FSBi，2016/04/20，p8）。

美国 Ceres（色瑞斯）公司的耐干旱甘蔗实地试验得到了巴西科学技术创新省（MCTI）的许可。只需普通品种一半的农业用水，就可收获这种甘蔗。巴西以外地区也已开始试验（日本化学工业日报，2016/05/17，p4）。华盛顿大学（Univ Washington）的 Mechthild Tegeder 开发了一种大幅提高大豆产能的方法，即促进根瘤形成氮化合物。德国拜耳（Bayer）与中国农业科学院（CAAS）达成一致，将共同进行提高小麦收率的相关研究（日本化学工业日报，2016/10/17，p5）。

5 环境催化剂

5.1 地球环境

美国麻省理工学院大气研究中心（National Center for Atmospheric Research、Massachusetts Inst Technol）公布，2000 年达到顶峰（2000 万平方千米）后，南极上空臭氧空洞层持续缩小，已缩小 400 万平方千米。若发展顺利，将于 2050 年完全消失（Chem & Eng News，2016/07/04，p7）。NOAA（美国国家海洋和大气管理局）公布称，南极的 CO_2 浓度突破了 400×10^{-6}（2016/06/23）。

比利时 Solvay（索尔维）与合作单位（Fraunhofer EMFT、Texaco Instruments、Muegge）推行的绿色氟项目已于 2015 年 12 月启动。该项目得到德国政府（BMBF）、德国联邦教育及研究会支持，目的是防止半导体制造工程中使用氟化合物（C_2F_6，CF_4，NF_3）而导致全球变暖（Chem Eng，2016，1，p8）。2016 年 5 月日本召开了 G7 环境部长会议，会上各部长达成一致，同意有利于保护臭氧层的氟里昂（HFC）是全球变暖的原因，应该限制生产。同时，在蒙特利尔签约国会议（卢旺达）上，包括发展中国家在内的 197 个国家也就此达成了一致（日本经济新闻，2016/07/01，p31；Chem Week，2016/10/24～31，p24）。新型制冷剂 HFO-1234yf 的需求量持续增加，Occidental Chemical（西方石油）开发了生产其原料 HCC-1230xa（1，1，2，3-四氯-1-丙烯）的新型制法，并公布将提高盖斯马市的产能。霍尼韦尔国际已开始在盖斯马市及印度、中国生产 HFO-1234yf，日本旭硝子也已获得霍尼韦尔的使用许可（Chem & Eng News，2016/04/25，p13；US2015/0353451）。

HFC 的逐步淘汰方面，Chemours（科幕，2015 年自 DuPont 独立）等公司的活动十分活跃。该公司已开始在江苏省常熟市建设发泡用氟里昂 HFO-1336mzz 装置，于 2017 年投产（Chem Eng，2016，1，p12）。汽车制冷剂 HFO-1234yf（GWP＝1）生产方面，已决定在美国德克萨斯州新建工厂，中国也有候补选址（Chem Week，2016/05/09，p8；US9102580）。浙江巨化预计在印度纳文氟化国际有限公司使用霍尼韦尔的技术生产 HFO-1234yf，SRF 公司则使用自主技术（Chem & Eng News，2016/04/11，p13）。

2015 年 12 月通过《巴黎协定》，2016 年召开摩洛哥 COP22 气候变化大会，业界已开始制定具有实际效果的规则。据美国 EPA（环境保护局）数据，2013 年及 2014 年，美国排放的温室气体基本处于同一水平。然而，石油及页岩气开采工程导致甲烷量有所增加（Chem & Eng News，2016/04/25，p19）。预计美国 EPA（环境保护局）将制定飞机 CO_2 排放方面的规定，其正与 ICAO（国际民航组织）进行协商，从方针上来看，约束对象不仅限于大型机（Chem & Eng News，2018/08/01，p15）。

以风力发电为中心，德国的可再生能源不断增加，2011 年实现脱核化后，核能发电仍在继续，火力发电有所增加，总发电量已超过国内电力需求（6000 亿千瓦时），剩余部分转向出口。欧盟各国中，德国 CO_2 排放量最大（日经产业新闻，2016/05/10，p11）。

美国加利福尼亚州实行优待 ZEV（新能源汽车）的 CARB（空气资源委员会）方针，由此，丰田普锐斯这类 HV（低出力铅酸混合动力电池汽车）可能不再被视为环保车型，销量已经开始减少（日本经济新闻，2016/06/11，p2）。中国生产 EV（锂离子纯电动车）的公司多达 200 余家，政府正根据技术标准进行筛选，严格卡控新型企业的技术标准后，预计将减少到 10 家公司左右。2015 年，中国 EV、PHV、FCV 产量超过 33 万辆，居世界第一（FSBi，2016/09/02，p32）。

美国加州大学伯克利分校的 J E Bachman 等使用导入了 MOF（金属有机骨架材料）纳米结晶的高分子分离膜，研究了 ETY/ETA 的分离效率（Nature Materials，2016，15，p845）。

5.2 大气环境

美国内布拉斯加州大学的 Joseph S. Francisco 等确认了一种机理，即在大气中 SO_3、NH_3 反应而生成 NH_4HSO_4 的过程中，H_2O 分子解离也（$OH^-＋H^+$）参与其中（Chem & Eng News，2016/02/08，p24）。

南加利福尼亚州立大学（Univ Southern California）的 G. A. Olah 等人

提出了一种机理，即，宇宙空间中，MeOH 分子是生成 ETY、PPY 等物质的过程中间物（Chem & Eng News，2016/02/08，p24）。

美国 Univ Albany（SUNY）奥尔巴尼大学的 Xianliang Zhou 等人解释了大气中硝酸（HNO_3）的分解活动，使用气溶胶催化剂进行光分解时，这种物质分解为 HONO、NO_x（Chem & Eng News，2016/04/18，p8）。捷克俄斯特拉发 VSB 技术大学的 K. Pacultova 等通过硝酸装置排气中的 N_2O 分解，研究了 K 掺杂 $CoMnAlO_x$ 层状双氢氧化物（LDH）催化剂的性能。在 450℃，GHSV 11000h^{-1} 下，N_2O 分解率达到 90%。泰国农业大学的 Thidarat Imyen 等使用 Cu-Zn 核壳结构 Al-MCM-41 催化剂，研究了 NO 的还原反应（$NO+NH_3+1/4 O_2 \rightarrow N_2+3/2H_2O$）（Ind & Eng Chem Res，2016，55，p7076，p13050）。

美国 Edgewood 化学生物中心的 G. W. Peterson 等发现，MOF 结构的 UiO-66-NH_2（ZrO-Aminoterephthalate）能高效吸收去除 NO_2（Angew Chem Int Ed，2016，55，p6235）。

第 17 届中国环境博览会（IE Expo 2016）在上海举行，参展公司达 1200 家，创历史新高，日本、欧洲、美国也有多家企业出展（日本化学工业日报，2016/05/09，p2）。

复旦大学的 Xingfu Tang 提出，在燃烧废气的 NO_x 分解中，可使用将 V_2O_5 纳米粒子负载在 WO_3 纳米柱上的催化剂。这种催化剂有 SO_2 耐性，在 350℃ 的反应中性能也不会劣化（Chem & Eng News，2016/01/11，p27）。香港理工大学的 Shun Cheng Lee 等人研究了使用 $Bi_2Sn_2O_7$ 纳米结晶的 NO 光分解（Ind & Eng Chem Res，2016，55，p10609）。

中国启动第十三个五年计划（2016～2020 年），在水资源不足、水质污染、土壤污染及大气环境方面设立了严格的目标（日本化学工业日报，2016/03/17，p2）。PM2.5 对策方面，为保证市民遵守政府设立的标准，污染严重的河南省、河北省、北京、天津等地地方政府设立了奖励罚款制度。在这方面，日本的节能技术得到了商机（日本经济新闻晚报，2016/05/28，p1）。

5.3　燃煤

加拿大、荷兰、英国等国公布方针，称将在 2025～2030 年前全面关闭国内燃煤设施。欧美地区的煤炭消费量正在减少。中国政府进一步解决大气污染问题，规定了禁止新建燃煤设施的区域，预计在 2030 年前将目前 64％的燃煤依存率降低到 50％以下，并导入最尖端技术，争取借此抑制有害物质排放。到 2020 年前，还将全面改革现有电厂，推动使用天然气燃料，并加速新建核能电厂（日本经济新闻，2016/03/12，p7）。三菱日立电力系统（MHPS）加强山东省 100 万千瓦燃煤电厂排烟脱硫系统的能力，达到了 80％的脱尘率及 98.8％的脱硫率（日经产业新闻，2016/11/24，p11）。

BASF、Linde（林德集团）得到美国能源部（DOE）的支持，已完成分离燃煤发电 CO_2（化学吸收）的实证试验（Chem & Eng News，2018/07/25，p16）。

5.4 其他高效火力发电

大连理工大学的 Changhai Liang 提出了 $Ce_{1-x}Pt_xO_2$（$x=0\sim0.3$，堇青石蜂窝载体）催化剂，用以氧化燃气轮机燃料甲烷，可以实现低氧浓度下（$CH_4/O_2/Ar=50/3/balance$）的氧化（Ind & Eng Chem Res，2016，55，p2293）。

南京工业大学的 Hong Qi 等研究了通过圆筒状沸石回收废气中水、热的技术。美国 GTI（天然气技术研究所）在"膜电容器"（于 2012 年进行样本试验）的延长项目中开发了多流路膜（半径 1.36cm 的圆柱内有 19 孔），得到 100W/（$m^2 \cdot K$）（Ind & Eng Chem Res，2016，55，p2615）。

沙特阿拉伯拉比格完成了重质油燃料的环境协调性火力发电厂（3×700MW），得以满足该国增长的电力需求（MEED，Game Changers，p13）。

日本企业正在埃及推行大型燃煤（丸红、伊藤忠、住友商事）及天然气复合燃料（三菱商事、三菱重工业）计划。2015 年夏，意大利埃尼集团（ENI）在埃及近海发现了大型气田（日本经济新闻，2016/03/01，p1）

丸红正在尼日利亚展开调查，打算推行高效燃气火力发电厂（180 万千瓦）建设。将于 2018 年开工，2021 年以后依次投产（日经产业新闻，2016/08/31，p11）。

5.5 汽车排气技术

德国大众（VW）出现排气违规问题（2015 年），引发对柴油发动机（DE）的关注，德国联邦汽车局自 2015 年 9 月起调查了国内外生产的 DE

车，并公布了结果。其他 5 家德国公司也陆续被指存在问题，开始召回产品。产业 DE 用于汽车、农机、发电机，对此，日本及美国、欧洲的各发达国家正在按输出等级强化环境规制（日经产业新闻，2016/04/26，p5）。VW 的环保车主力从 DE 车转换为 EV，计划在 2025 年前实现 30 种车型 200～300 万台/年的销量（日本经济新闻，2016/11/07，p1）。

世界各地汽车环境规制不断加强，德国大众、BMW 宝马及美国 GM、特斯拉等将重点转向了 EV 纯电动车。除排气（NO_x 等）之外，EU 还在推行油耗规制，其方针是在 2020 年实现企业平均油耗 24.2km/L（现行规制为 19.3km/L，将增加 24%），为此，大多汽车厂商都准备好了 PHV 混合动力汽车。BMW 准备了全样板车型的 PHV 车，梅赛德斯也将在 2017 年前备齐 10 种车型的 PHV。以加利福尼亚州为中心，2018 年起，美国也将强化 10 个州的 ZEV 规制，到 2020 年，规制州的 EV 纯电动车与 PHV 合计应达 50 万台，到 2024 年应达 100 万台。为适应 2021 年规制，日本丰田也需销售 EV 或 PHV。丰田在 FCV（燃料电池车）上加大了力度，同时，预计在 2018 年实现普锐斯（HEV）的 PHV 化，并在 2016 年秋季将发售于 2012 年的普锐斯 PHV 转换为新型 PHV。中国也着手强化汽车环境规制。2017 年起，中国大城市将提前导入与欧洲同样严格的排气规制，到 2020 年前后，销售无公害车将成为义务，并导入 20km/L 的油耗规制。韩国现代汽车开始在中国生产 HEV，今后还将考虑生产 PHV、EV（日本经济新闻，2016/06/16，p11）。

俄罗斯鲍列斯科夫催化研究所的 A. S. Noskov 等研究了蜂窝正方形气体流路（多孔壁）中的热传导及催化剂层温度（Ind & Eng Chem Res，2016，55，p3879）。

BASF 开始在泰国新建汽车用水性涂覆材料工厂，并和 N. E. CHEMCAT NEC 合作建设汽车催化剂（轻、两轮车）工厂，于 2017 年投产（日本化学工业日报，2016/08/17，p2）。

5.6　化学品安全性

美国参众两院通过有毒物质控制法（TSCA），EPA（美国环境保护署）的化学品安全性评价就此加速。在美国，国立环境卫生研究所（NIEHS）、食品药品监督管理总局（FDA）就双酚 A 的安全性得出了不同结论。EPA 指出，n-溴丙烷（干洗剂及喷雾状油膏等的溶剂）有害健康。

WHO（世界卫生组织）指出，作为除草剂使用过的（草甘膦）可能致癌，欧洲也延迟发放许可，仍在进行讨论。EPA 认为除草剂 Atrazine（2-氯-4-二乙胺基-6-异丙胺基-1，3，5-三嗪，莠去津）有环境风险，同时认可了除草剂麦草畏（Chem & Eng News，2016/03/14，p18，p19，12/12～19，p33）。

美国 FDA 禁止将 3 种取代了全氟烃基的磷酸酯用于食品包装材料。ECHA（欧洲化学品管理局）正在欧洲调查 9 种化合物的生殖毒性（Chem & Eng News，2016/01/11，p4，11/21，p17）。2017 年起，美国 FDA 将禁止使用用于肥皂的三氯苯氧氯酚、三氯二苯脲等 19 种抗菌剂。此外，夏威夷禁止在海水浴中使用防晒剂氯苯酮。目的是保护珊瑚礁（Chem & Eng News，2016/09/12，p16）。

美国 NIOSH（国立职业安全与健康研究所）正在推广二乙酰，2,3-戊二酮的作业浓度规制（5×10^{-9}、9.3×10^{-9}），这两种物质是用于爆米花的黄油香料（Chem & Eng News，2016/11/07，p19）。

有毒物质控制法（TSCA）强化法案通过，以此为契机，美国 EPA 考虑对不确定其有害性及环境风险的物质进行规定。这些物质包括 3 种溶剂（N-甲基-2-吡咯烷酮，二氯甲烷，三氯乙烯）、阻燃剂（TCEP 等 20 种）及石棉（Chem & Eng News，2016/07/04，p19）。

英国宣布禁止使用用于化妆品等的玻璃细珠（Chem Week，2018/09/12，p13）。自 DuPont 于 1947 年开发并开始在特氟隆生产中使用 TCEP（磷酸三氯乙酯）、PFOS（全氟辛酸）以来，已经过去了 70 年。EPA 自1999 年起开始调查这类全氟化学品的毒性，2000 年，3M 停止使用 PFOS。2005 年，发现 PFOA 有致癌性。饮用水中检测出了这类化学品，急需相应对策（Chem & Eng News，2016/05/16，p20）。

经联合国持久性有机污染物研究小组确认，全世界范围都在禁止使用 PFOA。中国台湾台氟科技开发了代替 PFOA 的 C6 系氟系防水放油剂，向市场投放减轻了环境负担的制品（日本化学工业日报，2016/09/01，p2）。

5.7 资源回收

在澳大利亚格陵兰矿产与能源公司推进的格陵兰稀土类资源开发项目（EU 的 EURARE）中，芬兰奥图泰伯里研究实验室成功开发了该技术（Chem Eng，2016，1，p10）。

　　美国爱达荷大学的 Donna L. Baek 等报告了使用超临界 CO_2 ＋（n-BuO$)_3$P＝O－HNO_3 提取稀土类氧化物的过程（Ind & Eng Chem Res，2016，55，p7154）。

　　美国 DOE（能源部）旗下的国立研究所（ORNL 橡树岭国家实验室，PNNL/MSL 太平洋西北国家实验室、LBNL 罗伦斯伯克利实验室、LANL 洛斯阿拉莫斯国家实验室、SLAC 国家加速器实验室）、11 所大学及 1 家研究机构参加的、回收海水中铀的项目在 2015 年 3 月的第 249 次 ACS 年会上发表了其成果（Ind & Eng Chem Res，2016，55，p4101），特刊也刊登了相关内容。

　　澳大利亚科廷大学的 Jacques Eksteen 等开发并发表了从低品位矿石中提炼贵金属（Pt 族）的技术，与既有冶金法（AARA 法）相比，这种技术可降低成本（Chem Eng，2016，3，p11）。

　　德国雷诺斯新建了 PET（聚酯）回收装置，规模 20000 吨/年，已投产。2002 年起，比利时索尔维（Solvay）即采用了 Vinyloop PVC 这项 PVC 回收技术，规模 10000 吨/年（Chem Business，2016/04/25～05/01，p6；11/21～27，p30）。

　　台湾国立中兴大学的 Ming-Yen Wey 等开发了以废弃 PS（聚苯乙烯）制造透气分离膜（O_2 浓缩、CO_2 分离、H_2 分离等）的技术（Chem Eng，2018，7，p12）。

　　加拿大绿蔓技术公司开发了从废弃塑料制作合成蜡的技术（半连续反应），在 2017 年进行连续试验（Chem Eng，2016，7，p11）。

　　美国加州大学欧文分校的 Zhibin Guan 等通过交叉烷烃歧化反应将废弃 PE 转换为了液体燃料及蜡（Chem & Eng News，2016/06/20，p7）。

　　美国密西西比州立大学的 Mark White 将城市垃圾燃气化，并使用 MoO_3/ZSM-5 催化剂将其转换为 C2 及 C3 醇，同时还开发了将其转换为芳烃的技术；Epurga Llc 获许使用该项技术，将建设 200t/d 装置（Chem Eng，2016，10，p10）。

　　加拿大麦吉尔大学的 Parisa A Ariya 等通过磁性 Fe_3O_4 纳米粒子实现了荧光灯（CFL）内水银的固定化，并提出了回收再利用 Hg、Fe_3O_4 的方法（Chem & Eng News，2016/04/25，p10）。

　　Linde（林德）与南非 Renergen 合作，建设分离天然气（7 亿 Nm³）

中 He（4％含量）的装置。通常 He 浓度为 1％（Chem & Eng News，2016/05/09，p12）。

Air Products（空气产品公司）宣布停止此前在英国 Tees Valley（蒂斯河谷）开展的 2 个项目，项目内容包括基于等离子法的废物燃气化及能源利用。该计划发表于 2012 年，存在技术性问题（Chem Week，2016/04/04～11，p10）。

据传，欧洲 ECHA（欧洲化学品管理公司）将聚氨酯弹性体判定为有害物质，正在研究是否禁止使用（Chem & Eng News，2016/06/06，p25）。

印度技术研究院的 T. Pradeep 等从葡萄糖等糖类水溶液中提取出了金属银，并进行了报告。在碳酸、磷酸及尿素等物质的促进下，Ag^+ 会形成配合物并溶解（Angew Chem Int Ed，2016，55，p7777）。

德国弗劳恩霍夫界面工程与技术研究所开发了通过电化学手法回收磷的 ePhos 工艺，Ovivo USA LLc（Ovivo 美国有限公司）获得这项技术的使用许可，将于美国展开实证试验（Chem Eng，2016，7，p10）。

5.8　土壤污染

澳大利亚 Drexel Univ（德雷塞尔大学）、Deakin Univ（迪肯大学）的 Ying Chen 等发现，氮化硼纳米晶片能吸收 33 倍于自重的油分和有机溶剂。相关开发得到澳大利亚研究理事会的支持，即将开始产业规模试验（Nature Commun，doi：10.1038/ncomms2818；Chem Eng，2016，1，p10）。

EU 禁止使用两种环境激素性不明确的除草剂（异丙隆、除毒莠剂）（Chem & Eng News，2016/04/25，p18）。

5.9　水质净化及海水淡水化

基于 WRI（世界资源研究院）对今后 25 年世界人口及水需求增加的预测，Chem Week（化学周刊）指出了重复利用的重要性（Chem Week，2016/02/08～15，p23～25）。

美国康奈尔大学的 Will Dichtel 等开发了多孔环糊精，这种物质可用于吸附处理废水中的污染物质，最大吸附力达活性炭的 200 倍（Chem Eng，2016，2，p8）。

马来西亚博特拉大学的研究人员研究了如何通过蟹壳（$CaCO_3$ 29％、

灰 40.6%、壳质 26.6%）去除有害金属（Cu、Cd、Pb）（Chem Eng，2016，2，p8）。

独立自英国爱尔兰都柏林大学的 OxyMem 开发了一种使用生物薄膜的节能废水处理法，得到了陶氏化学的支持（Chem & Eng News，2016/04/25，p15）。

孟山都公司的 Bart Peeters 等提出了一种用于活性污泥法（1914 年由 Ardern、Lockett 发现，已经过 100 多年）下水处理的装置设计，这种装置可维持下水中的微生物浓度（Chem Eng，2016，4，p64）。德国 Huber SE（琥珀）、Microdyn-Nadir（麦纳德）发表了一种旋转膜型生物反应器（VRM system、Bio-Cel 分离膜技术）（Chem Eng，2016，7，p12）。

2017 年，朗盛将提高德国比费沃芬工厂的 RO 膜产能，使之翻倍（Chem Week，2016/09/12，p13）。

出于火力发电需要，中东地区（沙特阿拉伯、阿曼、阿布扎比、卡塔尔等国）净化生活及工业废水的需要仍然旺盛，正在持续建设大型装置（MEED Business Review，2016，5，p16）。

德国 Akvola Technologies 公司推出了利用微泡的废水处理、油水分离装置（Chem Eng，2016，6，p7）。

赢创工业许可挪威 TeamTec 使用 Avitalis（压舱水处理）技术。这种技术利用过醋酸进行微生物杀菌（Chem & Eng News，2016/02/22，p18）。

沙特阿拉伯阿卜杜拉国王科技大学（KAUST）的 Klaus-Viktor Peinemann 等使用 PS-*b*-PAA/PS-*b*-P4VP 等由嵌段共聚物构成的膜研究了纳米过滤（Angew Chem Int Ed，2015，54，p13937）。

加州大学圣迭戈分校的 Seth M. Cohen 等报告称，PVDF-HKUST-1（Cu 基 MOF）膜具有耐水性，是一种优秀的分离膜。法国 Polymem（高分子）开发了中空纤维过滤膜，这种膜使用了 Arkema（阿科玛）制造的纳米结构 PVDF，可去除细菌及病毒（Chem & Eng News，2016/02/08，p23；03/07，p17）。

在杭州市、重庆市等多个城市，中国政府在道路铺面中采用了 BASF 的"Elastopave"（透水性 PU 材料），这种材料可以让雨水浸透到地下（日本化学工业日报，2016/05/30，p2）。可乐丽通过膜浓缩回收印度机织工厂洗涤排水中的浆料（PVA）并循环利用，载有回收装置的卡车定时在工厂周围巡视（日本化学工业日报，2016/08/19，p12）。

德国朗盛提高德国巴特菲尔德工厂（2011 年投产）RO 膜产能，使之翻倍，于 2017 年投产（Chem Eng，2016，1，p15）。

西班牙 Univ Valencia（巴伦西亚大学）的 Emilio Pardo 等人提出了一种高效去除水介质中水银（Hg^{2+}、CH_3Hg^+）的方法，这种方法使用的是导入了蛋氨酸残留物的 Bio-MOF（生物金属有机骨架）（Angew Chem Int Ed，2016，55，p11167）。

Dow Chemical（陶氏化学）建于沙特阿拉伯 Sadara Chemical（萨达拉化学）内的 RO 膜装置已投产，并与阿卜杜拉国王科学技术大学展开共同研究（日本化学工业日报，2016/03/08，p2）。

新加坡国立大学的 Jianping Xie 等通过 Si 纳米粒子模板法制造了 FO 膜（聚醚砜/聚酰亚胺），这种复合薄膜最后通过 HF 处理去除 Si，显示出了高 FO 特性（Ind & Eng Chem Res，2016，55，p5327）。

以离子交换树脂及 RO 膜为主力产业的朗盛结合工业用水制水及循环利用以满足复杂需求，并正在扩大产业规模。面向东南亚及中东的净水市场及海水淡水化市场，东丽提出了一种组合 UF 及 RO 膜的系统。UF 膜起步较晚，但在城市净水领域的份额也在不断扩大（日本化学工业日报，2016/08/01，p3）。

新加坡正在研究利用 LNG 冷热的海水淡水化（中间物生成气体化合物）。新加坡国立大学（NUS）与英国 BG 共同进行 R&D（日本化学工业日报，2016/03/28，p3）。

韩国 LG 化学于 2014 年收购美国 NanoH2O（RO 膜厂商），2015 年将韩国国内的 RO 膜产能提高 3 倍，中东、欧洲及美国的订单量不断增加（日本化学工业日报，2016/06/16，p2）。

5.10　防止全球变暖、余热回收及其他

2015 年，约 200 个国家和地区通过了面向 2020 年后全球变暖问题的《巴黎协定》，美国及中国两大排放国签署后，协定于 2016 年生效（日本经济新闻，2016/09/04，p1）。

COP21（联合国气候变化大会）就全球变暖问题新结构《巴黎协定》达成一致（2015 年 12 月），120 个国家提出了国家自定贡献预案（INDCs）

这一全球变暖问题解决方案，包括中国、美国等国在内，签约国温室气体排放量占世界总量的 55％以上；INDCs 于 2016 年 11 月 4 日生效。CCS 上，英国 IChemE（化学工程学会）的能源中心呼吁技术从研究阶段转换到实证阶段，并介绍了美加合作的 SaskPower 的 CCS 商业装置、液化空气中国投资有限公司的 SMR 用 Cryocap H_2 工艺和 Carbon Wealth Scandinavia AB 公司的 SkyMining 等技术（Chem Eng，2016，1，p16）。

（1）节能工艺

美国北卡罗来纳州立大学的 Iqbal Husain 等开发了用于 HEV/EV 的 SiC 制变频器。到 2020 年，DOE 的开发目标是实现 13.4kW/L 的能量密度，如今已经达到了 12.1kW/L（Semiconductor Today，2016/09/16）。

BASF 向中国市场投放环境协调型 EPS（发泡聚苯乙烯）隔热材料（用于大楼外墙）。这种材料采用聚合物型难燃材料（三聚氰胺系）并复合用于红外线吸收及反射的特殊石墨，可将热传导率降低 20％，实现 25％的轻量化（日本化学工业日报，2016/06/20，p3）。

葡萄牙波尔图大学（Univ Porto）的 Adelio Mendes 等通过两段 VSA 吸附分离法，从空气中得到了 99.5％的超纯度 O_2。他们使用了 CMS（可乐丽、前段）、AgLiLSX 沸石（空气化工产品公司、后段）吸附剂，O_2 回收率为 14％（Ind & Eng Chem Res，2016，55，p722）。

挪威科技大学（Norwegian Univ Sci Technol）的 Chao Fu 等提出了用于回收工业余热的燃气轮机热泵方法，以此取代 Rankine cycle（兰金循环）（Ind & Eng Chem Res，2016，55，p967）。另外，挪威 Aker Solutions（海上发射公司）使用废弃燃料发电装置进行了 CO_2 分离试验（化学吸收法，30 万吨/年）（Chem & Eng News，2016/02/01，p18）。

在低温余热源（70～190℃）的回收中，中国石油大学的 Haoshui Yu 等研究了使用 R227EA、R600（丁烷）、R601（戊烷）等的 Rankine Cycle（兰金循环）（Ind & Eng Chem Res，2016，55，p1309）。

日本商社巨头（三菱商事、三井物产、伊藤忠商事、丸红、住友商事）与美国企业 AES-ES 等合作开拓新一代电力领域，内容包括活用蓄电池的电力供求调整等（日刊工业新闻，2016/04/20，p20）。

（2）热交换器

Chem Eng 专题介绍了提高热交换器性能及可信度的最新技术开发动

态（Chem Eng，2016，6，p20）。

（3）CO_2的分离、储存、固定及化学转换

2015 年 7 月 5～9，ICCDU（二氧化碳利用大会）于新加坡召开，Ind & Eng Chem Res 刊登了演讲内容。印度石油研究院的 Aamir Hanif 等开发了高比表面积的介孔 MgO，发现其 CO_2 吸收力在 300～400℃下较高，并进行了报告（Ind & Eng Chem Res，2016，55，p7839，p8070）。

英国约克大学的 James H. Clark 等研究了使用生物质能介孔炭的 CO_2/N_2 吸附分离，并与市售活性炭进行了比较（Angew Chem Int Ed，2016，55，p9173）。

中国化学研究所的 Zhimin Liu 等使用介孔性 o-羟基偶氮苯聚合物（POP：多孔有机聚合物）研究了 CO_2 的分离与变换。这在 PO＋CO_2→碳酸丙烯酯的合成中是有效的。天津大学的 Michael D. Guiver 等将蒙脱石定向在膜中，开发了基膜，并研究了 CO_2 的分离。中国科技大学的 Jie Zeng 等人报告称，Pt_3Co octapod 是一种 CO_2 还原剂，MeOH 合成的理想催化剂（Angew Chem Int Ed，2016，55，p9685，p9321，p9548）。

爱尔兰利默里克大学的 Michael J. Zaworotko 等研究了通过控制二维正方晶格（Square-lattice）结构 MOF 的孔径和形状而选择性地吸附 CO_2 的可能性（Angew Chem Int Ed，2016，55，p10268）。

英国赫瑞·瓦特大学的 Aimaro Sanna 等通过高温下的 CO_2 吸附捕捉，研究了以煤灰为原料制造的硅酸钠。700℃下的吸附量为 8.2％。加拿大渥太华大学的 T. Matsuura 等人开发了 ZSM-5 复合 PVDF 中空纤维膜，研究了 CO_2 分离（Ind & Eng Chem Res，2016，55，p4080，p12632）

瑞士苏黎世联邦理工学院的 M. Mazzotti 等研究了烟囱废气 CO_2 的吸附分离（TSA）。使用 13X 沸石吸附剂、夹套加热吸附塔（内径 1.25cm、1.2mL）、1 塔、2 塔方式做了研究。新加坡国国立大学的 S. Farooq 等研究了一种吸附剂，这种吸附剂通过 VSA 法吸附分离（CO_2 95％纯度，90％回收）烟囱废气中的 CO_2（Ind & Eng Chem Res，2016，55，p1401，p2447）。

印度科学研究所的 S. Sampath 等在制造硅模板法介孔炭时，使用的脱 SiO_2 剂是氟树脂（Angew Chem Int Ed，2016，55，p2032）

德国蒂森克虏伯钢铁公司正和柏林工业大学共同进行研究，目标是开

发一种能够实现炼焦炉气体（COG：CO_2 15%～25%、H_2S、NH_3 等）高附加价值化和 CO_2 分离的技术。H_2S、NH_3 等气体的吸附分离采用 CyclaSulf 法及降膜吸收法（Chem Eng，2016，3，p8）。

韩国高丽大学的 Ki Bong Lee 等使用柠檬酸盐溶胶法制造了 Na_2ZrO_3，用作高温 CO_2 的吸附剂。823K、常压下的吸附容量为 17.5%～21%（Ind & Eng Chem Res，2016，55，p3833）。

英国爱丁堡大学的 Stefano Brandani 等正在开展"燃气电厂的吸附材料和工艺"（AMPGas）项目，他们报告了多种 CO_2 吸附剂（转轮式）和工艺的研究结果。

南京工业大学的 Wanqin Jin 等使用有 CO_2 耐性的 $SrFe_{0.8}Nb_{0.2}O_{3-\delta}$（SFN）-聚合物（PES）中空纤维膜研究了 CO_2 的捕捉。使用 LSCF、YSZ、SDC、BYS 等沸石膜的研究结果多不理想，而使用 PES 聚合物复合膜，则分离了 CO_2/N_2 合成气体（Ind & Eng Chem Res，2016，55，p3300）。

德国汉诺威莱布尼兹大学的 Jurgen Caro 等报告了使用 $Ba_{0.6}Sr_{0.4}FeO_{3-\delta}$（钙钛矿）膜的氧渗透（950℃）情况（Ind & Eng Chem Res，2016，55，p10386）。

美国西北大学的 Fengqi You 等研究了压力及减压交替（PVSA）法 CO_2 捕捉，并发明了可改变脱水等级的系统，以适应湿润气体。吸附剂方面，研究了 13X、5A、MOF（HKUST-1、Ni-MOF-74 等）（Ind & Eng Chem Res，2016，55，p3338）。

意大利墨西拿大学的 Gabriele Centi 等在 CO_2 甲烷化中研究了 Ni-Al 水滑石催化剂。使用共沉淀法制备，在 GHSV 20000～30000h^{-1}、300℃下实现了平衡转化率。温度超过 350℃ 时，明显生成副产物 CO（Ind & Eng Chem Res，2016，55，p8299）。

德国亚琛工业大学的 Jurgen Klankermayer 等以 CO_2、H_2 为原料，使用 Ru（triphos）（tmm）配合物-Al（OTf）$_3$ 催化剂（MeOH 溶剂），成功合成了二甲氧基甲烷。通过乙醇介质进行反应，即可得到对应的醚（Angew Chem Int Ed，2016，55，p12266）。

德国杜伊斯堡-艾森大学的 Malte Behrens 研究了通过 CO_2 氢化合成 MeOH 时所必需的催化剂（Cu/ZnO）（Angew Chem Int Ed，2016，55，p14906）。德国卡尔斯鲁厄理工学院正在进行 Opti-MeOH 项目（3 家大学、

4 家公司），项目内容为基于 CO_2 低压氢化的 MeOH 合成（Chem Eng，2016，55，12，p10）。

中国科学院化学研究所的 Buxing Han 等使用 Pt/Co_3O_4 催化剂，研究了 CO_2 的液相氢化（200℃、8MPa、$H_2/CO_2=3$），并确认到在添加 H_2O 后，除 MeOH 外还会生成 C2～C4 醇（Angew Chem Int Ed，2016，55，p737）。

德国 Linde AG（林德集团）与 BASF SE（巴斯夫公司）合作，开发了 CO_2 与甲醇的干式重整催化剂。Karlsruhe Inst Technology（卡尔斯鲁厄技术研究院）、HTE 也参加了这项研究，并开发了 Ni 系催化剂，建设了实证装置。Linde 正在研究由合成气直接合成 DME，争取同时实现经济性（Chem & Eng News，2016/04/25，p30）。

德国政府（BMBF）、亚琛工业大学、柏林工业大学与 Covestro AG（科思创集团）合作启动了一个项目（Dream Production Process），项目目标是以 CO_2 为原料开发弹性体。Dormagen（多马根）工厂已于 2016 年 6 月投产（Chem Eng，2016，4，p8）。

欧盟 Horizon 2020（地平线 2020）项目中，英国爱柯尼克科技将建设样本装置，以 CO_2 为原料制造聚氨酯（Chem & Eng News，2016/07/18，p14）。

美国德州农工大学的 Michael B Hall 等合成了柔韧性结构 Zr-MOF（PCN-700），通过环氧化物＋CO_2 合成环状碳酸酯的附加反应研究了"switchable catalysts"（自开关型催化剂）作为生物催化剂使用的可能性（Angew Chem Int Ed，2016，55，p10776）。

美国焦耳无限与德国海德堡水泥集团达成合作，将进行在"helioculture platform"上将混凝土制造工程产生的 CO_2 转换为液体燃料的实证试验（Chem Eng，2016，1，p11）。

加拿大多伦多大学的 Geoffrey A. Ozin 发表了关于纳米催化技术 CO_2 燃料化（太阳能变换）的论文（Nature Commun，2016，7，p12553）。

荷兰代尔夫特理工大学的 Wilson A. Smith 等在 CO_2 的电解还原中使用了 Cu 纳米阵列（形成于 Cu 金属箔表面）电极。在生成 H_2、CO 的同时，还生成了 ETY、ETA、EtOH 等成分；他们研究了这个反应机理（Angew Chem Int Ed，2016，55，p6680）。

瑞士 EPFL（洛桑联邦理工学院）的 R Buonsanti 等使用 Cu 纳米尺寸结晶胶体（球状及立方体状，长 24nm、44nm、63nm）作为催化剂，研究了 CO_2 的电解还原，使用边长 44nm 立方体时，以 80％选择性、40％以上 Faraday（法拉第）效率生成 ETY（Angew Chem Int Ed，2015，56，p5739）。

瑞典乌普萨拉大学的 Sascha Ott 等使用 Ru-吡啶配合物催化剂，通过 CO_2 的电解还原制造了 CO。不生成 CH_3CN 溶剂及甲酸（Angew Chem Int Ed，2016，55，p1825）。

总部位于澳大利亚的 Global CCS Institute（全球碳捕集与封存研究院）发布了每年世界 CCS 动态的概要报告。2015 年，15 个大规模项目启动，2016 年 19 件，2017 年则为 22 件，报告称，要实现缓和国际气候变动的目标，需要设立数千个项目，这是远远不够的（GCCSI，SummaryReport 2016 年 10 月发表）。美国 NASA、NOAA 公布，2015 年是 1880 年以来世界温度最高的一年（日本经济新闻，2016/01/21，p1）

在国际共同研究（冰岛 CarbFix 项目）中，南安普敦大学的 Juerg M. Matter 等确认到发生了岩石（玄武岩、地下 $400\sim800$m）CO_2（以水 $25t/tCO_2$ 形式注入 250t）固定，并转换为了碳酸盐（Chem & Eng News，2016/06/13，p5）。

澳大利亚墨尔本大学的 F. Separovic 等发明了一种气体分离膜（CO_2/N_2），这种膜是在 PAF（多孔芳香骨架）多孔体上添加二氯对二甲苯（p-DCX）制造的（Angew Chem Int Ed，2016，55，p1998）。

福陆公司的 Babak Firoozi 介绍了使用 VBA 来解析工艺能源及物质平衡的方法（Chem Eng，2016，10，p66）。

中国将循环型新城市构想"海绵城市（sponge city）"列为重点政策，以期实现治水、雨水循环利用及环境保护，同时将杭州等城市列为示范城市。新加坡国际企业厅启动了由 20 家国内企业组成的项目小组，并开始争取 BASF 等外资（日本化学工业日报，2016/09/21，p1）。

（4）能源储藏

加拿大 Hydrostor Inc 公司提出了一种能源储藏（UCAES）法，这种方法结合了压缩空气和静水压，并于 2015 年 10 月开始启用 1 号机（Chem Eng，2016，2，p8）。电力储藏方面，除 LIB（锂离子电池）等电池外，业界还在研究水力（水泵式，英国、美国、日本等国）、超电导飞轮（日本）、电力机车（美国）、压缩空气（德国）、电转气（德国、水电解及氢储藏）等（FSBi，2016/10/21，p36）。

（5）超电导

BASF、AMSC（美国超导公司）已就低成本超电导材料的开发达成合作。这种材料面向一般用途及海军领域（Chem & Eng News，2016/03/14，p15）。BASF 在德国莱茵巴赫（Rheinbach）新建了高温超电导材料的中试装置。通过连续化学沉积法在金属丝上形成多个超电导物质层及缓冲层薄膜，争取降低成本；并研究如何提高电网效率（Chem & Eng News，2015/05/16，p16；日本化学工业日报，2016/06/08，p3）。

（6）核能发电

法国电力集团（EDF）确认了正在进行的英国欣克利角（Hinkley Point C）新建核电站计划（FSBi、2016/07/30，p32）。

（7）常温核聚变

Chem & Eng News 介绍了常温核聚变的最新研究情况。黑光公司（Brilliant Light Power，BLP）于 2016 年 10 月发布的 SunCell、Energy Catalyzer 等技术仍面临商业化挑战（Chem & Eng News，2016/11/07，p34）。

（8）车辆自动驾驶

美国英特尔开始开发自动驾驶必需的高性能 CPU，并与德国 BMW 及以色列 Mobileye 达成了合作（日本经济新闻，2016/10/20，p13）。自动驾驶的国际合作及开发竞争还在继续。

6 可再生能源技术及燃料电池

6.1 可再生能源

美国能源信息署（EIA）原油库存公布，2016 年，美国可再生电力发电量增加 9％，占总发电量的 14％，水力及地热发电的增长也值得期待（Chem & Eng News，2016/02/08，p21）。

欧洲方面，在产油量仅次于俄罗斯的挪威，挪威国家石油公司扩大了近海风力发电（浮体式）的规模，并加速推动石油向天然气燃料转换（日本经济新闻，2016/03/08，p6）。

中东地区，阿布扎比马斯达尔城、阿联酋迪拜等正加快实现智能电网化并导入可再生能源，核心是光伏发电。到 2022 年，印度可再生发电能力也将提高到 175GW（为现在的 4.5 倍，光伏 100GW、风力 60GW 等）

6.1.1 太阳光发电（PV）

Irena（国际再生能源机构）预测，到 2030 年，PV 发电能力将达 1760～2500GW（占总发电能力的 13％）（Chem Week，2016/06/27，p32）。

Chem & Eng News 介绍了 PV 低成本化进程中染料增感、有机薄膜、钙钛矿晶族及量子点型 PV 的特征和开发状况（Chem & Eng News，2016/05/02，p33）。

印度发布第 13 次 5 年计划（2017～2022 年），目标是大幅加强可再生能源，于 2020 年将 PV 发电能力提高到 100GW（2015 年为 6GW），届时总可再生能源将达 175GW。PV 将给未加入电网的偏远地区带来巨大变化（日经产业新闻，2016/07/06，p5）。

（1）硅

德国瓦克集团在美国查尔斯顿，田纳西州建设了用于太阳能发电的多晶硅装置（20000 吨/年），用以满足增加的世界需求（Chem & Eng News，2016/04/25，p13）。

中国 PV 巨头晶科能源控股制造的硅多结晶 PV 单元于 2016 年内实现量产，变换效率突破 20%。改良单元表面凹凸形状、背面进行钝化处理（PERC）后，预计能实现 20.5% 的变换效率，并将通过搭载 60 单元的面板量产 330W 输出品（日本化学工业日报，2016/05/25，p4）。

美国特斯拉汽车以股份交换形式收购了 PV 风险投资 Solar City（太阳能公司），并在特斯拉店销售太阳能公司制品。同时还与松下合作生产 EV 用 LIB，供给太阳电池材料（PV 元件及模块）（日本经济新闻，2016/08/02,p6；10/18，p12；12/16，p13）。

中国台湾 PV 厂商将目标转向屋檐用 PV，开发高效率单元，并在增加发电量的同时完全废除 4 台核能发电装置，遵循了政府方针（日本化学工业日报，2016/11/02，p3）。

（2）色素增感型及有机薄膜型

美国 Solo Window Technology 公司开发了涂覆在玻璃上的光伏发电涂层，适用于窗玻璃，正在考虑于 2017 年商业化（Chem Eng，2016，10，p12）。

（3）钙钛矿型

重庆大学的 Jin Z. Zhang 等利用带帽配体［（3-氨丙基三乙氧基硅烷（APTES）等］制造了有机铅钙钛矿卤化物的纳米结晶（Angew Chem Int Ed，2016，55 p8864）。

瑞士洛桑联邦理工学院（EPFL）的 Michael Gratzel 等开发了空穴传输层（HTL）材料 FDT，以低成本实现了 20.2% 的发电效率（历史最高纪录为 21.0%）（日经产业新闻，2016/02/10，p9；WO2016/005868）。EPFL 的 K. Nazeeruddin 等以芴衍生物为正孔传输剂（HTM），开发了高效（PCE 17.8%）钙钛矿 PV（Angew Chem Int Ed，2016，55，p7464，p14522）。

存在纳米薄片型及纳米线型两种 $CH_3NH_3PbBr_3$ 钙钛矿结晶；这两种结晶受添加的油酸及油胺（表面活性剂）的量的影响（Chem & Eng News，2016/05/16，p32）。

台湾国立大学的 Ru-Shi Liu 等在介孔硅上导入了无机钙钛矿晶（$CsPbBr_3$）量子点，并应用于显示系统（Angew Chem Int Ed，2016，55，p7924）。

美国华盛顿大学的 Ming-Yu Kuo 等报告了逆钙钛矿 (Inverted Perovskite) PV 系统中多个 Hexaazatrinaphthylene (六氮联三亚基萘, HATNA) 衍生物的电子运输特性及有效性。变换效率提高至 17.6% (Angew Chem Int Ed, 2016, 55, p8999)。

(4) 全高分子型

长春应用化学研究所的 Zhiyuan Xie 等人活用 B←N 键合的电子移动性, 提出了一种使用高分子受体的全高分子太阳能电池 (Angew Chem Int Ed, 2016, 55, p5313)。

(5) 其他

葡萄牙波尔图大学的 Adelio Mendes 等使用赤铁矿光正极, 发表了一种组合有机 (AQDS) 及无机 (Fe (CN)$_6$) 光氧化还原的水溶液流型直接光电池系统 (电动势 0.74V) (Angew Chem Int Ed, 2016, 55, p7142)。

(6) 太阳能热力发电

2016 年 5 月 19 日, 世界最大太阳能热力发电厂 (448000MW·h/年)、美国加利福尼亚州 Ivanpah 发电厂 3 台发电塔 (高 140m) 中有 1 台发生了电气系统火灾。其原因在于部分定日镜倾角调整有误, 阳光集中在发电塔 2/3 左右高度而非锅炉上。该装置已投产 2 年, 但尚未实现发电目标。

美国 Solar Reserve 正在开展 110MW 的新月丘太阳能项目 (Chem & Eng News, 2016/10/24, p14)。并已决定在中东迪拜建设 800MW 的大型太阳能热力发电装置 (抛物线集热槽型)。阿联酋德瓦产业中, 沙特阿拉伯 ACWA (北极星电力) 及西班牙 TSK 公司建设的可再生发电装置是中东地区规模最大的。预计 2019 年投产, 2015 (计划阶段) 售价为 5.85 美分/(kW·h), 12 个月后跌为 2.99 美分/ (kW·h)。2015 年, 迪拜开始煤炭火力发电, 售价 4.5 美分/ (kW·h) (MEED Business Review, p26)。

6.1.2 风力发电

2015 年的新增风力发电规模比 2014 年增加 23%, 涨势显著。半数贡献来自中国, 中国新疆金风科技 (Goldwindow) 首次获得世界份额第 1, Vestas (维斯塔斯) 第 2, GE (通用电气公司) 第 3, 前三名占据了世界新兴规模的 34.5%。德国西门子 (第 4) 与排名第 5 的 Gamesa (歌美飒) 事业合并达成了一致, 除互相弥补近海及陆地风力发电的不足之外, 还将推进 GCC 火力与风力发电配套的产业。美国 GE 对欧洲近海风力表现出了兴趣，正考虑收购欧洲企业（日本经济新闻，2016/06/21，p6；日经产业新闻，2016/07/04，p16）。

《巴黎协定》签约国会议（COP22）上，德国西门子、美国 GE 及丹麦 Vestas（维斯塔斯）等 11 家公司表示，到 2025 年，将把洋面风力发电成本降低到 8 欧元/kW（日本经济新闻，2016/11/08，p6）。欧洲方面，在产油量仅次于俄罗斯的挪威，Statoil（挪威国家石油公司）扩大了近海风力发电（浮体式）的规模，并加速推动石油向天然气燃料转换，这符合国际协定《巴黎协定》预防全球变暖的要求（日本经济新闻，2016/03/08，p6）。美国通用电气收购法国 Alstom（阿尔斯通）的风力发电机、发电机输电产业，实现了合并（日经产业新闻，2016/04/27，p11）。日本三菱商事开始在欧洲（荷兰、葡萄牙、法国）建设及运营近海与陆地风力发电设施（日本经济新闻，2016/12/14，p15）。

英国重新审视核能发电政策，该国欣克利角核电站正在研究近海风力发电能否代替新制定的核能发电计划（FSBi，2016/08/19，p30）。

住友商事、德国 RWE（莱茵）、Siemens、英国 UK Green Investment Bank（绿色投资银行）及 Macquarie（麦考瑞）参加英国 Galloper Eind Farm 公司的发电产业，预计 2018 年竣工（UKTI Japan，2016/09/08）。

科思创制造了风力发电涡轮机叶片（37.5mL），叶片材料为聚氨酯，并经过玻璃纤维强化。这是世界最大的聚氨酯叶片，成型速度比环氧树脂更高（Chem & Eng News，2016/09/12，p14）。

Chem Eng 介绍了提高风力发电效率的最新技术。包括涡轮机、叶片、低压涡轮机结构与材料、表面加工等（Chem Eng，2016，3，p18）。

印度大量导入风力发电，国内的苏司兰及欧洲的歌美飒和维斯塔斯都参与其中。发电能力（2500 万千瓦，2014 年）为世界第 4，风力发电占 8%（日本经济新闻，2016/04/01，p9）。

6.1.3 地热发电

美国、菲律宾、墨西哥、意大利及印度尼西亚等国持续开发地热，2015 年，肯尼亚跃居世界第 9。肯尼亚发电能力（329 万千瓦）的 60% 为地热发电，为基荷电源（日经产业新闻，2016/09/06，p16）。

东芝与非洲吉布提地热发电公社达成一致，将共同推进地热发电产业。在非洲，肯尼亚及坦桑尼亚已有这方面的成果（日经产业新闻，2016/08/

19，p6）。

印度尼西亚加快开发地热发电，目标称将在 2025 年前实现 720 万千瓦
（国内发电能力的 23％）的目标。推测国内潜在发电能力为 2900 万千瓦
（FSBi，2016/10/05，p19）。

6.1.4　海洋能源

美国宾夕法尼亚州立大学的 Christopher A. Gorski 指出可通过河流入
海部分的浓度差进行发电，水头可实现相当于高 250m 的大坝的发电量
（Chem & Eng News，2016/08/29，p8）。

6.1.5　热电转换

福建物质结构研究所、美国西北大学的 Mercouri G. Kanatzidis 等发
现，$CsAg_5Te_3$ 是一种热传导率极低的物质，适合用作热电转换物质（ZT＝
1.5，727K）（Angew Chem Int Ed，2016，55，p11431）。

6.2　燃料电池及氢能

富士经济推测，到 2030 年，世界燃料电池市场规模将达到 4.9 兆日元
（2015 年，1064 亿日元），FCV 推动规模扩大，除丰田、本田之外，戴姆
勒、BMW 及奥迪等德国厂商也将开售 FCV 车。在德国、英国等国家，家
用燃料电池价格与天然气及电池差别不大，正逐渐普及（日经产业新闻，
2016/10/05，p11）。

2017 年，德国戴姆勒量产并销售其首台 FCV。这是可用外部电源充电
的 PHV，同时还扩充了 EV 制品系列，或将迎头赶上丰田及本田。奔驰的
SUV "GLC" 装有自制车载电池，加上氢能及电池，可行驶 500km。还开
发了续航距离长的 EV，于 2016 年秋的巴黎国际车展公布（日本经济新闻，
2016/06/14，p3）。

6.2.1　质子交换膜染料电池（PEMFC）

北京大学的 Shaojun Guo 等人整理了非 Pt 系阳极（ORR：$O_2 +
4H^+ \rightarrow H_2O$）的开发状况。核壳、合金、中空等纳米结构的低 Pt 化正在发
展；非 Pt 化方面，业界也正在研究过渡金属化合物、MOF、纳米碳复合
材料等（Angew Chem Int Ed，2016，55，p2650）。

伊朗阿米尔卡比尔理工大学的 Mehran Javanbakht 等研究了负载石墨
的 Pt-Co-Fe 合金催化剂（负载率 $0.1mg/cm^2 Pt$）的氧还原电极性能。合金
显示出了高电极特性（Ind & Eng Chem Res，2016，55，p9154）。

Johnson Matthey 得到欧盟支持，展开 INSPIRE（integration of novel stack components for performance，improved durability andlower cost）项目，BMW 等公司将加入（Chem & Eng News，2016/06/27，p13）。

生产燃料电池材料的加拿大蓝 O 技术公司开发了高效率的 PEFC 用 Pt/C 负载催化剂，与既有催化剂相比，Pt 负载量减少了 75%。Pt 负载粒子呈直径 2~5nm 板状，可与 Pd、Ru 等合金化，也可实现 TiO_2 复合化；5000h 寿命试验已取得成功，Pt 负载量达到 $0.125mg/m^2$（日本化学工业日报，2016/03/16，p5）。

德国埃尔朗根-纽伦堡大学的 J. M. Etzold 等提出了一种通过疏水性离子液体防止氧还原（ORR）催化剂（Pt/C）中毒的方法（Angew Chem Int Ed，2016，55，p2257）。

德国埃斯林根应用技术大学的 Renate Hiesgen 等报告称，对 PEMFC 阳极而言，纳米尺寸 IrOx-Ir 是一种有效的催化剂（活性高于 Ir 黑）（Angew Chem Int Ed，2016，55，p742）。

法国格勒布诺尔大学的 Fabrice Thomas 等研究了将 Cu-苯酚配合物固定在碳纳米管（MWCNT）上的氧还原（ORR）电极（Angew Chem Int Ed，2016，55，p2517）。

重庆大学的 Zidong Wei 等研究了 Co_3O_4、$CoFeCoO_4$、$CoFe_2O_4$ 尖晶石结构的氧还原（ORR）活性（电极反应）（Angew Chem Int Ed，2016，55，p1340）。

凯斯西储大学的 C. H. 等以碳纳米管（CNT）、石墨烯等纳米碳材料为中心，介绍了不含金属的碳空气极（ORR）（Angew Chem Int Ed，2016，55，p11736）

中国科学技术大学的 Yi Xie 等发现，在碱性及中性水电解产生氧的过程中，Co 硼酸盐纳米片材/石墨烯混合物是一种优秀的 OER 电极，1.8V 下的电流密度达到 $14.4mA/cm^2$（Angew Chem Int Ed，2016，55，p2488）。

意大利 CNR-ICCOM 公司的 Francesco Vizza 等公布了一种使用负离子交换膜的、无 Pt 高性能燃料电池（PEM-FC），这种电池使用 $Pd/C-CeO_2$ 正极，使用脱 CO_2 空气时，实现了 $500mW/cm^2$ 的强度（Angew Chem Int Ed，2016，55，p6004）。

新加坡南洋理工大学的 H. Sato 等发现了适用于氧还原的 Pd-B 催化剂，并通过量子化学计算进行了确认（Angew Chem Int Ed，2016，55，p6842）。

韩国现代汽车将于 2017～2018 年推出新型 FCV 及客车（日本经济新闻，2016/12/21，p9）。

6.2.2　固体氧化物燃料电池（SOFC）

中国台湾国立成功大学的 Wei Wu 等报告了一种组合 SOFC 与气体涡轮机（GT）的复合发电装置的设计及控制方式。经过测算（Aspen），这种装置的热效率为 50%、CO_2 单位能耗为 324.2g/（kW・h）（Ind & Eng Chem Res，2016，55，p1281）。

6.2.3　微生物及酶燃料（生物）电池

荷兰 Plant-e（独立自 Wageningen Univ 瓦赫宁根大学）开发了使用植物根部的发电技术，并通过道路 LED 照明进行了验证（Chem & Eng News，2016/04/18，p28）。

美国犹他大学的 Shelley D. Minteer 等开发了硬币大小的葡萄糖燃料电池，期待用于医疗器械（Chem & Eng News，2016/08/08，p9）。

6.2.4　其他燃料电池

埃克森美孚、燃料电池能源公司正在研究通过 MCFC（熔融碳酸盐型燃料电池）进行天然气燃料发电。70% 的 NOx 将还原为 N_2（Chem Eng，2016，7，p9）。

巴西 IPEN 公司的 F. C. Fonseca 等发表了使用 Nafion/介孔二氧化硅固体电解质的乙醇燃料电池（Mater Renewable Sustainable Energy，2016，5，p6）。

中国科学技术大学的 Changzheng Wu 等研究了尿素燃料电池，提出以 β-Ni（OH）$_2$ 作为尿素氧化电极（UOR）（Angew Chem Int Ed，2016，55，p12465）。

6.2.5　氢能

BP（英国石油公司）、Statoil（挪威国家石油公司）等欧州石油巨头达成合作，开发使用可再生能源的制氢技术。德国波茨坦高等可持续研究所（IASS）与卡尔斯鲁厄理工学院（KIT）开发了一种在熔融金属中分解甲烷、制造氢及炭黑的技术。使用 Carlo Rubbia（卡罗・布鲁亚）提出的反应器，在 750℃ 以上的温度中反应（Chem Eng，2016，1，p11）。

西班牙巴斯克大学的 Ruben Lopez-Fonseca 等在供氧条件（O/C＝1）下研究了甲烷、$iso\text{-}C_8H_{18}$（汽油）、$n\text{-}C_{14}H_{30}$（轻油）的水蒸气改性（$H_2O/C＝3$），使用的催化剂是 $NiAl_2O_4$ 尖晶石。这种催化剂在 $iso\text{-}C_8H_{18}$、$n\text{-}C_{14}H_{30}$ 改性中也表现出稳定的活性，优于 Rh 催化剂（Ind & Eng Chem Res，2016，55，p3920）。

伊朗德黑兰大学的 S. Fatemi 等进行了如何通过 SAPO-34 吸附剂的 4 塔 VSA 捕捉氢精炼工程废气（$H_2/CO_2/CH_4/CO/N_2＝25/55/17/1/2mol\%$）中的 CO_2 的研究。与活性炭及沸石 5A 吸附剂相比，效果较好（Ind & Eng Chem Res，2016，55，p334）。

美国凯斯西储大学的 Liming Dai 等报告称，在无金属成分的氧还原（ORR）及氢生成（HER）反应中，可使用 N,P-掺杂石墨烯作为催化剂（Angew Chem Int Ed，2016，55，p2230）。

美国印第安纳大学的 Trevor Douglas 等研究了以水为原料的生物氢制造法，这种方法使用加工过的氢化酶（Chem Eng，2016，2，p7）。

林德工程的 T. Keller 等介绍了 SMR 法等用于制氢的 PSA 的进展及其用于氢精炼以外用途的可能性（Chem Eng，2016，1，p50）。

加拿大多伦多大学的 Bo Zhang 等基于 DFT 计算所得 3d-过渡金属多成分系的氧生成（OER）特征，开发了 FeCoW 羟基氧化物，过电压（191mW，$10mA/cm^2$）最低，并成功连续使用 500h（Science，2016/03/23）。

中山大学的 Gao-Ren Li 等发现，在氧生成反应（OER）中，FeOOH/Co/FeOOH 的混合纳米管阵列是一种有效的电极催化剂。另外，湖南大学的 Shuangyin Wang 等开发了黑磷（black phosphor）的简便制法（高温气化），其氧生成电极电位（$10mA/cm^2$）接近市售 IrO_2、RuO_2（Angew Chem Int Ed，2016，55，p3694，p13849）。

美国特拉华大学的 Yushan Yan 等报告称，中空 $NiMo_3S_4$（Chevrel 相）适用于碱电解制氢（HER）（Angew Chem Int Ed，2016，55，p15240）。

奥地利林茨约翰·开普勒大学的 W. Schoefberger 等发现了一种适用于水中氧生成（氧化、OER）及还原（ORR）反应的双用电极催化剂（Angew Chem Int Ed，2016，55，p2350）。

挪威 Sintef Energy Research 公司得到了挪威研究理事会、挪威国家石油公司、林德集团、日本三菱商事、川崎重工业等公司出资，开展制氢并出口至日本的研究项目（Chem Eng，2016，5，p12）。

中国科学技术大学（安徽省合肥）的 Mingming Ma 等开发了适用于中性水电解的制氢电极催化剂（Co-HNP/碳布、中空 Co 纳米结晶粒子）。－237mV 的过电压下达到 $100mA/cm^2$ 的电流密度（Angew Chem Int Ed，2016，55，p6725）。

浙江大学的 Zhan Lin 等发现，在水完全分解为氢与氧（OER、HER）的过程中，中空立方体状的 $NiCo_2O_4$ 是一种有效的电极（$10mA/cm^2$，1.65V）（Angew Chem Int Ed，2016，55，p6290）。

中国国家纳米科学中心的 Jun He 等报告称，氢生成反应中，$NiSe_2$ 是一种有效的 HER 电解催化剂（117mV，$10mA/cm^2$）（Angew Chem Int Ed，2016，55，p6919）。

土耳其科斯大学的 Samira F Kurtoglu 等报告了铝精炼副产物红泥的 NH_3 分解催化剂（制氢）活性（Chem & Eng News，2016/09/05，p12）。

福州大学的 Xuanya Liu 等研究了 H_2/空气的多浓度范围合成气体（当量比 0.8、1.0、1.2、1.6、2.0、3.0、4.0，300℃，常压）在排气管道（7cm×7cm）中的爆炸、升压、火焰扩散现象（Ind & Eng Chem Res，2016，55，p9518）。

美国纽约市立大学的 Marco J. Castaldi 等在通过 EtOH 水蒸气改性制氢的试验中，使用[13]C-标识化合物解析了预测的 12 种基本反应（Angew Chem Int Ed，2016，55，p10650）。

韩国浦项科技大学的 Junwoo Son 等报告称，VO_2 薄晶膜是一种有效的储氢材料（Nature Materials，doi：10.1038/nmat4692）。

韩国蔚山大学的 Guntae Kim 等使用固体氧化物电解质的水电解装置（SOEC），提出了层状钙钛矿晶（PBM，$PrBa_{0.5}Sr_{0.5}Co_{1.5}Fe_{0.5}O_{5+\delta}$）电极。实现了 800℃、$1.31A/cm^2$（1.3V），在 600h 内保持性能不变（Angew Chem Int Ed，2016，55，p12512）。

6.3　二次电池

中国政府正考虑严格卡控技术标准，将中国多达 200 家以上的 EV 厂商减少到 10 家左右。这是一次大规模淘汰，90% 的企业都将消失。中国汽车工业协会（CAAM）称，2015 年，国内汽车销量为 33.1 万辆（FSBi，2016/09/02，p32）。

英国家电巨头戴森收购美国 Sakti3，推进开发高性能固体电池。同时得到英国政府支持，还将开发 EV（日本经济新闻，2016/10/25，p6）。

6.3.1　锂离子电池（LIB）

EV 世界市场规模为 220 万辆。其普及原因主要在于美国加利福尼亚州的零排放汽车（ZEV）规定及欧洲废气规定（EURO 6），中国在全国范围内导入 EV 的行为也起了促进作用。德国 BMW、戴姆勒、大众，美国福特成立合资公司，2017 年起，将在高速公路沿线设置高速充电网。电池方面，日系厂商紧追韩国三家公司，单次充电后可行驶的距离已快速逼近 FCV 的距离。韩国 SK Innovation 公司将为 EV 提供 LIB 电池。此外，LG 陆续与美国、欧洲及中国的汽车厂商签订合同，除将在波兰新建工厂外，三星 SDI 还将加强与德国 BMW 的合作（日本经济新闻，2016/02/20，p9）。戴姆勒正在子公司 Deutsche Accumotive 旁新建 LIB 工厂，预计 2018 年投产。戴姆勒计划自 2019 年起上市 EV 新品牌 EQ。中国比亚迪（BYD）得到政府大力支持，正在大幅度开拓新能源车（EV、PHV）销路（日本经济新闻，2016/04/20，p9）。中国太阳电池巨头天合光能也加入了 LIB 电池产业。

韩国 LG 化学公布了在波兰新建 EV 用 LIB 工厂的计划。这是继韩国、美国、中国工厂后的第 4 座工厂。该公司开发了单次充电后即可行驶 300km 的电池，来自美国通用汽车等公司的订单剧增；新工厂的目标是生产单次充电后能行驶 500km 的电池。韩国三星 SDI 也计划在匈牙利新建工厂，预计于 2018 年投产（日本经济新闻，2016/09/27，p11）。

美国特斯拉 EV 车（Model X、S）销售业绩良好，将在 2020 年前将年产量增加到 100 万台（2015 年度的 20 倍）。于 2017 年上市小型轿车 Model 3（日经产业新闻，2016/05/11，p5）。今后 10 年还打算涉足大型商用车领域，开发所有商品领域的 EV（日本经济新闻，2016/07/22，p11）。特斯拉汽车确保了上海及首尔的生产基地，准备建立大攻势体制。Model S 已实现全铝车体（FSBi，2016/06/22，p36；日经产业新闻，2016/09/07，p1）。

欧洲及美国不断推出有利于环境保护的 EV（电动汽车）、PHV（插电式混动汽车）。2016 年 3 月，除 3 个主力系列外，BMW 开售 225xe（2 系列）PHV（日经产业新闻，2016/06/22,p15）。受 DE 车排气违规问题影响的德国大众发表了 2025 年前的经营战略，该公司将大幅裁员、改变规模优先的现状，并将重心放在 EV 上，计划以 100 万台/年（2025 年达世界首位）的速度生产（日经产业新闻，2016/11/22，p4）。法国 Total（道达尔）宣布收购法国蓄电池巨头帅福德集团（Chem & Eng News，2016/05/16，p14）。中国 BYD（比亚迪）宣布将在匈牙利建设 EV 客车工厂（日本化学工业日报，2016/10/17，p2）。美国政府宣布将完善 48 条主要高速公路（4 万公里）的 EV 充电装置，美国通用汽车等配合（日刊工业新闻，2016/11/09，p6）。

德国罗兰贝格及韩国 LG 电子在日韩商业论坛（2016/10/11）上发表了对新一代电池的展望。第 2 代 EV 的续航距离将超过 300 英里（500km）。据预测，2020 年，60kW·h 电池的售价为 120 万日元、体积为 85L、重量为 200kg。

中国台湾 ITRI（工业技术研究院）正计划开发长寿 LIB。这种电池的重点在电解液，电极部分将使用曾经向三井化学授权许可的防热失控剂"STOBA"（自身终止高分歧低聚物），隔膜则将使用日本产品（日本化学工业日报，2016/09/26，p8）。

（1）正极

新加坡南洋理工大学（NTU）的 Wen Lou 等人通过 Mo-Glycerate 纳米球状体（400nm 直径）与硫脲的反应合成了 MoS_2 的中空纳米求，并评价了 LIB 的正极特性。可逆放电容量高达 1100mA·h/g（0.5A/g），充放电循环中的劣化程度也较低。此外，南洋理工大学的 Xiong Wen Lou 等人使用结构指示剂（ZIF-67）开发了 Co_3O_4 的中空纳米粒子，并研究了这种粒子是否可以和碳纳米管组合起来用作 Li 贮藏剂（阳极）。确认其可逆放电容量为 1281mA·h/g（0.1A/g），可完成 200 次充放电循环（Angew Chem Int Ed，2016，55，p7423，p5990）。

山东大学的 Jian Yang 等制造了多孔非晶质 Si 正极（Solvothermal 法），发现这种正极的蓄电容量（3A/g、700 循环后 1025mA·h/g）较高。华南理工大学的 Songping Wu 等人总结了将含锗纳米复合材料用作 LIB、NaIB 电极及全固体电池电解质的实例，并梳理了一篇概论（Angew Chem Int Ed，2016，55，p14063，p7898）。

中国 LIB 正极第一巨头湖南杉杉新材料有限公司预计在 2020 年占据正极世界份额的 30%。2015 年世界市场约为 16 万吨/年，2020 年应该会略高于 20 万吨/年（日本化学工业日报，2016/09/27，p1）。

中国政府公布了 2015 年度的 EV 及 EV 客车实际产量，为 48 万辆。到 2020 年年末，将会增加到 500 万辆（销售比率 4.31%）。目前公布的方针是，LIB 正极不再使用三元系，辅助对象集中到磷酸铁系。中国资源再生巨头格林美正在无锡建设三元系正极材料装置（1.5 万吨/年）。韩国 ECOPRO 公司是其合作对象。远东智慧能源也将增加江西省 Ni-Co-Mn 三元系正极的产量（日本化学工业日报，2016/06/09，p8；09/06，p2；09/07，p2）。

美国宾夕法尼亚州立大学的 Haoshen Zhou 等发表论文称，聚蒽醌（P14AQ）有望用作 LIB 的 Li 储藏电极（Angew Chem Int Ed，2015，54，p13947）。

美国堪萨斯州立大学的 Gurpreet Singh 等使用 SiOC-石墨烯（rGO）的复合材料制作了 LIB 用正极，经过工场试验及 1020 次充放电试验，这种正极没有出现容量劣化或机械性破坏（Chem & Eng News，2016/04/11，p7）。美国先进电池联盟等对 SiNode Systems 公司提供了支持，这家企业正计划开发 Si-石墨烯正极（Chem & Eng News，2016/06/27，p13）。

印度技术研究院的 Ashutosh Sharma 开发了自立性多孔高性能碳正极。这种正极比表面积为 $2600m^2/g$，100 次循环后仍有 $890mA \cdot h/g$ 的充放电容量（Ind & Eng Chem Res，2016，55，p11818）。

武汉理工大学的 Liqiang Mai 等人研究了在石墨烯上负载 $Zn_3V_2O_7$（Pyrovanadate）纳米片层的 LIB 正极。其放电容量高达 $902mA \cdot h/g$（$500mA/g$），400 循环后仍维持在 $854mA \cdot h/g$（Ind & Eng Chem Res，2016，55，p2992）。

比利时优美科称，2018 年前，中国及韩国的 Ni-Mn-Co 三元系正极产能将增长三倍（Chem & Eng News，2016/05/02，p16）。

（2）负极

美国 BioSolar Inc 公司正在研究将加州大学圣塔芭芭拉分校开发的 LIB 新型树脂正极（BioSolar Cathode，$358W \cdot h/kg$）商业化，关于这种正极，目前还没有详细报告，但据说在 1000 次充放电测试后，其劣化程度控制在了 20%。LIB 价格为 100 美元/（kW·h）以下（Chem Eng，2016，3，p12）。

德国波鸿鲁尔大学的 E. Ventosa 等采用氧化铁（通过 FeO_x/碳纳米管复合材料、二茂铁的热分解法制造）作为 LIB 负极，并研究了这种负极在 2000 次高速充放电循环（4C、2000mA/g）后的稳定状态；维持了 84% 的放电容量（Chem Commun，doi：10.1039/c6cc00168h）。

美国密苏里科技大学的 Xinhua Liang 等人通过原子层沉积（ALD）法在 $LiMn_{1.5}Ni_{0.5}O_4$（LMNO）负极表面涂覆了 FeO_x，并确认其放电容量提高了 25%，在 1000 次充放电循环后保持了 93% 的放电容量（Chem & Eng News，2018/05/16，p10）。

南开大学的 Jun Chen 等发现，小型有机羰基盐（共轭不饱和脂肪族盐、单环二羧酸盐、聚合环酰胺等）是一种有效的 LIB 电极；并报告了含硫黄杂环醌的 LIB 电极特性。以导电性 PEDOT：PSS 为黏合剂，放电容量为 300mA·h/g（Ind & Eng Chem Res，2016，55，p5795；Angew Chem Int Ed，2016，55，p6428）。

合肥工业大学的 Weixin Zhang 等开发了微细中空结构的 $LiNi_{0.5}Mn_{1.5}O_4$（LMNO）球状粒子（3μm）的高性能正极，正在详细研究制造条件（Ind & Eng Chem Res，2016，55，p9352）。

法国国家科学研究院（CNRS）的 Lorenzo Stievano 等研究了过渡金属碳化二亚胺（$M_x(NCN)_y$，M：FeMnCrZn）用作 Li、Na 离子二次电池负极的可能性，发现其充放电特性优秀。此前，对碳化二亚胺的研究多是讨论其作为电极黏合剂的性能（Angew Chem Int Ed，2016，55，p5090）。

针对业界期待用作 LIB 负极的硅系负极，美国亚士兰开发了新型硅系负极黏合剂"Soteras MS1"。这种黏合剂是通过在 CMC（羧甲基纤维素）上组合其自主调制的交联剂而制得的，凭借强黏合强度控制膨胀收缩，提高了充放电循环特性（日本化学工业日报，2016/03/03，p5）。

北京工业大学的 Xiaoyan Song 等合成了 Li_2C_2，并报告了其用作大容量 LIB 负极的可能性。根据 DFT 计算，其放电容量高达 1400mA·h/g，值得期待。Li 碳化物方面，有夹层化合物 LiC_6、LiC_{12}、LiC_{18}、Li_4C_3、Li_4C_5 等物质的研究案例。实验得到了 700mA·h/g 的放电容量，但这一数值在二次放电后即降低至 140mA·h/g（Angew Chem Int Ed，2016，55， p644）。

广东科达洁能新建了 2 万吨/年的 LIB 负极材料工厂，参与中国市场竞争（日本化学工业日报，2016/10/18，p2）。

（3）电解质

根据 2013 年波音 737 及 2016 年韩国三星产 Galaxy Note 7 的燃烧事故，Chem & Eng News 以专题形式介绍了以 LIB 难燃化为目标的固定电解质等材料的开发状况（Chem & Eng News，2016/11/14，p30）。美国德克萨斯大学奥斯汀分校的 John B Goodenough 等开发了 LIB 用全固体电解质 F 掺杂反钙钛矿（Li_2OHX，X＝Cl 或 Br，OH 为 F 掺杂）（Angew Chem Int Ed，2016，55，p9965）。美国宾夕法尼亚州立大学的 Donghai Wang 等研究了将功能性有机硫黄化合物（DMDS 等）添加于 Li-S 电池（最大 1950mA·h/g，能量密度高于现在的 LIB）电解质进行改性的可能性。生成可溶性多硫化物（Angew Chem Int Ed，2016，55，p4231）。德国亥姆霍兹联合会的 Bruno Scrosati 等介绍了离子液体结构高分子电解质的研究案例。研究对象为 N-丙基-N-甲基吡咯烷鎓双（三氟甲磺酰）亚胺盐等 16 种离子液体，同时使用了 PEO、PAN 等高分子（Angew Chem Int Ed，2016，55，p500）。

图尔大学的 F. Tran-Van 等研究了 PEG 异丁烯酸盐系低聚物、离子液体及含 LiTFSi（双三氟甲基磺酰亚胺锂）的凝胶状电解质（Ind & bEng Chem Research，2016，55，p9925）。

复旦大学的 Yonggang Wang 等开发了使用水电解液的大容量 LIB。组合尖晶石 $Li_{1.1}Mn_2O_4$ 正极及 C 包覆 NASICON 型的 $LiTi_2(PO_4)_3$ 负极后，得到了 63W·h/kg、124mW·h/cm^3 的能量密度及 3275W/kg 的功率密度（Angew Chem Int Ed，2016，55，p7474）。美国马里兰大学的 Chunsheng Wang 等发布了一种使用水溶液电解质"Water-in-Bisalt；LiTFSi-LiOTf"，在 2.5V 电压下工作的 LIB 系统（TiO_2 阳极，$LiMn_2O_4$/C 包覆 TiO_2 阴极），放电容量为 100W·h/kg（Angew Chem Int Ed，2016，55，p7136）。

山东石大胜华化工集团是生产 LIB 电解液（EC、PC、DMC、DEC、EMC）的巨头厂商，最近也开始生产电解质 $LiPF_6$，2016 年 10 月（1 期）启动规模为 1000 吨/年（日本化学工业日报，2016/05/11，p2）。

华中科技大学的 Zhibin Zhou 等提出以 Li 离子传导性聚合物

（LiPSsTESI/PEO 混合物）为 LIB 的固体电解质（Angew Chem Int Ed，2016，55，p2521）。北京交通大学的 H Zhao 等通过 DFT 计算研究了 $B_{12}(CN)_{12}^{2-}$ 作为 Li、Mg 离子电池电解质的稳定性，Li 盐的解离能较高（Angew Chem Int Ed，2016，55，p3704）。

中国台湾辉能科技在世界范围内推进全固体 LIB 产业，这种全固体 LIB 是使用印制电路板及 R2R 技术开发的，满足轻薄性、高挠性及安全性要求（日本化学工业日报，2016/02/01，p7）。

（4）其他

比利时索尔维（Solvay）开发了 LIB 用新型黏合剂（Solef PVDF）。这种黏合剂黏合度高，是以往产品的 3 倍以上；既有正极有 95% 以上使用该公司的黏合剂，借此，其市场份额进一步扩大。该公司希望能实现大容量化，并将于 2020 年支持 5V LIB（日刊自动车新闻，2016/03/17，p3；WO2014/095907 等）。

美国斯坦福大学的 Yi Cui 等报告了 LIB 电解质及隔板改良情况，以及通过特殊高分子材料使电极难燃化的方法。另外还报告了 MoS_2 纳米薄膜的可见光催化剂（杀菌）（Chem & Eng News，2018/01/18，p7；08/22，p11）。

英国奥克斯能源开发了 Li-S 硫黄电池，并希望于 2018 年在拥有大量电动车的中国能采用这种电池（Chem & Eng News，2016/06/20，p12）。

韩国 SK 正在提升 EV 用 LIB 使用的隔板（陶瓷涂覆型）产能，使之翻倍（4 个系列、提高至 1.08 亿平方米/年）。该公司自 2004 年起生产湿式涂覆隔板（目前有 9 个系列，预计增加到 11 个系列），2011 年起生产陶瓷涂覆隔板。产品供给韩国现代起亚及中国北京汽车，同时还与德国戴姆勒签订了供货合同（日经产业新闻，2016/07/25，p5）。上海恩捷新材料在珠海建设流水线超过 10 条的 LIB 隔板新工厂，自 2017 年起陆续投产（日本化学工业日报，2016/10/31，p3）。

上海交通大学的 Jun Yang 等在 Li-S 电池中使用碳酸乙烯系（LiODFB，EC-DMC-FEC）电解液，并报告了 2000h 内的稳定（1400mA·h/g，1C× 1100 次）充放电特性（Angew Chem Int Ed，2016，55，p10372）。雅保公司（Albemarle）收购了中国 Li 盐厂商江锂新材料科技有限公司（Chem Week，2016/09/12，p5）。

6.3.2 空气电池

复旦大学的 Huisheng Peng 等组装挠性同轴圆筒（Li/电解质层/CNT 片/圆筒容器），尝试制作了 Li-空气二次电池（放电容量 12470mA·h/g，100 次循环）（Angew Chem Int Ed，2016，55，p4487）。中国科学院长春应用化学研究所的 Zhangquan Peng 等研究了 Li-O_2 电池中伴随 Li_2O_2 形成的反应停止。问题在于 Li_2O_2 膜的导电性（Angew Chem Int Ed，2016，55，p5201）。

美国麻省理工学院的 Yang Shao-Horn 等通过实验和计算研究了溶剂（TBA）在 Li-空气的电极反应中的影响（Angew Chem Int Ed，2016，55，p3129）。同时，Ju Li（麻省理工学院）、Jun Lu（美国阿贡国家实验室）等通过 $Li_2O_2/CoOx$ 电极提高了蓄电容量（Chem & Eng News，2016/08/08，p6）。

加拿大滑铁卢大学的 Zhongwei Chen 等用 N-掺杂过的石墨（NPGC）呈石榴籽状覆盖 Co_3O_4 纳米尺寸结晶，开发了一种纳米复合材料，以作为金属-空气二次电池的电极催化剂。作为一种不含贵金属的 ORR 催化剂，这种物质呈现出了较高的活性（Angew Chem Int Ed，2016，55，p4977）。

德国吉森大学的 Jurgen Janek 等整理了 Li、Na-O_2 空气电池的电极反应中生成的过氧化物（Li_2O_2、Na_2O_2、NaO_2）和电子迁移（1 电子、2 电子）、电解液相关的研究案例（Angew Chem Int Ed，2016，55，p4640）。

美国纽约州立大学宾汉姆顿分校的 M. S. Whittingham 等使用 TEGDME（二甲醚-四甘醇）电解液及 $LiFePO_4$ 负极组成 Li-O_2 电池，使用 TTF（四硫富瓦烯）作为氧化还原中间体，研究了 TTF 在充放电循环中的情况（Chem Commun，doi：10.1039/c6cc01120a）。

德国慕尼黑科技大学的 Johannes Wandt 等发现，充电过程中，Li-O_2 电池中会成一元（$^1\triangle_g$）氧（Angew Chem Int Ed，2016，55，p6892）。

6.3.3 其他

美国密苏里大学哥伦布分校的 Hooman Hosseini 等提出了一种碱电池，这种电池使用 4 级聚磺酰胺分离膜（Ind & Eng Chem Res，2016，55，p8557）。

6.3.4 锂资源

海外企业再掀锂资源（矿石源、咸水源）开发热潮，有超过 20 个项目正在计划产业化。特斯拉计划大规模生产 EV，同时，高度成长将持续到 2020 年，需求扩大为 2015 年的 2 倍（日本化学工业日报，2016/06/28，p11，06/29，p4；Chem & Eng News，2016/08/01，p10）。

2015 年，Albemarle Corp 雅宝公司收购世界 Li 资源开发及产业头号企业 Rockwood HD 公司，计划稳定向 LIB 行业提供资源。收购了中国受托生产商，并扩大澳大利亚产矿石的处理量（日本化学工业日报，2016/05/26，p2）。智利阿塔卡玛盐湖第 2（2018）、第 3（2019）工厂投产后，Li_2CO_3 产能将达 15 万吨/年；同时，该公司还在阿根廷开发资源（日本化学工业日报，2016/10/27，p2）。南美洲锂三角集中了大量锂咸水湖，各国投资的增产计划正在此地不断推进。韩国 POSCO 开始在阿根廷 Pozuelos's 咸水湖修建商业制 Li 装置，规模 2500 吨/年，在 2016 年正式投产（日经产业新闻，2016/02/19，p5）。智利 SQM 化学矿业公司与加拿大美洲锂业达成合作，双方同意合资展开阿根廷 Cauchari-Olaroz 锂项目（Chem Business，2016/04/04～10，p6）。美国锂业巨头 FMC 公司分段增强氢氧化锂产能，预计到 2019 年实现 30000 吨/年（日本化学工业日报，2016/05/27，p2）。

6.3.5　Na 离子电池及多价金属电池

澳大利亚伍伦贡大学的 Zaiping Guo 等尝试制作了核壳型异质结构 SnS/SnO_2，以作为 NaIB 二次电池的高性能负极。所用材料为石墨烯及碳（葡萄糖原料），形成 $C@SnS/nO_2@$ 石墨烯结构（Angew Chem Int Ed，2016，55，p3408）。

美国阿贡国家实验室的 Brian J Ingram 等研究了钙离子二次电池用电极。使用的是铁氰酸锰正极、Sn 负极、$Ca(PF_6)_2$ 固体电解质（Chem & Eng News，2016/01/25，p28）。

韩国 KAIST 科学技术院的 Yousung Jung 等报告称，三斜晶系 $Na_2CoP_2O_7$ 是 4V NaIB 的有效负极。这种化合物有 7 种结晶形态，可实现电极的缺陷控制功能。另外，韩国东国大学的 Yong-Mook Kang 等报告，Co 掺杂 FeS_2 可用作 NaIB 的高性能正极 [0.340（A·h）/g]（Angew Chem Int Ed，2016，55，p6662，p12822）。

华中科技大学的 Yunhai Huang 等通过静电纺丝法制造了 MoS_2/碳纳米纤维，并用作 NaIB 的无黏合剂正极（Scientific Reports，5：9254，doi：

10.1038/srep09254）。

美国马里兰大学的 Malachi Noked 等开发了 Al/S 二次电池，使用离子液体电解质，性能为 1.25V、1，675mA·h/g（Angew Chem Int Ed，2016，55，p9898）。

6.3.6　电容器

意大利萨莱诺大学的 Maria Sarno 等提出了一种超级电容器，这种电容器是以废弃活性炭为原料合成 SiC 纳米粒子，并在常压低温下涂覆石墨烯形成的。单独 SiC 的性能上升到 114.7F/g，G/SiC 则为 325F/g（Ind & Eng Chem Res，2016，55，p6025）。印度技术研究院的 Ramesh Chandra 等合成了 SiC 的花菜状纳米体，用作超级电容器电极，电极表面有通过磁控溅射涂覆的 Ag-Al$_2$O$_3$ 层。能量密度 31.43W·h/kg、功率密度 18.8kW/kg（1.8V）、电容 188F/g（5mV/s），在 30000 次充放电循环后维持了 97.05% 的性能（Ind & Eng Chem Res，2016，55，p9452）。

6.3.7　液流氧化还原型蓄电池

液流型蓄电池随着电网稳定化逐渐普及，美国正持续开发新结构电池，如优能科技（UET）的钒氧化还原系、哈佛大学的 AQDS 系、ViZn 能源系统公司的 n-Fe-KOH 系、PNNL 的 MV-4-hydroxy-TEMPO-NaCl 系等（Chem & Eng News，2916/02/08，p28）。

钒液流电池（VFB）型流体蓄电池不断开发，大连化学物理研究所的 H. Zhang 等采用高离子选择性沸石（ZSM-35）薄片（固定至多孔 PES 膜），进一步提高了电池性能（Angew Chem Int Ed，2016，55，p3058）。

美国威斯康星大学-麦迪逊的 Song Jin 等提出了一种基于有机热流电池（蒽醌系 ADQS/BQDS）及光电化学的太阳能转换储电系统，得到了 1.7% 的发电效率（Angew Chem Int Ed，2016，55，p13104）。

6.4　光催化剂、人工光合成及其他

以美国加州理工学院为中心展开研究的 JCAP 的 N. S. Lewis 等介绍了阳光水分解领域研究多时的光电化学（PEC）装置及 STH（太阳能制氢）转换效率，并和光伏发电-电解（PV-E）做了比较。Chem & Eng News 也专题介绍了这一研究成果（Angew Chem Int Ed，2016，55，p12974；Chem & Eng News，2016/11/21，p33）。

美国斯坦福大学的 Xiaolin Zheng 和德克萨斯大学奥斯汀分校的 Allen J

Bard 开发了水的光分解用的催化剂（宽 $8\mu m$、MoS_2 薄膜），通过等离子照射形成 S 缺口并加以使用（Chem & Eng News，2016/04/04，p7）。

北京大学的 Ding Ma 等使用层状纳米片（LDHs）改性过的 Ni 纳米粒子（通过 NiAl-LDH 的 $100 \sim 600{}^\circ\!C$ 还原制造），成功在 $H_2/CO = 1/3$、0.8bar（1bar＝0.1MPa）、室温的条件下经可见光转换为烃，得到了符合 ASF 规则的生成物分布（α＝0.6）。天津大学的 Jinlong Gong 等使用 Cu_2O、TiO_2，成功实现了 CO_2 的光电化学还原（$0.75V_{RHE}$）。以 90％左右的法拉第效率生成了 CH_4、CO、MeOH（Angew Chem Int Ed，2016，55，p4215，p8840）。

中国科学技术大学的 Shiqiang Wei 等提出了一种 β-CoOOH（酸氢氧化物）半导体纳米层（1.3nm），这种纳米层可通过光催化剂抑制电荷分离后的电子与正空穴再次结合。$350 \sim 450$nm 波长范围的电荷分离效率为 $60％\sim 90％$，H_2 生成速度为 $160\mu mol/$（$g \cdot h$）。福州大学的 Xinchen Wang 等提出了一种在中空碳氮化物（HCNS）球半面导入 Pt 及 Co_3O_4 纳米粒子（Janus 结构）的光催化剂，并研究了水的光分解（Angew Chem Int Ed，2016，55，p2137，p11512）。

西班牙化工研究院的 H Garcia 等发表了一篇概论，内容是 MOF 结构的人工光合成催化剂及使用这种催化剂的太阳能燃料开发（制 H_2、还原 CO_2）研究状况。MOF 可设计为能够导入金属粒子及官能基的形式，因此，研究案例正在增加。介绍了 H_2 生成（Pt/NH_2-UiO-66）及 CO_2 还原（MIL-101）等（Angew Chem Int Ed，2016，55，p5414）。

葡萄牙波尔图大学的 Adelio Mendes 等提出了一种有机（AQDS）-无机 $\left[Fe(CN)_6^{3-}\right]$ 系水溶液氧化还原流体电池，这种电池可直接通过阳光充电，使用的是赤铁矿光电极，变换效率为 75％（Angew Chem Int Ed，2016，55，p7142）。

南开大学的 Bin Zhao 等报告称，Cu-DCTP MOF 具备半导体型，显示出 H_2O 分解的光催化剂活性（Angew Chem Int Ed，2016，55，p4938）。

济南大学的 Jinzhao Huang 等通过含石墨烯的复合材料（形成于 TiO_2 纳米序列）成功提高了可见光下的光催化剂活性（RhB 分解、Xe 灯），同时从紫外线结合了可发出可见光的 NRAs：Eu^{3+}、Tb^{3+}（Ind & Eng Chem Res，2016，55，p1559）。

美国凯斯西储大学的 Liming Dai 等开发了一种在石墨烯中掺杂 N、P、F 的电极催化剂，这种催化剂在 ORR、OER、HER 的反应中有效。使用 Zn-空气电池尝试了水的电解（Angew Chem Int Ed，2016，55，p13296）。

天津大学的 Jinlong Gong 等发现，在基于赤铁矿（γ-Fe_2O_3）的水的光电化学氧化中同时使用碳纳米柱、Co_3O_4 群为辅助催化剂（C/Co_3O_4-Fe_2O_3），能够显著提高活性（Angew Chem Int Ed，2016，55，p5851）。

美国加利福尼亚大学圣克鲁斯分校的 Yan Li 等发现，赤铁矿酸化能抑制电子与正空穴再次结合，并能提高水的光电化学离解能力（Angew Chem Int Ed，2016，55，p3403）。

美国 Univ Texas Arlington 德克萨斯大学阿灵顿分校的 Frederick M MacDonnel 等人开发了一种通过 CO_2 的光、热化学还原制作烃液体燃料的 SPARC 反应器，该反应器使用 TiO_2 光催化剂及 CoO_x 辅助催化剂，经过 FT 反应（Chem & Eng News，2016/02/29，p8）。

英国哥伦比亚大学的 Erwin Reisner 等使用将 Mn-P 吡啶配合物（MnP）固定在介孔 TiO_2 上的催化剂（FTO 基板），研究了 CO_2 的电解还原与光还原。同时使用 CdS 增感过的光正极和阳光，进行了 CO_2 到 CO 的还原反应。同时，他们在 TiO_2 保护 p-Si 电极上固定了［NiFeSe］氢化酶，以此制造光电极，并确认到光电化学性质的氢生成反应（效率 95％）（Angew Chem Int Ed，2016，55，p7388、p5971）。

福州大学的 Jinlin Long 等将 Ru（cpd）配合物固定于 TiO_2，评价了 CO_2 的光还原活性。他们确认到，H_2O 分解中生成的氢会反应生成 CH_4，活性是 Ru/TiO_2 10 倍（Angew Chem Int Ed，2016，55，p8314）。

英国西交利物浦大学的 Alexander J Cowan 及美国密歇根州立大学的 Thomas Hamann 等确定了以赤铁矿为催化剂的水的光分解的中间产物（Nature Chemistry，2016，8，p740，p778）。

瑞士苏黎世大学的 Oliver S. Wenger 等研究了结合 5 种功能性分子（TAA、Ru、AQ、Ru、TAA）的 Pentad 人工光合成系统（Angew Chem Int Ed，2016，55，p9407）。

德国普朗克聚合物科学研究院的 K. Landfester 等设计并评价了促进光合成的共轭系聚苯并噻唑分子（Angew Chem Int Ed，2016，55，p9202）。

中国科技大学的 Long Jiang 等在 MOF 中导入 Pt 纳米粒子（Pt@UiO-

66-NH$_2$），提高了光催化剂反应中的氢生成活性（Angew Chem Int Ed，2016，55，p9389）。

大连化学物理研究所的 Can Li 等组合 PSⅡ光合成系统及 Si 光电极，尝试制作了光电化学电池（PEC）并评价了其性能（Angew Chem Int Ed，2016，55，p9229）。

北京理工大学的 Liangli Qu 等报告称，g-C$_3$N$_4$@C（在 g-C$_3$N$_4$ 分散的吡咯溶液中聚合、碳化）在没有贵金属等辅助催化剂的情况下呈现出了高可见光（$\lambda > 420$nm）分解 H$_2$O 活性（AQE14.3%）（Angew Chem Int Ed，2016，55，p10849）。

美国斯坦福大学的 Yi Cui 发表论文称，MoS$_2$ 配向纳米片是一种活性明显高于 TiO$_2$ 的光催化剂，生成的活性氧物种能够高效杀菌（Chem & Eng News，2016/08/22，p11）。

韩国蔚山科学技术大学（UNIST）的 Jae Sung Lee 等在观察赤铁矿（nano-Fe$_2$O$_3$、数百纳米）上的 H$_2$O 光致离解过程后报告称，在使用特定配向法时生成 FeOOH 的超薄膜层（2nm），有利于提高活性（Angew Chem Int Ed，2016，55，p10854）。

以色列理工学院的 Lilac Amirav 等发现，使用在 Pt 探针中导入 CdS 量子点的光催化剂时，H$_2$O 光分解的效率为 100%（Chem & Eng News，2016/02/29，p11）。

加拿大英属哥伦比亚大学的 Curtis P Berlinguette 等通过 UV 固化了 BiVO$_4$（光正极），提高了光电化学催化剂活性（水的光分解）（Angew Chem Int Ed，2016，55，p1769）。

美国芝加哥大学的 Wenbin Lin 等活用 MOF 多孔体的可见光吸收特性，尝试制作了导入含 Ni 多金属氧酸盐（Ni$_4$P$_2$）的催化剂（Ni$_4$P$_2$@MOF），研究了水的光分解（Angew Chem Int Ed，2016，55，p6411）。

黑龙江大学的 Hongganf Fu 等研究了能在可见光下促进氢生成的六角柱状 g-C$_3$N$_4$ 光催化剂。P 掺杂发挥了作用，生成速率为 73μmol/h（> 420nm），是掺杂前的 1.8 倍，上升到 g-C$_3$N$_4$ 的 10 倍（Angew Chem Int Ed，2016，55，p1830）。

中国科学技术大学的 Shu-Hong Yu 等提出了一种吸收阳光的广波长范围、诱发电价分离的硫化物半导体系统。该系统将 ZnS、CdS、Cu$_{2-x}$S 结合为单一纳米结晶（ZnS-CdS-Cu$_{2-x}$S），在水的光电化学分解中的性能值得期待（Angew Chem Int Ed，2016，55，p6396）。

美国国家可持续能源实验室的 Paul W King 等发现，CdS 纳米棒光催化剂为 MoFe 蛋白质提供电子，并促进 N$_2$ 转换为 NH$_3$ 的反应，反应速度为天然酶的 63%，效率高，并且不会生成副产物 CO$_2$（Chem & Eng News，2016/04/25，p9）。

美国普林斯顿大学的 Erick J Sorensen 等发现，可见光下，[UO$_2$]$^{2+}$ 粒子将使（环）链烷的 C(sp^3)—H 键合活性化，存在氟化剂（NSFI）时，将发生氟化（Angew Chem Int Ed，2016，55，p8923）。

7 基础催化化学及催化材料
（表面化学、酶、沸石等）

7.1 基础催化化学

美国西北大学的 Tobin J Marks（有机金属、聚合催化剂等）获得美国化学会 2017 年普利斯特里奖（Chem & Eng News，2016/06/20）。

2015 年，美国催化学会将艾米特奖授予 Christophe Coperet（ETH）、米歇尔·布达德奖授予 Hans-Joachim Freund（Fritz Haber Inst）（Chem & Eng News，2016/02/15，p33）。

美国欧柏林学院的 Manish A. Mehta、鲁汶大学的 F. Taulelle 及加利福尼亚大学圣塔芭芭拉分校的 B. F. Chmelka 等分别提出了结合 X 射线衍射及固体 NMR 测定的结构解析法，并拿出了成果（Chem & Eng News，2016/02/15，p30）。

自日本春田正毅的研究之后，金催化剂在全世界范围发展，旭化成的 MMA 合成（氧化酯化）、庄信万丰的 VCM 合成在工业上得到了应用。米兰大学的 Henrique Teles 等人介绍了工业化状况（Angew Chem Int Ed，2015，55，p14210）。

美国加利福尼亚大学伯克利分校的 Omar Yaghi 等通过共价键将化合物置入 MOF-520（不对称结晶性多孔体），并在此状态下通过 X 射线衍射确定了结构（Chem & Eng News. 2016/08/22，p10）。

德国卡尔斯鲁厄技术研究院的 Hendrik Holscher 等通过 3D 打印法制造了定制 AFM 探针（Chem & Eng News，2016/08/22，p7）。

美国科罗拉多州立大学的 Eugene Y X Chen 等发现，用磷腈类催化剂（强碱基）处理 γ-丁内酯（γ-BL）时将生成链状聚酯或环状低聚物，加热至 200℃后，则会还原为单体 γ-BL（Chem & Eng News，2015/03/21，p7）。

德国慕尼黑技术大学的 Ueli Heiz 等研究了催化剂为 Pt 纳米粒子的

ETY 氢化，发现 Pt 活性为零，活性随群尺寸增加而提高（Chem & Eng News，2016/02/08，p24）。德国不来梅雅各布大学的 Ulrich Kortz 等合成了 Ag（I）-Pd（II）-Oxo 纳米群（｛Ag_4Pd_{13}=［｛Ag（H_2O）$_3$｝$_4Pd_{13}O_{32}$（AsO_4）$_8$］$^{10-}$｝、｛Ag_5Pd_{15}｝）（Angew Chem Int Ed，2016，55，p15766）。

Chem & Eng News 介绍了单原子金属催化剂作用的最新研究，对象包括 Pt/Fe_2O_3、Pd/Cu、Pd/C_3N_4 等。新墨西哥大学的 Abhaya K Datye 等高温加热 Pt/Al_2O_3 催化剂，通过 PtO_2 气化，将单原子 Pt 析出到 CeO_2 纳米柱中。$Metal/CeO_2$ 系也进行了量子化学计算（Aarhus Univ，A Bruix Fuste）（Chem & Eng News，2016/07/11，p6，10/03，p26）。

德国马克思·普朗克研究所的 Klaus R. Porschke 等发现，Cs^+［H_2NB_2（C_6F_5）$_6$］$^-$ 盐中，Cs 配位了 16 个 F（Chem & Eng News，2015/03/21，p6）。

瑞士苏黎世联邦理工学院的 Christophe Coperet 等使用表面增强固体核磁共振（SENS），在 DNP（动态核极化）中观测了固体催化剂（WO_3/SiO_2）烯烃歧化反应中 ^{13}C 标记化合物的轨迹（Angew Chem Int Ed，2016，55，p4743）。

英国牛津大学的 Shik Chi Edman Tsang 等通过评价吸附分子（吡啶，MeOH，NH_3）的结构和相互作用，研究了 H-ZSM-5（SiO_2/Al_2O_3=40.8）沸石细孔内 B 酸性中心的特性（Angew Chem Int Ed，2016，55，p5981）。

加州河畔大学的 Christopher A. Reed 等发现，碳硼烷酸 H（$CHB_{11}F_{11}$）是一种最强的酸，会促进质子附加到 CO_2，生成 H（CO_2）$_2^+$（Angew Chem Int Ed，2016，55，p1382.）。并确认最强碱基为 o-二乙炔基苯阴离子（Berwyck Poad），极性最大的中心分子是 C_6（CN）$_4$（NH_2）$_2$（Chem & Eng News，2016/12/12-19，p31）。

中国科学院化学研究所的 Sheng-Gui He 等发现，气相过渡金属氮化物 $HNbN^-$ 阴离子将使甲烷及乙烷活化（Angew Chem Int Ed，2016，55，p4947）。

超临界流体液相色谱国际会议 2015（上海）介绍了 HPLC（高效液相色谱）中的超临界流体（SFC）应用，美国沃特士公司、德康明药、诺华赛、安捷伦科技等受到了关注。HPLC 已发展（Waters Ass ALC-100，

1967）50 年，Chem & Eng News 以专题形式介绍了其历史（Chem & Eng News，2016/01/04，p23；06/18，p29）。

德国慕尼黑路德维希·马西米兰大学的 A. J. Kormath 等成功合成了三氰甲烷［HC（CN）$_3$］，这种物质在 $-40℃$ 以下是稳定的，C$_{3v}$ 对称性（Raman）和氰基乙烯亚胺之间的互变异构现象（Tautomer）也已经得到确认（Angew Chem Int Ed，2015，54，p13775）。德国雷根斯堡大学的 Manfred Scheer 合成了 P-Si 和 As-Si 的无机苯。Kekule 结构报告已经发表了 150 年，发现 Borazine（B$_3$N$_3$H$_6$）后已经过了 90 年。柏林自由大学的 Moritz Malischewski 等发现六甲基苯双阳离子（非平面）具备 6 配位碳（Chem & Eng News，2016/08/22，p11，12/12~19，p13）。

IUPAC 决定在元素周期表中加入 113、115、117、118 元素（Chem & Eng News，2016/01/11，p6）。未命名人工元素名如下：[113] Nh（Nihonium），[115] Mc（Moscovium），[117] Ts（Tennessine），[118] Og（Oganesson）（Chem & Eng News，2016/06/13，p7）。

希伯来大学的 M. L. Coote 等观测了二烯（2-Me-furane、固定于 STM 探针）到固定在金基盘上的烯烃的 Diels-Alder 反应（Chem & Eng News，2016/03/07，p8）。

美国雪城大学的 Timothy M. Korter 发现，在生成螺旋形 poly-L-proline（聚左旋脯氨酸）的太赫兹（10^{12} Hz）光照射中，高分子链有很大的弹性（Chem & Eng News，2016/08/22，p30）。

美国哈佛大学的 Pamela A. Silver 等将在基因操作中导入了氢化酶活性的大肠菌等微生物（encapsulin）胶囊化并用作催化剂，成功制造了银纳米粒子（13~15nm）（Chem & Eng News，2016/07/11，p8）。

美国加州理工大学的 Geoffrey A. Blake 等发现宇宙空间存在光学活性 PO（Chem & Eng News，2016/06/20，p4）。

Chem Eng 介绍了粒子径测定法（Laser 衍射、动态光散射等）及如何选择（Chem Eng，2016，3，p46）。

美国科罗拉多大学波尔得分校的 Hans H. Funke 等测定了使用 SSZ-13、SAPO-34、T 型沸石气体（CO$_2$，CH$_4$，C$_3$H$_8$，H$_2$O）的吸附特性（0~100kPa、293~373K、H$_2$O 的影响）（Ind & Eng Chem Res，2016，55，p9749）。

北京高压科学研究中心的 Kuo Li 等发表论文称，在 20GPa 高压下，CH_3 到 CN 的氢移动将引发乙腈的聚合（Angew Chem Int Ed，2016，55，p12040）。

德国卡尔斯鲁厄研究院技术的 Hendrik Holscher 等通过 3D 打印法制造了定制 AFM 探针（Chem & Eng News，2016/08/22，p7）。

美国加州大学河滨分校的 Francisco Zaera 确认，日本春田正毅报告的 Au 催化剂 CO 低温氧化活性（−70℃下为 100%）在更低温度（−150℃）下仍然存在。正在研究在 200nm 左右的粒子核（SiO_2）-壳（TiO_2，20nm 厚）粒子上负载 15nm Au 粒子的催化剂（Chem & Eng News，2016/08/29，p8）。

2016 年诺贝尔化学奖的"分子机器设计与合成"大奖颁发给了法国斯特拉斯堡大学名誉教授让·皮埃尔·索维奇（Jean-Pierre Sauvage）名誉教授的"双环化合物"、美国西北大学教授詹姆斯·弗雷泽·司徒塔特（Sir J Fraser Stoddart）的"轮烷"及荷兰格罗宁根大学教授伯纳德·费林（Bernard L Feringa）的"分子马达"。北里大学荣誉教授大隅良典获得了医学及生理学奖（Chem & Eng News，2016/10/10，p5，p7）。1996 年、1998 年、1999 年诺贝尔化学奖获得者逝世，他们分别是发现富勒烯的 Harold W Kroto、开发密度函数法的 Walter Kohn（加州大学圣巴拉拉分校）、飞秒化学创始人 Ahmed H Zewail（加利福尼亚理工学院）（Chem & Eng News，2016/08/08，p7）。

7.2 催化材料

继 RHO 型复合分子筛 PST-20、PST-25 后，韩国浦项科技大学（POSTECH）的 Suk Bong Hong 等人又合成了超级分子筛 PST-26、PST-28（Angew Chem Int Ed，2016，55，p4928）。Suk Bong Hong 等还发布了高硅 EU-12 沸石。这种物质在 $Rb_2O/（Rb_2O+Na_2O）=0.7$ 条件下生成，有呈正弦波状弯曲的 8 元环孔道（Angew Chem Int Ed，2016，55，p7369）。

美国明尼苏达大学的 Michael Tsapatsis 等通过 OSDA 的氧化分解剥离了合成为层状的 MFI 沸石纳米片（二维）并过滤析出到多孔基板上，尝试制作了分离膜，评价了 n-丁烷/iso-丁烷的分离性能。此外，他们通过 Monte-Carlo 法研究了可在高酸性天然气的 H_2S 及 CO_2 选择吸附分离中使用的沸石（H_2S，CO_2，CH_4，C_2H_6），发现了 16 种有前景的物质（Angew Chem Int Ed，2016，55，p7184）。美国南卡罗来纳大学的 Hans C zur Loye 等发表了一种骨架仅由 Fe 及 O 构成的铁矿石（SOD 结构：Ba_8($Fe_{12}O_{24}$)Na_y(OH)$_6$ · xH_2O)(Angew Chem Int Ed，2016，55，p13195)。

南京工业大学的 Wanqin Jin 等介绍了使用 MOF、沸石、石墨烯（GO）等单层二维膜的气体分离的研究案例（Angew Chem Int Ed，2016，55，p13384）。

西班牙瓦伦西亚大学比亚里卡分校的 Avelino Corma 等使用二元模板（六亚甲基亚胺/N-十六烷基-DABCO）合成了 MWW 结构沸石单层（Angew Chem Int Ed，2015，54，p13724）。

西班牙墨西拿大学的 Gabriele Centi 等在形成于圆筒型不对称 α-矾土支撑体的 Pd 薄膜上覆盖了沸石（TS-1）保护层，并调查了其对 PDH 反应中氢分离的影响（Ind & Eng Chem Res，2016，55，p4948）。

美国加利福尼亚大学伯克利分校的 J. A. Mason 等发现，在压力及排压情况下，由 1，4-二吡唑代苯（bdp）及 Co 构成的 Co(bdp) MOF（金属有机框架材料）会在改变结构的同时吸收 CH_4（Nature，doi：10.1038/nature15732）。

中国南开大学的 Xian-He Bu 等通过多个案例研究了提高 MOF 型多孔体稳定性的因素（Chem Commun，doi：10.1039/c6cc02931k）。北京化工大学的 Lijuan Zhang 等将 MOF 型多孔体 HKUST-1 高度分散地负载在毫米尺寸介孔 Al_2O_3 上（HKUST-1@γ-Al_2O_3），评价了其作为轻油吸附脱硫剂（DBT，DMDBT 等）的性能。DBT 中的吸附能力为 60mg/gMOF（30℃）（Ind & Eng Chem Res，2016，55，p7249）。

美国明尼苏达大学、西北大学的研究人员发现，MOF NU-1000（氧化锆束）在 600℃、空气加热中依旧稳定，Ni 负载催化剂可保持氢化活性（Chem & Eng News，2016/02/15，p23）。美国佐治亚理工学院的 Sankar Nair 等使用 MOF 的 $Cu_3(BTC)_2$ 研究了烯烃及石蜡的吸附分离。100℃加热下，Cu 变化为开放金属位点，可实现烯烃的选择吸附。研究了 1-己烯、n-己烯的分离性能（Ind & Eng Chem Res，2016，55，p5043）。

中国科学技术大学的 Hai-Long Jian 等使聚二甲硅氧烷表面疏水化，作为 Pd/MOF（UiO-66）催化剂使用，大幅提高了乙烯及邻硝基苯酚的氢化活性（Angew Chem Int Ed，2016，55，p7379）。

印度科学教育研究所的 Sujit K Ghosh 等开发了水溶性阳离子型 MOF。这种 MOF 表现为 $[\{Ni_2(L_3)(SO_4)(H_2O)_3\}(SO_4)\text{-}x(G)]_n$，L：$tris$（4-（1H-咪唑-1-基)苯基)胺，吸收 SO_4、MnO_4、Cr_2O_7 等含氧阴离子（Angew Chem Int Ed，2016，55，p7811）。

美国西北大学的 Karl A.Scheidt 等发现新型 MOF 多孔体 NU-GRH-1（Zn-urea 型）具备基于金属-OH 氢键合的 Lewis 酸性，研究了生成吲哚的 Friedel-Crafts 烷基化（ACS Catal，2016，6，p3248）。韩国浦项科技大学（POSTECH）的 Dong-Pyo Kim 等通过名为 Microconfined 界面合成（MIS）的方法，开发了在 MOF 基体（HKUST-1）内制造任意形状氧化物纳米粒子的方法（Angew Chem Int Ed，2016，55，p7116）。

在 PSA（变压吸附）法原位 N_2 生成中使用的碳分子筛（CMS）及 PSA 分离技术得到了介绍，效率可达到 $5000\sim60000$ cuft/h（1cuft＝$0.0283m^3$），99.9995％纯度（Chem Eng，2016，7，p48）。美国理海大学的 Shivaji Sircar 等研究了高速 PSA 法 N_2、O_2 分离。吸附剂考虑 LiLSX 分子筛、床尺寸大小及高纯度 O_2 回收率（Ind & Eng Chem Res，2016，55，p4676）。

赢创工业将提高奥地利的气体分离膜（聚酰亚胺中空纤维）产能，使之翻倍；其与林德集团就气体分离膜达成合作，计划开发结合 PSA 吸附法的高效精制工艺（日本化学工业日报，2016/10/17，p12；特表 2016/505354）。

山西煤炭化学研究所的 Yong Qin 等人采用原子沉积法，尝试制造了纳米管状氧化物及多金属粒子接触的串联结构催化剂（Ni/Al_2O_3、Pt/TiO_2 等）。硝基苯具有较高的 N_2H_4 还原活性及 H_2 还原活性（Angew Chem Int Ed，2016，55，p7081）。BASF 收购了开发尖端材料的美国 EnerG2（Chem Business，2016/06/27～07/03，p6）。

德国格里洛集团莱茵辛克公司开发了合成甲基磺酸（MSA）的新方法。既有方法（BASF 法）是以二甲基二硫化物为中间物的两段法，而 Grillo（格里洛）法采用的是 $CH_4＋SO_3$ 反应（Chem & Eng News，2018/07/27，p10；WO2015/071455）。

美国北卡罗莱纳大学的 Daniel L. Druffel 等报告了电子化合物 Ca_2N 的

层状结构及其在有机溶剂影响下的剥离性、离子导电性（Chem & Eng News，2016/12/12～19，p11）。

赢创工业集团（Evonik Industries AG）开始在美国新建沉降硅装置，2017 年投产。

比利时鲁汶大学的 J. A. Martens 等以固体催化剂活性位点的位置明确化为基础，正在开发定制催化剂（Chem & Eng News，2016/01/18，p32）。

美国加州理工的 Frances H. Arnold、加利福尼亚大学伯克利分校的 John F. Hartwig 交换了含金属蛋白质的金属，展示了开发新型催化剂的可能性（Chem & Eng News，2016/06/20，p6；Nature 2016，doi：10.1038/nature17968）。

美国南加利福尼亚大学的 Noah Malmstadt 通过 3D 打印形成了微反应器上的排液孔，制造了均一纳米粒子（Chem & Eng News，2016/02/29，p12）。

长春应用化学研究所的 Hongjie Zhang 等制造了 CeO_2 纳米膜覆盖的 Pd 纳米粒子（$Pd@CeO_2/Al_2O_3$），研究了以 CO 为还原剂的 NO 还原（$NO+CO\rightarrow1/2N_2+CO_2$）（Angew Chem Int Rd，2016，55，p4542）

美国麻省理工学院的 Sean T. Hun 等制作了硅纳米粒子覆盖的核壳结构 WO_3 纳米粒子、$(NH_4)_2PtCl_6$，并在 H_2-CH_4、900℃ 条件下进行处理，制备了 Pt/WC 催化剂。这种催化剂在 MeOH 的电解氧化中呈现出了高活性和稳定性（Chem & Eng News，2016/05/23，p9）。

乌克兰国立科技大学的 Evgeniy N. Zubarev 等发现了蜂窝碳结构。真空加热石墨柱即会生成这种物质，其厚度为 80～100Å，由 sp^2 碳构成，称为"三维石墨"（Chem & Eng News，2016/02/15，p24）。

Chem & Eng News 专题介绍了以石墨实用化为目标的世界开发竞争趋势。自 2003 年英国曼彻斯特大学的 Andre K Geim、K. S. Novoselov 发表相关成果以来，研究越来越活跃。英国在该大学设立了英国国家石墨烯研究院（NGI），与中国最大手机公司华为合作研究。2014 年，全球专利申请数量突破 9000 件，2010 年后，申请人国籍以中国为首，为 52%，其后依次是韩国、美国、日本（Chem & Eng News，2016/04/11，p33）。中国方面，北京市、天津市、河北省结成同盟，计划实现石墨产业化。东旭光电科技（河北省）推进国内机构合作，以期扩大石墨烯产业（LIB 电极等），并正计划建设正极及负极的大规模工厂（日本化学工业日报，2016/01/20，p2；09/26，p2）。

德国波鸿鲁尔大学的 Roland A. Fischer 等人在嫁接了碳纳米管（CNT）的 N 掺杂 C 多面体中置入了 $Co@Co_3O_4$ 核壳纳米粒子（ZIF-67 的热分解法），并提出用作氧电极（OER、ORR）催化剂（Angew Chem Int Ed，2016，55，p4087）。

继第一个工厂投产（10 吨/年，2013 年）之后，OCSiAl 公司又计划在诺沃西比尔斯克建设单臂碳纳米管（SWCNT）2 号工厂，规模 50 吨/年（2017 年投产）（日本化学工业日报，2016/02/03，p3）。

韩国蔚山科学技术大学的 Hyunhyub Ko 等成功在碳纳米线（20～30μm）透明电极上配列了刷形物（Chem & Eng News，2016/01/04，p22）。

韩国锦湖石油化学将强化碳纳米管（CNT）产业。该公司的 CNT 为管束结构，分散性、导电性等性能好，此次强化措施是推进复合物化、扩大销路（日本化学工业日报，2016/02/01，p3）。

德国弗里茨哈伯研究所普朗克学会的 Robert Schloegel 等将 CNT 用于烷烃氧化脱氢（Angew Chem Int Ed，2015，54，p13682）。

德国维尔茨堡大学的 H. Branuschweig 等通过激光气化法合成了全硼石墨（最初报告于 2014 年）并研究了其特性（Angew Chem Int Ed，2016，55，p4866）。

大连理工大学的 Anjie Wang 等通过 $Ni_2P_2S_6$ 的低温还原制造了 Ni_2P 纳米粒子（表面残留含 S 层）。在烯烃等物质的氢化中，这是一种有效的催化剂（Angew Chem Int Ed，2016，55，p4030）。

新加坡义安理工学院、英国纽卡索大学的研究人员在石墨中导入了氧化型官能基，成功实现了超亲水性石墨的无缝膜化，期待用于高复合型滤水膜（Chem Eng，2016，3，p11）。

2014 年的合成硅（干式及湿式）产量约为 200 万吨/年，预计 2018 年会达到 300 万吨/年。疏水性、亲水性处理品领域对干式合成硅的需求正在扩大（日本化学工业日报，2016/03/11，p19）。

印度阿里格尔穆斯林大学等报告了 pPVA/ZIP 构成的离子分离膜（Ind & Eng Chem Res，2016，55，p12655）。

芬兰阿尔托大学的 Alexandr Ostonen 等求得了 1，5-Diazabicyclononenium acetate（可蒸馏离子液体）的热力学特性（Ind ＆ Eng Chem Res，2016，55，p10445）。

林德集团将增强正在美国拉波特（La Porte）开展的氖分离产业，现产能为 $40000Nm^3/$ 年。该公司于 2015 年 11 月宣布收购美国液化空气公司，相应程序已经完成（Chem Week，2016/05/30～06/06，p10；07/04～11，p4）。

上海交通大学的 Jie-Sheng Chen 等在介孔 MFI 中导入 Pt 纳米粒子，制备了 Pd@mnc-Si 催化剂，并研究了这种催化剂有无形状选择性（Ph-NO_2 等）（Angew Chem Int Ed，2016，55，p9178）。大连化学物理研究所的 Botao Qiao 等将金纳米粒子负载在羟磷灰石/TiO_2 载体上，结果提高了稳定性，在 CO 的低温氧化中呈现出高活性（Angew Chem Int Ed，2016，55，p10606）。

西班牙瓦伦西亚大学的 Avelino Corma 等报告称，在 MCM-22（2D 结构）通过加热转换为 3D 结构的工程中，负载的 Pt 纳米粒子（PPA 脱氢催化剂）实现了稳定化（Nature Materials，doi：10.1038/nmat4757）。

德国林德集团与风险企业 NuMat Technologies 合作，考虑在产业气制造领域利用 MOF（Chem ＆ Eng News，2016/09/26，p15）。

四川大学的 Changsheng Zhao 等利用聚丙烯酸交联树脂与 PES 树脂，开发了离子交换容量高达 7.88meq/g（Nafion 117 的 8.8 倍）的高分子膜，这种膜的离子透过性、氧化稳定性及力学特性都较良好（Ind ＆ Eng Chem，2016，55，p9667）。

澳大利亚纽卡斯尔大学的 Roberto M. Atanasio 等总结了胶态氧化硅的各种气相及液相制造法、粒径与物性的控制法和开发动向，梳理了一篇综述（Ind ＆ Eng Chem Res，2016，55，p8891）。

俄罗斯科学院 Zelinsky 有机化学研究所的 V. P. Ananikov 等考虑了毒性（LD_{50}）及冶炼等因素，尝试评价了 Ni、Cu、Fe、Pd、Pt、Rh、Au 金属化合物及催化剂的绿色化学适应性（Angew Chem Int Ed，2016，55，p12150）。

8 催化产业

美国 W. R. Grace（格雷斯公司）收购了 BASF 的聚烯烃（PO）催化剂事业（关联技术、专利、商标、生产基地）。此前还收购陶氏 Unipol PP 催化产业（2013 年），格雷斯将在全球范围内完善既有 PO 催化事业（日本化学工业日报，2016/04/27，p2）。科莱恩增产了美国肯塔基州路易斯维尔的 PP 催化剂工厂（Chem Business，2016/10/24～30，p7）。

Chem & Eng News 介绍了设于中国大连的中国催化剂小组。矾土、硅、沸石等产品面向中国市场，工厂位于辽宁大连、山东东营、江苏淮安，员工 500 人，2015 年销售额为 7000 万美元（Chem & Eng News，2016/05/02，p27）。

霍尼韦尔 UOP 在路易斯安那州什里夫波特增建了石油精炼催化剂装置（4 期）。2014 年投产，产品主要用于出口（Chem Week，2016/06/13～20，p4）。

美国纽黑文化工开始在美国生产（18000 吨/年）NaOMe（生物柴油制造催化剂）。DuPont（杜邦）则退出该领域。赢创工业集团将把美国 BDF（生物柴油燃料）催化剂 NaOMe 产能提高到 72000 吨/年（Chem & Eng News，2016/04/18，p13）。

法国朗盛公布了收购美国科聚亚（添加剂等各种化学品、有机金属化合物、茂金属催化剂辅助催化剂等）的计划（日本化学工业日报，2016/09/27，p1）。

稀土金属氧化物巨头中国北方稀土集团在包头市陆续进行 SCR 催化剂及医疗机器等方面的投资，挺进下游产业（日本化学工业日报，2016/10/03，p3）。

美国格雷斯收购了 BASF 的聚烯烃催化剂事业（关联技术、专利、商标、生产基地）（Chem Week，2016/04/25～05/02，p46）。

丹麦托普索在伊朗设置产业基地，销售 MeOH 催化剂等制品，在中国与大连化学物理研究所合作，共同开发催化剂（日本化学工业日报，2016/02/08，p3）。

中国化工集团收购农药种子名企瑞士先正达（中国）。孟山都公司拒绝了拜耳的接管出价（日本化学工业日报，2016/02/08，p1）。

附录：引用刊物简称

Chem Business：ICIS Chem Business

Chem Commun：Chemical Communications

Ind & Eng Chem Res：Industrial & Engineering Chemistry Research

Chem Week：IHS Chem Week

Chem & Eng News：Chemical & Engineering News

Chem Eng：Chemical Engineering

Hydrocarbon Process：Hydrocarbon Processing

Nature Commun：Nature Communications

PTQ 及 ePTQ：Petroleum Technology Quatery

FSBi：Fuji Sankei Business i.

第6篇

2016年日本科学技术政策动态及催化剂项目情况

华冈隆昌

（产业技术综合研究所）

1　科学技术政策动态 [1]

1.1　整体动态（概要）

2016 年是"第五次科学技术基本计划"（下称基本计划）第 2 年，从整体来看，日本科学技术政策动态为：基本计划各个项目的实施都得到了保证，政策引导、预算分配及研究开发都有进展。

2016 年 1 月，日本内阁会议通过了基本计划，目标是将日本打造成"世界上最适合创新的国家"。在此基础上，致力于：持续增长与社会自律性发展；保障国家与国民安全，实现高质量的富裕生活；解决世界性的课题，为世界发展做出贡献；为将日本打造成持续创造知识产权的国家，牢抓"未来产业创新与社会变革"、"解决经济及社会性问题"、"加强基础实力"及"构建人才、知识、资金的良性循环系统"四根支柱，深化一系列改革，推进"Society 5.0"，向不断创造新价值及服务的"超智能社会"迈进。为实现这个目标，日本制定了"2016 年科学技术创新综合战略"（下称 2016 综合战略），并召开了研究预算措施及政策的相关会议，推出各种各样的创新政策。

2015 年通过的《巴黎协定》于 2016 年 11 月生效，日本也于 11 月 8 日签署了该协定，以此为基础，正在研究应对气候变化的长期策略。

1.2　综合科学技术及创新会议（CSTI）的动态

在日本内阁总理大臣及负责科学技术政策的大臣的指导下，"综合科学技术及创新会议（下称 CSTI）"已成为日本科学技术及创新政策计划立案及综合调整的指南针。截至 2016 年 1 月，在第 18～25 次这八次会议（包括流动会议）上，相关人员讨论了实施基本计划的相关问题，各次会议议题及主要内容见表 1。

表 1　2016 年度 CSTI 召开情况及内容

	会议时间	主要内容
第 18 次	4 月 19 日	(1)能源及环境创新战略 (2)制定了 2016 年科学技术创新综合战略(草案) (3)最新科学动态:"发现了第 113 号元素"
第 19 次	5 月 13 日	(1)制定了 2016 年科学技术创新综合战略(询问及答辩) (2)采用人类受精卵基因组编辑技术的研究(中期总结) (3)最新科学技术动态:"科学技术创新课题"
第 20 次	6 月 9 日	(1)修改部分综合科学技术及创新会议运营规则 (2)设置经济社会及科学技术创新活性化委员会等
第 21 次	6 月 23 日	(1)促进特定国立研究开发法人研究开发的基本方针 (2)战略性创新项目(SIP)的预算分配
第 22 次	9 月 15 日	(1)如何实现科学技术创新综合战略(根据综合战略确定措施重心,讨论"人工智能等研究开发"的进展) (2)修改特定国立研究开发法人的中长期目标(询问及答辩) (3)报告《如何实现 Society 5.0》
第 23 次	9 月 30 日	2016 年度 SIP 补充分配
第 24 次	12 月 21 日	(1)有助经济增长的科学技术创新的活性化(活性化委员会最终报告《扩大科学技术创新官民投资的倡议》作结;争取实现科学技术预算质与量的扩大,重新审视影响创新的制度及结构,构建高效资源分配结构,实现政府研究开发投资目标(占 GDP1%),面向大学等机构的民间投资增加 3 倍。为此,应致力于:改革预算编制;改革制度;扩大研究开发投资;落实三项措施,有效扩大官民投资力度。 (2)推进国家研究开发评估 (3)振兴基础研究(以获得诺贝尔生理学或医学奖为契机)
第 25 次	1 月 26 日	设置科学技术创新官民投资扩大推进费用目标领域研究委员会等

在 2016 年年度会议上,相关人员更加深入地讨论了"世界最适合创新的国家"这个目标,应该如何扩大研究开发投资、如何使大学合作更加顺利、如何发挥 CSTI 的功能。

1.3　2016 年科学技术创新综合战略 (2016 综合战略)[2]

2016 综合战略于第 19 次 CSTI 提出,是第五次基本计划的首个战略,具备中长期政策的方向性,综合战略则体现了其有所侧重的结构方向性,两者在运用中融为一体,争取提高实效性。2016 年制定基本计划后不久,又订立了以基本计划四根支柱为中心的"2016～2017 年的工作重心",内容有如下五条。

① 深化及推进"Society 5.0"(超智能社会)(基本计划第 2 章及第 3 章)。第五次基本计划新提出的"Society 5.0"自第一年度起便得到强力执行,增强了产业竞争力并解决了社会性问题。CSTI 发挥指挥塔作用,产官

学共同推进 Society 5.0 项目及人工智能相关工作。

② 以年轻一代为中心，提高人才素质（第 4 章）。

③ 联合推进大学改革与资金改革（第 4 章）。考虑到新时代发展，必须尽早培养年轻一代，进行大学改革，强化相关工作，建立灵活有效的体系，从而适应变幻莫测的时代变革。

④ 推动开发创新，构建人才、知识、资金的良性循环（第 5 章）。强化产学官合作，成立创业公司，构建持续创新体系，引导世界潮流。

⑤ 加强科学技术创新的推动作用（第 7 章）。加强科学技术创新的推动作用，有效且灵活地执行政策措施。

"加强勇于挑战未来的研究开发并提高人才素质"、"构建实现 Society 5.0 的平台"都是应该深入研究的课题，为此，系统合作、人才培养和制度改革是不可或缺的。

第 3 章 "加强科学技术创新的基础实力"、第 4 章 "构建适于创新的人才、知识、资金的良性循环系统"也都提到了提高人才素质及系统改革工作的重要性，再加上第 5 章 "加强科学技术创新的推动作用"，2016 综合战略的意图就显而易见了。

第 2 章及第 3 章的具体课题里也提到了催化剂技术的目标。

"提高'Society 5.0'（超智能社会）的基础技术"提出了提高物理空间（现实空间）相关基础技术这一课题，指出了催化剂技术在工艺创新中的重要性，将"在 2030 年前实现基础化学品创新催化剂的实用化"定为目标。同时明确了优化能源价值链所必须的氢能源转换技术、页岩气，通过新型原油或二氧化碳等多种原料高效生产能源及化学品的创新技术等工作的重要性，2020 年前的目标是"确立化学品制造的节能化技术并实用化"等。

1.4 战略性预算计划与 SIP

预算方面，召开第 10 次科学技术创新预算战略会议（6 月 14 日）。根据 2016 综合战略，各省厅共同听取并汇报本年度重点措施及需要合作的措施，CSTI（第 22 次）以《关于重点策略》为题报告了相关结果。五个政策领域（①未来产业创新与社会变革（40 项）；②解决经济与社会性问题（177 项）；③加强基础实力（25 项）；④构建人才、知识、资金的良性循环体系（23 项）；⑤加强科学技术创新的推动作用（4 项））共有 232 项措施，预算申请费用总额为 9538 亿日元。

特别指出了人工智能基础技术的重要性，当务之急是在日本构建相关体制，同时，也指出了构建 "Society 5.0" 平台及切实推进 "能源及环境创新战略" 的重要性。另外，基于在国家安全保障中应用产学官研究开发成果的重要性，重点措施首次提出了 "国家安全保障中的各个课题"，与第五次基本计划新提出的 "解决国家安全保障中的各个课题" 相呼应。

战略性创新项目（SIP）方面，CSTI 显著发挥指挥塔作用，分配并推动预算工作。2016 年实施了 11 个课题，理事会审议后，由 CSTI 决定各个项目的预算分配。

1.5   2017 年科学技术预算概要[3]

日本内阁府资料（截至 2016 年 1 月）显示，原预算方案中，科学技术相关预算为 3 兆 4563 亿日元，同比增加 0.1%，有微弱增长。其中科学技术振兴费 1 兆 2929 亿日元，同比增加 0.6%。特别预算 5851 亿日元，基本与前一年度的 5845 亿日元持平。根据 2016 综合战略，科学技术创新推动费（500 亿日元）依旧计入日本内阁府预算，相关费用划拨给 SIP 等机构。文部科学省提出 95.4 亿日元预算，包括科研（2285.5 亿日元）、大型研究设施整顿（457.1 亿日元）、高风险及大影响研究开发的推进（30 亿日元）、人工智能/大数据/IoT/服务器安全综合项目等费用。此外，环境省提出了纤维素纳米纤维（CNF）等新材料应用推进产业（39 亿日元）预算，防卫省也有 109.9 亿日元的安全保障技术研究推进制度（基金制度）预算。

1.6   G7 茨城及筑波科学技术大臣集会[4]

2016 年 5 月召开了 G7 峰会，作为相关会议的一部分，同时召开了 G7 茨城及筑波科学技术大臣集会，会上发表的公报（共同声明）称，日本今后的政策方向在于国际合作，横向课题领域分为包容性创新及开放性科学，具体课题包括全球健康、扩大女性参与度与新一代科学技术创新人才培养、海洋未来及绿色能源。

1.7   全球变暖长期战略跟踪[5]

联合国气候变化框架公约第 21 次缔约方会议（COP21）通过了《巴黎协定》，经美中两国承诺，协定于 11 月生效。该协定设定了严格的目标，生效后，国际性工作有望得到推进。

日本经济产业省建立了 "长期全球变暖对策平台"，以讨论全球变暖的长期对策。截至 2017 年 1 月，日本国内、业界及现有技术的对策尚不充分，提案建议通过国际贡献、制品寿命周期及创新实现碳平衡。今后，化学领域也需提供长期对策，该领域对化学技术创新的需求还将进一步增长。

2 日本经济产业省产业技术政策动态

2.1 日本经济产业省产业技术预算案概要[6]

2016 年 12 月公开的《2017 年度产业技术预算案概况》显示,日本经济产业省 2017 年产业技术预算(科学技术预算)总额为 5467 亿日元(上一年度增加 39 亿日元),能源特别费用为 3061 亿日元(增加 69 亿日元)。

2017 年的重点课题有以下三个。

第一,基于加强产业竞争力的中长期战略,拟定下述五个基础研究开发课题:人工智能、机器人、无人机、IOT(internet of things)等;战略性纳米技术及材料领域等;创新型能源及环境技术、CCS 技术;健康医疗领域;制造业等。

第二,支持创业公司的实用化技术开发,加强大学等机构的产学合作,开拓新市场、推动标准化以加强国际竞争力,营造创新环境、构建创新体系。这与综合战略提出的系统改革必要性是一致的。

第三,继续解决福岛第一核电站的废炉及污水问题,推动福岛灾区重建。

以下为主要化学及材料技术开发项目的预算,括号内为上一年度预算额。

• 基于计算科学等的功能材料技术开发项目预算为 24.0 亿日元(17.8 亿日元):开发超尖端材料、大幅度缩短开发速度,确立由计算科学、制造工艺及测量技术构成的创新型材料开发基础技术。

• 使用植物等生物生产多功能品的项目预算为 21.0 亿日元(17.2 亿日元):开发并确立新的技术基础,使用植物等生物,更节能、更低成本地生产多功能化学品。

• 创新型蓄电池实用化的基础技术开发项目预算为 29.0 亿日元(28.8 亿日元):利用蓄电池解析等技术,开发将创新型蓄电池实用化的基础技术。

· 多功能木质素纳米纤维制造工艺及构件化技术项目预算为 6.5 亿日元（4.2 亿日元）：以木质生物质能为原料，开发多功能木质素纳米纤维制造工艺及汽车零件等构件的相关技术。

· 节能型化学品制造技术开发项目预算为 21.0 亿日元（21.9 亿日元）：活用创新型催化技术，以二氧化碳及水（人工光合成）、沙、非食用生物质为原料，开发化学品节能制造工艺，实现化学品制造工艺的节能化。

· 面向能源及环境领域中长期课题的新技术先导研究项目预算为 26.0 亿日元（21.5 亿日元）。

· 氢能源制造、储藏及利用相关技术开发项目预算为 10.0 亿日元（15.5 亿日元）：开发新技术，通过可再生能源高效制氢，开发转换及储藏技术，将氢高效转换、储藏至能源输送介质。

· CO_2 分离回收技术的项目预算为 5.0 亿日元（5.4 亿日元）：开展高效率吸收材料及分离膜等的实用化研究，降低 CCS 技术实用化成本

· 新结构构件及系统技术相关开发项目预算为 27.0 亿日元（13.8 亿日元）：开发适用于航空发动机、轻于金属材料且耐热的结构件。

· 3D 打印成型及实用化技术项目预算为 9.0 亿日元（6.0 亿日元）：通过三维层压成型技术确立新型物品制造工艺。

· 面向运输机轻量化的新结构材料技术开发项目预算为 40.0 亿日元（36.5 亿日元）：开发碳纳米纤维复合材料、新型钢板、镁合金等与运输机轻量化相关的技术。

2.2　日本经济产业省制造产业局重组[7]

2016 年 7 月，日本经济产业省汇总并重组了制造产业局化学课、住宅产业窑业课（包括玻璃、水泥等）、纸业服饰品课（包括纸浆、纤维素纳米纤维等）、纤维课（包括碳纤维等）的业务，新成立了主要负责 BtoB 产品群的素材产业课，以及负责 BtoC 产品群的生活产业课。随着制造业结构变化，共通政策课题也浮出水面，其中，结构改革及市场需求、新型素材开发及实用化应该共同实施。化学及材料相关技术的开发工作移交至素材产业课新型素材室，以实现多种材料及素材的革新。

3　NEDO 项目动态

主要介绍 NEDO 的项目情况、开发计划及评估情况。

3.1　绿色可持续化学（GSC）工艺基础技术开发[8]

长久以来，GSC 工艺基础技术开发一直在进行与化学相关的项目，2015 年，开发工作以"微生物催化剂发电型废水处理基础技术开发"为题进行结项，并进行了总结评价。以下为 GSC 工艺基础技术研究开发历程。

（1）开发减少使用或不使用有害化学物质的新型工艺及化学品（2008～2011 年）

① 开发高功能多相催化剂，研究开发环境协调型化学品制造工艺。

② 开发新型水相及固定化催化剂工艺技术。

（2）开发减少废弃物及副产物的新型工艺（2008～2012 年）

开发新型氧化工艺基础技术。

（3）开发提高资源产能的新型工艺（2009～2013 年）

① 利用催化剂，开发新型石脑油分解工艺。

② 开发规则性纳米多孔体紧密分离膜基础技术。

③ 开发副产物气的高效分离及精炼工艺基础技术

（4）开发新型绿色技术，实现化学品原料转换及多样化（2010～2012 年）

① 开发气体原料的化学品原料化工艺。

② 开发使用植物原料的化合物及构件制造工艺。

3.2　以二氧化碳为原料生产化学品工艺技术开发[9]

PL：濑户山亨（三菱化学株式会社），委托：人工光合成化学工艺技术研究组合，2014～2021 年，2016 年度预算：13.9 亿日元。

本技术开发包括两个项目：太阳能制氢等制造工艺开发（光催化剂开发及分离膜开发）；二氧化碳资源化项目技术开发（烃合成催化剂开发）。从化石资源供给危机及抑制全球变暖的角度来看，该项目符合政策要求，相关产业有开展必要性；项目融合了"光催化剂开发"、"氢分离膜开发"及"二氧化碳资源化项目开发"三个课题，在 PL 的领导下切实推进工作，实现了中期目标；使用光催化剂的能源转换，达到了 3% 的转换率；在 2016 年实施的中期评价中，以上几个方面得到了高度认可。

以下为截至 2016 年中期评价时的部分成果。

(1) 光催化剂方面，详细研究了吸收极限为 600～700nm 的材料，讨论了其成分控制及高品质化，同时还研究了辅助催化剂。基于上述研究结果，组合制氢光催化剂片及制氧光催化剂片，制作了并联电池，实现了太阳能转换率达到 3% 这一中期目标。另外还尝试制作了可稳定运行 1100h 以上的光制氢片及制造成本低的粉末光催化剂片，实现了超过 1% 的太阳能转换率。

(2) 分离膜开发方面，评估了沸石膜、硅膜及碳膜这三种分离膜对氢氮混合气的分离效果，选出了氢/氧分离材料，所有材料均达到了自主中期目标值。分离膜模块方面，还预测了氢/氧混合气体的实机操作情况。

(3) 合成催化剂开发方面，研究了用于低级烯烃选择性制造的三种新型催化剂及工艺，分别是低级烯烃高选择性 FT 催化剂工艺、FT/裂化催化剂工艺及甲醇合成/MTO（Methanol to Olefins）催化剂工艺。结果，甲醇合成/MTO 催化剂工艺及 FT/裂化催化剂工艺实现了中期目标（氢或碳到烯烃的转化率为 80%），还发现了具有高耐蒸煮性的沸石催化剂。

3.3　非食用植物化学品制造工艺技术开发[10]

PL：前 一广（京都大学），2013～2019 年，2016 年预算：10.2 亿日元。

该项目以构建非食用生物质能到最终化学品的高成本竞争力全面制造工艺、实现到非食用生物质原料的转换为目的，包括以下两个课题。

① 开发非食用生物质能到化学品制造的实用化技术（2013～2016 年）

② 开发木质系生物质能到化学品的全面制造工艺（2013～2019 年）

2015 年实施了委托工作②的中期评价，评价结果显示，在实验室规模的研究开发中，课题 1（木质纤维素纳米纤维开发）及课题 2（化学原料全面制造工艺开发）均取得了相当圆满的成果，顺利迈向实用化。以下是委托工作（②）的 2016 年实施计划概要。

(1) 开发高功能木质纤维素纳米纤维的全面制造工艺及构件化技术

PL：前 一广（京都大），SPL：小林良则（生物产业协会）、京都大学、王子控股株式会社、日本造纸株式会社、星光 PMC 株式会社等。

研究了成分分离方法、纳米纤维分离技术和木质 CNF 技术开发的规模升级等问题，同时还研究了提高热流动性的相关课题，并着手开发复合体制造工艺。

（2）开发木质系生物质能到各种化学品原料的全面制造工艺

PL：前 一广（京都大），SPL：种田英孝（日本造纸）、小林良则（生物产业协会）、日本造纸株式会社、宇都兴产株式会社等。

主要技术开发方面，优先关注预处理技术及成分利用技术，由此验证了生物质能到化学品原料的全面制造工艺的经济性，得到了实验室的验证。扩大木质素利用是尤为重要的课题，今后将开发提取成分改性等必要的技术。

"转换技术开发"是通过蒸煮改良碱进行木质生物质能的预处理，并提供资料。"木质素利用技术开发"是开发酚系热固性树脂合成方法，开发环氧树脂、重氢化学品、聚氨酯泡沫塑料及相关木质素产品等。

"纤维素利用技术"是开发以纤维素为原料、高效制造乙酰丙酸/酯及羟甲基糠醛（HMF）的工艺，通过酸催化剂工艺合成乙酰丙酸/酯。

"糖利用技术开发"的则是继续开发基于生物化学法的生物质能利用技术。

3.4　有机硅功能化学品制造工艺技术开发[11]

PL：佐藤一彦（产综研），2014～2021 年，2016 年预算：3.48 亿日元；产综研、大阪市立大学、早稻田大学、群马大学、关西大学、信越化学工业株式会社、东丽道康宁株式会社、昭和电工株式会社。

本项目包括：开发通过沙粒制造有机硅原料的工艺技术；开发通过有机硅原料制造高功能有机硅构件的技术这两个项目。目标是确定新型制造工艺，以开发有机硅制造相关的新型催化剂技术及催化剂工艺技术，解决有机硅工业的问题，稳定提供高功能的有机硅构件。项目中期评价于 2016年实施，现介绍部分情况。

针对"开发通过沙粒制造有机硅原料的工艺技术"，在某种条件下，经过碳酸二酯，以乙醇和二氧化硅（SiO_2）为原料，能够以 80% 以上的收率（SiO_2标准）制造四甲氧基硅烷，2016 年研究了该反应的详细内容，通过模拟等手段开发制造工艺。通过中间原料制造有机硅原料的技术开发也有所收获，即发现了以氢作为还原剂的含氢硅烷合成反应的有效催化剂。

针对"开发通过有机硅原料制造高功能有机硅构件的技术"，开发了形成硅-碳键合的氢化硅烷化反应的催化剂，发现了大量铁及镍的配合物催化剂、多齿配位体及金属微粒催化剂。另外还发现了形成硅-碳键合的偶合反应的有效配合物催化剂。硅-氧键合技术方面，发现了在无水条件下稳定合成甲硅烷醇的催化剂反应，确立了将生成物粉体离析为复合粉体的方法，成功合成了各种甲硅烷醇类。交叉偶合反应方面，研究了路易斯酸催化剂及过渡金属催化剂等物质，发现了一种能有效合成规则结构聚硅氧烷的方法。形成硅-硅键合的脱氢偶合反应也有所收获，即发现了能以高收率获得高阶硅烷的催化剂。

3.5 超尖端材料超高速开发技术[12]

PL：村山宣光（产综研），项目时间：2016～2021 年，2016 年预算：17.8 亿日元。

该新兴项目的目标是通过"经验与直觉"革新开发工艺，计划如下。

目标：通过高度计算科学、高速试作与创新工艺技术及尖端纳米测量表征技术，构建新型材料开发基础。据此，材料开发的试作次数及开发时长将缩短到现有工艺的 1/20。

研究开发项目有以下三个。

① 计算机支援新纳米结构设计基础技术：利用量子力学、粗粒化分子动力学及有限元分析等理论和方法，开发一种多规模模拟方法，从纳米规模到宏观规模对材料进行设计。

② 开发高速试作与创新工艺技术：控制结构及反应场等各种工艺参数，开发高精度样本制作技术及其高速化技术，以实现①中模拟方法的高精度化，并利用 AI 来开发材料。

③ 开发尖端纳米测量表征技术：开发测量装置及手法，从而"非破坏"地或在原位环境下评价②中试作的样本，从而为①中模拟方法的高精度化及利用 AI 材料开发提供必需的评估数据。

3.6 能源及环境新技术先导研究[13]

项目时间：2014～2018 年，2016 年预算：21.5 亿日元（2017 年原始预算 26.0 亿日元）。

要在 2050 年实现温室气体减半等中长期课题，就不能延续现有技术，而需开发非连续性的新型技术并实现实用化。本项目所做的先导研究是与将来的国家项目息息相关的。2016 年的招募领域增加了创新性高、对产业波及效果大的研究开发项目（高风险及高回报研究开发）。本项目的特征在于将多个相关的研究开发主题融为一体。技术课题方面，发出了大量信息提供请求（RFI），设定了对象，同时安排了项目经理，以在运营中把握整体情况。实现大幅节能及 CO_2 削减的精制化学品连续合成工艺技术方面，有"制造精制化学品的流程精密合成开发"及"无 CO_2 新型超高难度氧化反应的研究开发"两个课题。

截至 2016 年 8 月，项目经理（PM）名单见表 2。

表 2　能源及环境新技术先导研究项目经理

	建立项目（截至 2016 年 8 月）	项目经理	所属
1	地热发电新技术开发	浅沼宏	产业技术综合研究所
2	无 CO_2 氢研究开发	堂免一成	东京大学研究生院
3	划时代能源储藏技术开发	逢坂哲弥	早稻田大学校长室
4	划时代能源转换技术开发	山中伸介	大阪大学研究生院
5	IoT 社会设备技术开发	中岛启儿	早稻田大学理工学术院先进理工学部
6	IoT 社会计算系统技术开发	并木美太郎	东京农工大学研究生院
7	新型节能功能材料技术开发	石原直	东京大学研究生院
8	新型化学品工艺技术开发	岩本正和	中央大学研究开发机构

2017 年，环境及化学领域设立了以下课题：处理燃烧所生 NOx 的新型催化剂技术，可广泛用于工业界，无需外部供给胺等物质；开发生产系统，构建价值链，以非食用生物质能为原料制造高功能化学品及材料；火力发电新型负荷变动解决技术，实现 CO_2 削减及电力系统稳定化。这些课题都与二氧化碳减排紧密相关。

3.7　NEDO 技术战略研究中心

NEDO 技术战略研究中心（TSC）成立于 2014 年，负责跟踪最新技术动态、展望未来市场，把握并分析日本的优势及弱势，制定技术战略，相关结果汇总为技术报告《TSC Foresight》公开，另外还举办权威讨论及研讨会。2016 年 4 月，《化学品制造工艺领域的技术战略制定》报告（TSC Foresight Vol 14）[14] 公开，分析了日本化学产业领域的膜分离技术现状及国际竞争力。

2016 年，TSC 计划并召开了三次研讨会，以期实现技术战略精确化。第二次会议（12 月 5 日）讨论了"创新环境协调型能源及资源节约工艺的未来展望"。

4 结语

以上为2016年科学技术政策动态及国家催化剂项目概况，可见，日本内阁府及CSTI在政策方面的主导作用正不断加强，因此，2016年的重要课题是政策系统研究，而非个别研究课题。业界讨论的是如何更好利用人才及资金才能推动国家创新，比如扩大投资的方法和进行产学合作等。

日本国家项目在全社会的期待下，人工智能（AI）、IoT、大数据及机器人等研究课题备受关注，不断有新项目出现。催化剂、材料相关项目也有动作，如超高速材料设计PJ已启动。日本经济产业省发起国家项目集成化，该趋势应该还会持续一段时间。这样一来，催化剂研究与其他领域最新技术的融合应该会成为中长期创新的重要课题。

全球变暖对策工作越发紧迫，期待创新技术予以解决。当然，催化剂技术的作用也备受期待，进一步的技术发展同样引人注目。

参考文献

［1］参考内阁府综合科学技术及创新会议 Web Site（http：//www8. cao. go. jp/cstp/index. html）

［2］2016 科学技术创新综合战略（http：//www8. cao. go. jp/cstp/sogosenryaku/2016. html）

［3］http：//www8. cao. go. jp/cstp/budget/h29yosan. pdf

［4］http：//www8. cao. go. jp/cstp/kokusaiteki/g7 _ 2016/2016. html

［5］http：//www. meti. go. jp/committee/kenkyukai/energy _ environment. html ♯ ondanka _ platform

［6］http：//www. meti. go. jp/main/yosan/yosan _ fy2017/pdf/sangi1. pdf

［7］http：//www. meti. go. jp/press/2016/06/20160614003/20160614003. html

［8］http：//www. nedo. go. jp/activities/EV _ 00035. html

［9］http：//www. nedo. go. jp/activities/EV _ 00296. html

［10］http：//www. nedo. go. jp/activities/ZZJP _ 100058. html

［11］http：//www. nedo. go. jp/activities/EV _ 00295. html

［12］http：//www. nedo. go. jp/activities/ZZJP _ 100119. html

［13］http：//www. nedo. go. jp/activities/ZZJP _ 100100. html

［14］http：//www. nedo. go. jp/content/100804858. pdf

第7篇

2016年日本催化剂技术动态

大竹正之

年鉴出版委员会，（株式会社）三菱化学技术研究

1 日本化学工业及催化剂研究动态

日本的石化产业自 2014 年以来裂解装置开工率达 90％以上，2016 年的开工率更是超过了 95％，呈现出良好的前景。供过于求的态势因 2010 年以后的设施减少而暂时有所缓解，而在 2016 年，日本又凭着高开工率成为了乙烯、低密度聚乙烯（LDPE）、高密度聚乙烯（HDPE）的进口国。在美国，以页岩气为原料的乙烯裂解装置相继投产，为应对 1000 万吨/年的乙烯衍生物市场流入日本及亚洲市场这个"2018 年问题"，各公司都在加速强化自身实力。2016 年，各大公司均启动了全新的中期经营计划，推进组织、经营体制重建，以保障较高的收益能力为目标而不断努力（日本化学工业日报，2016/08/22，p7～12；10/19，p1）。旭化成于 2016 年 2 月 15 停止了水岛制造所的乙烯裂解装置（50 万吨/年），从 2014 年起，分阶段完成了结构改造（日本化学工业日报，2016/02/17，p12）。三菱化学旭化成乙烯始于 2016 年 4 月 1 日，两家公司的乙烯工厂已合并至三菱化学旗下（生产能力已增加至57 万吨/年）。旭化成于 2016 年 4 月 1 日吸收合并了 3 家化学领域的公司，将其重组为 6 个项目部，并于德国杜塞尔多夫（Dusseldorf）设立了欧洲总部。在日本，JX、东燃于 2017 年 4 月决定合并经营（日本化学工业日报，2016/09/02，p1）。住友化学在 2016～2018 年的中期战略中提出，希望通过日本、新加坡、沙特阿拉伯这样的三级体制来维持石化产业。拉比格石油公司第 2 期计划的启动延期到了2017 年 5 月（日本化学工业日报，2016/10/31，p12）。

在高性能材料上，中国和韩国方面也出于其扩张战略而进行了商品化。三菱化学转让 PTA 业务，住友化学与日本瑞翁进行 S-SBR 项目，三菱丽阳、宇部兴产、JSR 讨论将 ABS 的业务整合，化学品制造商下了大工夫的 LIB（锂离子电池）材料、碳纤维等也得到了关注（日本经济新闻，2016/08/06，p11）。但是，在 2016 年，各公司仍在继续进行全新的大规模日本国内投资。各大化学品公司在加强石化业务本身的同时，也在开始尝试全新的挑战，比如深紫外线 LED（旭化成）、树脂材料和功能性化学品（三菱化学）、低缺陷（HGE）SiC（昭和电工）、眼镜镜片（三井化学）、微生物农药（住友化学）等（日本经济新闻，2016/06/21，p28～29）。另外，石化制品一改优先考虑制造贩卖的状态，也开始重点关注贩卖技术本身的业务，而且在 2016 年还通过大型并购（昭和电工、帝人、旭硝子等）推动盈利结构的改善（日经产业新闻，2016/08/01，p13）。

在 COP21（2015/12/12）上通过的巴黎协定于 2016 年 11 月 4 日开始生效。包括中国、美国在内的 196 个国家和地区参加到了全球变暖应对措施中，其中 93 个国家和地区已经批准了该措施的实施。在日本，则以 2014 年 4 月 11 日的内阁会议决定的能源基本计划（第 4 次计划）为基础，推动能源效率的提升和可再生能源的普及。与工业革命前相比，全球的平均气温上升值已控制到 2℃ 以内，并以 1.5℃ 以内为新目标。该协定对于化工业而言将成为一个巨大的转折点。

面向汽车的高功能化材料、催化剂技术开发正在进行中。在 EV（电动车）普及方针下，高性能 LIB（锂离子电池）的开发成了当务之急。在聚异戊二烯的生产中，普利司通成功合成了与天然橡胶相同的顺式聚异戊二烯（99.9％），其窄分子量分布和超过天然橡胶的强度与可加工性都是有望实现的。

日本文部科学省的"助力科学研究事业费用（科研费）"的改革步入正轨。领域整合后的全新"分类"和在更广阔的视角下讨论的全新"审查方式"将于 2018 年全面引入。

第 37 届亚洲石化工业会议（APIC）于 2016 年 5 月 19～20 在新加坡召开。在原油价格下跌、中国经济增长减速的背景下，出现了一些应对环境、高附加值化的课题（日本石油化学新闻，2016/05/30，p2）。

2 石油化学领域的催化剂技术开发

2.1 基础原料

日本石化产业的萎缩和结构性改革在 2016 年已经发生过一轮了,但随着美国页岩油、中国煤化工的活跃,有人提出了进行下一次结构改革的看法。开始了电力和燃气市场的全新衍生产品、由石脑油裂解装置制全馏分的附加值化的技术开发等。另外,各公司也加大了各自独有技术授权业务的力度(日本化学工业日报,2016/08/01,p1,p12;日经产业新闻,2016/08/01,p13)。

大阪大学的真岛和志等人公布了通过二氧化硅负载氧化钨的有机硅还原反应,在 70℃ 下制备出活性的、非均相体系的全新复分解催化剂。该还原反应在配合物体系中同样有效(日本化学工业日报,2016/08/17,p8)。

三菱化学则开始着手进行为裂解炉的全馏分带来附加值的结构性改革。对于涉足电力和燃气市场一事也进行了讨论(日本化学工业日报,2016/08/01,p12)。

昭和电工引进乙烯裂解炉热回收(空气预热)等节能技术。一部分工厂开始使用热泵。日本经济产业省公布了引进 IOT 等新技术、认定能够实行高水准自主设备保养的事业所,最长可 8 年持续运作(日本化学工业日报,2016/02/03,p12;04/11,p1)。

沙特阿拉伯的拉比格石油公司(住友化学)完成了乙烷裂解炉的增设,并于 2016 年 4 月开始正式运转。总生产能力为 160 万吨/年。第 2 期衍生品工厂的建设目前正在进行中(日本化学工业日报,2016/05/09,p2)。出光兴产的生产能力达 37 万吨/年的 ETY 裂解炉,与石脑油相比,其所使用的价格低廉的丙烷原料所占比率是以往的 3~4 倍(日本化学工业日报,2016/11/30,p1)。

在 NEDO(新能源产业技术综合研究所)的人工光合作用研究开发项

目中，通过 MTO 反应开发了烯烃收率 80％的高性能催化剂。

2.2 衍生物

2.2.1 脂肪族衍生物

（1）环氧乙烷（EO）、乙二醇（MEG）

日本国内的 EO、MEG 生产依然保持高开工率。截至 2015 年年末，4家公司的合计生产能力为 93.3 万吨/年。中国依然处在进口地位（日本化学工业日报，2016/06/10，p11）。在三菱化学的鹿岛产业园区集中了 8 家表面活性剂生产商，其中 3 家正在计划提高产量，向以 EO 为中心发展（日本石油化学新闻，2016/06/20，p1），预计 2018 年完成。日本触媒（株）的台湾中日化学通过增设中国台湾林园石化工业区的环氧乙烷管道，加强了表面活性剂生产的实力。预计将改良现有的间歇反应过程，并改成世界首个连续加工过程，在 2016 年进行试点规模（50 吨/年）的试验（日本化学工业日报，2016/08/31，p6；特开 2007-15939）。三井化学也在推动EO 衍生物产业的结构性改革，将重点转移至表面活性剂、电池材料上（日本化学工业日报，2016/08/31，p6、10/13，p12）。EO 类溶剂虽然是单丁基醚（丁基溶纤剂），但需求量仅有 2.5 万吨/年左右（日本化学工业日报，2016/08/29，p8）。丸善石油化学启动了年产 8000 吨的异丁烯衍生物甲基叔丁基醚业务（日本化学工业日报，2016/10/27，p12）。

（2）醋酸、乙酸乙酯

乙酸乙酯是甲乙酮（MEK）、甲苯的替代溶剂（油墨等），其需求正在扩大。昭和电工利用了醋酸＋ETY（乙烯）的反应，大赛璐则利用了醋酸＋乙醇（EtOH）的反应（日本化学工业日报，2016/07/28，p）。

（3）醋酸乙烯（VAM、PVA）

可乐丽在美国德克萨斯州设立了醋酸乙烯酯单体（VAM）、聚醋酸乙烯酯（PVA）（4 万吨/年）的一条龙生产工厂。多规格共聚物的开发正在进行中（日本化学工业日报，2016/04/25，p1）

（4）氯乙烯（VCM）

日本 2015 年生产 VCM 的公司共 5 家，生产能力为 227 万吨/年。以均聚物（85％）为中心，还能够用于共聚物和浆体。旭硝子 2016 年 3 月将位于印度尼西亚的 Asahimas 化学公司的 VCM 工厂产量增加至 80 万吨/年，且还打算在 2018 年初再增加 10 万吨/年（日本化学工业日报，2016/05/13，p1）。

该公司收购了泰国的 Vinythai 公司（由 PTTGC、Solvay 合并而来），加强电解、VCM/PVC 业务并以满足亚洲市场需求为目的（日本化学工业日报，2016/12/15，p1）。

（5）环氧丙烷（PO）、丙二醇（MPG）、碳酸丙烯酯

PO 是烯丙醇的原料，MPG 是润滑剂、乳化剂、防冻液、不饱和聚酯的原料，此外，由于其保湿性和抗真菌的特性，也被用作医药品和化妆品、食品添加剂。溶剂则有丙二醇-甲醚和丙二醇-乙酸酯（PMA）（日本化学工业日报，2016/08/29，p8）。

（6）丙烯腈（AN）、乙腈

2015 年全球的 AN 需求量为 568 万吨，连续 3 年创新高。腈纶、ABS 树脂、己二腈、丙烯酰胺、NBR、碳纤维是其主要用途。旭化成虽然已在世界范围内拥有产量 96 万吨/年的生产设备，但为了应对中国自产化过程中所伴随的需求结构的变化，还在开辟欧洲市场、合理供应原料等基础业务，并更进一步改良催化剂技术（日本石油化学新闻，2016/03/28，p18）。

旭化成通过丙烯、丙炔两种制法开发下一代催化剂，依次更换水岛装置（2017）、泰国装置（2019），提高收率（日本化学工业日报，2016/08/10，p12；特开 2016-120468、特开 2015-157241、专利号 5908595、WO2015/133510、WO2015/151726 等）。旭化成提出了使用固体酸催化剂，通过气相反应，以醋酸、氨合成乙腈，消除微量副产物的高度精制技术（WO2016/068068）。

（7）丙烯酸、高吸水性树脂（SAP）

神奈川大学的上田涉等人使用水热合成法经过 $[Mo_{72}V_{30}]$ 多金属氧酸盐合成了微孔三氟戊肟胺，从而发现了其在丙烯醛的氧化中有效这一事实（沸石，2016，33，4，p110）。

三菱化学改良催化剂制造丙烯酸，通过引进新催化剂、板式氧化反应器等，产能增大 10%。并且加强技术转让（日本化学工业日报，2016/06/22，p12）。

（8）烯丙醇

昭和电工增加了在镜片材料方面需求正在提升的烯丙醇的产量。通过氧化、乙酸化法制造丙烯，总生产能力为 70000 吨/年，至于衍生物则开发了环氧氯丙烷（粗制品）、镜片用聚合物原料、醋酸正丙酯（日本化学工业

日报，2016/03/28，p12)。

（9）异丙醇（IPA）

在日本，JX 能源、德山（直接水合法）、三井化学（丙酮加氢法）从事异丙醇生产。在中国，相继引进新型的丙酮法工艺（日本石油化学新闻，2016/10/31，p2)。

（10）甲基乙基酮（MEK）（日本产能 25 万吨/年）

在日本，出光兴产、东燃化学、丸善石油化学 3 家公司生产 MEK 的能力为需求的 2 倍以上。由于中国的产能过剩，出口形式正在变化（日本石油化学新闻，2016/10/31，p2)。

（11）羰基合成醇

羰基合成醇在中国掀起了一阵热潮，2013 年之后其在亚洲的供求平衡遭到破坏。三菱化学转为供应日本国内需求为主。KH NeoChem 公司在千叶（高压羰基合成）、四日市（低压羰基合成）同时推动羰化业务的发展，千叶工厂还是日本国内唯一的高压 OXO 工厂，能够生产 C9 以上的有机酸、高级醇等衍生物（日本化学工业日报，2016/05/09，p8)。与中国台湾企业合并的 TJOCI 公司计划进行异壬醇（INA）的生产（18 万吨/年，预计于 2019 年投产），并在辛烯生产方面导入了 Axens 的（MTBE、Dimersol-XTM）技术。在日本国内，异 C8 酸、异 C9 酸等合成脂肪酸类的功能性化学品正在进行增产（目前生产能力为 8 万吨/年）。异丁酸的量产技术也被开发出来，用作润滑油的原料等（日本石油化学新闻，2016/01/01，p2；日本化学工业日报，2016/04/27，p12)。J-PLUS 公司（由三菱化学和 KH Neochem 合并而来）正在推进增塑剂业务，供应面向软质 PVC 的各种增塑剂，DOTP 也在其计划之中（日本石油化学新闻，2016/08/01，p1)。新日本理化公司开始销售软质 PVC 等所使用的正壬基酯的 3 种新型增塑剂（日本化学工业日报，2016/10/27，p6)。CG Ester（株式会社）已开始生产 DOIP（间苯二甲酸二辛酯，1 万吨/年）（日本化学工业日报，2016/12/19，p16)。

JNC 公司正在推进 C2～C4（n-丁醛）交叉羟醛缩合、C4 醛缩合产品的开发和产业化（日本石油化学新闻，2016/10/10，p3)。

由于欧洲的电气、电子设备中限制使用某些有害物质指令（RoHS）的修订，2019 年 7 月起，在电子电器设备中邻苯二甲酸酯的使用将受到限制。由于电线、电缆等产品应用较多，因此日本的生产商也不得不应对这一变化（日刊工业新闻，2016/09/15，p32）。

（12）甲基丙烯酸甲酯（MMA）、甲基丙烯酸（MAA）、甲基丙烯酸酯单体

住友化学通过异丁烯法 MMA 制造过程开发出了高性能催化剂，并与爱媛、新加坡依次进行催化剂交换。收率与之前的催化剂相比，提高了数个百分点。三方合力推动着 MMA 单体的全新制法（非 C4 法）的开发，并于爱媛工厂新设了试点设备（日本石油化学新闻，2016/05/09，p1）。三菱丽阳也继日本国内之后，开始加强泰国、新加坡等地的海外工厂的产能（日本化学工业日报，2016/04/11，p12）。

三菱丽阳结束了在美国进行的甲基丙烯酸高级酯的委托生产，转为在日本、亚洲的自公司工厂生产。α-MMA 于 2017 年在沙特阿拉伯、预计 2020 年后在美国德克萨斯州投产，还计划停用 ACH 法的老旧设备。在泰国，异丁烯直接氧化法采用高性能催化剂。使甲基丙烯酸（MAA）、甲基丙烯酸丁酯（BMA）产能增加了一倍（日本化学工业日报，2016/04/21，p1；11/10，p12）。

三菱瓦斯化学会于 2017 年将面向汽车面漆的、需求正在增长的甲基丙烯酸缩水甘油酯产能提高了一倍，达到 6800 吨/年（日本化学工业日报，2016/04/26，p12）。

（13）异丁烯衍生物

可乐丽欲将 4-甲基四氢吡喃（MHHP，异丁烯衍生物）产业化。丸善石化上市了乙二醇单丁基-t-丁基醚、二异丁烯、十二烷（日本化学工业日报，2016/10/27，p12；特开 2015-17074）。

（14）己内酰胺（CL）、1，6-己二醇（1，6-HDO）

宇部兴产将中间体环己酮（80000 吨/年）制法改为了苯酚加氢法，停用环己酮设备（日本化学工业日报，2016/01/22，p1）。并且还公布了在 CL 的新制法开发方面，将会以使用环己酮（CHX）、NH_3、氧作为原料的肟制造工艺为目标。委托英国大学进行研究，通过开发创新性的制法，来改善 CPL 市场低迷的现状。另外，中国石化正在就以 CHX、NH_3、H_2O_2 作为原料的肟制法申请专利（日本化学工业日报，2016/02/05，p12；CN103420869）。由于 CL 制法的改变，1，6-HDO 在日本国内的生产

（4000 吨/年）被该公司的泰国工厂接管了（日本石油化学新闻，2016/09/19，p2）。

（15）其他二醇类

继日本国内之后，可乐丽计划在泰国开展 3-甲基-1,5-戊二醇（MPD）业务。通过异丁烯、H_2CO 缩合物、氢甲酰化反应，合成 2-羟基-4-甲基四氢吡喃（MHT），并通过氢化开环变成二醇。聚酯多元醇、碳酸酯多元醇则被商品化。MHT 也作为溶剂对外销售。在 MHT 的热分解反应中虽然能够得到异戊二烯，但该过程还未工业化（日本化学工业日报，2016/09/15，p12；10/27，p12）。

KH Neochem 公司已决定将 1,3-丁二醇（化妆品保湿成分）的产能增加到 10000 吨/年。大赛璐则已经在推动大竹工厂的改造工程了（日本化学工业日报，2016/10/14，p12）。

（16）亚乙基降冰片烯（ENB）衍生物

由环戊二烯和丁二烯合成而来的 ENB，可以用作三元乙丙橡胶（EPDM）的二烯成分。JX 能源开发出了全新的衍生物，分别是脂环族环氧、二酐（脂环族聚酰亚胺的原料）（日本化学与工业，2016，69，12，p1023）。

2.2.2　芳香族衍生物

根据日本芳香族工业会的报告，2015 年日本国内 BTX（轻质芳烃的简称）生产量为 1250 万吨，内需为 940 万吨。2016 年的行情同样坚挺（日本化学工业日报，2016/3/31，p8）。

（1）苯

新日铁住金化学于 2017 年年初将芳香族制造装置（39 万吨/年）增加了 10%，现在正以增加 NS 苯乙烯单体的生产为目标（日本化学工业日报，2016/01/20，p12）。JX 能源则新建了一套下一代芳香族制造工艺中的流体接触芳香族制造中试装置［FCA：Fluid Catalytic Aromaforming，以轻循环油（LCO）作为原料，不需要氢］，正在进行商业化探讨（日本化学工业日报，2016/02/02，p2；WO2012/133180）。东丽、出光兴产、科斯莫石油等公司正在研究通过加氢脱烷基以 LCO 制造 BTX 的方法。

（2）二甲苯

东燃通用石油的混合二甲苯（MX）装置（23 万吨/年，千叶，从重整油中回收）已竣工，并开始投产。美国 GTC 采用 DWC（Dividing Wall

Column）技术，仅靠一座蒸馏塔就实现了预期目的。该公司在堺市、和歌山拥有合计 50 万吨/年的 *p*-XL 生产能力（日本化学工业日报，2016/05/02，p8）。

三菱瓦斯化学于 2017 年 3 月再次启动了从 2013 年 11 月开始停运的仓敷 *m*-XL 工厂（7 万吨/年），其与现有工厂的总产能已达 22 万吨/年（Chem Week，2016/8/29～09/05，p5）。

（3）对苯二甲酸（PTA）

三菱化学 HD 完成了其在中国、印度的 PTA 业务的转让，在韩国、印度尼西亚则会继续开展业务。在亚洲则正在推动 PTA 的增设，于 2016 年在中国投产 220 万吨/年设备，于 2017 年在亚洲范围内实现产能 600 万吨/年的计划（日本经济新闻，2016/07/27，p3）。虽然蝶理公司正在逐渐退出世界范围的 DMT（二甲酯）生产，但其已开始从德国的 Oxxynova 公司进口。

（4）均苯四甲酸二酐（PMDA）、联苯四甲酸二酐（BPDA）

宇部兴产开始面向日本国内外销售用作聚酰亚胺原料的 BPDA、aBPDA（非对称型）。以应对打印基板膜、覆晶薄膜（Chip on Film）需求的增加（日本石油化学新闻，2016/09/26，p1）。

（5）苯乙烯（SM）

住友化学于 2015 年将位于千叶工厂的 SM（42 万吨/年）-PO 工厂停运，旭化成和水岛也于 2016 年 2 月将 42 万吨/年的 SM 设备停产（日本化学工业日报，2016/01/15，p2）。

（6）苯酚（PhOH）、苯酚衍生物

本州化学正以三甲基、各种甲酚和双酚衍生物作为其核心业务。希望通过 PC、LCP 等扩大业务（日本化学工业日报，2016/02/16，p6）。

改性聚苯醚（PPE）原料，2,6-二甲苯酚是通过 PhOH、MeOH 的反应合成的（特开 2010-132676）。

（7）芳香族二胺

三菱瓦斯化学继间二甲苯二胺（MXDA，MX 尼龙的原料）之后，还进行对二甲苯二胺（PXDA）的量产（2017 年投产），并扩大芳香族二胺、聚酰胺业务（日本化学工业日报，2016/09/13，p12；特开 2010-70638）。

（8）DPC（碳酸二苯酯）非光气法制造聚碳酸酯

由于开发了聚碳酸酯原料 DPC 的非光气制法（以 CO_2 为原料），旭化成正在建设示范装置（1000 吨/年，位于水岛，2017 年完成）（日刊工业新闻，2016/07/25，p15）。以面向中国的商品为中心，收到了超过 100 万吨/年的 DPC 订单。另外，对于异氰酸酯，也在开发非光气法的制造技术，并在探讨产业化（日本石油化学新闻，2016/01/01，p15）。

日本东北大学的富重圭一等人公开发表了以 CO_2 和二醇合成聚碳酸酯的 CeO_2 催化工艺。使用的脱水剂是 2-氰基吡啶（日本化学工业日报，2016/04/20，p4；WO2015/099053）。

（9）二异氰酸酯（TDI、MDI、HDI）

东曹公司通过改变 MDI（二苯甲烷二异氰酸酯）的工艺，增加了单体 MDI（面向斯潘德克斯弹性纤维、弹性体等）的产量（中国南阳、中国瑞安）（日本化学工业日报，2016/01/18，p12）。三井化学将其韩国工厂的 MDI 生产能力增加了 40%，达到了 35 万吨/年。在印度，也新设了多元醇等 PU 原料的工厂（日本化学工业日报，2016/04/25，p11）。

昭和电工开发了含有丙烯酰基、异氰酸酯基的功能性单体"AOI-VM"，并以 5000 吨/年的规模投入生产。除了开始被用在保护膜上，在涂料方面也被认为是能够实现节能的材料（日本化学工业日报，2016/06/8，p12；特开 2010-132740）。针对汽车水性涂料开发了全新的异氰酸酯单体。通过"AOI-BM"衍生物，实现了 500 吨/年的工业化生产（日本化学工业日报，2016/11/30，p12；WO2014/021166）。

旭化成为了开拓 HDI（1,6-亚己基二异氰酸酯）（DURANATE™）业务，将在 2～3 年之内增加旗下的中国工厂产能。除了 HDI 单体以外，还向市场供应非单体的二液型、水分散型、一液型（日本石油化学新闻，2016/07/25，p1）。

2.2.3　高分子合成

（1）聚烯烃（PO）

住友化学、日本 PE、普瑞曼聚合物、旭化成、宇部丸善等数家日本国内 PE 生产商围绕金属茂催化剂法，各自推进着差别化、特殊化的战略（日本石油化学新闻，2016/02/22，p2）。住友化学、积水化学工业整合了 PO 膜业务，设立了一家拥有产业革新机构的新公司。住友化学希望通过其独有的金属茂催化剂来提高具备易加工性的聚乙烯（EPPE）的产量和销

量（日本石油化学新闻，2016/02/15，p1；住友化学，2006-II，p12）

三井化学于 2016 年 8 月将位于新加坡的茂金属聚合物 "Evolue™"（30 万吨/年）投入生产，与预计在千叶投产的新规格 "Evolue™ E"（长链支化 PE，取代高压 LDPE，于 2017 年投入市场）共同开辟全新的市场。日本 PE（三菱化学）也加大了后茂金属等下一代 PE 的开发力度，以 2021 年之后产业化作为目标（日本石油化学新闻，2016/02/01；p1、06/13，p1）。旭化成逐步提高了用作 LIB 分离原料的超高分子量聚乙烯（M_n 为 300 万～450 万）的生产能力，并研究海外生产的可能性，截至 2020 年将提升到 4 倍（日本化学工业日报，2016/01/05，p11：07/08，p12）。JNC 在日本国内外（守山、中国、泰国）增加了 PP、PE 热黏合性复合纤维（ES 纤维）为原料的无纺布的生产能力，以应对尿不湿需求的增加（日本化学工业日报，2016/08/09，p1）。

三井化学开发了面向尿不湿的兼具柔软性和伸缩性的高功能无纺布，获得了 2016 年日化协技术赏，使用结晶速率不同的两种 PP（聚丙烯）纤维（日本石油化学新闻，2016/07/25，p16）。三井化学的美国事业部、Advanced Composites 公司（ACP，俄亥俄州）由于北美地区汽车生产和销售的良好趋势，正在顺利地推进 PP 复合材料业务（日本化学工业日报，2016/08/30，p7）。

住友化学正在开发高性能 PP 的全新制法，如果进展顺利的话，将能在 2018 年内实现 10 万吨/年规模的商业化。由于金属茂催化剂法的长链支化 PP（熔融张力较高）的需求前景良好，鹿岛工厂将全面开始运行。此外还在开发全新的大型零件用树脂（日本化学工业日报，2016/06/01，p12；07/13，p1）。日本聚乙烯开始了金属茂 HDPE 新产品的量产。由于该产品在低壁厚下能维持与以前的产品相同的强度，有望实现轻量化。该公司的铬催化剂法 HPDE 则在树脂制油箱原料上拥有日本国内 100% 的市场份额（日本化学工业日报，2016/09/15，p12）。昭和电工将 SunAllomer 株式会社（与 JX 能源、LyondellBasell 公司三家公司合并而来）子公司化，以重组业务为目标。普瑞曼聚合物也在针对体制进行商议。韩国、中国台湾、泰国方面也开始着手进行 PP 的高功能化，迫使日本国内各公司不得不加快脚步（日本化学工业日报，2016/08/24，p1；10/25，p12）。

产业革新机构、住友化学、积水化学工业成立了新公司，在国家主导下统合了 PO 膜业务，于 2016 年 7 月开始运行（日本化学工业日报，2016/03/11，p1）。

三菱化学将功能性树脂、聚烯烃类接触性树脂（用于薄膜层压、树脂相容剂等）在新加坡进行了委托生产（日本化学工业日报，2016/03/29，p1）。

日本聚丙烯（三菱化学旗下）则在世界范围内增加了面向汽车的材料的产能。于墨西哥设立子公司，增强了在日本、美国、中国的 PP 复合材料业务，在欧洲也新设了生产基地（日本化学工业日报，2016/02/02，p1）。

F-Tex 公司开发了与碳纤维（主要针对碳纤维增强热塑性树脂）之间具有强烈黏着性的 PP，用作碳纤维长纤维增强复合材料。日本大学的泽口孝志和三荣兴业联手开发了拥有 2 倍于马来酸 PP 强度的末端反应型 PP 改性剂（日本化学工业日报，2016/04/04，p12、11/25，p1）。

东洋纺虽然已在生产与荷兰 DSM 共同开发的高功能 PE（高分子量 PE，在有机纤维中拥有最高强度）——迪尼玛（3200 吨/年），但还开发了强度高出 20%～30% 的第 3 代 PE，2017 年开始进行商业生产（日本化学工业日报，2016/01/28，p1）。

三井造船收购了英国西蒙维斯工程（Simon Carves Engineering Ltd）公司。该公司是美孚的低密度聚乙烯（ExxonMobil LDPE）工艺的承包商，在杜邦（Dow）、LyondellBasell 的 LDPE 工厂建设中也有很好的业绩（日本化学工业日报，2016/08/31，p1）。

针对亚洲地区对汽车、医疗领域的高功能 PE 的需求，各石油化学公司都在推进相关的业务工作。发泡聚乙烯在汽车用吸声材料上的应用也在逐渐增加，提高 NVH（噪声、震动、乘车体验）的舒适性，与发泡三聚氰胺树脂相抗衡。东丽为应对汽车内饰材料的需求，增加了发泡聚乙烯的产量（日本石油化学新闻，2016/09/05，p2）。

三井化学则在继续开拓聚甲基戊烯共聚物（TPX）的用途。柔性电路板（FPC）的离型膜是其主要用途，而针对耐热性、透明性、透气性，也进行了该材料能否用作电池材料的研讨（日本石油化学新闻，2016/02/22，p1）。

（2）醋酸乙烯，EVA（乙烯-醋酸乙烯共聚物），聚乙烯醇（PVA、PVOH、EVOH、BVOH）

可乐丽、日本合成化学、日本醋酸乙烯·聚乙烯醇（信越化学）等 PVA 生产商，通过改良工艺和将产品高功能化，来应对中国产品的出口冲击。在因产品差异化而导致需求增大的热敏纸、凝胶球式洗涤剂所使用的水溶性薄膜、悬浮聚合用分散剂、阻气涂层等方面加大了力度（日本化学工业日报，2016/09/13，p9，p12）。可乐丽在醋酸乙烯相关工艺（PVA、EVOH 等）中，对包括改性催化剂在内的维纶革新工艺（VIP）的生产能力进行了研讨。预计于 2018 年在欧洲、亚洲开始新设 EVOH（乙烯-乙烯醇共聚物）工厂（日本化学工业日报，2016/02/18，p12；02/26，p1）。可乐丽在美国被波特（Bayport），德克萨斯州（Tex）的聚乙烯（PVOH）工厂（40000 吨/年）已竣工，其与帕萨迪纳（Pasadena）（EVOH 47000 吨/年，增加 11000 吨/年，2018）计划通过该公司自身的技术在拉波特（La Porte）（VAM 35 万吨/年，PVOH 63000 吨/年）实现美国据点化，以令该公司的醋酸乙烯业务进入全新的阶段。另外，将 EVOH-淀粉组合起来的肉类包装膜在美国依然有喜人的销售势头（日本石油化学新闻，2016/05/09，p2；10/24，p4）。可乐丽在比利时工厂的 EVOH 树脂增产（增产 1.1 万吨/年后，达到 3.5 万吨/年）于 2016 年年末完成，美国工厂也决定于 2016 年 5 月增产（增产 1.1 万吨/年后，达到 5.8 万吨/年），预计于 2018 年年中完成。利用氧气、水蒸气等的气体阻隔性，在食品包装、汽车油箱、地暖管、冷库用真空隔热板、防污壁纸等方面的应用开发正在进行中。

日本合成化学工业于 2009 年开发了丁烯-乙烯醇共聚物树脂（BVOH），确认其具备超过 EVOH 的气体阻隔性，同时具备成型性、可生物降解性。还确认到其作为 LIB 电极用胶黏剂同样具备较高性能（日本石油化学新闻，2016/04/11，p1）。该公司除了水岛工厂、英国工厂之外，在美国德克萨斯州同样拥有主力工厂，以美国为起点，开拓需求不断扩大的亚洲市场（日本化学工业日报，2016/07/05，p12）。

日本电化公司开发了在双轴取向 PS 片材（OPS）上黏结聚乙烯醇缩醛丁酯的食品包装容器。还开发了耐油性、耐酸性、耐热性更高的嵌合构造食物容器和带盖容器等（日本化学工业日报，2016/06/23，p5；特开 2015-229330）。

EVA 乳液常用作木材、无纺布、纸所用的胶黏剂原料（日本化学工业日报，2016/12/08，p12）。

（3）其他乙烯基聚合物

京都大学的泽本光男等在 1980~1990 年通过活性聚合研究，开发了分子量一致的精密聚合技术（阳离子、自由基聚合），该成果现在被许多企业所采用。在日经产业新闻中有相关介绍（2016/05/09，p8；特开 2015-93917 等）。

积水化成品工业通过甲基丙烯酸衍生物单体的聚合，开发了具备弹性、高复原性的丙烯酸微粒。用于亚光漆、光学部件中（日本经济新闻，2013/01/13，p9）。

旭化成推动了 2015 年产业化的光学用新型透明树脂 AZP（甲基丙烯酸酯/丙烯酸酯/马来酰亚胺嵌段共聚物）的发展。该树脂为在分子水平上实现了零双折射的树脂，有助于实现显示器和各种光学部件的高性能化。该公司通过 PMMA 制造的双峰级、超耐热级环氧树脂的特殊品也开始销售（日本石油化学新闻，2016/07/11，p1）。

东燃通用集团的 NUC 将超高压电线、高压电线用的 PE 类绝缘材料（丙烯-丙烯酸乙酯共聚物）的生产能力提高到了之前的 2 倍（日本化学工业日报，2016/07/25，p1）。

宇部兴产、三菱丽阳各自出资 50％的企业 UMGABS 株式会社、JSR 株式会社子公司波特电子（Techpo）就 ABS 树脂业务的整合基本达成了一致，于 2017 年 10 月合并，提高针对台湾奇美实业的竞争力。在日本国内，旭化成放弃该业务，电化公司也缩小了业务规模（日本化学工业日报，2016/05/10，p1）。

钟渊化学增加了在美国的 MBS（甲基丙烯酸甲酯、丁二烯及苯乙烯的三元共聚物）树脂的产量（日本化学工业日报，2016/07/12，p12）。

吴羽正在研讨商业用途的包装膜（在偏二氯乙烯-VCM 共聚物的两面形成聚烯烃层，在包装力学性能、气体阻隔性方面更优）在美国的生产（日本化学工业日报，2016/09/01，p12）。

JX 能源于 2014 年将 PBMA 微粒（2～60μm 正球形）产业化，与光学膜复合，与过去相比，成功实现了柔软性的大幅提升（日本化学工业日报，2016/08/03，p12）。

昭和电工则在开拓乙烯基酯树脂（改性环氧树脂：丙烯酸、环氧树脂合成而来）在世界范围内的市场（日本石油化学新闻，2016/08/22，p3；特开 2013-87133）。

东亚合成开始销售丙烯酸类特种聚合物（分散剂、增稠剂、黏合剂、包衣剂、胶凝剂等），同时正在进行应用开发（日本石油化学新闻，2016/06/13，p2）。

三井·杜邦，保利化工（polychemical）加强了乙烯类离聚物、ETY-甲基丙烯酸聚合物等功能性聚合物的业务（日本化学工业日报，2016/11/07，p12；特开 2016-188158）。

（4）高吸水性树脂（SAP：聚丙烯酸钠）

日本触媒株式会社对高吸水性（SAP）树脂的下一期投资（10 万吨/年）预计为 2021 年（借鉴目前在建中的比利时生产中心），目前正在进行选址讨论（日本化学工业日报，2016/04/20，p6）。

（5）聚酯（PET、PBT、PCT、PEN 等）

JX 能源利用 LCP 的聚合技术，开发了耐热性与 PEEK（聚醚醚酮）相同，具备力学性能和高温滑动性的聚酯纤维（日本石油化学新闻，2016/01/18，p1）。大赛璐开发了铅笔硬度 9H、可冲孔加工的聚酯纤维透明光学薄膜，并应用于显示器表面保护玻璃等用途（日本化学工业日报，2016/04/12，p6）。

三井化学增加了聚对苯二甲酸环己烷二甲醇酯（PCT）的产量。与 PPA 相比，耐热性、耐黄变性更优，且用途（LED 反射器）范围扩大了（日本石油化学新闻，2016/09/29，p3；WO2016/002193）。日本合成化学实现了聚酯纤维制的耐热性黏合剂产品量产。与由丙烯酸树脂等制成的产品相比，涂膜减少了一半，耐热温度更高（日经产业新闻，2016/04/08，p13）。

庆应私塾大学、京都工艺纤维大学（小田耕平）、帝人发现了水解（MHET、TPA ＋ MEG）PET 的细菌。有望实现循环工序的节能化（日本化学工业日报，2016/03/11，p1）。

帝人的阻燃聚萘二甲酸乙二酯（PEN）薄膜已被用于第 7 代的线性磁带开放协议（Linear Tape-open，LTO），压缩后 15TB（日本化学工业日报，2016/11/15，p12）。

（6）环烯烃聚合物（COP、COC）

三井化学、日本瑞翁、JSR、宝理塑料（从 Ticona 引进技术，于 2006 年商业化）生产的环状烯烃（共）聚合物（COP、COC）在包装、医疗、车载摄像头等高附加值领域的需求正在扩大（日本石油化学新闻，2016/02/15，p2～3）。

　　宝理塑料开发了玻璃化转变温度（T_g）为 200～290℃ 的高耐热性且韧性、溶液稳定性更优的 COC。其他公司的 COP 的 T_g 仅有 160℃ 左右（日本石油化学新闻，2016/02/01，p1）。在食品包装材料领域，COC（降冰片烯，ETY 的非晶共聚物）在世界市场的发展正在加速。仅在德国有产能 30000 吨/年的设备（日本化学工业日报，2016/09/13，p12）。

　　日本瑞翁完成了环烯烃聚合物（COP，37000 吨/年）的增产工程（日本化学工业日报，2016/07/13，p12），开发了高熔点的新品种，并在高冈设置了中试设备（日本石油化学新闻，2016/06/13，p6；特开 2015-54885）。

　　（7）聚苯乙烯（PS）

　　东京工业大学的小坂田耕太郎、竹内大介等人使用 Pd 单膦（HUGPHOS）阳离子配合物催化剂，成功聚合了立构规整性苯乙烯（Angew Chem Int Ed，2016，55，p8367）。出光兴产的间规聚苯乙烯（SPS）在千叶工厂的生产能力从 7000 吨/年提高到了 9000 吨/年。从 1997 年开始使用金属茂催化剂法起，就一直在研究增加产能（Chemical Week，2016/02/08～15，p16）。

　　大日本油墨化学工业（DIC）将 PS 类多支化共聚物（大分子单体法）产业化。在保持现有产品的耐热性和透明性的同时，提高了成型加工性（日本化学工业日报，2016/02/26，p12；特开 2014-208773）。

　　东洋苯乙烯全新开发了高透明、高耐热的四种 PS。高透明 PS 将取代 PMMA，以导光板市场为目标（日本石油化学新闻，2016/01/18，p4）。电化聚合物开发了具备优越耐油性、耐酸性、耐热性的双轴取向 PS 片材（由 PVOH、聚乙烯醇缩醛片共两层构成），作为食品容器开始销售（日本化学工业日报，2016/06/23，p5）。

　　新日铁住金化学为获得因 OA 机器生产商而变得热门的环境标志认证，开始致力于应对使用无卤阻燃剂的回收规格阻燃 PS 的需求（日本化学工业日报，2016/06/22，p12）。

　　（8）聚氨酯（PU）

　　宇部兴产以热固性聚氨酯弹性体（TSU）的产业化为目标。原料聚碳酸酯二醇（PCD；1，6-己二醇，由碳酸二甲酯合成而来）于 2016 年 3 月在泰国投入生产，现已处于全力生产状态，有必要再度进行增产（日本石油化学新闻，2016/09/12，p1）。大日精化工业将以 CO_2、环氧化合物为原料的羟基聚氨酯产业化，其在氧气阻隔性、黏结强度等方面有一定特征（日本化学工业日报，2016/01/04，p3；WO2015/229714）。

阿基里斯正在推进其位于中国的 PU 制绝热材料 $[0.021W/(m \cdot K)]$ 板、面板产品、现场发泡系统业务（日本化学工业日报，2016/01/19，p1）。东丽 Operon Techs 技术的 PU 弹性纤维被用于淋巴水肿压迫疗法的丝袜（日本化学工业日报，2016/07/05，p1）。

积水化学工业开发了以长玻璃纤维增强聚氨酯泡沫的合成木材，其具备轻量和高耐久性。以代替铁路枕木为目标，在日本国内已被采用，现正以欧洲市场为对象（日本化学工业日报，2016/06/20，p12；特开 2015-160901）。

（9）苯酚树脂

住友胶木通过与德国弗劳恩霍夫协会（Fraunhofer-Gesellschaft）进行共同研究，开发了适用于苯酚树脂的发动机零件，在轻量化、高隔热、低噪声化等方面取得了不凡成果（日经产业新闻，2016/04/28，p9）。

（10）环氧树脂

环氧树脂在电器与电子、涂料、土木建筑、黏着等领域都能发挥作用，这些大部分都是难以用其他材料代替的领域，目前正在进行世界范围的行业重组，亚洲、中国市场由于各公司的增产而处于过剩状态。日本国内生产商有三菱化学、新日铁住金化学、大日本油墨化学工业（DIC）、日本化药、日本环氧树脂制造公司、ADEKA 5 家公司，在树脂用途的高功能化上不断进行竞争。日本化药开始销售面向高端的联苯酚醛清漆型环氧树脂等品种，正在开发具备高耐热、高导热、低吸水、低收缩等特性的产品（日本石油化学新闻，2016/04/11，p4；05/16，p2～3）。DIC 开发了 T_g 为 350℃的高耐热环氧树脂，开拓了车载和功率器件用的电子零件用途（日本化学工业日报，2016/07/11，p7）。

DIC 通过分子结构的改良，开发了耐弯曲环氧树脂（Epiclon），并提议应用于 FPC 等（日本化学工业日报，2016/07/06，p1；DIC Technical Review，2004，10，p52）。

昭和电工推广在泰国生产的改性环氧树脂（环氧丙烯酸酯），其在环保装置内衬的需求正在扩大（日本化学工业日报，2016/06/16，p12）。

（11）不饱和聚酯（日本国内需求在 10 万吨/年水平）

川崎化成工业开发了针对不饱和聚酯树脂的阻聚剂（萘醌类）。通过与固化剂（调节固化速度和成型性）共存可以防止储存稳定性降低（日本化学工业日报，2016/04/21，p12）。

（12）聚醚砜（PES）

住友化学在千叶工厂新设了 PES（赋予材料韧性，德国 BASF、比利时 Solvay 也在生产）工厂（3000 吨/年），将于 2018 年完成（日本化学工业日报，2016/07/22，p12；特开 2013-47331）。

（13）聚酰胺（PA）（以 PA6，PA66 为中心，扩大到汽车、电器、电子零件等应用领域）

尤尼吉可决定在 2016 年内量产 PA10T。以蓖麻油为原料，有高熔点、良好的成型性，在汽车、电器、电子相关领域的应用正在增加（日本石油化学新闻，2016/02/15，p4）。

东丽对通用 PA6、PA66 使用了耐用性改进剂，通过交联形成了阻氧层，高温耐久性超过 200℃，实现了飞跃性的提升。东丽在墨西哥新设了安全气囊纤维、基布的生产基地。材料为 PA66，由子公司 TAMX 负责生产（日本化学工业日报，2016/6/02/17，p1、07/29，p12）。本田氢燃料电池车 CLARITY 使用朗盛的聚酰胺（Durethane）、玻璃纤维增强复合板（TEPEX）（热塑性树脂、玻璃纤维复合材料），正在进行轻量化设计（日本化学工业日报，2016/04/25，p3）。

宇部兴产针对汽车燃料管开始销售使用 PA12 树脂的多层管系统。该产品最外层为 PA12，中间层为 PA9T，最内层使用乙烯-四氟乙烯共聚物（ETFE），日本车也开始使用该产品（日本石油化学新闻，2016/08/08，p1）。

丰田纺织开发了由聚酰胺（PA11）、PP 和增溶剂（三井化学制造）组成的耐冲击性树脂，正在就产业化进行研究（日经产业新闻，2016/11/11，p13）

高耐热且低吸水性的聚邻苯二甲酰胺（PPA：PA6T，PA9T，PA10T，PA11 类）和使用植物原料的 PA（阿科玛 PA11、赢创 PA10/10、PA6/10）的商业化也正在进行中。可乐丽的 PA9T 在电器电子领域、汽车领域的应用（齿轮等零件）也正在不断发展，正计划在 2020 年之前将产量增加到 20000 吨/年（日本石油化学新闻，2016/02/01，p4；03/28，p10）。

三菱瓦斯化学公司的 MX 尼龙基复合树脂材料符合美国环保局的规定，

并出口到美国，作为燃料箱的阻气性成型剂。三菱工程塑料正在扩大高刚性 PA 的 MXD6（结晶状聚酰胺树脂）在汽车零件（镜撑等）方面的应用（日本石油化学新闻，2016/08/22，p2；10/31，p1）。

PA6 用于氢气罐衬里，PA12 用于天然气管道，PA612 用于燃油管，PA6/PA66/PA12 层压（收缩膜）用于食品包装（日本化学工业日报，2016/12/08，p12）。

（14）芳纶（全芳族聚酰胺）

帝人生产了 p-类、m-类的芳纶，并公布其将 p-芳纶纤维增产了 10%。新 m-类芳族聚酰胺纤维已在泰国生产（2200 吨/年），于 2015 开始销售，用于袋式过滤器、防护服、涡轮增压器软管等领域（日本化学工业日报，2016/05/18，p12；08/04，p2）。

（15）聚碳酸酯（PC）

日本东北大学的冨重圭一、东京理科大学的杉本裕等人用 1，4-丁二醇等二醇、CO_2 合成了聚碳酸酯（M_w 为 1070，$M_n/M_w = 1.33$）。使用 CeO_2 催化剂、2-氰基吡啶脱水剂，收率高达 97%（Chem Engineering，2016，6，p8）。

三菱工程塑料通过原液染色技术制造了金属质感、偏光色、吸光的高品质 PC，力图普及到汽车内饰上。还开发了 PC/ABS、PC/聚酯的化合物，目前正向汽车生产商供货（日本化学工业日报，2016/04/18，p12，11/24，p2）。

三菱瓦斯化学将拥有联萘酚、芴主链的特种 PC 生产规模增加到了每年数千吨。用于小型高分辨率摄像头镜片，折射率在 1.66 以上，耐热性（140℃）也很高。2010 年开始工业化生产，2016 年荣获日本化学工业协会技术奖（综合奖）（日刊工业新闻，2016/06/07，p13；WO2014/073496、WO2015/170691）。帝人开发了摄像头镜片用树脂，其折射率为 1.65，是具备耐热性（150℃）的聚碳酸酯树脂（日本化学工业日报，2016/04/01，p12；特开 2011-246583）。三菱丽阳开始对有望用于镜片材料的芳香酯（苯基、萘基、联苯）进行量产。折射率为 1.55～1.65，耐热温度提高到了 60～85℃，并且可以光聚合，具备较高的成型性（日刊工业新闻，2016/06/02，p13）。

帝人化成开发了兼具高折射（折射率 1.65）和耐热性（150℃）的 PC 树脂（日本化学工业日报，2016/04/01，p12；WO2015/212389）。帝人成功开发了结晶性 PC 与非晶质 PP 的合金，具备耐化学性、抗蠕变性、轻量性的特征。PC 与 ABS、PET 的合金已经得到了实际应用（日本化学工业日报，2016/06/14，p1）。

（16）聚缩醛（聚甲醛、POM）（2015 年世界需求 110 万吨）

POM 具备优越的机械强度、抗疲劳性、减摩耐磨性、滑动性，被较多地用于齿轮、拉链等部件中。面向汽车的高端品中，日本、欧州、美国生产商占绝对优势，在亚洲则是宝理塑料、旭化成、三菱瓦斯化学等日系企业更强。旭化成在中国张家港（江苏省）建立了聚缩醛（POM）生产基地（2004 年与 DuPont 合并后启动，目前由旭化成 100％控股），正在提高低 VOC 品、高功能品的竞争力（日本化学工业日报，2016/06/29，p3）。DuPont 则在美国、日本、荷兰、中国等地生产 POM 均聚物，依然拥有着世界第一的市场份额（日本石油化学新闻，2016/06/20，p5）。

（17）聚对苯二甲酸丁二醇酯（PBT）（2015 年世界需求为 70 万吨，化合物为 90 万吨）

由于汽车的电器元件、动力传动系统等有所增加，面向 HEV、EV、PHV 的高压电路、供电连接器的销路变得更广，但另一方面，面向家电的销量则减少了。采用大型设备连续聚合工艺在亚洲的扩建已经尘埃落定。日本、美国、欧州在复合化方面依然保持着优势。

（18）改性聚苯醚（改性 PPE）

世界范围内共有包括 2 家日本企业（旭化成，三菱瓦斯化学）在内的 3 家公司在生产，SABIC 创新塑料拥有占绝对优质的市场份额，在日本和亚洲生产改性 PPE。具有耐热、阻燃、耐水解、低密度等特征，主要用于与 PS、PA 等树脂的合金中。

（19）ABS（Acrylonitrile-Butadiene-Styrene），ASA，ACS，AES

宇部兴产、三菱丽阳合资（各 50％股份）公司 UMGABS 与 JSR 子公司 Techpo 就 ABS 树脂业务的整合基本达成了一致。在日本国内，旭化成放弃该业务，电化也缩小了业务规模（日本化学工业日报，2016/05/10，p1）。

（20）聚芳酯（PAR）

尤尼吉可开发了全球最高耐热性、透明性的聚芳酯（全芳族聚酯，BPA＋邻苯二甲酸类）。T_g 为 265℃，拥有总透光率接近 90％的透明性，在

400℃以下可以注塑。还开发了低分子量 PAR 材料。将 MEK 与可溶性环氧树脂混合，可提高树脂的耐热性，降低树脂的介电常数、介质损耗角正切。可乐丽正在计划增加通过全新工艺生产的聚芳酯纤维的生产能力（日本化学工业日报，2016/03/25，p14；03/30，p12；08/31，p12）。

（21）聚苯醚（PPE）

旭化成公司继续全力生产改性 PPE 树脂（柴隆），继新加坡 APS 之后，开始研究亚洲第 2 工厂的建设，还在推进与汽车相关用途的开发进程（日本石油化学新闻，2016/02/22，p1）。

（22）聚苯硫醚（PPS）

帝人与韩国 SK 合并，新设了 PPS（12000 吨/年）设备，采用 SK 的全新工艺（连续聚合），包括原料的自制在内，于 2016 年开始投入生产（日本化学工业日报，2016/07/06，p12）。东丽开发了 PPS 的微多孔膜（1/8/1 的三层构造，中心为 PPS，空隙率最高可达 60%）。实现了兼具耐久性、耐热性、耐化学性的低密度化。2016 年 4 月韩国子公司 TAK 的新工厂（8600 吨/年）开始投入生产，在 2018 年内将把产量增加到 16000 吨/年。DIC 于 2017 年实施下一期的增设，吴羽正在建设运用全新工艺的设备，并于 2017 年投产（日本石油化学新闻，2016/02/22，p4；06/13，p1；12/05，p2）。东曹、出光 ILC、宝理塑料已将特种化合物商品化，普利司通则将 PPS 制水管连接件商品化（日经产业新闻，2016/07/12，p12）。

（23）聚醚醚酮（PEEK）

德国赢创开发了交联 PEEK，耐热性从之前的 170℃ 提高到了 300℃ 以上。用于汽车滑动部件等，大赛璐-赢创正在进行进口销售（日刊工业新闻，2016/07/07，p13）。

（24）聚酰亚胺（PI）

JX 能源开发了有望取代显示器玻璃基板的、面向透明聚酰亚胺的、兼具高透明性和耐热性（300～400℃）、低线膨胀系数的全新单体，目前正在寻求合作（日本石油化学新闻，2016/03/14，p3；特开 2015-203009）。三菱瓦斯化学也整顿了无色透明 PI 膜的量产制度，开发了新产品。还开发了热塑性 PI 树脂（T_m 为 320℃，T_g 为 184℃，350℃ 时熔体流动速率为 11g/10min），具备成型性（日本化学工业日报，2016/09/05，p12）。

三井化学则开发了高附着力热塑性液体聚酰亚胺，有 T_g 分别为 134℃、

170℃、200℃的三类，在超过 T_g 的温度下依然能发挥附着性，提高了电子元件装配的效率（日本化学工业日报，2016/05/02，p1；WO2011/089922）。

东丽开发了 LIB 负极黏合剂所用的水溶性聚酰亚胺。其针对硅类负极（日立麦克赛尔、GS-YUASA 等也在开发中，Si/C = 80/20）的应用是值得期待的（日本化学工业日报，2016/01/29，p3；特开 2013/256666）。I.S.T 公司开发了拉伸强度堪比芳纶、具备耐热性（300℃）且较轻的高功能聚酰亚胺。聚酰亚胺树脂于 20 世纪 90 年代由美国 DuPont、Monsanto 开发，具备低吸水性，可以应用在碳纤维增强树脂和飞机部件上（日经产业新闻，2016/10/21，p15）。

东曹、将高透明 PI 产业化的三菱瓦斯化学、住友化学等化学公司相继公布了柔性有机 EL 材料。对发光层（耐热性）、覆盖层（透光率、气体阻隔性）提出了各种功能方面的要求（日刊工业新闻，2016/10/20，p13）。

堺化学工业向马来酰亚胺树脂中添加硫醇，开发出了具备 250～300℃的耐热性和较高弹性的树脂（日经产业新闻，2016/04/18，p13）。住友精化与产综研携手改良了黏土分散 PI 的物理性能，正在推进用途开发（日本化学工业日报，2016/11/25，p1）。

（25）液晶聚合物（LCP）

JX 能源开发了高韧性、低介电常数、具备导电性的新型液晶聚合物（LCP，600 吨/年生产能力，注册商标 Xydar），正在开拓其用途（日本化学工业日报，2016/01/08，p1，p12；WO2013/115168）。住友化学大幅提高了液晶聚合物（LCP）的薄壁强度，开发了强度超过 PEEK 的新品种（SUMIKASUPERSR1009L）。在千叶新设工厂，将生产能力提升了一倍（9600 吨/年）。LCP 仍然保持了高耐热性、低吸水性的特性。通过对碳纤维增强树脂赋予韧性，有望扩大其用途（日本化学工业日报，2016/07/25，p12）。东丽拥有 3000 吨/年的生产能力。可乐丽在增产聚芳酯纤维（维克特纶，一种 LCP）的过程中采用了低成本、高品质的全新催化工艺，正在进行试点试验（日本化学工业日报，2016/8/31，p12）。

（26）聚酮

旭化成通过聚酮（ETY/CO 交联共聚树脂）的湿法制膜技术开发了多孔膜。有望用于人造肾脏、除病毒过滤器等方面（日本化学工业日报，2016/08/25，p4）。

（27）其他

东洋纺将该公司的对亚苯基苯并（PBO）纤维排列在散热器厚度方向上，开发了表现出高导热性 [13W/(m·K)]，同时具备柔软性、绝缘性的导热片（日本化学工业日报，2016/05/06，p8），用于雅马哈的高级扬声器振动板。在比模量和内部损耗两方面都是高水平的、令人满意的理想材料（日本石油化学新闻，2016/08/08，p4）。

大阪燃气化学通过芴类聚酯纤维开发了汽车镜用的全新树脂（折射率1.637），其具备高透明性、耐环境性（日本化学工业日报，2016/12/15，p1）。

近畿大学的须藤笃、MANA 通过置换缩水甘油基醚的环化聚合法，开发了耐热性高达 410℃ 的环结构新型阻燃剂（日刊工业新闻，2016/07/12，p23；WO2015/115611）。

积水树脂根据 10 年之久聚脲树脂制隔热板路面的经验，开发了低溴型树脂（日本化学工业日报，2016/06/30，p6）。

（28）石油树脂（日本国内生产量为 14 万吨/年）

石油树脂由 C5（DCPD、间戊二烯、异戊二烯）、C9 芳香族（茚、苯乙烯、甲基苯乙烯等）的阳离子共聚制造而来，主要用于路标漆、胶带结合剂和黏着剂、印刷墨水等。日本瑞翁、东燃通用石油、JX、东曹、丸善石油化工、出光兴产、荒川化学工业等正在生产该品。面向氢化物的纸尿布等卫生材料的需求正在扩大，包括伊士曼、埃克森美孚（9 万吨/年）在内，新设计划正在火热进行中，有必要形成差异化（日本化学工业日报，2016/03/03，p12；04/06，p9）。

日本瑞翁生产了主要成分为间戊二烯（1，3-戊二烯）的 C5 类石油树脂，泰国 ZCT 也于 2013 年提高了生产能力（日本石油化学新闻，2016/04/11，p4）。

荒川化学增加了用在尿不湿用热熔胶黏剂、需求正在扩大的氢化石油树脂（C9 馏分原料）的生产能力，并计划在更方便调度原料的市原新设工厂（日本化学工业日报，2016/06/22，p4）。出光兴产新设了与中国台湾石化（FPCC）合并的 C5 类氢化石油树脂的 25000 吨/年工厂（麦寮，石油化工新闻，2016/09/05，p1）。

（29）合成橡胶（2015 年日本国内生产量 145 万吨；SBR 58 万吨，NBR 11 万吨，CR 12 万吨，BR 29 万吨，EPDM 19 万吨）

普利司通利用异戊二烯的聚合，开发了独有的 Gd 配合物催化剂，顺式结构〔IR（异戊橡胶）中则有顺、反、乙烯基三种微观结构，天然橡胶为 100％顺式，在过去的合成中，往往 94％～98.5％就是极限〕占 99.9％，合成了窄分子量分布的 IR。有望通过调整分子量实现强度、可加工性超过天然橡胶（日本化学工业日报，2016/12/14，p1；12/16，p7）。

日本东北大学、埼玉大学、住友橡胶工业破解了天然橡胶（聚异戊二烯橡胶）的生成机理（日本化学工业日报，2016/11/17，p1；12/19，p1）。

在合成橡胶中，陶氏化学的 EPDM（乙烯-丙烯-二烯橡胶），宇部兴产的丁二烯橡胶（MBR）正在采用茂金属类催化剂（日本化学工业日报，2016/10/24，p9）。

普利司通针对日本内阁府的革新性研究开发计划（ImPACT），开发了将耐冲击性提高 4.3 倍的橡胶复合技术。丰田合成开发了压缩永久变形最小（高复原）的 IIR-EPDM 复合橡胶（日经产业新闻，2016/10/24，p12）。

2015 年，电化收购了杜邦的氯丁（CR）业务，朗盛与沙特阿美进行了业务合并，中国化工集团收购了意大利倍耐力公司等，业内发生了巨大的变化，但 2016 年的需求全面萎缩是不争的事实。

① SBR、S-SBR

4 家日本企业的 S-SBR（溶聚丁苯橡胶）、宇部兴产的 VCR（高顺式 BR、高间规 PB 合金）等环保轮胎所不可或缺的材料依然保持着良好的生产和销售前景（日本石油化学新闻，2016/03/28，p9）。住友化学开发了针对严寒地区的省油轮胎用 S-SBR。此外还研究了新加坡工厂的第 2 期增设计划，旭化成（10 万吨/年→13 万吨/年），JSR 也对此进行了效仿。日本瑞翁与住友化学就 S-SBR 的业务整合基本达成了一致，于 2017 年设立新公司（日本化学工业日报，2016/8/5，p1）。JSR 投入了比间歇聚合法 S-SBR 产品更优越的第 5 代产品（第 4 代已于 2013 年投入市场），旭化成也在继 2015 年投产的第 5 代产品之后，推进第 6 代产品的开发（日本石油化学新闻，2016/02/15，p1；09/26，p1；日经产业新闻，2016/07/26，p3）。

② 特种合成橡胶、热塑性弹性体（TPE）

在 TPE 中，烯烃类（TPO：三井化学、住友化学、三菱化学等）、苯乙烯类（TPS：旭化成、日本瑞翁、可乐丽等）、聚酯纤维类（TPC：东丽杜邦、东洋纺等）、聚氨酯类（东曹、科思创日本等）、聚酰胺类（宇部兴产等）产品正在普及（日本化学工业日报，2016/04/01，p8～9；10/17，p2）。在汽车用木材中，内饰、外饰、机械配件、电器元件等已大量使用了塑料，而以 TPO 为中心的 TPE 发挥着巨大的作用。

旭化成、可乐丽增加了在医疗领域的需求正不断攀升的氢化苯乙烯类 TPE 的生产（日本石油化学新闻，2016/08/29，p1；WO2015/159912）。

JSR 增加了在汽车行业使用得越来越多的 TPO 的产量，并就委托外部生产一事进行了研讨。动态交联型 TPO 在热熔时的流动性较高，与其他烯烃类材料的胶黏性也较高，可以进行注塑（日本化学工业日报，2016/03/02，p12；07/06，p9）。JSR 正在将目前世界上唯一能生产的热塑性弹性体，间规-1，2-聚丁二烯推向世界市场。现阶段的主要用途是鞋底，此外还开发了汽车轮胎等用途（日本石油化学新闻，2016/10/10，p1）。

特种合成橡胶的市场正在扩大，各大刊物都针对日本国内主要生产商的业务战略制作了特辑。JSR 正将 EP、NBR、IIR、TPV 投入市场，三井化学投入的是茂金属催化法的 PT 和 EBT，东曹为 CR、CSM，住友化学为 EPDM，昭和电工为 CR，电气化学工业为 CR、ER（ETY-VAM-丙烯酸酯），日本瑞翁则将高耐热性氢化丁腈橡胶（HNBR，专利号 5967342）投入了市场。三井化学通过 VNB-EPT 提高了产品的耐热性和耐动态疲劳性。还开发了在−50℃下依然拥有弹性的茂金属 EBT，并开始了量产（日本石油化学新，2016/02/29，p2；日本化学工业日报，2016/04/12，p12）。三井化学预计于 2018 年将用于汽车前后门玻璃罩的、需求不断增长的 TPO 的产量增加到 5 万吨/年，正在泰国、美国进行委托生产（日本化学工业日报，2016/03/09，p12）。住友化学也开始推动 EPDM 的特殊化（耐油性，抗氧化性等）战略，于 2016 年 7 月将沙特阿拉伯的新设备投入生产。住友化学开发了改进过耐热性的 EPDM，即使在 180℃的高温环境下也能保持强度，有望用于汽车引擎周边部分（日本化学工业日报，2016/05/26，p1）。日本华尔卡工业开发了对热和辐射具有优异耐久性的特殊 EPDM 制 O 型圈。可以承受 200℃的温度，即使长期受到辐射（10kGy，80h）依然不会发生劣化。有望用于核能发电站的配管接头等用途（日经产业新闻，2016/05/09，p13）。电化开发了抗氧化性大幅提升的桥梁用橡胶支座（CR）（日本化学工业日报，2016/09/01，p12）。

旭化成正在考虑增设加氢苯乙烯热塑性弹性体（TPE，独有催化技术），日本弹性体公司正在讨论将选址中心设在大分，以应对 PPT 软质化等医疗领域方面的需求增长（日本石油化学新闻，2016/06/06，p1）。全新开发了 SBBS（Styrene-Butadiene-Butene- Styrene）结构的 TPE，其拥有优越的耐热性、耐候性、相溶性，有望应用于食品、卫生领域（日本化学工业日报，2016/10/21，p12）。

电化、住友橡胶工业、日本高速技术市场部开发了抗氧化性大幅提升的桥梁用橡胶支座（CR 类复合物，之前业内使用天然橡胶）（日本化学工业日报，2016/09/01，p12）。

三井化学扩大了烯烃类 TPE "Milastomer"（在日本国内外均有生产，产量 40000 吨/年）的业务，到 2020 年，销售量将达到 2015 年的 2 倍。汽车内饰皮革、建材等方面的需求正以 10％/年的速度增长（日本石油化学新闻，2016/09/12，p1）。

JX 能源增加了聚异丁烯（PIB：多层玻璃的密封剂和医疗用黏合剂等使用的无色透明且无毒高黏度液体）的生产能力，在川崎制造所建设了 5000 吨/年的工厂（预计于 2019 年投产），与现有生产能力合计将达 12000 吨/年（日本化学工业日报，2016/06/28，p12）。针对 EPDM 合成原料 5-亚乙基-2-降冰片烯（ENB），则讨论在鹿岛（1 系列）、在美国德克萨斯州（2、3 系列）增加 4 个系列（日本石油化学新闻，2016/08/16，p1）。

可乐丽与住友商事、泰国国家管理局全球化学品公司（PTTGC）共同就丁二烯、异戊二烯衍生物的业务做出了探讨（FS），以高耐热聚酰胺（PA9T）、氢化苯乙烯类 TPE、液体状橡胶、特种树脂等为对象（日本化学工业日报，2016/09/15，p12）。

三菱化学正在探讨建设烯烃类 TPE 的新工厂（2017 年，印度），以满足气囊盖等汽车零部件和工业材料领域的增长需求（日本化学工业日报，2016/10/07，p12）。

JSR 正在将目前世界上唯一能生产的热塑性弹性体，间规-1，2-聚丁二烯推向世界市场。现阶段的主要用途是鞋底（SBS 共混物），此外还开发了汽车轮胎等用途（日本石油化学新闻，2016/10/10，p1）。

理研技术公司提出了将全新开发的交联热塑性弹性体（TPV）应用于有待开发的、需要高耐热、高耐油性的部位（日本化学工业日报，2016/10/04，p1）。

日本瑞翁预见了丙烯酸酯橡胶（ACM；丙烯酸酯、2-氯乙基乙烯基醚的共聚物）的需求增长趋势，正在研究于亚洲建设新工厂的计划（日本化学工业日报，2016/10/11，p12；特开 2016-132741）。

住友化学开发了面向天然橡胶轮胎的结合剂（将炭黑和橡胶结合）。可以抑制发热，令低油耗成为可能，结合部位的网眼构造十分细密，导热性能良好（日本化学工业日报，2016/06/07，p12、07/06，p7；特开 2016-056286）。

（30）有机硅树脂、衍生物

九州大学的永岛英夫等人在有机硅制造中开发了新催化剂（Fe，Co 的异类催化剂），已开始和信越化学工业研究实用化事宜（日本化学工业日报，2016/02/17，p1；WO2014/133017）。

信越化学工业于 1953 年开始从事有机硅业务，已有 60 年以上的历史，为各个领域提供了 5000 种以上的产品。东丽开发了具备优异抗反射功能的超低折射率（1.33～1.37）包衣剂。该产品是以透明且耐热性较高的硅氧烷为基体的复合物，使对流动性和折射率的控制成为了可能（日本化学工业日报，2016/04/22，p1）。迈图高新材料日本公司开发了用于光学领域（抗反射、高耐久、高耐热、高耐候性）的有机硅胶黏剂。旭化成瓦克有机硅将德国瓦克公司开发的产品供应给汽车、电子领域（日本化学工业日报，2016/04/28，p7；2016/07/14，p8）。

（31）其他功能性树脂

日产化学工业开发了与多支链有机纳米粒子（超支化聚合物）复合的高折射率墨水、涂层材料（UR-101）（日本化学工业日报，2016/02/24，p5）。

中央硝子开发了含氟树脂的有机电子元件用构图材料。该材料可溶于氟系溶剂，不可溶于芳香族溶剂，有望应用于有机电子器件构图等方面（日本化学工业日报，2016/02/23，p12）。

北海道大学的伊藤耕三等人和大塚化学合作开发了在三嵌段共聚物上使用聚丙烯酰胺的高强度水凝胶（日本化学工业日报，2016/05/02，p1）。

电化通过 SMM（苯乙烯 S/MMA/顺丁烯二酸酐）开发了在丙烯腈－丁二烯－苯乙烯共聚物/聚碳酸酯（PC-ABS）树脂合金制造过程中非常有效的增溶剂，将冲击强度（60kJ/cm²）提升到了原来的约 2 倍（日本化学工业日报，2016/03/11，p22）。

东洋纺将该公司的对亚苯基苯并（PBO）纤维排列在散热器厚度方向上，开发了具备高导热性 [13W/(m·K)]、柔软性、绝缘性的导热片（日本化学工业日报，2016/05/06，p8）。

昭和电工开发了含有丙烯酰基、异氰酸酯基的功能性单体 "AOI-VM"，并以 5000 吨/年的规模投入生产。除了开始被用在保护膜上，在涂料方面也被认为是能够实现节能的材料（日本化学工业日报，2016/06/8，p12；特开 2010-132740）。

（32）树脂交联剂

日清纺化学的碳化二亚胺型树脂改质剂正在生物分解树脂、农业膜、水性涂料等领域普及（日本化学工业日报，2016/08/02，p7）。

（33）纳米纤维

山梨大学的铃木章泰报告了一种树脂纳米纤维制法，这种方法不再使用 ES 法，而是使用二氧化碳激光器超音速离心（CLSD）法，同时还能制造床单、捻线、织物及棉花等（日本化学工程，2016，4，p242）。

2008 年起，帝人开始商业化生产聚酯纳米纤维，并计划扩大保健及高功能纳米滤器等领域的市场（日刊工业新闻，2016/04/22，p5；特开 2010-18926）。旭化成开始在清漆及涂料制造等中使用 PP、尼龙及聚酯超细（直径 $0.4 \sim 0.8 \mu m$）无纺布做成的过滤材料（日本石油化学新闻，2016/04/11，p4）。

2.2.4 其他石化衍生物

（1）甲醇（MeOH）

世界煤炭 MeOH 产量增加约 30%，即 2200 万吨/年，供求关系有所缓和。三菱商事与俄罗斯政府达成一致，将于库页岛新建 MeOH 设备（日本经济新闻，2016/09/04，p7）。

（2）氨合成

北海道大学的三泽弘明等人在可见光（$550 \sim 800nm$）下，利用 Au 纳米粒子负载 Nb-SrTiO$_3$ 光催化剂，产生等离子体激发电荷分离，成功直接将 N$_2$ 分子转换成了 NH$_3$ [6nmol/(h·cm^{-2})]（Angew Chem Int Ed，2016，55，p3942）。

东京工业大学的北野政明等人介绍了电子化合物（C12A7；$[Ca_{24}Al_{28}O_{64}]^{4+}(e^-)_4$）的催化剂作用（Ru 负载、NH$_3$ 合成）和电子状态控制（化学与工业，2016，69，8，p676），并发表了 Co 负载效果（第 6 次 CSJ 化学会议 2016，P4～117）。与日本高能加速器研究机构的阿部仁共同报告了在 Ca（NH$_2$）$_2$ 载体上负载 Ru 及 Ru-Ba 的高活性 NH$_3$ 的合成（300℃、0.8MPa）（日刊工业新闻，2016/10/10，p15；ACS Catalysis，2016，6，11，p7577）。大分大学及科学技术振兴机构的永冈胜俊等人确认，Ru/Pr$_2$O$_3$ 负载催化剂在 310～390℃、0.9MPa 条件下的 NH$_3$ 合成活性是既有催化剂的 2 倍以上（日本化学工业日报，2016/09/23，p1；WO2016/133213）。东京大学的西林仁昭使用 Co-PNP 配合物催化剂，从 N$_2$ 合成了 NH$_3$（Angew Chem Int Ed，2016，55，p14291）。

在 N$_2$ 及 H$_2$ 混合气体的等离子处理中，中央大学的岩本正和等人使用铜线电极，在常温常压下以 3.5％ 的效率生成了 NH$_3$（日本经济新闻、2016/07/04，p13）。

三菱燃气化学新泻工厂停止生产 NH$_3$，转为全部从外部采购，并将参加印度尼西亚的 70 万吨/年计划（PAU）。同时扩大一甲胺等衍生物产品的生产规模，招揽衍生品厂商（日本化学工业日报，2016/07/25，p12）。三菱重工业、双日与鞑靼斯坦政府签订合同，将建设第二个 NH$_3$（46 万吨/年）·甲醇（24 万吨/年）共同生产设备（Chem Week，2016/04/04～11，p18）。三井物产与美国塞拉尼斯合作，将在 Tex 合作建设第二套设备（日本化学工业日报，2016/06/28，p12）。

（3）过氧化氢

日本国内，三菱燃气化学、保土谷化学工业、ADEKA 及宇部过氧化氢这 4 家公司以 18 万吨/年（100％换算）产能生产，用于杀菌、漂白、氧化剂等领域（日本化学工业日报，2016/02/03，p9）。

（4）碳纤维（CF）、SiC 纤维及复合材料

东京大学（影山和郎）、产综研、东丽、帝人、东邦 TENAX 及三菱人造丝共同参加了 NEDO 研究项目（2014～2018 年）并开发了一种碳纤维新型制法，大幅削减了制造成本，飞跃性地提高了生产效率。这种方法组合了微波碳化及等离子表面处理，前驱体纤维无需经过防火处理，产品拉伸强度为 240GPa，不逊于现有产品。日本国内各公司都计划增产，相关动态引人注目（日本经济新闻，2016/01/15，p13；Chem Eng，2016，3，p7）。

三菱人造丝提高加利福尼亚州 MRCFAC 工厂的碳纤维产能，于 2016

年年内投产，计划用于汽车。东丽（2017）及帝人-东邦 Tenax（2018）也计划提高日本国内外产能（日本化学工业日报，2016/07/13，p1）。三菱人造丝将高成型性大丝束碳纤维（9～17μm）产能（大竹事业所）提高到单条生产线 4000 吨/年，并将在 2020 年将 PAN 基碳纤维产能提高到 18000 吨/年。同时与丹麦 Fiberline 公司合资成立 Advanced Carbon Pultrusion 公司，推进碳纤维复合材料产业（日本化学工业日报，2016/02/04，p1；日本石油化学新闻，2016/03/28，p11；日刊工业新闻，2016/07/21，p17）。

日本碳素公司与美国通用汽车公司共同出资的 NGS 先进纤维公司完成了 SiC 纤维（富山第 2 工厂）建设，规模 10 吨/年。GE 也在美国新建了 10 吨/年工厂，产品用于航空发动机构件，虽也考虑用于火电厂燃气轮机，但成本远高于碳纤维（日本化学工业日报，2016/09/21，p7）。

其他还有很多碳纤维复合材料的相关报道，见表 1。

表 1　碳纤维复合材料的相关报道

用途	内容	出处
成型材料	积水化成品工业开发 CFRP（碳纤维增强复合材料）发泡成型体	日本化学工业日报，2016/1/22，p12
	阿波造纸采用造纸法生产了 CFRP 滤网	日经产业新闻，2016/2/17，p1
	东丽使用轻量、高刚性的短 CF 开发了发泡结构材料	日本化学工业日报，2016/03/29，p12
	新日铁住金金属开发了酚氧树脂浸渍黏合片	日经产业新闻，2016/07/13，p12
	大赛璐-赢创开发了 PA12 圆球粉末修饰的 CFRP	日本石油化学新闻，2016/07/25，p1
汽车	东丽供给 CF，用于丰田 FCV（电动汽车的一种）及本田 FCV 的燃料箱	新闻通稿，2016/04/05
	东丽、三菱人造丝及帝人分别加强了面向德国戴姆勒、德国 BMW、美国 GM 的 CFRP 供给	日本经济新闻，2016/05/11，p12
	本田将 CFRP 用于普锐斯 PHV 后门	日本经济新闻，2016/08/05，p1
	德国 BMW 将 CFRP 系统用于小型 EV"i3"车体并量产	日本经济新闻，2016/08/03
	帝人收购美国 CSP（复合材料厂商），整改为子公司	日本化学工业日报，2016/9/14，p1

续表

用途	内容	出处
航空机	三菱重工业（MRJ）、本田（商务 J）在机身及主翼等部位采用了 CFRP	日经产业新闻，2016/1/1，p11
	东丽为美国波音、欧洲空中客车 A380 提供构件(CFRP 预浸料)	日本化学工业日报，2016/6/22，p1
	东丽与美国太空探索技术公司签署供给合同，提供用于火箭及宇宙飞船机体的 CF	日本经济新闻，2016/8/23，p23
铁路转向架	川崎重工业将 CFRP 用于铁路转向架	日经产业新闻，2016/5/20，p12
船舶	中岛螺旋桨公司开发了用于大型货船的螺旋桨，油耗提高 5%～6%	日经产业新闻，2016/6/2，p13
回收	产综研开发了使用再生 CF(过热水蒸气处理)的热固性 CFRP 制造工艺	日本化学工业日报，2016/1/20，p4
	东丽、丰田合作推进 CFRP 废材回收	日本石油化学新闻，2016/02/22，p4
	ICARBON 公司开发母体树脂碱熔法	日本化学工业日报，2016/10/5，p1

（5）工业燃气产业

工业燃气制品主要为空气分离制品，2015 年销售量为 O_2 16.4 亿 Nm^3、N_2 42.7 亿 Nm^3、Ar 1.90 亿 Nm^3。除压缩 H_2 0.8 亿 Nm^3、He 0.10Nm^3 外，还包括 L-CO_2 74 万吨、特种燃气、溶解乙炔等。大阳日酸增加美国工业燃气设备，以满足页岩原料化学品工厂需要，同时进入缅甸等东南亚（ASEAN）地区。并向美国 SulfaTrap Llc 公司出资，推进精炼及分离领域的共同技术开发。

（6）沥青制品

焦油蒸馏产业方面，JFE 化学通过中国两个基地（山东省，100 万吨/年能力）向全球供给萘（邻苯二甲酸酐）、炭黑原料油及沥青制品（电极）等，产能在 2017 年提高到 10 万吨/年（日本化学工业日报，2016/07/14，p12）。

3 石油精炼

3.1 石油精炼技术

科斯莫石油公司计划在 2019 年之前，以堺炼油厂为基地，提升常压蒸馏塔及重油热分解装置的处理能力，并将其用于不同石油种类上。该公司提出，要实现橡胶及树脂物理性能的提升，可以研发石油焦原料中的导热填料（粒径 $1\mu m$ 以下）。松山地区转变改质装置催化剂，芳香族烃类化合物的生产能力提高了 4%（日本化学工业日报，2016/01/27，p12；03/08，p12；11/22，p12）。富士石油公司则计划将超重原油处理数量增加至现在的 1.5 倍，并同时降低供应成本。富士石油公司于 2017 年建成焚烧沥青的发电装置，实现电力 100% 自给自足。

国际石油开发帝石株式会社（INPEX）在秋田油田北部的废矿开采中采用了新型挖掘技术，预计将于时隔 40 年后的 2018 年重新进行生产（日经产业新闻，2016/08/04，p1）。

宇宙能源株式会社、JX 能源控股公司都计划在 UAE 阿布达比开发新油田。JBIC 等公司正在融资中，2017 年就投入生产（日经产业新闻，2016/08/30 晚刊，p11）

出光兴产与昭和壳牌的合并协议终止，但 JXHD、JX 能源公司、东燃通用株式会社却开始了合并，并从 2017 年 4 月 1 日起正式成立"JXTG"集团（日本经济新闻，2016/12/20，p3）。

（1）FCC 催化裂化

出光兴产公司通过 FCC 处理了 ETY 工厂设备中的副产物碳五馏分，并开发出了使汽油基础材料化的技术（日本化学工业日报，2016/11/02，p12）。

（2）重质残渣油

日挥触媒化成公司的仁田宪次等人，成功研发了脱沥青混合处理中不可或缺的减压柴油加氢分解催化剂（PETROTECH，2016，39，9，p717）。

（3）其他

在调色剂、墨水等成像材料领域，及热熔胶、肥料等方面，石蜡作为煤油提取及费托合成反应的副产物，对其需求正在逐步高涨（日本化学工业日报，2016/07/13，p11）。从事无损检查及设备诊断的关西 X 射线公司，研发出了能用超声波精确测量工厂管道、油罐侧面及屋顶板等厚度的装置（日本化学工业日报，2016/09/01，p10）。

新日铁住金化学在中国江苏省开始了石墨电极、沥青、炭黑等煤炭化学业务，并与中国方大炭素新材料科技公司成立了合资企业。昭和电工公司收购了 SGL 的石墨业务，其生产规模达到了世界最大（日本化学工业日报，2016/01/21，p2；10/21，p1）

3.2　GTL（天然气制油）、LNG（液化天然气）技术的动向

JOGMEC（日本国家石油天然气和金属公司）、千代田化工建设、三菱化学三大公司，为了从使用了强耐水性、强耐酸性 CHA 型沸石膜的天然气体中分离出 CO_2，在黑崎工厂进行试验。从 2017 年开始，在东南亚区域内的气田开始实证（日本化学工业日报，2016/06/07，p1）。日立造船与三井造船等公司都已实现了沸石膜的工业化生产（日经产业新闻，2016/04/21，p13）。

九州大学的星野友等人也研制出了含胺凝胶颗粒（CO_2 可逆吸收材料）的 CO_2 选择性渗透膜（日本化学工程，2016，6，p438）。

日本碍子公司（NGK）则已经开始从使用了蜂窝陶瓷膜（直径 180mm，全长 1m，通道内径 2.5mm×2000 条，DDR 沸石膜涂覆于基板内部）的天然气中，分离出 CO_2 的试验。日挥公司则希望提高高纯度甲烷的生产效率，而研发了 NGK 膜下的 CO_2 分离系统（日本化学工业日报，2016/03/07，p6）。

澳大利亚的 Gorgon 天然气项目投入生产后，三重县川越火力发电厂已经开始了部分使用。该项目以美国雪佛龙（Chevron）等公司为主，日本的中部电力、大阪燃气、东京燃气等公司也参与了其中（日经产业新闻，2016/04/07，p11）。

石油资源开发专家副岛雄大介绍了天然气生产到液化设施处理过程中的分离与精炼技术。他指出天然气的组成与杂质都与产地有关，预处理十分有必要（PETROTECH，39，7，p561）。

北海道夕张市已着手尝试从煤炭层中挖掘出甲烷气体。该市计划在调

查资源储量后，鼓励民间企业开发，在 NEDO 的前期调查中显示共发现了 77 亿立方米的气体（日经产业新闻，2016/09/16，p11）。

日本经济产业省报道指出：在日本海沿岸，表层甲烷水合物的资源储备量约为 6 亿立方米（日本化学工业日报，2016/10/05，p12）。

千代田化工建设和新加坡 Ezra 控股的合资公司（EMAS Chiyoda）、印度 Larsen & Toubro Ltd 公司已接受相关委托合约，准备共同开发波斯湾的海底气田（日本经济新闻，2016/07/23，p12）

日本化学工业编辑部介绍了开发（煤炭的直接与间接液化）合成石油的历史（日本化学工业，2016，3，p223）。

3.3　生物质能转换燃料

2016 年 4 月 18～20 日，世界工业生物技术大会（Bio 2016）在美国圣迭戈成功召开。受石油价格下调的影响，行业发展前景不容乐观，但是生物技术新型燃料、化学品以及新技术却层出不穷（Chem Week，2016/04/25～05/02，p52）。

（1）木质纤维素糖化

日本东北大学教授米本年邦等人，在糖化木质纤维素的预处理中，使用了水力空化反应器（在直径 1.4mm 文丘里管，流动位置实现连续空蚀的方法）。添加 Na_2CO_3-H_2O_2，并进行超声波处理后，酶转换效率不减反增（Ind & Eng Chem Res，2016，55，p1866；日本化学工业日报，2016/02/18，p3）。

日本中央大学教授船造俊孝等人研究了在水热处理（513～553K）条件下，从纯纤维素中获得糖的收率与总有机碳（TOC）的关系。结果得到了聚合度（DP）为 2～9 的产物（Ind & Eng Chem Res，2016，55，p9372）。

（2）生物乙醇及丁醇

京都大学的植田充美等将由糖转换至 EtOH 的酵母的耐热性提高了 39℃后，成功研制出了发酵速度高于普通酵母 2.5 倍以上的 EtOH。鉴于冷却成本的降低，EtOH 的制造成本也将比日本政府目标（即每升 40 日元）低（日本经济新闻，2016/04/30，p1）。

京都大学的坂志朗等发明了通过醋酸从木质纤维素中高效生产乙醇的技术。该技术已于 2010 年由美国 ZeaChem Inc 公司公布（日本化学工业日报，2016/05/25，p4)。

神户大学猪熊健太郎等发现了从蟹虾等甲壳类动物及昆虫的壳（壳多糖）中制备（使用药品及酵母）乙醇的方法（日经产业新闻，2016/04/18，p8)。

山口大学的村田正之等人围绕纤维素类生物质的最新 EtOH 制造技术，介绍了耐热性发酵微生物使用下的高温发酵、木糖的使用及抗压等技术（日本化学工业，2016/07，p519)。

东丽集团将用于水处理的 MF 膜用于微生物可再生型发酵的连续进程中，并基于该进程，试验研究（1m³槽）了从糖中生产 EtOH 等化学品的技术。与分批发酵法相比，生产效率、产量分别提高了10倍及10%～20%（日本石油化学新闻，2016/07/25，p18；WO2013/137027)。

RITE（地球环境产业技术研究机构）计划用棒状菌群生产 EtOH，已经正在绿色地球研究所和美国中试，在 2017 年投入应用。丁醇的实际使用预计是在 2020 年（日本化学工业日报，2016/07/08，p1)。

（3）生物柴油（BDF）与生物喷气燃料

JAXA（宇宙航空研究开发机构）的藤原仁志介绍了开发代替喷气燃料（HEFA 等）的过程，以及降低规格、环境负荷的尝试等（PETROTECH，2016，39，6，p428)。日本航空与日本环境设计公司、绿色地球研究所（GEI）将利用回收来的旧衣服开发生物喷气燃料（异丁醇）（FSBi，2016/12/21，p6)。东京都市大学高津淑人等提出了将废弃食用油 BDF 化的连续生产过程的提案（日本化学工业日报，2016/12/21，p8)。

（4）微生物藻类

对燃料、食品生产中可利用藻类的研究，继 20 世纪 70 年代（第一次）、20 世纪 90 年代（第二次，以大阪府立大学教授中野长久、筑波大学教授渡边信为代表）后迎来了第三次热潮，其中属 EUGLENA、DIC、DENSO、J-POWER 等公司最为积极。大阪府立大学教授山田亮祐研究了在葡萄糖及木糖中加入酵母，并通过酵母发酵生产油脂的方式。希望此举能实现 BDF 燃料化（日本化学工业，2016，67，5，p373)。

Algae Industry Incubation Consortium JAPAN（日本藻类产业孵化联盟，筑波大学、高砂热学工业等 8 家联合）与 EUGLENA（裸藻）公司，被经济产业省评为 2016 年度"微绿球藻燃料生产试验单位"。前者计划从福岛县相马市的本地藻类中生产油脂（日本化学工业日报，2016/06/03，p10）。

东京大学教授新井宗等人，通过修饰蓝藻 AAR 酵素的氨基酸排列，使生物燃料（柴油）的生产效率提高了 12 倍（日本化学工业日报，2016/11/02，p1）。东京大学与理化学研究所的联合研究组织，通过刺激细胞，开发了油脂生产效率高达 40％的裸藻。此项研究的推进被纳入了内阁府 ImPACT 项目的一环。

EUGLENA 在三重县多气町地区重新制备了用于燃料的藻类培育设施。成立的第一年就在 $70m^2$ 的培育池中开展了试验研究，预计至 2018 年这一数字将扩大至 $3000m^2$（日经产业新闻，2016/09/02，p11）。

EUGLENA、信州大学、千代田化工建设三家机构研究了通过沸石催化剂（FAU、MFI 等），将裸藻油脂产物转化为喷气燃料（符合烃类化合物、芳香族 8.5％～25％等国际标准）的技术。千代田化工建设、伊藤忠商事、五十铃汽车、全日空从 2016 年起，已通过建于横滨市的 Chevron 法试验（2018 年启动）设施进行了确认（日本化学工业日报，2015/03/24，p3）。

东京大学教授合田圭介等人成功开发出了能测量草履虫等微生物的糖及类脂含量的显微镜。该显微镜同样适用于行动中的微生物（日经产业新闻，2016/08/02，p8）。

DENSO（电装）公司在熊本县天草地区落成了用于微绿球藻研究的大型室外培养试验设施，并将其投入了使用。计划逐步将培养槽扩大至 $80m \times 8m$，并最终实现盈利（日刊工业新闻，2016/07/28，p6；特开 2013-102715）。IHI 公司（葡萄藻、$1500m^2$ 室外培养槽）也在加紧研究藻类培育技术，计划于 2020 年（东京奥运会）投入使用。J-POWER 公司在北九州市新增了用于培育藻类及生产燃料油的试验设备（4L/d），并已于 2016 年 5 月启动。期望其能作为喷气燃料使用（日本经济新闻，2016/02/09，p1）。

在从衣藻（微绿球藻）生产食品方面，DIC 已有 30 年的商业经验，现阶段其以墨水原料的色素、油脂的生产为目标，在美国事务所继续进行着室外培育的相关研究（日本化学工业日报，2016/09/13，p6）。

（5）甲烷发酵与生物气体

西松建设与北海道大学开发出了能高效回收生物气体的甲烷发酵技术。通过此技术能回收约 $300Nm^3/t$（环境省指标的 2 倍）的气体（日经产业新闻，2016/08/01，p11）。

法国威立雅环境集团通过位于日本的分公司——西原环境公司，开始了利用污泥发酵气体发电的业务（气体发电机）（日本经济新闻，2016/01/09，p12）。

IHI 环境工程公司从荷兰 PAQUES 公司引进嫌气性排水处理装置（USAB-IC 反应器）后，相关食品工厂盈利良好。该设备能提供高速及高负荷处理，还能产生甲烷以作为发电燃料（日本化学工业日报，2016/06/02，p10）。

荏原实业公司研发出了硫黄化合物（如生物气体中的 H_2S）的生物脱硫机器。该机器的运转成本低，且脱硫率高达 90%（日本化学工业日报，2016/02/29，p11；特开 2015-226904）。

污水处理工程中，关于生物气体的利用与开发也在不断推进，洋马、月岛机械、久保田、日立造船公司、新明和工业等是其中坚力量。横滨市与东京燃气、三菱日立电力系统（MHPS）公司正在谋求膜分离方面的高效化（日本化学工业日报，2016/01/21，p3；日刊工业新闻，2016/08/16，p06）。大阪燃气将开发能以 98% 以上的纯度，从生物气体中精炼（吸附精炼）出甲烷的技术（日经产业新闻，2016/10/13，p9；特开 2014-205138）。三菱重工业公司接受了东京都下水道局关于制成能源自给型淤泥焚烧炉的委托。制成后，将能用流化床焚烧炉处理含水量高的污泥，还能将多余热量用于二进制发电（日经产业新闻，2016/09/27，p11）。

（6）生物质能

作为可再生能源的生物质发电，还是在区域发展方面被寄予厚望的技术，FIT 批准的设施引入数量在 2015 年年末达到了 165 万千瓦，在三年内增加了 60%（日经产业新闻，2016/07/13，p11）。

住友商事公司收购了在巴西制造甘蔗残渣颗粒燃料（发电用）的 Cosan Biomassa S.A. 公司的部分股权（日本化学工业日报，2016/02/29，p12；日刊工业新闻，2016/08/16，p4）。

JFE 工程公司开发出了一台新设备，该设备能在 300℃ 下干燥污泥，并制造适用于水泥烧制的固体燃料。且具有 400t/d 的污泥处理能力，该数量约相当于横滨市所产淤泥的一半，目前该设备已收到了来自太平洋水泥集团旗下奥多摩工业公司的预定，预定产品中还有碳化炉及焚烧炉（日本经济新闻，2016/06/04，p9）。

住友重机械工业公司收到了关于生物质混煤发电设备（山口县防府市，11.2 万千瓦）的订单。生物质混烧率最高为 50%，该设备将于 2019 年 7 月开始运转（日刊工业新闻，2016/05/10，p7）。

日本制纸公司在泰国的 PPPC 造纸工厂内，开始生产以桉树为原料的半碳化燃料颗粒。准备在 NEDO 在支援下进行技术开发，并在 2017 年内实现产能增加至 10 倍的目标，此外还将开拓在煤炭混烧燃料方面的市场（日经产业新闻，2016/07/26，p11）。

（7）高效生物质资源

新能源产业技术综合开发机构（NEDO）已着手推进智能细胞工业（Smart Cell Industry）的相关项目，该细胞工业主要是推进以植物及微生物为原料的高功能产品的生产。共有 40 家大学、民间企业等加入该项目（日本化学工业日报，2016/07/04，p1）。

住友林业公司的植树造林业务中不仅囊括日本扁柏、日本柳杉、日本落叶松等植物，还计划将中国南部及中国台湾原产的杉木（常绿针叶树）纳入试验范围。后者树木能有效抵抗白蚁侵害，且表面富有光泽，另外可砍伐前的栽培期间也约是日本本土树材（20 年）的一半以下（日经产业新闻，2016/05/25，p14）。

日本 KANEKA 出售了新型肥料"KANEKA PEPTIDE"。这种肥料是冈山县农林水产综合中心在 JST（日本科学技术振兴机构）的协助下，开发出的氧化性谷胱甘肽（GSSG）＋K 的混合物，能活化植物的光合成（卡尔文循环）（日刊工业新闻，2016/03/22，p05；WO2016/002884）。

融合农业、ICT 的高效农业生产方式正在研究中。日经 BP 公司专题报道了于 2017 年正式投入研究的技术（日经产业新闻，2016/11/25，p2）。住友化学计划使用无人机实现数字农业（栽培指导、病虫管控）（日本化学工业日报，2016/11/18，p5）。

东京大学教授妹尾启史等人公布了通过微生物抑制（转换为 N_2，最多可减少 40%）农田中 N_2O 的方法（日经产业新闻，2016/12/20，p8；ISME Journal，2011，5，p1936）。

4 有机合成、生物碱化学品及绿色化学

2016 年 4 月 20 日至 22 日期间，世界制药原料展览会（CPhI Japan 2016）于东京国际展览中心拉开了序幕。

4.1 有机合成技术

（1）有机金属配合物催化剂及不对称催化剂

京都大学教授中尾佳亮等人公布了芳香族溴化物还原性加成（Pd(OAc)$_2$-PCyp$_3$-HSiR$_3$ 催化剂）于芳香族烯烃的反应（Angew Chem Int Ed，2016，55，p6275）

京都大学教授丸冈启二等人研究了高价碘化合物中的自由基催化剂与加氢酰化反应（日本化学工业，67，5，p332）。

中部大学教授山本尚等人介绍了手性酸（Lewis 酸、手性配体-Al 化合物）催化剂的设计与应用（手性 Diels-Alder 反应、手性氧化）（日本化学工业，67，5，p339）。

大阪大学教授真岛和志等人公布了在包含双齿手性配体的二核配合物催化剂的作用下，吲哚衍生物的手性氢化反应（日本化学会第 96 春季年会 (2016)，2H7-33；日刊工业新闻，2016/04/22，p35）。此外，还利用镍-二磷催化剂，在 β-酮酯中实现烯丙醇的手性烃化。并且，使用 Cl-交联 Rh (III) 二核配合物（[H$_2$Rh$_2$Cl$_3$（SEGPHOS）$_2$]$^+$ Cl$^-$）催化剂，成功实现了烯烃的手性氢化（Angew Chem Int Ed，2016，55，p1098，p8299）。

大阪大学教授神戸宣明等人通过丁二烯的二聚物，结合 NiBr$_2$ (dme) 催化剂与 Aryl Grignard，在烷基氟化物共存的条件下合成了 6-烷基-2，7-辛二烯基加成的烷基衍生物（Angew Chem Int Ed，2016，55，p5550）。

大阪大学教授满留敬人等报告了关于固定于水滑石（Mg$_6$Al$_2$(OH)$_{16}$ CO$_3$·4H$_2$O）等载体上的核壳金属纳米粒子的生产与环保型分子变换（氧化、氢化分解、双羰基化等）（日本化学工业，2016，67，5，p325）。

名古屋大学教授大井貴史等人公布了以褐变反应为基础，选择性合成光学活性异构体的反应（日刊工业新闻，2016/11/11，p37）。

名古屋大学教授齐藤进等人研究了在 Ru 二核配合物催化剂使用下，羧酸加氢制乙醇反应（JST news，2016，1，p10；日本化学工业，2016，67，5，p317）。

东京大学教授水野哲孝等使用负载金催化剂（Au/Al_2O_3），通过叔胺氧化合成了酰胺。在伯胺条件下有腈生成，此后经水合作用成为酰胺；但在叔胺中则是烷基的 α-位碳（R^1R^2N-CH_2-）经脱氢（R^1R^2N＝CH—）、水合（R^1R^2N-CH（OH）-）而实现氧化的（氧化剂为 H_2O_2-H_2SO_4）（Angew Chem Int Ed，2016，55，p7212）。

东京大学教授小林修等使用经手性吡啶配位的不溶性铜催化剂，报告了水溶液中 α，β-不饱和酮的手性甲硅烷基化（Chem & Eng News，2016/01/11，p26）。

日本理化学研究所研究员侯召民等在苯胺（Ar-NR_2）中添加（生成 Si-Ar-NR_2，温度 120℃）含氢硅烷后，发现了（C_6F_5）$_3$B 催化剂的有效性（日本化学工业日报，2016/03/23，p5）。不需要 NH_3 就合成了收率在 60％～85％的腈（日刊工业新闻，2016/09/14，p25）。

日本东北大学教授寺田真浩等人通过手性磷酸催化剂，研究了胺烯加成反应（Aza Michael-type）（Angew Chem Int Ed，2016，55，p927）。

熊本大学教授石川勇人合成了具有 o-醌骨架的多环芳香族烃，表征了基于醌骨架的氧、氢而产生的可逆性氧化还原（根据 Pd 纳米粒子催化剂、荧光、着色进行监控）（Angew Chem Int Ed，2016，55，p7432）。

光学活性聚合物（手性化合物）的重要性日益显现在医疗食品、电子材料等精密化学领域中，相关的技术也在不断发展。庄信万丰催化剂公司（手性氢化催化剂、配体）、三洋（SANYO FINE）（中间体）、大赛璐（分离柱）、高砂香料工业（手性合成技术）、YMC 公司（柱、委托精制）等公司正在开发相关业务（日本化学工业日报，2016/05/11，p9）。

庆应义塾大学教授高尾贤一等使用有机催化剂成功合成了（手性）螺茚（spiroindane）衍生物（Angew Chem Int Ed，2016，55，p6734）。

日本《化学与工业》杂志推出了"CO_2 可利用化：研究者的挑战"特辑。石田齐（北里大学）、岩泽伸治、石谷治（东京工业大学）、芦田弘树

（神户大学）、福泽秀哉（京都大学）、伊原正喜（信州大学）等人发表了各自的见解（日本化学与工业，2016，69，11，p948）。

（2）精细化学品的合成

东京农业大学教授堀容嗣介绍了使用手性有机金属配合物催化剂，合成光学活性香料（麝香酮、松茸醇、内酯等）的相关事项（PETROTECH，2016，39，6，p475）。

中部大学教授山本尚等人修饰联萘酚相关的手性磷酸催化剂时发现，其可用作 Mukaiyama-Mannich 反应的催化剂（Angew Chem Int Ed，2016，55，p8970）。

山口大学教授西形孝司等人提出，在从 α-Bromoamides（溴胺）中结合生成（Finkelstein 反应）Alkyl-F 时，可使用 Cu/CsF 催化剂（Angew Chem Int Ed，2016，55，p10008）。

东京工业大学教授福岛孝典等在将环状硼素化合物芴插入链炔烃的过程中，发现了生成多环芳香族化合物的反应（Nature Commun 7，doi：10.1038/ncomms12704）。

Carlit Holdings 公司通过电解还原 L-半胱氨酸等多种氨基酸，开发出了纯度在99％以上的还原性氨基酸的技术，于2017年投产（日本化学工业日报，2016/02/18，p5）。

MIYOSHI 油脂公司开发了在长波领域效果显著的苯并三唑紫外线吸收剂，并已经完善了相关投产制度（日本化学工业日报，2016/02/01，p6）。

东京大学教授金井求等公布一种能用于制备蛋白质中色氨酸化学修饰（荧光等功能导入）剂的反应方法。而在此之前，起修饰作用的仅有赖氨酸、半胱氨酸等（日本化学工业日报，2016/08/22，p6；J Am Chem Soc，doi：10.1021/jacs.6b06692）。

日本产业技术综合研究所的五十岚正安、群马大学的海野雅史等开发出了能高效合成笼型聚倍半硅氧烷（Janus-Cube）的方法。这是日本经济产业省"未来开拓研究项目"中有机硅功能性化学品制造工艺技术的开发（H24-25）、产综研（NEDO）"有机硅功能性化学品制造工艺技术开发"（H26-33）的研究成果。信越化学公司在直江津地区，成立了用于树脂改性的功能性硅烷新工厂（日本化学工业日报，2016/05/30，p1；10/26，p12）。

武田药品工业公司、Fujifilm 公司、盐野义制药等50家公司加强了开发新药的人工智能（AI）方面的合作，日本理化学研究所、京都大学也开始了携手合作（日本经济新闻，2016/11/16，p1）。

（3）有机分子催化剂与酵素催化剂

日本理化学研究所的山田阳一等开发了多孔苯酚磺酸树脂（PAFR），该树脂不仅不溶于水和有机溶剂中，而且能用作酯化反应与 BDF 生产过程中的催化剂（FSBi，2016/06/16，p12）。

名古屋大学教授石原一彰等开发了手性联萘衍生的磺酸金属盐（BINSA）、亚胺、铵盐衍生物催化剂，并研究了其作为手性酸碱性催化剂的相关反应（日本化学工业，2016，67，p660）。

（4）微型反应器（微型 R）

京都大学教授永木爱一郎等利用微型 R 的高速混合、精密温度控制、停留时间控制、界面上的高效物质转移等特性，研究了正离子聚合、阴离子聚合等加成聚合反应过程。此外，横浜国立大学教授松村吉将等开发了有机电解合成系统（日本化学工程，2016，61，p683，p693）。

4.2　生物基础化学品及聚合物

欧洲生物塑料协会公布的调查结果显示，2014 年的世界生物塑料产量为 170 万吨/年，预计 2019 年将增加 4 倍多，达到 780 万吨/年。三菱化学公司在泰国开始了聚丁二酸丁二醇酯（PBS）的商业化生产。Nature Works 公司开发了乳酸的新制法，由此扩大了 PLA 市场；JSP（发泡）、JSR（PE/PP 合金）、UNITIKA（复合化）也在开发相关技术（日本化学工业日报，2016/03/30，p8～9）。

日本经济产业省预计在医疗保健、化学工业，能源、农牧水产四个领域促进智能细胞工业的发展。还将推进结合生物技术与人工智能（AI）的新兴产业的发展。EU 与美国早就开始建立联合工业、政府、大学的共同研究组织，以推进开发战略的进步，日本决定追随二者的步伐（FSBi，2016/06/20，p1；日本化学工业日报，2016/07/21，p1）。

（1）低级烃类化合物

早稻田大学教授关根泰等在水热条件下，利用沸石催化剂，对糖、糖醇进行处理后，得到了石蜡等烃类化合物（J Jpn Inst Energy，2016，95，7，p510）。

日本 Zeon 计划在外部协助下，开发从植物中生产丁二烯、异戊二烯的技术。昭和电工公司将乙醛法二烯的投产延迟到了 2018 年以后（日本石油化学新闻，2016/01/01，p14，p28）。

（2）聚烯烃

丰田通商、Sojitz Pla-Net、凸版印刷等公司直接销售巴西 Braskem 公司生产的生物聚乙烯，或者将其加工成产品。可乐丽公司于 2015 年收购了澳大利亚 PLANTEC 公司，由此开始了在美国的业务拓展（日本石油化学新闻，2016/03/21，p1；11/28，p2～3）。

（3）甘油转化与丙烯酸

北海道大学教授增田隆夫等研究了在将甘油转化为 C3 化学品过程中的 FeO_x 氧化物催化剂，指出了存在的 3 种反应路径（烯丙醇，乙酰甲醇，3-羟基丙醛中间体）（J Jpn Inst Energy，2016，95，7，p535）。

鸟取大学教授菅沼学史研究了使用固体酸催化剂将甘油转化为丙烯醛的相关反应，在 L 酸性得到抑制的 ZSM-5 中，实现了 100% 的转化率以及 79.5% 的选择性（日本化学工业，2016，67，5，p348）。

（4）生物基琥珀酸与 PBS

三菱化学公司开始在泰国 PTT MCC 生物公司，投产具有优异降解性与物理性的生物 PBS 制造设备（2 万吨/年），对其用途的开发也已经开始（日本石油化学新闻，2016/07/18，p1）。

（5）异山梨酯

三菱化学将以异山梨酯为原料的聚碳酸酯的产量增加了 4 倍，达到了 20000 吨/年。大部分汽车采用（日本国内 8 家公司中有 5 家公司采用）了该技术，除汽车之外的其他用途也正在开发中，可能将不再需要喷洗工艺。泰国的新工厂也开始启动（日本化学工业日报，2016/01/25，p12；日经产业新闻，2016/06/16，p13）。

日本 DKSH 公司已开始生产并销售二辛酸异山梨酯（具有强保湿效果的化妆品原料）（日本化学工业日报，2016/07/22，p4；US2011/0117036）。

三井化学公司基于植物原料，开发了眼镜片材料，该材料是由泰国 TOG 公司生产的。以 1，5-五亚甲基二异氰酸酯（赖氨酸脱碳酸法）及植物中异山梨酯、甘油等多元醇为原料，制备了较高弯曲度的尿烷，产品中也使用了该成果（日本化学工业日报，2016/06/09，p1；特开 2016-47911）。

（6）聚酯（PET、PBT）

东洋纺公司开始生产从植物原料乙二醇而来的 PET 薄膜、由再生树脂制备的 PET 薄膜等环保型 PET 产品，并期待该产品在总营业额中的比例超过 10%（日本化学工业日报，2016/04/21，p3；特开 2014-45371、WO2014/162972）。

东丽集团使用美国 Gevo 公司生产的生物对二甲苯（生物异丁醇原料），生产出了纯天然的 PET 原丝（日本石油化学新闻，2016/01/11，p1）。

朝日饮料公司在部分产品中使用了由原材料（MEG）制成的 PET 瓶装容器与包装材料。三得利控股集团计划与美国创业公司 Anellotech（催化快速热解法）合作，生产 100% 植物原材料的 PET 包装瓶（日经产业新闻，2016/03/04，p11）。岩谷产业公司从 India Glycols（印度乙二醇公司）中引入了生物乙二醇（MEG），并计划将生物 PET 委托给中国生产。

（7）糠醛、呋喃二羧酸（FDCA）与聚乙烯发泡材料（PEF）

王子控股公司利用从美国分公司的纸浆工程中分离出来的半纤维素，试验性生产糠醛（Chem Eng，2016，3，p7）。

日本产业技术综合研究所的井上诚一介绍了从半纤维素中合成（美国于 1922 年开始了商业生产）糠醛的过程与产物用途。此外，日本产业技术综合研究所的三村直树等还介绍了 5-羟甲基糠醛（HMF）的合成方法与用途（2，5-FDCA 等）（J Jpn Inst Energy，2016，95，7，p521，p529）。东洋纺公司与荷兰 Avantium 公司决定共同生产以 2，5-FDCA 为原料的 100% 生物 PEF 树脂及薄膜。生产方面计划使用日本岩国地区的现有设备（日本化学工业日报，2016/09/07，p1；专利 5928655）。三井物产公司从荷兰 Avantium 公司引入了 2，5-FDCA 生产设备。PEF 具有优良的气体阻隔性，但该设备的 O_2 阻隔性却是 PET 的 10 倍，水蒸气阻隔性也比 PEF 高出 2 倍（日本石油化学新闻，2016/09/12，p4）。Avantium 公司也和 BASF 商议建设 50000 吨/年的 FDCA 设施（Chem & Eng News，2016/09/26，p14）。

（8）乙酰丙酸（4-氧代戊酸）

日本产业技术综合研究所的富永健一等介绍了从生物质中合成乙酰丙酸。有报告称其收率能达到 95%（J Jpn Inst Energy，2016，95，7，p515）。

（9）萜（Terpenes）、麝子油烯

名古屋大学教授上垣外正己等基于从 α-蒎烯中合成的香芹蒎酮（具有 exo-亚甲基）的开环自由基聚合（RAFT、AIBN 引发剂），合成了生物碱的多酮（Angew Chem Int Ed，2016，55，p1372）。

高砂香料工业公司与美国 Amyris 公司开展合作，他们已将该公司生产的麝子油烯作为原料，通过手性合成技术，成功实现了二氢金合欢醛的工业化生产（日本化学工业日报，2016/04/27，p1；Chem & Eng News，2016/06/20，p13）。日光化学与 Amyris 公司成立合资企业，开始制造角鲨烷等产品（日本化学工业日报，2016/12/16，p4）。

可乐丽公司在 2011 年与美国 Amyris 公司签订了关于从麝子油烯中共同开发出液状橡胶（LFR）的合同。该项成果已被日本冬用轮胎厂商所采用。该公司于 2014 年开始投入研究，并成功开发出了具有高流动性，且柔软度高出植物产物 70% 的弹性体（日本化学工业日报，2016/03/29，p12）。

同时该公司为了扩大加氢 TPE（苯乙烯）业务（鹿岛、美国），还开发了来自生物的麝子油烯衍生物，并计划早日用于具体产品（日本石油化学新闻，2016/08/08，p1）。

（10）异戊二烯橡胶与天然橡胶

住友橡胶工业公司研究出了从橡胶树中生物合成天然橡胶，并将该成果用于高产品种的筛选中，使得天然橡胶的工业化生产成为了可能。该公司还通过大阪大学的高性能核磁共振，开发出了分析橡胶分支结构、末端基结构的方法，并在国际橡胶技术大会（2016 IRC 北九州）上公布了该方法（日本化学工业日报，2016/10/27，p1）。

日立造船以从杜仲种子中获得的反式异戊二烯为原料，开发了弹性体，并以 10 吨/年的规模在舞鹤地区投入了批量生产（日经产业新闻，2016/04/26，p1）。日本理化学研究所的松井南等分析橡胶（橡胶树）的染色体，成功分析的染色体达 93% 以上。希望在不久的将来能实现品种的改良（日刊工业新闻，2016/06/27，p17）。

（11）对苯二甲酸（TPA）

三得利集团在 2016 年，开始在希尔斯比（Silsbee），德克萨斯（Tex）地区生产 100% 生物碱的 PET 包装瓶。这是三得利在 2012 年开始与美国

Anellotech 公司携手研究的成果（Chem Eng，2016，3，p7）。东丽集团尝试了完全生物 PET 纤维的生产，并举办了集团先锋材料展览会（日本石油化学新闻，2016/10/24，p4）。继美国 Gevo（2012 年）公司后，东丽集团又开始与美国 Virent Energy System 公司展开合作，以稳步推进生物 p-XL 原料的开发。最终采用了 Gevo 公司称为"发酵法"，Virent 公司称为"生物成型"的 EtOH 转化法。Virent 公司从 2015 年开始与可口可乐公司合作开发 PET 玻璃瓶（日本石油化学新闻，2016/10/03，p6；特开 2014-1257；US2015/0183694）。

（12）苯酚

住友电木与 RITE 正在对绿色苯酚生产技术（丙烯酸羟丁酯经由）进行相关试验研究，预计该技术将在 2018 年实现 1200 吨/年规模的产量（日本化学工业日报，2016/07/08，p1）。

（13）乳酸及聚乳酸（PLA）

法国通过了禁止使用塑料容器的法律，并决定于 2020 年开始实施。对以 PLA 为主的降解塑料的需求可能因此扩大。现阶段涉及 PLA 使用的主要是塑料袋、垃圾袋及农业器材等，市场最大规模为每年数十万吨（日本化学工业日报，2016/10/05，p13）。

主打玻璃业务的 JMTC ENZYME 公司，利用本公司的转基因酵母，实现了 D-乳酸的大量生产。并在 2017 年开始接受预订，采用具有耐酸性的酵母后，将不再需要发酵阶段的中和过程（日本化学工业日报，2016/06/03，p12；WO2012/114979）。

明治大学教授小山内崇等成功提高了加入蓝藻后的琥珀酸与乳酸的生产效率（日经产业新闻，2016/09/06，p9；WO2016/129636）。日立造船公司在日本产业综合研究所的项目研究中，以 10％～30％的比例在 PLA 中复合了 *trans*-聚异戊二烯，由此改良了力学性能（Chem Eng，2016，7，p13）。

成立于早稻田大学的创立公司 NANOTHETA 与东丽集团，从 PLA 产的高分子纳米片中共同开发出了防黏着材料。该材料是由防黏着层、支撑层构成，能像纱布一样使用（日本化学工业日报，2016/02/25，p1；WO2014/141983）

武藏野化学研究所扩大了 PLA 在医疗领域的使用范围。该公司准备将该成果用于采血针、DDS（药物传输系统）胶囊等方面，目前已瞄准了亚洲市场（日本化学工业日报，2016/03/24，p3）。

HOTTY POLYMER 公司公布了用 PLA 与特殊弹性体制成的 3D 打印机用软质长丝（日本化学工业日报，2016/09/23，p7）。JSP 已开始出售 PLA 发泡体。另外，帝人、关西大学开发了 PLS 作用下的压电器，RISUPACK、三菱树脂等公司开发了 PLA 薄膜，相关市场拓展活动也进行得如火如荼（日本石油化学新闻，2016/11/28，p2～3）。

（14）聚羟基乙酸（PGA）与聚羟基烷酸（PHA）

GUNZE（郡是）公司将由聚羟基乙酸（PGA）制成的吸收性缝合增强材料的生产能力提高至了原来的 3 倍。可安装在进行手术的自动缝合器上，具有无纺织布状薄布和管状两个种类（日本化学工业日报，2016/01/05，p1；特开 2012-65699）。大阪大学与细川密克朗公司，通过乳酸羟基乙酸聚合物（PLGA）开发了核酸医药的内服 DDS 药剂（不受胃酸侵蚀并直达肠部的肠溶无缝胶囊）（日刊工业新闻，2016/09/16，p15；特开 2014-37358）。

吴羽公司开始出售一种由 PGA 制成的具有完全降解性的插销，以及具有低温降解性的改良产品。与日挥公司在美国成立了销售 PGA 树脂机器的子公司（日本化学工业日报，2016/03/15，p1；09/29，p12）。

日本 KANEKA 为了生产微生物聚酯（聚羟基烷酸（PHA）），计划将原料变更为棕榈油。欧洲地区对盛放蔬菜等的塑料袋的限制将进一步加强。北海道大学教授田口精一开发了 PHA 制备法，通过该方法可将巨型芒草、纸浆废水转化为营养液（日经产业新闻，2016/06/22，p6）。

日本理化学研究所的研究员沼田圭司等人，发现了用海洋性光合成细菌、生产高分子量 PHA 的方法（日本石油化学新闻，2016/08/22，p2；特开 2015-77103）。日本理化学研究所与日本 KANEKA，通过细菌土壤开发了二羟苄胺（DHBA）碱的 PHA。添加羟基乙酸后，生成了由 3-羟基戊酸（3HV）和 DHBA（二羟基苯甲酸）构成的新型 PHA（PHBVDB）。产物具有亲水性、细胞黏着性，其在医疗中的用途正在开发中（日本化学工业日报，2016/09/02，p5）。

（15）聚丁二酸丁二醇酯（PBS）

三菱化学公司于 2016 年正式在欧美及亚洲地区销售可生物降解树脂

PBS。该公司已在泰国投入生产（20000 吨/年），获得美国 FDA 关于 FCN（食品接触通告）的认证后，还将业务拓展至食品包装材料市场，同时还开发了与聚乳酸等的合金（日本化学工业日报，2016/03/15，p1）。

（16）脂肪酸

北海道大学教授吉田磨仁等从陆地上发现了一种微生物（一种卵菌），该微生物可生产鱼油中富含的二十碳五烯酸（EPA）。已经正在进行关于其培育条件的研究（日经产业新闻，2016/10/31，p8）。京都大学的伊福健太郎等使用经 GM 处理后的硅藻（浮游生物），成功制备了蓖麻油酸。日油公司通过脂肪酸酯，开发了具有低黏度与超低黏度的生物降解性润滑油（日本化学工业日报，2016/11/18，p5、12/12，p6）。

（17）油脂衍生物

日本寿商会从韩国 LABIOS（化妆品厂商）处采购了甘露糖赤藓糖醇脂（MEL、糖脂、酵母发酵而来），并将其作为天然乳化剂进行销售（日本化学工业日报，2016/03/02，p5）。

IWAKI 公司与新加坡 Allied Carbon Solution Inc 公司开展资本与业务合作，以棉籽的油脂为原料，在印度生产了大量表面活性剂（适用于 ACS-Sophor、化妆品）（日本化学工业日报，2016/07/12，p3）。

高级醇工业公司与新日本理化公司用油脂为原料，生产了 C16、C18、C22 等高级醇（日本化学工业日报，2016/12/21，p9）。

（18）氯亚丙基氧（ECH）

住友理工、丰田汽车及日本 Zeon 公司，用生物法（甘油原料）中的氯亚丙基氧制造了氯醇橡胶，又用该橡胶开发了用于汽车的引擎与驱动软管。这是生物合成橡胶在世界范围内的首次使用，在今后还将进一步确认其特性，并研究其在耐热性、耐油性、耐臭氧性、抗老化等方面的性能。在 2016 年用于日本生产的所有车型（日本化学工业日报，2016/06/03，p1）。

（19）聚对苯二甲酸丙二醇酯（PTT）

帝人公司着手 PTT 纤维纺织技术的改良，开发了量轻、弹性高的长纤维，并计划供应具有延展性、还原性、耐久性的纤维（日本化学工业日报，2016/10/25，p12）。

（20）生物基聚酰胺

T&K TOKA 公司等公司开发了二聚酸（来自植物的脂肪酸原料）聚酰胺，并提议将其用于碳纤维增强塑料薄膜中（日本化学工业日报，2016/04/04，p10）。

（21）生物基聚酰亚胺

北陆先端科学技术大学院大学的金子达雄等开发了一种骨架中含有环丁烷衍生物（双胺）的聚酰亚胺，该衍生物是对 4-氨基肉桂酸进行二聚化后的产物。该聚酰亚胺是一种耐热性与强度都较好的透明生物树脂，可用在记忆材料上（日本化学工业日报，2016/06/27，p5）。

（22）生物基聚氨酯与多元醇

丰田公司推进汽车材料的再利用与生物树脂的扩大化。侧饰板〔大麻槿、聚乳酸（PLA 复材）〕、椅套（PO、PLA 复材）、座椅骨架中都采用了半硬质聚氨酯泡沫（蓖麻籽油原料）（日本化学工业日报，2016/01/05，p3；特开 2013-199587）。

三菱化学公司以糖及不可食用性植物为原料，开发了高功能的多元醇，并在第一阶段内开发了聚碳酸酯二醇（商品名 Bene BiOL）。作为新型化学物质，不受 TSCA（美国有毒物质控制法）、REACH（欧盟法规《化学品的注册、评估、授权和限制》）、PIM（接触食品的塑料法规）等的限制。生物 PTMEG 也开发完成了（日本化学工业日报，2016/07/01，p12）。

（23）醋酸纤维素与纤维素衍生物

大赛璐塑料工业公司大幅拓展纤维素与醋酸纤维素业务，还开发了与聚丙烯结合的复合材料。羧甲基纤维素（CMC）是一种安全性好、环境负荷低的材料，可用于化妆品、土木、饲料、食品等领域。日本国内产量为24000 吨/年（4 家公司），有 3 个不同的醚化度（DS）等级（日本化学工业日报，2016/04/04，p9）。

NEC 公司开发了以醋酸、乙烷丙酸纤维素（CAP）为主要原料的漆黑色生物塑料。目前可由注射成型法制备，在高级汽车内装、建材等方面的应用还在研究中（日本经济新闻，2016/08/18，p12）。

（24）纤维素纳米纤维（CNF）

日本经济产业省、NEDO 组织、企业及大学等 160 家机构参与的"纳米纤维素论坛"已于 2014 年 6 月正式起步，此外全日本也开始了CNF 的实用化、用途开发、标准化等各项活动。已经有 10 家公司开始提交样本。为推进 CNF 普及，王子控股、日本制纸、中越纸浆工业、大王制纸等公司也开始了小规模的生产活动（日经产业新闻，2016/01/01，p2）。新技术方面，信州大学的水野正浩等公布了以里氏木霉（蛋白质）膨润与超声波为基础的、制造 CNF 的新方法（日本化学工业日报，2016/08/29，p3）。三井化学分析中心开发了 CNF 分散状态可见化的分析技术，并开始接受测评试验的委托（日本化学工业日报，2016/04/26，p3）。连载及特刊报道整理见表 2。

表 2　连载及特刊报道整理

生产及用途	内容	引用
生产	日本制纸(岛根县)启动,石卷地区,TEMPO 法,500 吨/年	日本经济新闻,2016/08/18,p1
	王子控股公司(德岛县),磷酸酯法	日经产业新闻,2016/01/01,p2
	中越纸浆公司,水中冲撞(ACC)法	日经产业新闻,2016/05/10,p12
	大王制纸公司(二段精炼处理法),杉野机械公司(水切割)	日经产业新闻,2016/05/18,p12
试验研究	京都大学宇治校区,完成 CNF 试验生产线	日经产业新闻,2016/05/26,p17
	森林综合研究所,试验设施(筑波):纤维素酶处理、超声波冲击、砂磨机	日经产业新闻,2016/05/27,p1
	信州大学,提出里氏木霉膨润、超声波使用的新方法	日经产业新闻,2016/10/18,p12
树脂基复合材料	UNITIKA 开发出 CNF 改性后的高功能尼龙 6 树脂	日本化学工业日报,2016/01/21,p3
	CNF 的均一性分散技术(水系、非水系)	日本化学工业日报,2016/01/22,p3
	中越纸浆工业公司、日本出光公司共同生产 PP-CNF 复材,竹子 CNF	日本化学工业日报,2016/03/30,p3
	旭化成公司加强 CNF 无纺布在纤维增强塑料方面的使用;树脂易降解	日本化学工业日报,2016/04/05,p1
	纤维素薄膜(二村化学公司),期待与其他材料的复合化	日本化学工业日报,2016/04/07,p1
	神荣化工正在开发增强树脂、橡胶的材料	日本化学工业日报,2016/04/14,p10
	三和化工公司开发 CNF 配位的聚乙烯泡沫,使用星光 PMC 公司产的母料	日本化学工业日报,2016/04/20,p3

续表

生产及用途	内容	引用
功能材料	透明显示屏材料(王子控股、三菱化学)、显影材料(凸版印刷公司)	日本化学工业日报,2016/05/18,p1
	CNF 无纺布(旭化成公司)、玻璃纤维复合过滤器(北越纪州制纸公司)	日本化学工业日报,2016/06/27,p19
	圆珠笔墨(三菱铅笔公司)、食品与化妆品增黏剂(日本制纸公司)	日本化学工业日报,2016/08/23,p1
	除臭纸尿裤(日本制纸 CRECIA 公司)、纤维素磨砂剂(木村产业公司)	日本化学工业日报,2016/08/26,p6
	大王制纸公司与爱媛大学共同生产高气密性纸张、食品包装材料、高强度成型体	日本化学工业日报,2016/08/29,p3
	北越纪州制纸公司开发气凝胶(海绵状的新材料),并努力扩大市场(2016 年 10 月)	日本化学工业日报,2016/10/17,p1
	人工骨填充材料(岐阜县产业技术中心,磷酸钙复材,2016 年 8 月)	日本化学工业日报,2016/11/17,p7;2016/12/12,p1

(25)木质素

东京农工大学的敷中一洋等人以木质素为原料,通过生物转化合成了2-吡喃酮-4,6-二羧酸,该酸和异酞酸一样都被用来制备聚酯（J Jpn Inst Energy,2016,95,7,p502）。海洋研究开发机构与京都大学共同合作,利用海洋性细菌的酶,从木质素中得到了苯基丙烷衍生物（日刊工业新闻,2016/12/26,p17；特开 2015-149909）。

(26)糖类与糖类酶转化

东京工业大学的横井俊之等研究了通过 BEA 沸石催化剂转化葡萄糖等糖类的过程。发生了葡萄糖→果糖→5-羟甲基糠醛反应（沸石,2016,33,No.1/2,p12）。

三菱人造丝公司与美国 ARZEDA Corp 公司（华盛顿大学成立的创业公司）合作,共同开发用酶、微生物制造化学品的工艺（日经产业新闻,2016/02/10,p9）。

三井制糖公司加紧关于具有吸收性,且难依附于内脏脂肪的功能性甜味料帕拉金糖（在蔗糖酶素作用下从 α-1,2 结合转化为 α-1,6 结合）的普及（日经产业新闻,2016/08/17,p12）。

东京大学的岩田忠久、东京农工大的吉田诚等在虫齿菌中发现了能促进葡萄糖 α-1,3 结合的酶,并通过酯化从多糖中制造了直链状的 α-1,3-

葡聚糖树脂（$T_g=180℃$、$T_m=300℃$）。北陆先端科学技术大学院大学的金子达雄、筑波大学的高谷直树等通过基因重组的大肠菌，从葡萄糖中合成了 4-氨基肉桂酸衍生物，并制造了芳香族聚酰胺（日经产业新闻，2016/08/12，p6）。

林原公司致力于其主力产品海藻糖的扩产。该公司提出在饮料中使用新开发的水溶性植物纤维"Fibryxa"（麦芽糖糊精 95％以上）（日本化学工业日报，2016/06/14，p9）。

（27）多糖类及甲壳素与壳聚糖

环糊精是以马铃薯及玉米淀粉为原料的环状低聚糖，CYCLOCBEM 公司、日本食品化工、盐水港精糖等公司正在研究其生产与应用（日本化学工业日报，2016/03/18，p9）。

鸟取大学的伊福伸介等人从蟹壳中开发出了甲壳素纳米纤维（KNF），正着手研究其在保健、医疗等领域的应用（日经产业新闻，2016/01/15，p1；WO2014/176605）。近江绢丝（OMIKENSHI）公司正将注意力放在蟹壳中的甲壳素纳米纤维、人造纤维制备过程与高功能化上。夏普化学工业、大村涂料两公司与鸟取大学、京都大学携手合作，开发了制备 KNF 的新方法，并开始推出一些样品。在 PVA 乳浊液中添加 1％后，其强度的提高效果高于 CNF 与现有方法下的 KNF（日本化学工业日报，2016/07/21，p9、08/09，p6；特开 2016-74889）。

（28）氨基酸与蛋白质

东京大学濡木理教授与味之素公司研究小组，在通过微生物发酵工业化生产氨基酸的过程中，发现了能大幅提高其效率的方法。并通过 Spring-8，分析了从细胞内部向外部输送及排出氨基酸的细胞膜蛋白质"YddG"的三维结构（日本化学工业日报，2016/05/31，p4）。

日本理化学药品与味之素公司携手设立了从事发酵法半胱氨酸生产的合资企业。但 80％的半胱氨酸都是通过分解鸟翅膀等动物蛋白质而来的，考虑到环境负荷较大的问题，日本转而采用了以植物为原料的发酵法（日本经济新闻，2016/02/04，p14）。致力于饲料中氨基酸（赖氨酸、苏氨酸、色氨酸、缬氨酸等）生产业务的味之素公司，加强了在亚洲市场上的拓展力度（日本化学工业日报，2016/09/26，p3）。

住友化学公司增强了饲料添加物蛋氨酸的生产能力，现在其产量达到了 25 万吨/年。赢创（58 万吨/年，＋15）、Novus 公司（＋12）、蓝星公司（14 万吨/年立）等世界主要厂商也开始了增产工作（日本化学工业日报，2016/05/20，p1；特开 2012-106975）。三井化学公司致力于通过酵素技术，生产氨基酸、核酸、牛磺酸等（日本化学工业日报，2016/07/06，p12）。

长濑产业公司通过放射菌，在世界范围内首次公布了有效生产类菌孢素氨基酸（MAA，一种 UV 吸收物质）的技术（日本化学工业日报，2016/06/01，p1）。

CO_2 资源化研究所是一家生物创业公司，该公司通过培养氢细菌的菌体，开发了有效利用氢、CO_2 的技术。该公司正致力于生物饮料（饲料蛋白材料）及化学品的生产（日本化学工业日报，2016/05/31，p3）。NICHIREI 公司决定生产产业技术综合研究所开发的鱼类抗冻蛋白质（用于保护 AFP、细胞等）（日本化学工业日报，2016/09/09，p5）。

（29）其他

味之素公司通过发酵法开发了生产食品香料成分香兰素的技术，正计划将其投入工业生产中。现阶段则是由索尔维（Solvay）代替进行发酵生产与化学品的合成（日本化学工业日报，2016/11/10，p1）。

东海大学医学部的住吉秀明等人，利用海月水母胶原蛋白开发出了人工皮肤材料（日刊工业新闻，2016/04/14，p25）。长濑产业公司通过大肠菌成功生产了铁蛋白（直径 12nm 的球壳状蛋白质），目前正在研究其在电子、医疗领域中的用途。多木化学公司通过鱼类胶原蛋白，开发了韧带及肌腱等再生医学领域备受关注的高强度纤维。获得的纤维强度堪比丝绸（日本化学工业日报，2016/08/04，p1；05/31，p1；特开 2016-69783）。

麒麟集团等三家公司及四所高校，参加了 NEDO 的项目——"植物等生物功能下高功能生产技术的开发"，旨在实现活性维生素 D3 的高效生产（日本化学工业日报，2016/09/30，p1）。

丘比集团在医疗、化妆品等领域加强了透明质酸（从鸡冠等提取而来）的使用（日经产业新闻，2016/07/08，p3；WO2015/053281）。JX 能源公司正在推进抗体医药等的培养基业务、虾青素等的生物业务（日本石油化学新闻，2016/08/08，p1）。

丰田通商扩大了食用米品牌"四季丰收"（しきゆたか）的稻米产量，该稻米是在"越光"水稻的基础上改良而来的。"四季丰收"品牌的稻米是名古屋大学等机构研发的新品种，其产量可达到现有水平的 1.3～1.5 倍（日经产业新闻，2016/02/29，p13）。

京都大学的安井康夫等在与 KAZUSA DNA 研究所、石川县立大学共同合作的基础下，完成了荞麦的大部分基因组分析（日经产业新闻，2016/03/31，p8）。

IHI（石川岛）公司将结合卫星图像、气象情况及生产作业记录等资料，进行农业生产栽培管理（日经产业新闻，2016/04/05，p9）。

ACHILLES 公司通过地膜（生物分解性薄膜），引入了高隔热性材料，于 2017 年开始投入批量生产（日本化学工业日报，2016/08/01，p7）。

DENKA 日本电气化学采用了不需要土的新型栽培体系。在营养液（液体肥料）管道的上方配置无纺织布及高分子薄膜后，植物根部呈张开形状。通过该技术成功栽培了西红柿（日经产业新闻，2016/09/14，p9；特开 2015-37386）。

4.3　绿色化学

名古屋大学教授齐藤永宏与栗田制作所合作，利用高频脉冲电源，成功将等离子作用下的流型化学反应装置投入了实际应用。该装置通过制备自由基以促进溶质的氧化与还原，由此发生多种化学反应（日本化学工业日报，2016/02/16，p7；特开 2013-211204）。

东京工业大学的泷之上正浩等通过新型的微型反应器，成功再现了细胞的化学反应规律（日本化学工业日报，2016/01/21，p1）。M·TECHNIQUE 公司开发了适用于批量生产的强制薄膜式微型反应器。目前已能少量生产，市场开拓活动已在进行中（日本化学工业日报，2016/01/29，p11）。Nisso Engineering 公司出售了一种利用微型空间的设备（反应器、蒸发设备、冷却设备）。YMC 公司以医药合成为目的，开发了单独的微型反应器体系。京都大学教授吉田润一介绍了其全球动态（日本化学工业日报，2016/03/29，p9；09/06，p10）。京都大学教授吉田润一等用片状微型反应器（聚酰亚胺薄膜 6 层）改变流向后，成功地在 0.3ms 内实现了化学合成（日刊工业新闻，2016/05/12，p21）。

微波化学（大阪大学成立的创业公司）开发了适用于商业性生产的位相控制型微波化学反应器。该反应器适用于使用固定催化层的气相与液相反应中，其加热源为 500W GaN 的增幅器组件。在 NEDO、三菱电机、东京工业大学、龙谷大学的共同研究下，其生产效率是现有磁控管方式的 3 倍（日本化学工业日报，2016/06/21，p1；特开 2015-128742）。微波化学、太阳化学两家公司在蔗糖脂肪酸脂（食品乳化剂）的生产过程中，试用了微波加热法，并推出了样品（日本化学工业日报，201/06/07，p1）。

京都大学的小川顺等利用微生物，研究了 DHA、EPA 等（高度不饱和酸）功能性油脂在肠内的代谢（FSBi、2016/03/16，p24）。

丰田车体、丰田纺织等公司，正在开发融合木材（微细纤维等）及树脂的汽车零件、内装材料（日刊汽车新闻，2016/08/18，p3）。

京都工艺纤维大学的池上亨等，开发出了可光学分割糖、核酸、氨基酸等亲水性分子的 HPLC（高效液相色谱）分离柱。目前，反相分离模型中疏水性分子的分离分析已相当普及，但是亲水性分子的柱还尚未开发。在硅粒子中聚合修饰了乙烯砜结合型氨基酸（日本化学工业日报，2016/09/02，p4）。

ORGANO 公司、美国陶氏化学公司，开发了在单糖类、稀少糖的色谱分离中发挥效用的新型吸附剂（直径 0.2mm、球状树脂）。

为扩大业务范围，旭硝子公司收购了德国的 Biomeva（生产销售微生物医药品）公司，富士薄膜公司收购了澳大利亚的 Cynata Therapeutics（医药）公司（Chem & Eng News，2016/09/12，p14）。

三菱瓦斯化学公司成立了生活科学业务部，拟开拓辅酶 PQQ、SAMe 等微生物培养品生产业务、抗体医药品承包业务（日本化学工业日报，2016/09/30，p14）。

日本精蜡公司为了能精密控制调色剂中蜡的物理性质，新增了 5000 吨/年规模的分子蒸馏设备（日本化学工业日报，2016/09/30，p8）。

在液体及固体中混入气体的微泡技术，在水产业、食品行业及清洁领域得到了普及。在化学领域方面，还开发了基于微泡氧的 H_2O_2 就地合成装置（静冈大学·间濑畅之）（日本化学与工业，2016，69，10，p835）。日挥、佐竹化学机械工业公司，开发了适用于制造抗体药的大型生物反应器（150L）。该反应器可实现微泡的均匀发泡及分散，还能促进氧的供给，可以发挥出高于实验产品的性能（日本化学工业日报，2016/06/28，p10）。

日本内阁府 ImPACT（革命性研究开发推进）项目（伊藤耕三 PM、东京大学等）则致力于超薄膜化、强韧化"柔软聚合物"的生产。立志开发出强韧化透明树脂的住友化学公司，在引入回转聚合物（轮烷）的基础上生产出了 PMMA，并计划用其代替汽车玻璃（日本石油化学新闻，2016/10/10，p4）。

世界制药原料展览会（CPhI Japan 2016）于 2016 年 4 月 20～22 日举办。生物科技的国际论坛会"生物日本 2016"则于 2016 年 10 月 12～14 日举办。"再生医学 Japan"也同时开展，展出的范围主要包括农业、环境与能源、生物塑料、纤维素纳米纤维、医药品等。

大阪曹达公司加入到医药品原料药、中间体的制造中，并设计了满足GMP 认证基准的专用设备（日本化学工业日报，2016/05/20，p1）。和光纯药公司面向高感光度 Q-Tof-MS，发售了能大幅提高纯度的溶剂（乙腈、MeOH、超纯水、2-丙醇）（日本化学工业日报，2016/06/16，p6）。

东京农工大学的大野弘幸等使用高分子型离子液体膜，成功浓缩了水溶液中的蛋白质（Chem Commun, doi：10.1039/c6cc02703b）。

东京工业大学的久堀彻等使用原核光合成生物——蓝藻（丝状蓝藻、项圈藻），成功生产出了氨等氮化合物（日本化学工业日报，2016/01/07，p3）。

2016 年 6 月 2～3 日，第五届 JACI/GSC 研讨会在新化学技术推进协会（JACI）的主办下在神户召开。第 15 届 GSC 奖获奖情况如下所示。住友电木RITE 与星野毅研究员获得了鼓励奖，二者分别研究了从植物中提取苯酚的技术；以及使用新一代离子传导体，通过透析法从海水中回收 Li 的技术。

经济产业大臣奖与环境大臣奖	东丽集团株式会社　高功能性逆渗透膜的开发
文部科学大臣奖	名古屋大学后藤元信　使用超临界流体，研究天然产物、环境相关物质的分离及反应过程
小型企业奖	LIGHTNIX 公司　生物分解树脂采血针的开发 SAIDEN 化学株式会社　黏附树脂的乳化技术
鼓励奖	住友电木·RITE、薄井洋行（鸟取大学）、中田一弥（东京理科大学）、星野毅（QST，量子科学技术研究开发机构）

5　环境催化剂

5.1　环保技术

从 2016 年 4 月开始，"ChemSHERPA"方案将正式运行，该方案是通过供应链传达产品中化学物质信息的物品管理推进协议会（JAMP）提出的新共通方案。其目标是实现国际标准化，由日本经济产业省管理（日本化学工业日报，2016/03/08，p1）。2016 年度的环境奖（由国立环境研究所及日刊工业新闻社主办，环境省提供支持）为竹中工务店、鹿岛建设、日铁住金水泥等 7 家公司与东京工业大学教授坂井悦郎提出的"ECM 水泥混凝土体系的开发"（日刊工业新闻，2016/06/28，p10）。

5.1.1　氟里昂

在 2015 年 12 月 COP21 通过的《巴黎协定》（2016 年 11 月 4 日生效）中，日本承诺：将在 2030 年以前，达成氟里昂等四种温室气体减排约 25％的目标。在 2016 年 5 月的 G7 环境部长会议上，就空调制冷剂氟里昂的生产管控一事达成一致意见。2016 年 10 月的《蒙特利尔议定书》缔约方大会（卢旺达）就氟里昂的监管达成一致意见，会议规定发达国家将在 2036年前达成产量减少 85％的目标（日刊工业新闻，2016/04/08，p23；日本经济新闻，2016/10/15，p1）。

旭硝子公司陆续开发了新型制冷剂。汽车空调、HFO-1234yf、室内空调、展示柜等方面，开始采用 HFO-1123 混合、漩涡冷却机以减少电力消费（COP 1.01 vs R-245fa）。金属配件清洁方面，在 2016 年清洁综合展览会上，公布了在氟碳溶剂中添加 t-1,2-二氯乙烯的 Amolea AT 系列。这是KB 值约达 70 的 HCFO-1224yd（z），HFO-1234yf 的生产活动已于 2015 年4 月正式开始。DAIKIN 工业公司与松下集团正在协商开展制冷剂方面的合作（日经产业新闻，2016/05/27，p11，日本化学工业日报，2016/02/25，p12；02/17，p1；03/23，p12）。受 2016 年 5 月内阁会议决定的影响，作为尿烷树脂等发泡剂的 HFO，需求不断高涨。在建筑工程中应用的发泡剂，HFC 约占 40％（日本化学工业日报，2016/08/19，p11）。美国 Honeywell 公司开始在日本销售 R-448A 制冷剂（HFO），该制冷剂是由 EPA 认证的符合新规定的可用于冷冻冷藏机的产品（日本化学工业日报，2016/11/01，p11）。中央玻璃公司增加 HFO 发泡剂、清洁剂中氟里昂（HFO-1233zd，1233Z）的产能（日经产业新闻，2016/11/17，p3；WO2016/147941）。

前川制作所在制冷剂中添加 NH_3、CO_2，开发了间接冷却的小型自然冷却剂冷冻机。力争完成 2020 年全面停用氟里昂的目标（日刊工业新闻，2016/06/10，p10）。

东京丰洲市场的冷藏仓库采用了日本轻金属控股集团研发的最新隔热板。在行业内率先实现了从氟里昂到 HFO 发泡的转变（日经产业新闻，2016/11/08，p1，p11）。旭化成建材公司也通过碳氢-HFO 混合发泡苯酚树脂，开发了热导率高达 0.018W/(m・K) 的高性能隔热材料（日本化学工业日报，2016/12/13，p7）。

5.1.2　运输工具的气体排放

面对大众公司的排气异常问题，日本国土交通省实施了柴油车的道路行驶试验（公路、高速路）。从国产的部分车型来看，标准测试中的 NO_x 为尾气排放标准的 2～10 倍（日本经济新闻，2016/03/04，p1）。试验报告表明：三菱汽车中的 4 种轻型汽车车型存在耗油量不达标的问题。日产汽车和铃木也存在耗油量不达标的问题。日本经济产业省独立开始了耗油量的检测（日本经济新闻，2016/04/21，p1）。丰田公司介绍了 2015 年 12 月发表的技术内容，并已用在第 4 代普锐斯（目标耗油量约 40km/L）上。另一方面，BMW、Volvo 等公司开始增加小型柴油车的投放力度，计划利用环保车型减税的策略拓展日本市场。丰田称其普锐斯等 HV 车型的累计销售数量突破了 900 万辆（日经产业新闻，2016/01/19，p2；05/23，p13；08/04，p15）。丰田还称其计划从 2018 年开始在中国开发并生产 PHV（日本汽车新闻，2016/04/26，p1）。铃木在 SOLIO 车中采用了发动机仅发电、结合 100V LIB 运转驱动马达的新 HEV 系统（日经产业新闻，2016/11/30，p17）。

铁道车辆厂商正在加紧研究能挽救老化柴油车的新型车辆。川崎重工公司提出用发动机发电、用马达驱动车轮的方式（与现有电车相似），通过制动时的能源回收，能有效节约油量（日本经济新闻，2016/11/15，p17）。

面对环保车型减税的现状，日本政府执政党决定 2017 年春开始严格实行耗油量标准。并计划在 2018 年导入符合耗油量现状（分别标识在商区、郊外及高速路旁）的新国际标准（日本经济新闻，2016/09/01，p1；2016/12/06，p34）。

国际海事组织（IMO）从 2015 年起，开始在欧洲及北美部分海域内，对船舶的 SO_x 等污染物的排放进行监管；还计划从 2020 年或 2025 年开始将监管范围扩大至包含日本及亚洲在内的部分海域。英国荷兰壳牌、法国ENGIE 等公司已经成立了推动液化天然气船普及、助力完善相关基础设施的共同体，开始用液化天然气作为船舶燃料，三菱商事、日本游船等公司也加入其中（FSBi，2016/08/23，p1）。

（1）尾气净化催化剂

日本东北大学的藤田武志等在 JST CREST 业务的开发中，与 NIMS（物质材料研究机构）共同开发出了不使用贵金属及稀土的高性能尾气催化剂（纳米多孔 NiCuMnO）。该产品能抵抗长时间的高温处理（Chem Eng，2016，4，p11；特开 2015-85249）。

日本东北大学的浅尾直树等开发了在净化尾气时，能使周围氧浓度维持在一定范围内的新型功能材料。该材料是由 CeO_2 纳米粒子结晶（用Raney 法制备）构成的粉末状产品，在 200℃ 的低温中也能发挥作用（日经产业新闻，2016/01/06，p8）。

大分大学的永冈胜俊等与九州大学、京都大学的研究团队，开发出了在尾气净化过程中代替 Rh 的合金催化剂。该催化剂使用了 PdRu 合金纳米粒子，通过去除 NO_x、CO、PPY 而使其发挥出优异的催化活性（日刊工业新闻，2016/06/27，p17；特开 2016-56431）。

五十铃等商务车厂商，为应对 2017 年 9 月开始的大卡车排气管强制（NO_x）规定，纷纷开始使用新型催化剂（日刊工业新闻，2016/09/27，p1）。

三井金属公司称：采用柴油车尾气的 DPF（柴油机颗粒捕集器）处理技术，银催化剂可有效去除煤、细颗粒物。采用 Pt-Ag 后，耐热性提高了，与 Pt 系列相比成本方面也更有优势，将可能实现耗油量的改善。该公司计划有效利用四轮车尾气催化剂的生产基地及二轮车催化剂的生产基地，于

2018 年之前在中国、印度等 5 个国家新增 5 个基地（日经产业新闻，2016/02/02，p12；07/08，p9；专利 05524820）。CATALER 公司开发了用于 GPF（汽油机颗粒捕集器）的催化剂——"4way"的批量生产技术，该催化剂能在提高汽油直喷车耗油量的同时，除去粒子状物质（PM）。这似乎是汽油车的世界最新技术，该技术将用于欧洲市场（日刊工业新闻，2016/05/25，p1；特开 2016-78016）。CATALER 日本公司在挖掘机中配置了用于柴油发动机的 NO_x 尾气处理设备（日刊工业新闻，2016/09/23，p06）。

DENKA 公司将耐热性达 1500℃的矾土短纤维，用于汽车尾气净化装置中。虽然现在的主力还是工业炉耐火材料，但随着劳动安全卫生法的修正与实施（2015 年 11 月），陶瓷纤维将逐渐被矾土纤维所取代。三菱树脂公司也开始增产矾土长纤维（日本化学工业日报，2016/04/28，p12）。日本碍子公司改良了制备蜂窝陶瓷载体的方法，使气孔率提高了 35％～45％。由此增加催化剂负载量，改良尾气处理性能，以应对世界范围内的监管强化。并在日本国内外建设连续工艺的生产线。石川工厂的生产能力提高到了 1300 万个/年；在中国，不仅 DPF 得到了增强，GPF 的生产也步入了正轨（日刊工业新闻，2016/01/21，p6；日刊工业新闻，2016/10/31，p3）。

堀场制作所的木原信隆等介绍了将乘用车尾气试验世界统一标准（UNECE，WLTP，WP29）引入日本的必要性及今后的测量技术（PETROTECH、2016，39，1，p59）。

日立造船公司的中型及大型船舶的氮氧化物消除（SCR）体系已经有 10 年以上的历史，但是关于多数增压器的改良工艺还在研究中（日刊工业新闻，2016/12/05，p13）。

（2）燃烧技术

在日本内阁府 SIP（战略性创新创造方案）的创新性燃烧技术项目中，稀释燃烧汽油发动机的热效率达到了 45％，柴油发动机的热效率则在燃料喷射法的改良作用下达到了 47％，计划在 2018 年前使二者都达到 50％（日刊工业新闻，2016/06/02，p23）。早稻田大学的内藤健等人试验了新原理下的汽车发动机，该发动机或将效率提高至 60％左右（日经产业新闻，2016/08/30，p8）

（3）汽车及运输工具的轻量化

在汽车轻量化方面，神户制钢所在美国和中国成立了生产汽车铝材的新工厂；日本最大厂商 UACJ（古河凯斯、住轻金）的美国合资工厂，则将其生产能力提高至了 3 倍以上。这些都是耗油量管制强化下的应对措施，与钢板相比可实现 50% 的轻量化（日本经济新闻，2016/04/30，p1）。NEDO 在推进创新性结构材料研发项目的过程中（H26～H34），开发了满足汽车轻量化需要的高延展性钢板（高强度、超高强度）（日本化学工业日报，2016/06/28，p7）。DAICEL EVONIK 公司将德国赢创集团开发的、用于金属与树脂复材的熔融黏合剂（Vestamelt 聚酰胺）投入了日本汽车市场。通过与焊接、紧固螺丝等方式的比较，促进了汽车轻量化（日刊工业新闻，2016/04/05，p13）。

神户制钢所、IHI 公司成功实现了 Ti-Al 的合金化，又因该材料在 1000℃ 以下具有耐热性，因此正在讨论将其用于飞机发动机上。现在的主要材料是 Ni 合金，新材料可实现重量减半。大同特殊钢公司一直在研究 Ti-Al 合金在汽车增压器方面的利用，关于飞机发动机的研究还属首次（日本经济新闻，2016/06/09，p14；神户制钢技报，2014，64，2，p28）。

（4）其他改良

京瓷集团开发了远红外线相机中的硫系玻璃镜片。支持夜间使用的相机，可通过人为检测使用近红外线、远红外线、无线电探测。远红外线相机可在无光环境下运转，性能优异，需要使用锗。硫系玻璃的使用或还能降低价格（日经产业新闻，2016/06/03，p6）。

大型汽车厂商正在研究集成显卡"燃料改质"这项最新发动机技术。通过 EGR 改性（转换为氢）燃料，燃烧性得到提高，热效率也增加了 40%～45%。还希望结合超稀薄燃烧实现 50% 的热效率，改性催化剂基本和三元系蜂窝催化剂相同（日经产业新闻，2016/05/27，p2；特开 2014-100684；特开 2016-23546）。

汽车催化剂及电子零件等工业应用的贵金属，如 Pt、Rh、Ru、Ir 等的价格还将持续走低（日经产业新闻，2016/07/26，p19）。

5.1.3　其他尾气及大气污染

日立造船公司开发出了去除垃圾燃烧发电设备排放废气中的水银的方法（自动控制集尘过滤系统中的药剂添加量）（日本化学工业日报，2016/02/17，p11），还开始批量生产新开发的排烟脱硝催化剂（非蜂窝结构，使用玻璃纤维纸进行了 NH_3-SCR 反应）（日刊工业新闻，2016/04/08，p9）。

JFE 工程公司开发了去除垃圾焚烧设备燃烧废气中的水银的方法（活性炭吸附、袋滤器）（日本化学工业日报，2016/01/18，p11）。

京都大学的中条善树等开发出了用紫外光检测出大气污染颗粒物（PM 0.05μm、PM 0.05～2μm）的技术（日经产业新闻，2016/09/05，p8）。

大赛璐公司、大阪府立大学教授安田昌弘开发出了能高效吸附氮氧化物的环境净化催化剂，并计划与处理工厂、汽车、船舶等废气的催化剂厂商携手继续研究（日本化学工业日报，2016/03/14，p6）。大阪大学教授赤松史光、大阳日酸公司开发了在以氨为燃料的工业炉中，抑制氮氧化物燃烧的技术（日本化学工业日报，2016/11/01，p11）。

5.1.4　土壤净化

栗田工业公司通过营养管理，使培养 VCM 净化菌等土壤污染净化细菌的能力增加至 20 倍。这一成果还将有利于降低处理成本（日经产业新闻，2016/03/14，p9）。

DOWA 生态系统公司开发了自然中含贵金属的土壤处理措施（DME），能在不进行废水处理的条件下净化被污染的土壤（日经产业新闻，2016/04/27，p9；WO2012/008032）。

5.1.5　水质净化

2015 年 7 月日本内阁颁布"水循环基本规划"决议，计划在 5 年间完善水资源政策的相关规章制度。在日本国内外水质标准的逐步修正、水处理药物、海水淡化、再生水、工业用水及纯净水方面，化学反应都发挥了较大作用（日本化学工业日报，2016/01/14，p8）。日本《化学与工业》杂志介绍了致力于实现可持续水利用的新型水循环体系（日本化学与工业，2016，69，5，p383）。

三菱电机公司开发了"Eco-MBR"技术，该技术能提高用臭氧水清洁浸泡型污水过滤膜的处理效率。单位表面积的处理能力比现有技术翻了几番。新加坡已开始了相关实证研究（日本化学工业日报，2016/03/09，p2；WO2015/156242）。

三菱人造丝公司的膜分离活性淤泥法（MBR）排水处理设备（5000t/d）被沙特阿拉伯采用，中东及东欧市场上的业务拓展也进入了白热化阶段（日本石油化学新闻，2016/03/07，p1）。浸泡型净水设备、MBR 设备中采用的超滤（UF）膜主要是聚乙烯材料，但聚偏氟乙烯（PVDF）材料的产品也在不断冲击着日本国内外的市场（日本化学工业日报，2016/07/15，p2）。

在自来水与污水处理、海水淡化等方面，日本的技术对以中东为首的世界各地的水压管控做出了贡献，随着 2013 年 ISO/TC282（水循环相关 ISO 专门委员会，以色列为主席国，中国日本两国共同担任干事国，约有 40 个国家参加该会）的成立，关于国际标准化的讨论正式纳入议程。

三菱化工机公司在日本国内生产了 2006 年从美国 NEI 处理系统（NEI Treatment Systems）引进的平衡水处理设备（低氧化），目前正在办理获得 USCG 批准的手续（日本化学工业日报，2016/10/05，p12）。

大林组公司开发了"J flock"产品，以作为处理建筑现场产生的污水的凝剂（粒状）。使用时用网包住，浸泡在水中即可（日刊工业新闻，2016/10/03，p17）。

尤尼吉可（UNITIKA）公司在全球范围内拓展玻璃布（过滤器）、活性碳纤维（净化器）等功能材料业务。已正式在市场上出售尼龙 6 树脂制备的中空丝膜过滤器（MF）。该产品流量大、寿命长；因热致相分离（TIPS）方法的使用，膜内外面的细孔径都导入了不同的非对称结构，异物的分离变得更加容易（日本化学工业日报，2016/04/22，p1；10/07，p1）。

栗田工业公司结合聚合物药品与 IT/传感技术，开发了用于去除 RO 膜、水垢的锅炉水处理体系（日本化学工业日报，2016/08/05，p10）。

帝人公司利用造纸原理，开发了加工超细聚酯纤维（400nm、700nm）的工业液体过滤材料（百褶过滤器、滤管）（日经产业新闻，2016/04/18，p9）。

雪谷化学工业公司通过由微生物固定聚乙烯醇（PVA）制备的海绵载体，开拓了水处理业务。该产品能有效进行微生物处理以降低生化需氧量（BOD）、化学耗氧量（COD），除排水处理外，还能用于全封闭循环式植物工厂与养殖场等（日本化学工业日报，2016/04/18，p10）。

日清纺化学公司为扩大水处理中微生物固定载体（水溶性聚氨酯发泡与热可塑性聚氨酯弹性体）的业务，开始在中国台湾的公共污水处理地实施大规模试验（日本化学工业日报，2016/07/21，p7）。

阿波制纸公司与产综研开发了适用于海水淡化（RO）膜、MBR 膜的支承体（日刊工业新闻，2016/08/18，p18；特开 2012-135713）

水银公司用 UV 发光二极管（LED）开发了消毒水装置。该设备将现有的水银管（内部发光、筒状，启动时间为 5～10min）变成了外部照射结构，开启时间降低为 0（日经产业新闻，2016/02/26，p11）。该公司还提出了在废水淤泥中用半干法将甲烷发酵和减量、降低脱水工程负荷等专有技术（日本化学工业日报，2016/02/01，p11）。水质净化技术的发展，促进了陆地上以封闭循环槽为基础的真鲷、虾等的养殖（特开 2015-192612）。

东丽集团通过高分子结构设计开发了 RO 膜，该膜能在膜表面维持水合水、抑制污染成分的附着。完成试验后，该技术将全面代替下水道污水再利用膜（日本化学工业日报，2016/01/18，p1）。

可乐丽公司开发了能使过滤性能（流束）提高一倍的 PVDF 中空丝精密过滤（MF）膜，该膜的外侧原水通道较细密，内部过滤水通道较粗糙，较好保证了透水性与分离性。孔径有 0.02μm、0.1μm 两种。另外该公司还在水处理中有效利用聚乙烯醇（PVA）胶滞体等物质，活跃在日本国内外市场上（日本化学工业日报，2016/05/11，p1；特开 2016-55215，WO2016/114051）。日本下水道事业团、三机工业公司、日本东北大学等五家机构，开始研究由散水滤床（DHS）和生物膜过滤槽构成的二阶段水处理法。该技术被日本国土交通省的下水道创新技术实证事业（B-DASH）协会所采用，该协会正在尝试用水量变动追踪代替曝气处理（日本化学工业日报，2016/05/11，p11）。

日立造船公司在匈牙利接受了关于电子机械工厂中的高度净水设备（过滤装置）的订单，该设备使用了将长纤维加工成球状的特殊纤维体（KEMARI：品牌名），其处理能力是砂过滤的 5 倍，在日本国内有 50 多个实际案例。明电舍公司提出了使用陶瓷平板的工业排水过滤体系（日经产业新闻，2016/08/01，p13；12/06，p20）。

三菱人造丝公司、WELLTHY 公司开发了适用于富含铁的地下水净化装置。采用氧化后，用超滤中空丝 UF 膜（超滤膜）过滤的工艺，最多可净化 10mg/L 的地下水（日经产业新闻，2016/04/06，p12）。

日本产业技术综合研究所、日本宝翎公司，开发了能有效捕捉海水中低浓度放射性 Cs 离子的无纺织布吸附剂盒。将铜置换普鲁士蓝负载于无纺织布上，可迅速捕捉固定离子（日本化学工业日报，2016/02/08，p1）。

东洋纺公司出售了能有效处理污水中 VOC 成分的吸附装置。活性炭未有改变，但是新装置中采用了碳素纤维（K-过滤器），能去除 1，

4-二氧杂环己烷之类的难吸附、难分解成分（日本化学工业日报，2016/03/28，p1）。

首都大学东京的三浦大介等成功从稻壳中制备出了磁性活性炭。通过将铁化合物含浸、碳化及 CO_2 活化的方法，介孔数增多，磁分离成为可能，还能配合回转式磁分离装置实现水质净化（日本化学工业日报，2016/07/13，p6）。

用于农业、土壤改良等工业的螯合剂中含有 EDTA、NTA 等氨基羧酸，ATMP 等膦酸，GLDA 等谷氨酸，天冬氨酸，STPP 等磷酸，对其需求较稳定（日本化学工业日报，2016/04/07，p9）。

JFE 钢铁公司开发了改善制钢熔渣原料底质、水质的制剂——"海石"（商标名）。能长期改善废弃物等堆积而成的底质（日本化学工业日报，2016/03/03，p3）。

新材料与化学（New Metals and Chemicals）股份公司引进了美国阿贡国家实验室开发的多晶金刚石制膜技术，计划开发用于水处理（杀菌）的铌基电极（日本化学工业日报，2016/03/01，p1）。

伊藤忠商事公司计划在阿曼建设并运行该国最大的海水淡化设施（$2.8 \times 10^5 \, m^3/d$）。拟在法国 Suez Environment SA、Engie 等公司的协作下于 2018 年 4 月开始运行。在中东地区，该业务与三菱商事公司的卡塔尔业务（2015）最受关注（日本经济新闻，2016/03/02，p15）。

福岛大学的佐藤理夫等为了去除土壤附着的 Cs，研究了磷酸二氢钾熔盐。该产品能去除 $80\% \sim 90\%$ 的 Cs（日刊工业新闻，2016/03/02，p27）。东京大学的河野重行等发现：因缺乏硫黄源，小球藻的细胞内聚集了大量的磷酸。水中的磷回收可能实现（日本化学工业日报，2016/05/19，p3）。大成建设公司开发了用铁粉去除含砷污染泥水的技术（日刊工业新闻，2016/10/21，p3）。

日本化学产业公司开发出了不含国家排放禁止物质硼（pH 缓冲成分），且能形成高硬度镀膜的镀 Ni 液（日本化学工业日报，2016/05/31，p5）。

特殊东海制纸公司开发了从发射性物质污染水中，吸附去除放射性 Cs 的除污过滤器。该过滤器是在两张无纺布中间放入沸石的除污薄纸加工而成，能去除 90%Cs，混入腐殖酸后也能发挥效果（日经产业新闻，2016/

03/01，p9；特开 2013-237266）。

太平洋水泥集团在泰国试验了适用于虾养殖场的高效水质净化剂（托贝石结晶），并在东南亚投入了生产。目前已在中国台湾普及（日经产业新闻，2016/01/29，p11）。

大成建设公司开发了净化含啤酒花成分的地下污染水（以氯化乙烯等为对象，增殖脱卤拟球菌）的技术（日经产业新闻，2016/04/04，p11）。

关东天然瓦斯公司提出使用碱水中含有的黄腐殖酸植物工厂营养液。这或将提高蔬菜等植物的生产效率（日本化学工业日报，2016/08/01，p6）。

5.1.6　海水淡化

为将 RO 膜用于海水淡化、污染水净化中，东京大学教授山室修和东丽集团尝试制备了能将净化速度提高 3 倍的膜。膜中子能精密测量透过膜的水的动向，提高膜中细孔的效率（日经产业新闻，2016/10/05，p8）。神户大学的松山秀人、山口大学的比嘉充、东洋纺公司、NEDO 携手完成了用于海水淡化的正渗透（FO）膜，并在中东地区完成了实证研究。计划引进到于 2018 年开工的新增装置中，并于 2020 年实机安装，Innovation Japan 2016（创新日本 2016）公布了该消息（日本化学工业日报，2016/09/06，p12）。在中东的海水淡化项目中，东洋纺公司持续推进用 FO（正渗透）膜法代替 RO（东洋纺是由纤维素三乙酸酯制得）膜的实证研究。若进展顺利，将于 2020 年用于运转设备中（日本化学工业日报，2016/09/14，p12）。

双日公司接受了面向巴布亚新几内亚孤岛的、固定型可动式海水淡化设备 15 台的订单，并在 2016 年交货。该设备利用太阳光发电（日经产业新闻，2016/08/03，p11）。

在 RO 膜法海水淡化方面，电业社机械制作所正式将能源回收体系商品化并推入市场，可实现 98％的能源回收效率（日刊工业新闻，2016/06/17，p9）。

5.1.7　化学回收及其他

新日铁住金·君津制铁所通过炼焦炉的废塑料的化学原料法，得到了合计 100 万吨/年的回收量。将废弃塑料分解为碳氢油（40％）、焦炭（20％）、COG（40％），并加以利用（日本化学工业日报，2016/08/25，p4）。

五家复印、打印机大型公司，为应对欧盟 RoHS 的新规则（2019/07，关于电线、墨线类中邻苯二甲酸脂等四种物质的使用限制），停止了相关产品的供应（日刊工业新闻，2016/10/07，p13）。

FSBi 报称：化学纤维的回收率已达到 95％。聚酰胺、聚酯等的化学性回收还在研究中。庆应义塾大学、京都工艺纤维大学的研究小组，通过分解聚酯（PET）树脂，发现了作为营养源的细菌，其具有可分解为 MHET（酯）及可分解为 TPA、MEG 的两种酶（日本化学工业日报，2016/03/11，p1；特开 2008-199957）。

资生堂通过 PET 塑料瓶的回收利用，开发了机械回收法，并将其用在了商品容器中。该容器不会产生浑浊，而且具有不亚于新产品的外观、强度与耐久性（日经产业新闻，2016/08/01，p11）。

新日铁住金化学公司生产出了能将废弃塑料（PS）的使用率提高 50％以上的再生树脂（难燃性、强度不变），理光公司的复印机已采用了该树脂（日刊工业新闻，2016/07/05，p14）。

广岛大学的获崇等人通过城市矿山中的金属资源（WO_3）回收，研究了生物系吸收剂（Ind & Eng Chem Res，2016，55，p2903）。

北海道大学、R&E 开发出了能从废弃物中高精度筛选并回收金属、树脂等物质的机械（网状气室湿式比例筛选系统）（日刊工业新闻，2016/03/10，p26）。

九州大学的后藤雅宏等人使用离子液体［咪唑类离子，Tf_2N 等疏水性阴离子＋TODGA（N，N，N'，N'-四辛基二苷酰胺）、DODGAA（N，N-二正辛基二苷酰胺酸）等萃取剂］，介绍了稀土类元素的最前沿分离技术（日本化学与工业，2016，69，4，p315）。

昭和电工公司计划通过从废弃塑料原料中生产氢（KPR 气化设备、川崎事业所）的方式，实现 FCV 用制氢和管道运输（日经产业新闻，2016/09/28，p9）。

丰田汽车公司将关注点放在了环保车型的电池（Ni-H）回收业务上。今后还将研究 LIB 的回收（日本化学工业日报，2016/01/15，p3）。此外，还向满足该公司特殊标准的认证工厂提供技术支持，开始了从废弃车辆中回收 Dy 稀土等资源的业务。日产、本田、马自达公司都分别推进着从废弃车辆中进行资源回收的业务（日本经济新闻，2016/04/09，p11）。丰田、大同特殊钢公司开发了用于 HEV 驱动的不含重稀土类的 Nd 磁铁（FSBi，

2016/07/13，p6）。

日本海水公司不断扩大以 Ce 为主要成分的稀土类吸附剂（READ）树脂的销售范围。Cs（铁兰）、Sr（TiO_2 系）吸附剂也开始在市面上销售，除污业务中也有采用（日本化学工业日报，2016/02/12，p3）。

信州大学的酒井俊郎等利用直径为 4mm 的树脂，开发了回收贵金属的技术。该技术是通过粒子内的还原来回收贵金属的（日本化学工业日报，2016/02/08，p5）。

住友金属矿山公司加入到了回收燃料电池中钪的队伍中，并在菲律宾的子公司（精炼厂）增加了新设备，预计于 2018 年正式启用。以 Sc_2O_3 换算的生产能力为 7.5 吨/年（全球产量为 10～15 吨/年）（日刊工业新闻，2016/04/29，p10）。

大阪燃气公司使用感温性液体（加热后与水相分离）的乙醇系列金属回收剂，成功从废水中高效回收了 In、Ga、Ni、Cr、Zn、Cu 等金属（日刊工业新闻，2016/07/26，p15；特开 2016-49500）。同和（DOWA）公司提高了从汽车催化剂及石化催化剂中回收贵金属的设备的产能（日本化学工业日报，2016/11/10，p6）。

神奈川大学的堀久男等人开发了从水中高效回收稀有元素铼（过铼酸离子）的试剂。通过光照射使其脱离（日本化学工业日报，2016/01/21，p3）。

海洋研究开发机构与高知大学使用无人探查机"开口 Mk4"，在小笠原群岛的海底 5500m 处发现了 Co 结壳（日经产业新闻，2016/02/12，p8）。

JR 东日本（东日本旅客铁道）、杉江制陶公司开发了回收利用下水道污泥焚烧灰而制造的除臭陶瓷。目前正在研究其在车站厕所除臭等方面的使用（日经产业新闻，2016/06/08，p9）。关于烟尘（煤灰）水泥的使用，和矿渣一样正在研究中（日本经济新闻，2016/07/06，p22）。日本制纸公司，通过加工煤灰，成功开发并产品化了不含碳（未燃碳在 1% 以下）的混凝土混合材料，提高了浇注时的流动性（日刊工业新闻，2016/07/18，p13）。

5.1.8　化学物质安全性

日本经济产业省、厚生劳动省、环境省修改了化学物质审查制度法（化审法），活用大数据，提高了风险评估速度。为实现 2020 年的 WWSD

目标，制作了计划表（日本化学工业日报，2016/11/01，p1）。

从 2016 年 6 月 1 日起，规定支援实施生产和使用化学物质的厂商承担风险评估的相关义务（劳动安全卫生法修正版），日本化学工业协会还公布了化学物质危险性的风险评估的简易规则（日本化学工业日报，2016/04/08，p1）。

5.2 人工光合成与光催化剂

5.2.1 人工光合成

NEDO（日本新能源产业技术综合开发机构）通过人工光合成化学工艺技术研究小组（ARPChem）的研究，开发了高效（1.1%）催化剂片（在基板上涂覆光催化剂与导电性材料）。目前还在朝着开发出最佳化学工艺的目标而迈进（日本化学工业日报，2016/03/11，p1）。除 NEDO 正在进行的"通过光催化剂实现水分解、H_2 制备"项目外，日本丰田中央研究所、松下、东芝、马自达大阪府立大学、昭和壳牌石油公司还在研究 CO_2 的还原。在水分解研究方面，公布了具有助催化剂再生功能的光催化剂片（NEDO News Release，2016/12/21）。

NEDO、人工光合成化学工艺技术研究小组（三菱化学、富士胶片、住友化学、三井化学等公司参与）以 3%（全球最高）的转换效率实现了水的光分解中的制氢工艺。2015 年 3 月就已经实现了 2%，此次又进行了改良。分别在制氢与制氧过程中，使用了串联结构的 BiVO 与 CIGS 半导体电极（日刊工业新闻，2016/10/14；WO2016/114063）。大阪市立大学的人工光合成中心（ReCAP；天尾丰所长）于 2016 年得到了日本文部科学省"人工光合成研究站点"的批准，已开始了相关活动（有效期到 2022 年 3 月）（日本化学工业日报，2016/09/09，p12）。

京都大学的田中庸裕等使用光催化剂，从 CO_2 制备了 CO。使用 Ag/Ga_2O_3 催化剂，得到了 0.1% 的转换效率（日经产业新闻，2016/03/04，p8）。京都大学的北川进等开发了在多孔质配位聚合物（PCP；Zr-bpdc 等）中固定 Ru（II）-CO 配合物的催化剂，研究了 CO_2 的光还原。增加 CO_2 吸附量后，生成了 CO、HCOOH、H_2（Angew Chem Int Ed，2016，55，p2697）。

日本分子科学研究机构的正冈重行等人，通过水的分解，开发了能产生氧气的铁配合物光催化剂。Ru 配合物中有很多光研究案例（日经产业新闻，2016/03/04，p8）。

　　冈山大学的沈建仁等通过 0.19nm 的分辨率，解析了植物光合成的相关 PSII 蛋白质结构，该结构已于 2011 年对外公布，但对能源移动结构的研究还在进行中（日经产业新闻，2016/02/08，p8）。

　　丰田中央研究所将人工光合成（转化顺序为 $CO_2 \rightarrow HCOOH$）的能源效率提高了 4.6％（日本经济新闻，2016/02/01，p13）。

　　富士通研究所开发了在人工光合成中，能划时代性提高电子及氧气产生效率的纳米粒子沉积（NPD）光电极材料。可利用 630nm 以下的光。昭和壳牌公司使用聚集了光化学电池与 CIS 薄膜 PV 的电池，研究了气体扩散电极（负极）中还原 CO_2 的体系，生成了（变换效率 1.5％）CH_4、乙烯、烃类化合物（日本化学工业日报，2016/12/06，p1）。东芝研究开发中心开发了通过太阳光从 CO_2、H_2O 中制备乙二醇的技术。使用 Pt-咪唑盐的分子催化剂后，变换效率为 0.48％（日经产业新闻，2016/10/13，p8；特开 2015-132012）。

　　日本石油化学新闻在未来性新产品、新技术的特刊中，专门介绍了推进 ARPChem（人工光合成化学工艺技术研究组合，濑户山亨 PL，2012～2021 年的 10 年项目）的人工光合成。推进了可见光水分解、H_2/O_2 分离、CO_2/H_2 中的烯烃合成（MTO）三大课题。光电极型光催化剂中的变换效率为 2.6％、混合粉末型光催化剂片中的变换效率为 1.1％（日本石油化学新闻，2016/07/25，p8～10；日本化学工业日报，2016/07/21，p10）。

　　东京工业大学的前田和彦等在通过将 $Co(OH)_2$ 纳米粒子导入了较大能带隙的半导体以响应可见光的方法。在金红石型 TiO_2 中可进行光吸收的波长最大为 850nm，在水的氧化（$AgNO_3$）中产生了 O_2（Angew Chem Int Ed，2016，55，p8309）。

　　东京大学物理性质研究所研究员高桥龙太等在通过太阳光进行高效水分解的过程中，开发出了能在 $SrTiO_3$ 氧化物薄膜上自集聚柱状 Ir 金属结晶的电极（Nature Commun，doi：10.1038/ncomms11818）。北海道大学的朝仓清高等通过 FEMTO 秒（毫微微秒）迁移 XAFS 法，观测到了光催化剂 WO_3 与光电子的行为（Angew Chem Int Ed，2016，55，p1364）。

　　东京工业大学的宫内雅浩等通过金属硫化物（SnS、SnS_2）催化剂，成功实现了太阳光作用下的制氢工艺（Chem Commun，doi：10.1039/c6cc03199d）。

东京工业大学的畑田直行、宇田哲也等通过材料信息学，成功在不使用稀有元素的情况下，发现了新型三元氮化物半导体。还通过高压合成法成功合成了结晶，如 $CaZn_2N_2$ 等（日本化学工业日报，2016/06/22，p31）。

东芝公司通过人工光合成技术与基于分子性催化剂、咪唑盐衍生物的 CO_2 光还原，成功制备了 MEG（转换效率 0.48%）（日经产业新闻，2016/10/13，p8）。

丰田中央研究所的稻垣伸二等在介孔有机硅中导入了联吡啶，制备了 Ir 固定后的催化剂，并研究了水的光氧化。还整理了 CO_2 的光还原＋H_2O 氧化的人工光合成研究（Angew Chem Int Ed，2016，55 p7943，p14924）。

京都大学的北川进等通过在多孔质配位聚合物（PCP；Zr-bpdc 等）中固定了 Ru（II）-CO 配合物的催化剂，研究了 CO_2 的光还原。CO_2 吸附量增大，生成了 CO、HCOOH、H_2（Angew Chem Int Ed，2016，55，p2697）。NIMS（物质材料研究机构）的井出裕介等人发现：通过 TiO_2 纳米粒子在水热处理过程中的结合，可提高电荷分离特性与光催化剂活性（Angew Chem Int Ed，2016，55，p3600）。京都大学的吉田寿雄等，使用光催化剂（$CaTiO_3$），从 CO_2 高效制备了 CO（日经产业新闻，2016/01/12，p8）。京都大学的寺村谦太郎等使用 $ZnGa_2O_4$ 光催化剂，将 CO_2 还原为 CO（Chem Eng，2016，6，p9）。九州大学的石原达己、萩原秀久等在大肠菌中引入了制氢酵素，得到了结合细菌与光催化剂（TiO_2）的制氢体系。在电子供体中使用甲基紫精，可将 TiO_2 的电子转移到酵素中（Angew Chem Int Ed，2016，55 p8045）。

中部大学的成田吉德等通过 CO_2 的电解还原，高效生产出了 CO（法拉第效率为 93%）。使用了铁质电极催化剂，在 JST 战略性物质变换领域（ACT-C）中，提高了贵金属电极的性能（Scientific Reports，doi：10.1038/srep24533）。

5.2.2　光催化剂

PETROTECH 杂志推出介绍光催化剂技术新动态的特刊。物质转化、环境净化、制氢（水的光分解）等领域都在开发可见光等新型光催化体系（PETROTECH，2016，39，5，p353～378）。

北九州市立大学的天草史章，在金红石型氧化钛粉末中引入了结晶缺陷（氢还原）后，成功实现了高活性（日本化学与工业，2016，69，

8，p674）。

东京大学的金井求等发现：可通过光催化剂治疗（淀粉样 β 的氧化、毒性的控制）阿兹海默症（日本化学工业日报，2016/06/28，p1）。

积水树脂公司于 2016 年 9 月，在市场上投放了与昭和电工公司共同开发的、具有可见光抗菌抗病毒功能的光催化涂覆剂（$CuO-WO_3/TiO_2$）。用于荧光灯、LED 后，可惰性化黄色葡萄球菌、Qb 噬菌体（日本化学工业日报，2016/08/02，p6；特开 2016-93786）。

住化环境科学（SCES）公司开始销售利用 TiO_2 光催化剂开发的纤维过敏低减剂。该产品还有抗菌除臭效果（日本化学工业日报，2016/04/20，p5）。

太阳工业公司出售了一种具备空气（NO_x）净化功能的新膜材。其性能是日本光催化工业会最低标准的 1.2～2.8 倍，防污性能也高出 1.6 倍以上。计划用于公共设施及大型帐篷中（日本化学工业日报，2016/03/08，p3；日经产业新闻，2016/04/13，p13；特开 2014-83751）。

富士薄膜公司开发了玻璃、树脂表面的新型保护液，该保护液不仅具有亲水性与防雾性，还具有防污功能。但其并不是由光催化，而是通过架桥反应结合的（日本化学工业日报，2016/01/29，p1）。

丰田合成公司开发了玻璃全密封结构的 UV-LED 片，现已推出样品（日本化学工业日报，2016/03/10，p10）

METAWATER 公司开发了用于净水的、配有紫外线 LED 的 UV 照射装置。计划通过 2000m^3/d 的处理设备，应对耐氯病原性微生物的危害（日本化学工业日报，2016/06/22，p11）。该公司从美国分公司（2015/10 收购）Aqua-Aerobic Systems（AAS）的手上接管了陶瓷膜净水装置、臭氧发生装置的业务（日刊工业新闻，2016/07/14，p13）。

旭化成的美国集团企业 CrystalIS，已开始出售深紫外线 LED（A1N 单晶，峰值波长：250～280nm）。此产品输出大，能用于水、空气及表面的杀菌，该公司计划将其推入市场代替水银灯（日本化学工业日报，2016/05/13，p3；07/21，p1）。三菱电机公司出售了一种在蔬菜柜中安装有三种颜色 LED 的冰箱，据悉该配置能促进维生素 C 的生成，提高食物新鲜度（日经产业新闻，2016/07/20，p13）。

5.3　全球变暖解决措施

5.3.1　能源效率与CO_2监管

　　早稻田大学、名古屋大学、广岛大学、产业技术综合研究所、日挥公司等八所机构，计划使用分离膜，开发出化学工艺中的超强节能技术。该计划被 NEDO 选为"2015 年度能源环境新技术先锋项目"松，当前正在研究 C2、C3 的烯烃分离。RITE 也在 2016 年 4 月成立了由 14 家单位参与的无机膜研究中心，以推进制氢、CO_2 分离等研究（日本化学工业日报，2016/04/12，p11；04/05，p3）。在 2015 年 12 月的 COP21 上，被《巴黎协定》采纳，影响了 2020 年以后能源战略的制定。为减少温室气体排放量，日本内阁府综合科学技术创新会议（CSTI）提出了"能源环境创新战略"。拟通过通信技术（ICT）优化整个能源体系（日刊工业新闻，2016/04/20，p28）。

　　2016 年 4 月，日本也正式开始了碳捕集与封存的研究（苫小牧市）。RITE 的中尾真一等介绍了适用于碳捕集与封存的全球 CO_2 分离回收技术开发现状，开发了燃烧后、燃烧前、氧燃料燃烧中的多种燃烧技术。在美国，DOE 提供支持的关于实验室、工作台规模的 CO_2 回收技术项目有 14 个，除此之外还有生物性 CO_2 的活用与转化研究（J Jpn Inst Energy，2016，95，1，p50）。并且，还报告了全球地下水层中的封存项目（日本化学工业日报，2016/01/20，p4）。

　　国际石油开发帝石、石油资源开发、产业技术综合研究所、RITE 等机构，计划共同研究 CO_2 的地下封存，并在 2020 年前确立相关技术，在 2030 年前投入使用（日本经济新闻晚刊，2030/03/23，p1）。

　　日本环境省在 2016 年度新采纳了神户制钢所、DAIKIN 工业、东芝、日挥等公司进行的 10 项"CO_2 减排措施强化诱导型技术开发与实证事业"。此外，为推进环保型 CO_2 捕捉与封存（CCS）技术的实用化，在 2016 年进行煤炭火力发电厂的实证试验（持续 5 年）（日本化学工业日报，2016/05/24，p11；06/06，p10）。

　　宇部兴产公司计划采用新型材料开发 CO_2 分离膜。该公司是以聚酰亚胺（PI）中空丝为原料的，但目前还研究了 CO_2 分离中的无机膜（日本化学工业日报，2016/04/12，p12）。新日铁住金工程公司基于住友共同电力·新居浜西火力发电厂的化学吸收法，建设了 CO_2 回收设备

（ESCAP、NEDO COURSE50 项目＋RITE 开发吸收剂）（日本化学工业日报，2016/10/18，p10）。岛根县产业技术中心的田岛政弘等通过天然沸石开发了浓缩空气中 CO_2 的设备，在室内栽培中具有良好效果（日本化学工业日报，2016/07/20，p13）。名古屋工业大学的南云亮等研究了 PEG150、PEGDME、四乙二醇二甲醚等 PEG 系列溶剂中 CO_2 的物理吸收特性（298K，303K）（Ind & Eng Chem Res，2016，55，p8200）。

日本东北大学、东北 Magnet Institute（由松下等 5 家民营企业出资）正以纳米晶软磁材料 "NANOMET" 的产业化为目标。日本金属材料研究所则为开发超低损失、高 Bs（饱和磁通密度）电机做出了贡献（日刊工业新闻，2016/06/21，p6）。

三井物产、沙特阿拉伯的 Aqua Power 公司、阿曼的佐法尔特别行政区在阿曼的伊卜里（145 万千瓦）、苏哈尔（170 万千瓦）建设了大型燃气火力发电站，并参与了维护和运营，预计于 2019 年开始运作（日本经济新闻，2016/01/05，p11）。

在 J-Power 电源开发株式会社位于矶子的火力发电厂，虽然于 2002 年、2009 年转型为超临界压力（USC）煤炭火力发电（LEL 45％，世界最高），但为了更进一步减少 CO_2 排放量，日本经济产业省制定了面向 IGCC、IGFC 等下一代火力发电技术实用化的进程表。包括 CCS 在内，大崎 Coolgen 的大型实证试验已于 2016 年开始（日刊工业新闻，2016/08/252，p14）。CO_2 分离和回收设备的建设始于 2016 年，预计于 2019 年开始进行实证试验。三菱日立电力系统开发了大型空气冷却式燃气涡轮机，将发电效率提高到了 63％（日经产业新闻，2016/04/05，p11；12/16，p16）

NEDO 自 2016 年在整体煤气化联合循环发电系统（IGCC）的试验设备（大崎 Coolgen）上安装了 CO_2 分离和回收设备，于 2016 年开始进行实证。目标是实现 CO_2 回收 90％，输电热效率（在高热值下）达到 40％（日本化学工业日报，2016/04/05，p11）。

鉴于日本各地都在推进大型煤炭火力发电计划，环境省与经济产业省经过商议后，给出了在有前提条件下同意计划实施的方针。在高效率且低排放的发电中，CO_2 排放最低可以减少到 $670gCO_2/(kW \cdot h)$。日本环境省每年都会确认温室气体减排计划的进展并进行管理，以实现减排目标（日本经济新闻，2016/02/06，p2）。

东芝开发了面向 CO_2 循环火力发电系统（没有分离工序，直接回收高压、高纯度的 CO_2）的 25MW 涡轮机。发电效率足以媲美燃气联合循环系统，其位于美国德克萨斯州的工厂于 2017 年开始进行试运转，有助于 250MW 商用机的开发（日经产业新闻，2016/11/02，p9）。三井海洋开发、三菱重工业开发了在船上进行 LNG 火力发电的发电船。从 2017 年起收到来自亚洲、非洲各国和中南美国家的订单。

东电通过物联网引进了能够进行运行监控、高效发电的美国 GE 的系统，提高了在火力发电方面的成本竞争力（日本经济新闻，2016/09/26，p1）。

电力自由化开始于 2016 年 4 月，东京瓦斯、昭和壳牌石油、JX 能源、出光兴产、新日铁住金、关西电力、丸红等公司都在计划建设大型火力发电设备，总计规模将超过 1000 万千瓦（日本经济新闻，2016/02/21，p1）。

美浓窑业开发出了能在 1300℃ 的高温下使用的陶瓷制多管式热交换器。与现有的系统相比，可以实现大约 3 倍的热回收率（18％～24％）。也推动了 1500℃ 下的产品开发（Chem Engineering，2016，2，p7）。三和 Tesco 公司利用从芬兰的 Vahterus 公司引进的技术，生产出了小型且高效率的板壳式换热器，有望用于化学、食品领域（日本化学工业日报，2016/10/28，p10）。

5.3.2 未利用余热的利用技术

札幌 HD 啤酒工厂通过热泵回收废水处理工序中的余热，以用作发酵工程的预热源（日经产业新闻，2016/06/22，p9）。

东京瓦斯则提出了将污水处理、太阳能热、城市燃气等多个热源组合起来的高效率热泵（冷气暖气用）作为核心的系统方案（日经产业新闻，2016/07/15，p11）。

三菱树脂、前川制作所开发出了对使用新吸附剂 AQSOA 的低温水（70℃，太阳能热）加以利用的吸附式冷冻机（70～350kW）。与使用硅胶的吸附冷冻机相比，其吸附剂重量可以减少 70％（日本机械学会志，2010，113，p56）。

爱知制钢知多工厂引进了利用电炉余热的发电设备，将热效率从 54％ 提高到了 60％（日经产业新闻，2016/05/23，p13）。

（1）双循环发电、朗肯循环等

能够有效利用未利用能量的双循环发电随着政策的放宽，引进的希望变大，IHI、三菱重工业（第一实业）都在强化他们的营销能力（日刊工业新闻，2016/07/14，p12）。

（2）热电转换

使用热电转换元件通过低温余热发电的技术正在开发中。JFE 公司、小松 KELK 公司在开发钢材工序中的余热，松下在开发 100℃以下的低温余热，丰田、奈良先端科学技术大学院大学、本田正在计划利用废气热和改进燃耗，广岛大学和产综研、大阪大学和九州工业大学则在开发高效率发电元件（日本经济新闻，2016/03/14，p13）。

日本东北大学、NEC 公司、NEC 东金公司开发了自旋塞贝克热电转换装置，将转换效率提高到了以往热电转换原件的 10 倍以上（日本化学工业日报，2016/04/26，p6）。日本东北大学的寒川诚二、小野崇人等开发了巧妙利用硅纳米线阵列的热电转换元件（日刊工业新闻，2016/08/22，p21）。东京农工大学的下村武史等开发了厚膜高分子的热电转换材料（日本化学工业日报，2016/09/15，p8）。

琳得科开发了热电转换片，以 200℃以下的低温域为中心，旨在 3 年以内实现应用。使用有机与无机复合材料，通过 RtoR 印刷法制造（日本化学工业日报，2016/02/18，p10）。

宇部兴产将以熟料冷却余热作为热源的发电设备运用到了苅田水泥工厂。该设备为发电能力 12650kW，电力自给效率为 40%（日本化学工业日报，2016/01/08，p3）。

奈良先端科学技术大学院大学的河合壮等开发了使用冠醚和 n 型碳纳米管的温差发电片，在 150℃下具有 100μV 的电压（日本化学工业日报，2016/03/31，p1；WO2015/198980）。富士胶卷开发了具备高热转换效率和形状随动性的百褶状可变热电转换模块。可以适应范围极大的温差，实现较高的转换效率（日本化学工业日报，2016/02/15，p1）。

（3）蓄热材料

日本涂料开发了使用氧化钙的多孔球状蓄热材料，可以以年为单位存储 500℃的热，还可用于热传输（日经产业新闻，2016/03/31，p9；特开2015-98582）。

JX 能源、三木理研工业开始了对建材用蓄热材料（内含石蜡的树脂球）的量产（日本化学工业日报，2016/11/30，p9；12/13，p16；特开 2015-944）。

东邦燃气开发了以铵明矾作为主要成分的潜热蓄热材料（熔点 90℃），有望实现 10 倍于温水的蓄热量（日刊工业新闻，2016/10/19，p16）。

住友化学开发了在室温下蓄热和放热的潜热蓄热型树脂。之前一直是石蜡类（JX）的使用更为频繁，而其开发的三嵌段型聚烯烃类特种树脂，在 20～50℃，可以控制蓄热性（日本化学工业日报，2016/10/04，p11；WO2016/098674）。以因实现住宅的节能而倍受瞩目的蓄热建材的 JIS（日本工业规格）化为目标，由住友化学、三菱树脂、JX 能源等 11 家公司参与并设立了产业、政府、学术界联手的技术联盟，东京大学、建材试验中心则是该联盟的赞助商（日本化学工业日报，2016/10/13，p1）。

5.3.3　新技术和新材料

日本经济产业省为了普及自动驾驶、机器人、人工智能、大数据等技术，将 2030 年的目标设为专攻重点领域，并制作了进程表（日本经济新闻，2016/08/20，p5）。

日本经济产业省针对化学工厂的安全措施，开始着手活用 IoT 的实证业务。收集并分析管道检修数据，用于预测外部腐蚀（日本化学工业日报，2016/09/27，p1）。

对自动驾驶汽车的高精度（低表面失真、镜头辨识性）、高性能（防止电波干扰）挡风玻璃、后玻璃的开发正在进行中。在 2016 年 9 月的七国集团首脑峰会（G7）交通会议上，自动驾驶制定国际标准一事达成一致（日本经济新闻，2016/09/25，p3；10/18，p12）。

日本内阁府 ImPACT 计划中，将会推进面向下一代汽车的全新聚合物的开发。伊藤耕三（东京大学）领导的材料及元件化项目正在推进 FC 电解质（旭硝子）、LIB 隔板（三菱树脂）薄膜化、车体结构树脂强韧化（东丽）、轮胎薄化（普利司通）及透明树脂（住友化学）开发（日本化学工业日报，2016/09/29，p1）。日本东北大学电子光理学研究中心研究了不同于等离子核融合（ITER）的冷凝系核反应（常温核融合），正在确认剩余热（日本经济新闻，2016/10/10，p2）。

其他信息整理见表 3。

表3　新技术和新材料的其他信息

项目	内容	引用
磁石	TDK开发了小型轻量的Nd磁石,计划用于EV、空调及工业机器人	日经产业新闻,2016/5/19,p13
	耐热性方面,日立金属、信越化学工业、TDK公司及大同电子正在开发无重稀土(Dy、Tb)磁石	日经产业新闻,2016/8/29,p3
半导体	产综研与富士电机共同开发了150mm晶片设备技术和量产化技术,于2013年投产	日本化学工业日报,2016/2/4,p27
	住友化学在Si基板上制造出了GaN薄膜,用于功率半导体,并开发了导入了缓冲层的化合物半导体	日本化学工业日报,2016/02/12,p1,p8
	东京工业大学细野秀雄开发了IGZO半导体,由此获得2016年日本国际奖;室兰大学世利修美开发了IGZO的新型制法	东工大新闻,2016/01/29
	日本东北大学大野英男、东京工业大学宗片比吕夫等人制造了强磁性半导体结晶	日经产业新闻,2016/4/25,p8
合金	大阪大学中野贵由等人开发了高熵合金(多元素合金),这种合金强度高,具备生物适应性	日刊工业新闻,2016/11/30:p33
耐热材料	日本东北大学吉见亨祐开发了耐热温度1400℃(熔点1900℃)的新合金,用于航空发动机、汽轮机等	日本经济新闻,2016/9/19,p15
	放电精密加工研究所开发了提高金属表面耐热性、硬度(耐擦伤性)、绝缘性和耐腐蚀性的功能性涂料	日本化学工业日报,2016/9/19,p15
	日本碳素将增加日美SiC纤维的产量,期待用于航空发动机(与GE番红花联盟共同)及火电汽轮机	日本化学工业日报,2016/2/22,p12
	2017年,IHI、宇部兴产、SHIKIBO等公司采用陶瓷基复合材料制作高压燃气汽轮机机翼	日刊工业新闻,2016/10/21,p1
CVD成膜	早稻田大学巽宏平等人使用催化剂CVD法,迅速、低成本地在金属等物质表面形成了立方晶SiC层。耐热性、耐磨性好	日本化学工业日报,2016/2/25,p6
传感器	三井化学开发了检测微弱振动的高感度线状传感器(压电材料),用于测定心跳等	日本化学工业日报,2016/10/20,p1
发光	北陆先端科技大的江东林等人成功实现了二维高分子片状结构的荧光发光,这种技术或可用于光设备	日刊工业新闻,2016/5/11,p25
放电	松下开发了除臭及净化效果极佳的OH自由基生成装置	日本化学工业日报,2016/8/29,p3

续表

项目	内容	引用
光学材料	日本硝硝子开发了内含 TiO_2 微粒的硅,并开始面向光扩散材料的商业化生产,这种硅也可实现高亮度及高隐蔽度	日本化学工业日报,2016/6/13,p1
	大日本印刷使用偏光板技术开发了调光百叶窗,可使窗玻璃具备百叶窗功能	日经产业新闻,2016/4/6,p13
	凸版印刷开发了可在夜间发光的储光膜,用于防灾工具等	日经产业新闻,2016/4/6,p13
隔热	对高太阳能反射率的需求正在增加,2011 年超过了 10 万吨。日本涂料工业会规定了相关规格	日本化学工业日报,2016/5/12,p7
	立邦 HD 开发了能反射 60%～80%红外线的隔热涂料(颜料、多层涂料)	日刊工业新闻,2016/5/25,p15
绝热	Low-E 多层玻璃 2016 年的市场需求为 1350 万平方米,持续扩大。LIXIL 开始销售世界最高级的绝热窗	日经产业新闻,2016/2/18,p7
轻量化	汽车轻量化方面,以铁(高强度钢板)、铝、镁、碳纤维为中心的开发竞争正在持续	FSBi,2016/01/01,p1
	本田 FCV 的轻量材料使用比例为 55%。美国特斯拉的 Model 3E、美国福特都重视对铝的采用	FSBi,2016/01/01,p1
	JFE 开发了 1470MPa 级的高强度钢板,于 2014 年开始生产,并继续改良 Mg(日本 Mg 协会)、Al(昭和电工)	FSBi,2016/01/01,p1
分离膜	东京工业大学日比裕理等人在多孔基板上形成了微相分离膜(细孔径 2～25nm,可通过 R-to-R 直接成膜)	日本化学工业日报,2016/5/31,p1
	广岛大学都留稔了等人使用有机硅烷开发了 RO 膜,研究了浸透气化分离	Chem Eng,2016,1,p7
CO_2 利用	大阪电气通信大学的橘邦英等人以 H_2O、CO_2 为原料,合成了高纯度过甲酸(杀菌剂等)	日经产业新闻,2016/02/18,p8
	北海道大学·铃木亮辅通过熔盐介质(1173K)下的 CO_2 电解,得到了 CO、碳(SUS 阴极)、O_2(ZrO₂ 阳极)	日本化学工业日报,2016/5/27,p3
	静冈大学福原长寿等人提案通过 CO_2 及 CH_4 的反应制造混合气,并提出了这种混合气的化学原料化和碳纤维化	日经产业新闻,2016/3/16,p8
	神户大学松山秀人等人在 CO_2 的输送分离膜中使用了离子液体	Ind & Eng Chem Res,2015,55,p2821
	产综研牧野贵至等人使用离子液体研究了 CO_2 的物理化学吸收	Ind & Eng Chem Res,2015,55,p12949
离子交换树脂	单糖类分离(奥加诺)、抗体医药精制(三菱化学)、三层式纯水制造装置(住友化学)等技术都有所进展	日本化学工业日报,2016/11/2,p7
防雾	富士胶片开发了防雾膜,用于窗玻璃、浴室镜、工业护目镜等领域	日刊工业新闻,2016/5/5,p9

5.3.4　超电导

2016 年起，NEDO 开始开发高温超电导材料 MRI、铁路的实用化技术，这得到了日本经济产业省的支持。该技术定位为节能化、CO_2 削减技术（日经产业新闻，2016/02/02，p9）。

古河电气工业考虑扩大 Y 系高温超电导线材的适用范围。2012 年收购 Superpower，成为世界顶级供应商，除大规模基础设施外，还为工业、医疗机器等提供材料（日本化学工业日报，2016/02/22，p7）。已与日本东北大学金属材料研究所开发了持续电流技术，并用于 MRI 等器械（日本化学工业日报，2016/04/28，p7）。

东京工业大学细野秀雄等成功将铁系超电导材料的临界温度提高到 35K（日经产业新闻，2016/04/05，p8）。北海道大学的藤冈正弥等人在超高压合成法中发现了一种新的超电导物质（$T_c = -270.4℃$），其主要成分为 Pt（日经产业新闻，2016/08/04，p8）。

昭和电线电缆系统、藤仓、国际超电导产业技术研究中心（ISTEC）凭借《纳米粒子导入高磁场特性超电导线材制造技术的发明》获得了 H28 年度全国（日本）发明表彰的 21 世纪发明奖与发明贡献奖（日本化学工业日报，2016/07/22，p10）。前川制作所正在开发用于超电导输电的极低温冷冻装置（日经产业新闻，2016/11/02，p13）。

6 可再生能源技术、二次电池、燃料电池

6.1 可再生能源

2016 年日本紧跟太阳能发电（PV）的步伐，在各地引入风力发电、生物发电、地热发电设备，并积极进行研究开发以求实现可再生能源的效率最大化（日刊工业新闻，2016/1/1，p20）。另一方面，日本经济产业省也正在重新讨论 FIT（固定价格回购政策）的收购价格（日经产业新闻，2016/12/14，p11）。

各太阳能电池板公司由于 FIT 价格下跌，经营陷入困境。随着功率调节器等必须部件逐渐转换为进口产品，价格开始下跌，需求开始扩张，出口量也开始增加。昭和壳牌石油公司将于沙特阿拉伯建立新的 CIS 型 PV 面板工厂并开始商讨扩张海外市场（日经产业新闻，2016/09/02，p11）。日本电力零售业于 2016 年 4 月 1 日全面自由化，天然气公司等各类企业陆续加入面向普通家庭的销售业。以东京电力公司的服务区域为中心，竞争趋于白热化（日经产业新闻，2016/03/02，p1）。随着 FIT 价格下跌，在日本市场从事 PV 面板销售的加拿大太阳能公司、美国第一太阳能公司、中国天合光能有限公司、圣德科公司、韩华 Q-Cells 等开始寻求新的生存之路。法国道达尔（Total）在石川县建设 26000kW 的大型太阳能发电站，于 2017 年正式运行（日本经济新闻，2016/03/24，p13）。住友林业为强化可再生能源业务，在现有的木质生物原料火力发电站的基础上，又进一步进军风力和地热发电领域，并出资环境风投公司 Renova（日本经济新闻，2016/05/26，p14）。

PV 系统销售公司 Looop 正准备销售家用蓄电池（5kW·h 以下）。并且被视为 NEDO 辅助业务，希望以此来降低 PV 面板和相关装置的价格（日经产业新闻，2016/8/9，p11）。

包括国际氢能与燃料电池展（No.12 FC Expo）、国际太阳能展（No.9 PV

Expo）、国际二次电池展（No. 7 BATTERY JAPAN）、国际生物质发电展（No. 1）在内的智能能源周 2016 于 2016 年 3 月 2～4 日在东京国际展览中心召开。

6.1.1　太阳能发电（PV）

根据日本太阳能发电协会统计，2015 年家用太阳能板出货量为 154kW，相比去年同比下降 21.6%。2014 年世界 PV 市场总量为 4000 万千瓦，日本所占份额低于 15%。实用尺寸（100cm² 以上）的单晶太阳能板发电效率已超过 25%，逐渐接近 29% 的理论值。在日本国内，由文部科学省立项，福岛可再生能源研究所（FREA）在小长井诚的领导下，联合松下、三菱电机、KANEKA 等公司试图实现转化效率 30% 的突破（FSBi，2016/02/01，p12）。

东京大学今田正俊等确立了实现高效率太阳能发电的指导性原则（Shockley- Queisser 理论的改进，能量逸散）（日本化学工业日报，2016/01/14，p3）。

住江织物开发出了直径 0.25mm 的太阳能发电纤维。通过涂布法在金属芯材上包裹缓冲层、活性（发电）层、透明电极层、包被层（日经产业新闻，2016/3/4，p9）。

日本国内的大型太阳能发电站（5.2MW，6000MW·h）已于 LIXIL 公司的爱知县知多市工厂正式投入运行。此外 NTT 公司也正在建设大型太阳能发电站，包括栃木县的 2 座（5.2MW，2.0MW）和冈山县的 1 座（1.6MW）（日经产业新闻，2016/4/5，p11）。中国天合光能有限公司（2015 年太阳能板出货量 574 万千瓦，居世界首位）在山形、福岛、宫城县建设大型太阳能发电站（日经产业新闻，2016/08/03，p11）。

法国夏尔特拉国际有限公司（Ciel Terre International）公司在日本开展水上太阳能发电业务，第 1 号机已于德岛县正式投入运行。目前正处于计划中的水上发电项目还有 10 处（日经产业新闻，2016/07/14，p11）。

丰田汽车于 2016 年秋开始销售的新型普锐斯 PHV 搭载太阳能面板（太阳能天窗）。该车于 2016 年 3 月在美国国际汽车展正式亮相，日本国内则是在智能社区 Japan 2016 上首次公布。日清纺提出了一种利用 PV 背面产生温水的混合系统（日本化学工业日报，2016/11/25：p8）。长州产业在家用 PV 上开发了一种融雪系统（日经产业新闻，2016/07/07，p11）。日本产业技术综合研究所、信越化学开发了一种使用硅橡胶作为密封材料的 PV 模块。在钢球跌落测试中几乎没有出现输出功率下降（日本化学工业日报，2016/09/06，p8）。

（1）硅单晶、多晶、薄膜型

通过 JST 的"创新型能源研究开发据点形成事业"开发出了一种无接触熔体晶体生长（NOC）法，可实现高品质单晶硅片（直径 45cm）的低价量产。经日本产业技术综合研究所试制得到的 PV 转化效率为 19.14%（和 CZ 法单晶 Si 相同）。预计生产成本可以降低 20%～30%，正朝着实用化努力（日本化学工业日报，2016/08/12，p1；特开 2011-23742）。

日本产业技术综合研究所、信越化学开发了一种将玻璃转化为阻燃高分子薄膜（50μm）、硅橡胶（500μm）密封材料的轻量硅 PV 模块。并准备将其实用化，预计可用于车辆、房屋屋顶材料一体化等（日本石油化学新闻，2016/09/12，p2）。

松下通过硅基 PV 模块实现了 23.8% 的转化效率（在研究开发层面为世界最高）。同时电池片转化效率也达到了世界最高。京瓷公司开始销售用于日本国内住宅的提高模块转化效率的新产品，共提供 7 种专用模块，转化效率可提高 17.8%（日本化学工业，2016/03/03，p3）。长州产业携手荷兰 ECN 进行共同研究，通过在 MWT 型背接触式 PV 上组合硅异质结（SHJ），成功地将发电效率提高到了 23.1%（日经产业新闻，2016/08/01，p11；WO2015/050163）。

京瓷公司开发了一种叫做"ForZ"的，提高单晶 PV 电池片转化效率的新技术，该技术通过电池片表面改性层将转化效率提高到了 19.8%（＋1%）（日本化学工业日报，2016/03/09，p2）。帝人公司为了紧跟佳能、京瓷等公司的步伐，改良了硅基 n 型 PV 背钝化的硅浆料或作为下一代的主力 PV。KANEKA 公司的 180cm² 晶体硅 PV 的转化效率达到了 26.33%（世界最高）（日本化学工业日报，2016/6/30，p10；09/15，p8）。KANEKA 公司和 NEDO 的模块转化效率也达到了世界最高的 24.37%（日经产业新闻，2016/10/28，p13）。

（2）化合物型

第一太阳能公司制造的 CdTe 薄膜 PV 电池片的转化效率达到了 22.1%。该成绩超过了 2015 年 1 月实现的 21.5%，基本上达到了单晶硅 PV 的水平（日本化学工业日报，2016/02/26，p3）。

昭和壳牌石油公司开始量产新型 PV 面板，输出功率提高到了 175W。该公司的 CIS 薄膜电池也被墨西哥的某项目采用。昭和壳牌石油公司在美国开始建设 10.7 万千瓦的 PV 发电站（加利福尼亚州，2 处），竣工后进行出售。另外，除了日本国内（宫崎县，宫城县），在沙特阿拉伯通过合资建设 PV 面板的新工场一事也正在商议之中（日本化学工业日报，2016/05/11，p4）。

夏普公布了一种住房用 PV 的新模块。该单晶 PV 为背接触式结构，在受光面的另一侧装有正极和负极，并且加入了 NQ-256AF。转化效率为 19.6%，48 块电池片总功率达到了 256W（日本化学工业日报，2016/05/26，p3）。夏普在 NEDO 的项目中，通过一种组合 3 类具有不同光吸收特性的化合物（InGaP、GaAs、InGaAs）的独家技术，开发出的 PV 模块转化效率达到了 31.17%（日经产业新闻，2016/05/27，p6）。

东洋铝业公司通过丝网印刷术在 Si 基板上生成了化合物型 PV（SiGe）。希望以此实现较高的转化效率（日本化学工业日报，2016/06/17，p1）。

（3）钙钛矿太阳能电池

在钙钛矿太阳能电池方面瑞士 EPFL 实现了 21% 的转化效率，包括韩国化学技术研究所（KRICT）（20.1%）、美国加利福尼亚大学洛杉矶分校（UCLA）、英国牛津（Oxford Univ）在内的多个机构均在这一领域展开了激烈的开发竞争。而在日本，于 2016 年也正式开始了由 NEDO 领导的产业合作项目（日经产业新闻，2016/02/12，p8）。京都大学的金光义彦解释了卤化铅钙钛矿的光学性能，并研究了其应用于薄膜 PV 上的物理性质（日本化学工业，2015，12，p26）。桐荫横滨大学的宫坂力等在树脂薄膜上开发出了钙钛矿 PV，转化效率为 14%（日刊工业新闻，2016/04/28，p24）。NIMS 的韩礼元等于 2016 年发表了一种转化效率达到 18.2%（1cm² 标准电池片）的钙钛矿 PV，此外还开发出了一种用于空穴传输层的新型添加剂"烷基 TBP"，该添加剂在黑暗处不会出现劣化，在连续光照下的劣化也得到了大幅改善（日刊工业新闻，2016/10/6，p25）。宫坂力就未来的发展趋势阐述了钙钛矿 PV 的潜力。并继续改进，将电荷传输材料 spiroMeOTAD 转化为有机或无机物（日本化学工业，2016，3，p216）。兵库县立大学的伊藤省吾等人发表研究结果称他们已经确定在 100℃ 条件下，钙钛矿 PV 的使用寿命超过 2600h。该研究结果对实用化有着非常大的意义（日刊工业新闻，2016/12/23，p17）。

（4）有机薄膜太阳能电池（OPV）

东京大学的松尾丰等人开发出了一种电子传输型钛基（Nb 掺杂 TiO_2）透明电极材料（替代 ITO）（日本化学工业日报，2016/01/27，p1）。三菱化学的穿透（透明）型有机薄膜太阳能电池的能量转化效率达到了 6%（世界最高）。可贴在大楼窗户上的透明性和转化效率之间的平衡一直以来都是一个难题，如今此类电池的性能已达到了商用的水平（日刊工业新闻，2016/05/09，p11）。

（5）色素增感型太阳能电池（DSC）

积水化学工业公司已经将 DSC 商品化。采用了日本产业技术综合研究所开发的气溶胶沉积，通过常温涂层工艺制造薄膜（日本化学工业日报，2016/06/13，p12）。

（6）太阳能电池部件

东洋纺公司提出了一种用于 PV 背板的聚酯（抗气候性 PET）薄膜（38μm），该薄膜的抗水解性提高了 30%（日本化学工业日报，2016/06/10，p8；特开 2015-180755）。

（7）其他 PV 相关内容

NEDO 和 KANEKA 公司开发了一种挂壁式的低反射环境友好型 PV 系统，现已开始进行论证试验。该系统具有防眩光功能，设计十分巧妙（日本化学工业日报，2016/02/26，p1）。庆应义塾大学的白鸟世明开发了一种新型涂膜技术，该技术可防止 PV 面板出现污渍（日经产业新闻，2016/12/16，p8）。

帝人公司和中国武汉帝尔激光科技股份有限公司公司进行合作，试图开发并量产一种用于下一代 PV 的材料，该材料通过将硅纳米粒子糊化并印刷到硅片上，从而形成一种特殊的薄膜（日经产业新闻，2016/04/21，p13）。

东丽公司开发了一种 PV 用的新型背板（PET 薄膜）。该背板可以提高反射率和发电效率（日本化学工业日报，2015/12/28，p8）。

住江织物开发出了直径 0.25mm 的太阳能发电纤维。通过涂布法在金属芯材上包裹缓冲层、活性（发电）层、透明电极层、包被层（日经产业新闻，2016/03/04，p9）。

Almix 公司（静冈）销售一种利用柱状 PV 发电（奥地利 HEI 开发）的太阳能街灯。该街灯具有很强的抗风雪能力并且十分美观（日经产业新闻，2016/07/28，p13）。

日本化学工业开始供应一种可提高 LCD 颜色再现性的荧光材料"量子点"的原料。并生产三（三甲硅烷基）膦（TMSP）、高纯度膦（PH_3）（日本化学工业日报，2016/4/18，p1）。

Looop 公司建设于水户的大型太阳能发电站（2000kW，2017 年 3 月运行）采用了美国 GE 的世界最大级功率调节器（LV5）（日经产业新闻，2016/07/15，p11）。

6.1.2　太阳能热力发电

NIMS MANA 的石井忠昭等已经实际验证 TiN 纳米粒子可以 90％的高效率将太阳热能转化为普通热能（日刊工业新闻，2016/01/26，p25）。

日立造船公司介绍了一种进军沙特阿拉伯的聚光太阳能发电设施（CSP）的示范装置。目前在美国西部、西班牙运行的发电设备已经达到 4GW 以上，国际能源署（IEA）预计在 2035 年将达到 81GW。而日立造船公司研究的一种超低设置菲涅耳式聚光（HSLPF）装置，十分值得期待（J Jpn Inst Energy，2016，95，3，p219）。三菱日立电力系统（MHPS）在横滨工厂内建立了一种混合型太阳能发电设备（组合塔式过热器、菲涅耳式蒸发器、高温蓄热系统）并开始进行论证试验（日刊工业新闻，2016/08/05，p8）。

6.1.3　风力发电

日本政府根据 2030 年电力结构预测（效率最大化）制定方针，提出要将可再生能源提高到 22％～24％，并且风力发电应比 2015 年增长 3 倍以上，达到 1000 万千瓦。为响应政府方针，日本国内的大型风力发电站新建计划陆续上马。Eco Power 公司计划在 2022 年实现 50 万千瓦，在 2030 年之前实现 200 万千瓦的发电规模；欧洛斯能源控股公司也制定了 80 万千瓦的业务计划。J-POWER、日本可再生能源公司的项目也正处于计划之中（日本经济新闻，2016/08/17，p11）。根据 NEDO 统计，2015 年日本国内的风力发电机组为 2102 台，设备总量约为 311 万千瓦。正在茨城县鹿岛港近海进行建设的大规模海上风力发电计划预计于 2017 年陆续投入运行，而在福岛县近海，继之前 2MW、7MW 的机组，于 2016 年又安装了 5MW 的机组。长崎县五岛市的户田建设公司停止浮体式海上风力发电设备（2000kW）的调试工作并正式将其投入使用。该浮体式设备通过 3 根链条固定于海底。日本西部环境调查、九州大学也加入该项目，进一步研究如何降低施工费用等问题（日经产业新闻，2016/08/04，p11）。相比于近海，在各个港湾（北海道、秋田、鹿岛、北九州的 9 处）建设风力设施更加容易，因此越来越多的企业开始投身于港湾的风力发电机建设工作。秋田县已经拥有并运行 190 台日本国内顶级的风力发电机，然而包括陆地和海上，当地发电机的数量还在持续增长（日刊工业新闻，2016/12/26，p24）。

可不受风力影响稳定地进行发电的下一代风力发电技术已进入研究阶段。该技术旨在利用风力推动圆盘状磁铁旋转产生涡电流并发热（IH），再利用该热量将传热介质（熔融盐）加热到 560℃ 并储存到储热罐，之后和太阳能发电一样，将该热能用于蒸汽涡轮机使用。与蓄电方式相比，这种方式更容易规模化。此外，对于大型风力发电设备来说，包含增速器在内的机舱总重达 390t（三菱维斯塔斯，8000kW 机组）。因此为实现发电机的小型化和轻量化，开发了油压直驱式的风力发电机（福岛新风），而为进一步实现超小型化，超导发电机（前川制作所）的开发也进入了研究阶段（日经产业新闻，2016/1/26，p2；ISTEC，超导 Web21，2014 年 9 月；WO2014/017320）。由于风力发电设备事故频发，日本经济产业省为强化相关发电设备的安全规定，要求在 2017 年以后每 3 年需对设备进行一次例行检查（日本经济新闻（晚报），2016/30/22）。

日立制作所在茨城县新建风力发电工厂，机舱的生产能力将达到过去的 2 倍（日本经济新闻，2016/02/28，p1）。

在日本，欧洛斯能源控股公司、J-POWER 计划于 2020 年之前在风力发电领域进行大规模投资，使日本国内的风力发电量达到现在的 3 倍。预计将在北海道北部建设 7 个项目，总容量超过 60 万千瓦，投入运行的时间预计为 2021～2022 年，同时输电线也将同步建设（日本经济新闻，2016/02/19，p1；10/31，p5）。

软银、三井物产在岛根县滨田市建设的风力发电系统（29 台，48430kW）正式投入运行（日经产业新闻，2016/06/08，p11）。

在全球拥有超过 7000 台发电设备生产经验的德国 Senvion GmbH 在日本设立法人并正式开始营业。主要销售 2000kW 和 3400kW 的机组（日经产业新闻，2016/04/05，p11）。

法国风投公司 Ideol 开发了一种面向海上风力发电的低成本环状漂浮平

台，瞄准日本市场并正式在日本设立了法人。NEDO 提出了 2 种面向大型项目的漂浮平台（用于 7000kW 风力涡轮机重量 2000t 左右，为福岛示范装置的 1/2 以下）（日经产业新闻，2016/04/08，p11）。欧力士集团加入印度大型风力（100 万千瓦）发电项目（与 IL&FS 合资）（日本经济新闻，2016/03/17，p1）。

东燃通用石油公司的 EMG 开发了一种用于大型风力发电机（机舱）的润滑油（约 400L/台）。相比于传统的润滑油，该润滑油可使设备寿命延长到 7 年，效果是过去的 1.4 倍，也更利于维护保养（日经产业新闻，2016/04/14，p11）。

日本在用于风力涡轮机叶片的特种涂料（氟碳树脂制）方面的需求出现增长。已开始转为使用航空涂料（日本化学工业日报，2016/10/18，p6）。

Progerssive Energy（冲绳）正在开发并普及一种可以通过倾倒风力涡轮机来减小台风伤害的可倒式风力发电装置。目前正在孤岛上进行小规模运行（日刊工业新闻，2016/05/10：p5）。

从事风力发电机开发的 WINPRO 公司开发了一种输出功率小于 20kW 的小型发电机，于 2016 年内销售。该发电机为垂直轴，具有低噪声、高效率的优点（日经产业新闻，2016/03/16，p11）。

三菱重工业的合资企业 MHI 维斯塔斯收到了 5 台 8000kW 级海上风力发电设备的订单。该订单来自英国 Blyth 海上发电示范项目（涉及41500kW，66kV 电压等），于 2017 年开始实施（日本化学工业日报，2016/06/10，p10）。从瑞典国营企业接受了 49 台总容量 40.6 万千瓦的订单。住友商事同德国 RWE、Siemens 等 4 家公司出资的运营公司一起出资，加入正在英国建设中的海上风力项目（33 万千瓦）。目前已经向比利时的 3 个项目出资（日经产业新闻，2016/07/11，p11，8/3，p11）

由伊藤忠商事出资 49% 的美国 Tyr Energy Inc 将在德克萨斯州建设大型风力发电站（22 万千瓦）。这是在美国建立的第三所电站，同时还一并安装了 PV 发电设备（日本经济新闻，2016/07/18，p5）。

Challenergy 公司开发了一种可在台风等强风条件下发电的新型风力发电机，由日本气象协会帮助进行论证试验（冲绳县）。NEDO、日本优利系统公司、滨野制作所等均予以协助。Challenergy 公司开发的这种垂直轴风力发电装置是否能在较广的风速范围内运行，相关的论证试验（1kW）已正式展开（日经产业新闻，2016/08/04，p11，11/25，p20）。

6.1.4　地热发电

在第 6 届非洲开发会议（TICAD，2016 年 8 月 27～28 日）上，各政府、企业、大型重型电机机构均表示愿意就肯尼亚的地热开发提供技术支持和资金援助（日本经济新闻，2016/8/20，p1）。

作为正在实施中的"地热发电技术研究开发"项目的一环，NEDO 已经开始着手进行二进制发电系统、硅垢预防等 4 项研究工作（日本化学工业日报，2016/01/18，p11）。

日本地球科学综合研究所和 JOGMEC（日本国家石油天然气和金属公司）正在开发一种代替传统电磁波法的新技术，该技术可通过人工振荡波探测地热发电的热源（地热储集层）。此外，JOGMEC 从 2017 年开始涉足青年技术人才的教育事业（日经产业新闻，2016/08/10，p11；10/28，p13）。

出光兴产公司于大分县九重町建设二进制式地热发电站（5050kW），2017 年正式开始运行（日刊工业新闻，2016/03/07，p14）。

拥有丰富闪蒸地热发电设备生产经验的东芝，于 2015 年 10 月同美国的大型地热发电公司 Ormat Technologies Inc 合作开发二进制式地热发电。旨在强化土耳其、非洲等的海外地热发电业务（日经产业新闻，2016/06/14，p5）。九州电力将对大分和大岳发电站的设备进行更新，并使用二段闪蒸法进行发电，发电能力将提高到 14500kW（日刊工业新闻，2016/6/16，p4）。大林组将开发一种被称为"热水循环型发电"的新地热发电方式。期待该技术可以解决传统方法中存在的热水供应量不足、热水性质、温泉质水组合的调整等问题，并降低工程风险（日本化学工业日报，2016/06/08，p10）。

在日本 19 个地方投资大型太阳能发电站的 Sparx 集团将加入鹿儿岛的地热发电行业，实现电力来源的多样化，采用二进制式进行发电（日经产业新闻，2016/07/21，p11）。

福井县同积水化学工业和 Kaneko Seeds 公司合作开展利用地热能的农业住房采暖实验。该实验通过将聚乙烯树脂埋在地下并循环流动防冻液，即使在冬天也可以保持 10℃ 左右的温度（日经产业新闻，2016/07/26，p11）。

6.1.5　水力和中小水力发电

随着上网电价补贴政策（FIT）的实施，小型水力发电再次引起了人们的关注，100kW 以下的微型水力发电设备的数量正逐步增加（日经产业新闻，2016/02/17，p2）。

昕芙旎雅公司将面向非电气化地区开发小型水力发电系统（10kW），并于 2016 年后进入印度尼西亚市场（日刊工业新闻，2016/1/14，p9）。理光公司正在研制一种利用楼内空调温水（40L/s）的小型水力发电设备，目标是在 2018 年实现实用化（日经产业新闻，2016/08/19，p3）。

欧力士集团和新加坡的银行共同出资参与越南的水力发电项目（日本经济新闻，2016/09/01，p1）。

J-POWER 公司于冲绳建造的世界首座海水抽水蓄能电站（1999 年开始运行）正式废弃。

6.1.6　海洋发电

NEDO 正在就波浪发电的实用化进行研究开发。论证研究的对象包括机械式（三井造船等）、空气涡轮式（MM BRIDGE 等）、越浪式（协立电机等）以及组件技术开发中的直线式（斧石、大槌地区产业育成中心）（日刊工业新闻，2016/01/04，p19）。IHI、NEDO、东京大学、三井物产正在开发一种洋流发电系统，将于鹿儿岛县进行发电的论证试验。该发电设备为双发式，以 2 台 50kW 发电机为 1 组，涡轮机直径约为 10m。目标是在 2020 年实现实用化（日刊工业新闻，2016/10/27，p08）。

起源于庆应义塾大学的音力发电风投公司开发了两类吸收波能的波浪发电装置并开始销售（日经产业新闻，2016/01/27，p11）。芝浦工业大学的诹访好英开发了一种用于沿岸地区的小型微波发电装置（日刊工业新闻，2016/10/17，p16）。

中国涂料公司的硅树脂基涂料已被用于意大利威尼斯的防波堤，因此在日本国内该涂料在久慈市的波浪发电等海洋能源领域的应用十分值得期待（日本化学工业日报，2016/6/ 24，p6；WO2016/009947）。

6.2　二次电池、电容

在 2016 年的巴黎、洛杉矶车展上，德国和美国厂商相继发布了充电行驶距离达 500km 的 EV 和概念车，对此日本方面也有必要重新审视本国的 LIB、EV 开发情况。美国特斯拉汽车公司（Tesla Motors）研制的 EV（Model S，2012 年发售，最长行驶距离 557km）收到了大量的订单，但在最关键的二次电池高容量化方面的竞争依然激烈。

本田也公布了自己的计划，目标在 2030 年实现 PHV、HV、FCV、EV 汽车的销售数量占全球汽车销售数量的 2/3。其中零排放汽车 FCV 和 EV 占 15%；PHV 和 HEV 占 50% 以上。日产和 BMW 合作，完善 EV 用充电基础设施（日刊自动车新闻，2016/02/25，p1）。HEV、FCV 的先驱者丰田虽然也研究了普锐斯 HEV 的 PHV 化，但在 EV 模式下的行驶距离和日产、三菱、特斯拉相比依然落后不少，因此决定将电池更换为 8.8kW·h 的高性能电池。据富士经济预测，在 2035 年之前的全球下一代汽车市场上 HEV 和 PHV、EV 将形成鼎足之势（日本经济新闻，2016/06/16，p15）。尼吉康公司将和东京大学生产技术研究所共同开发耐热、低损耗的下一代电容器（日本化学工业日报，2016/10/03，p13）。

日产宣布将退出 EV 等车用电池领域。并开始就出售同 NEC 的合资子公司（AESC，2007 年成立，51/49%）一事和日本国内的电池厂商以及多个中国厂商进行协商。独立运营的美国、英国工厂也将一并出售。丰田和松下合作，本田以及三菱自动车、三菱商事则和 GS YUASA 合作生产车用电池（日本经济新闻，2016/08/06，p1）。

丰田和松下共同出资的 Primearth EV 能源公司（PEVE）迎来了成立 20 周年纪念。3 个工厂的 HV 车用电池累积生产数量已经达到了 1000 万个（日刊工业新闻，2016/09/01，p6）。

包括电池技术等 11 个展会在内的日本电子机械零配件及材料博览会 2016 在幕张国际展览中心举行（2016 年 4 月 20～22）（日经产业新闻，2016/4/20，p18）。松下将与中国·北京汽车公司合资生产 EV 主要部件（空调冷凝机、车前灯、安全驾驶显示器、后视镜、传感器等）（日本经济新闻，2016/06/12，p1）。

6.2.1 锂离子电池（LIB）

NEDO 继"革新型蓄电池先端科学基础研究事业"（RISING I）（2009～2015 年，共计 7 年，13 家企业、13 所大学、4 所研究机构参与）之后，又启动了 RISING II（2016～2020 年）项目。以京都大学松原英一郎项目责任人和汽车厂商为中心的 10 家企业、16 所大学、4 所研究机构将参与该项目，在 5 年内将总计投入 150～180 亿日元用于开发创新型的车用蓄电池。京都大学的研究团队正在研究 LIB 电池内部反应不均一性的可视化。在研究中发现，相比于电子电导率，离子电导率非常小（速率限制），而且随着电极孔隙率变小，离子电导率还将进一步下降（日本化学工业日报，2016/08/09，p8）。东京工业大学的菅野了次应用了一种高强度中子的原位衍射法（包括具备自动 Rietvelt 解析功能的衍射时差计），该方法可检测 LIB 高电流工作引起的非平衡状态（Scientific Reports，doi：10.1038/srep28843，2016）。日本企业正积极地向 LIB 领域投资（日本化学工业日报，2016/05/19，p1；10/18，p1）。韩国三星电子公司于 2016 年 8 月上市的战略智能手机"Galaxy Note7"在全球发生了多起爆炸事故，10 月该公司正式宣布停止制造和销售该机型。之后的调查显示，爆炸的原因就在于 LIB。

中国政府制定了目标，希望到 2020 年之前 EV 等下一代环保汽车的数量能累积达到 500 万辆。并积极地进行大规模引进，如今在车用 LIB 的 4 个主要部件市场（正极 62.6%、负极 75.2%、电解液 75.3%、隔板 44.8%）已经处于第一的位置（日本化学工业日报，2016/11/01，p1；11/04，p8～9）。瞄准全球最大 EV 生产国中国，再加上欧洲、美国 Tesla 的小型 EV（范例 3）销售情况一片大好，日本国内的 LIB 部件（隔板、正极负极、电解液电解质、黏合剂）厂家也开始积极筹备本地生产并改变销售模式。仅电极领域就已经有三井金属（NMC 正极）、昭和电工（负极）两家企业加入（日刊工业新闻，2016/08/19，p13）。

除 HV、FCV 之外，丰田还计划在 2020 年之前实现 EV 的量产化并召集了大量集团企业。马自达计划将于 2019 年之前开始在北美市场销售 EV，并公布了响应零排放规定的方针（日本经济新闻，2016/11/07，p1）。LIB 已被用于摩托车启动。在材料方面的开发竞争依然激烈。

高容量化大型 LIB 方面，日本的实用化目标是使能量密度达到现有标准的 2 倍（电流容量 2000W·h/kg）并且 1 次充电行驶距离达到 228～280km（JC08 模式），不过鉴于德国和美国汽车厂家的技术进步，该目标有必要进行调整。日立集团公布了一种可实现 EV 400km 行驶距离的 LIB（320W·h/kg）。该电池在正极使用了高 Ni 层状氧化物，在负极使用了 Si 基材料，目标是在 2020 年投入使用。德国 BMW、美国 Sila Nanotechnologies、日本本田技术研究所等正致力于研究使用 Si 合金代替石墨制作负极。在面向便携式设备的小型 LIB 以及面向 EV 汽车的大型 LIB 方面，索尼公司也制定了明确的电池容量提升计划（日经产业新闻，

2016/03/04，p2；04/01，p2；特开 2016-26381）。日产汽车已经成功试制了一种用于 EV 和 HEV 的改良 LIB，在不改变现有电池尺寸的基础上容量可达过去的 2 倍，即 60kW·h。为实现续航距离 300～400km 的目标，在电池设计、材料技术方面的研究创新从未止步，正极材料、隔板的优化工作也正在进行当中（日经产业新闻，2016/06/29，p23）。三洋化成工业在衣浦工厂中修建了电池材料的新研究开发设施（日本石油化学新闻，2016/05/09，p4）。

村田制作所通过改进正极材料结构开发了一种高输出功率的 LIB，该电池主要面向不间断电源系统（UPS）等工业设备，于 2016 年实现量产（日本化学工业日报，2016/01/19，p3）。

松下和美国特斯拉汽车公司（Tesla Motors）共同建造的车用电池工厂（超级工厂，Nev）已于 2016 年开始进行量产。被称作"21700"型的新型圆筒状 LIB 将应用于 Tesla Model 3。与此前的"18650"型相比，该新型电池的容量增加了 70%。松下和北京汽车集团开始合资生产 EV 主要部件，加速在 EV 市场不断扩张的美国和中国实现产业合作（日本经济新闻，2016/06/21，p12；日刊工业新闻，2016/11/09，p6）。

日立 AMS 开发了一种面向轻度 HV 的高输出功率 LIB（输出密度 1.5 倍、最大输出功率 10kW、最大输入功率 13kW 以上），该电池在 48V 电压驱动的欧洲和中国市场等的表现十分值得期待。目标是在 2018 年实现量产，目前正在和各汽车厂家进行磋商（日经产业新闻，2016/04/21，p13）。日立化成为实现基于可再生能源的智能电网化正在商讨于欧洲建立新电池工厂（日本化学工业日报，2016/01/26，p8）。

表 4 电池的相关信息

项目	技术	引用
负极	昭和电工开发了一种复合负极材料,该材料在人造石墨(SCMG)核表面附着有 Si 粒子并拥有 C 膜,充放电容量为 800mA·h/g	日本化学工业日报,2016/10/20,p12
·石墨	大阪钛技术公司在 LIB 负极上开发出了一种新材料 SiO(容量为碳负极的 5 倍)	日本化学工业日报,2016/11/9,p7
·LTO $Li_4Ti_5O_{12}$	可乐丽公司的植物系硬碳负极材料已经进入准工业化生产	日本化学工业日报,2016/03/07,p1

续表

项目	技术	引用
·Si	丸红公司从莫桑比克引进用于 LIB 负极材料的球形天然石墨(高纯度)并开始销售,规模为 5 万吨/年	日本化学工业日报,2016/06/13,p1
	日立化成的 LIB 负极材料生产能力增加 4 倍	日本经济新闻,2016/12/14,p15
	日立麦克赛尔公司开发了一种用于 LIB 负极的纳米硅-碳纤维复合材料(SiO-C),能量密度可达现有产品的约 2 倍	日本化学工业日报,2016/01/20,p4
	NIMS、美国佐治亚理工学院通过 CVD 法制造了一种 Si 基金属化合物,容量达到了 700mA·h/g	日本化学工业日报,2016/05/19,p3
	KANEKA 公司独立开发了一种使用钛酸锂负极的 LIB,并开始销售住房用蓄电池系统	日本化学工业日报,2016/6/28,p12
	宇部兴产的负极材料 LTO 粉末已于 2016 年投入市场	日本石油化学新闻,2016/09/19,p4
正极	住友金属矿山公司通过松下将正极材料 LNO：$LiNiO_2$ 供应给美国 Tesla。继新居滨,又在福岛建立了新设备并开始生产	日本化学工业日报,2016/09/28,p22
·LCO $LiCoO_2$	日本碍子公司通过使用晶粒取向陶瓷阳极板的全固态电池开发了面向园地的制造技术并交付样品	日本化学工业日报,2016/04/12,p1
·LNO $LiNiO_2$	住友大阪水泥公司通过增强 LFP 正极材料,在 LMP 上实现了高能量密度	日本化学工业日报,2016/03/02,p4
·LMO $LiMnO_3$	住友化学正式进军高 Ni NMC 的大容量化正极领域,将与田中化学研究所进行共同开发	日本化学工业日报,2016/04/27,p12
·NMC $NiMnCoO_2$	户田工业、BASF 试图将 LIB 正极在美国的生产能力翻倍。现已成立合资公司	Chem & Eng News,2016/08/22,p15
·NCA $NiCoAlO_2$	新日本电工大幅度提高了 LMO 正极的性能并开始销售。EV 续航距离为 300km,搭载无人搬运车等	日刊工业新闻,2016/10/14,p13
·LFP $LiFePO_4$	TOYOCOLOR 公司开发了一种用于 LIB 正极的导电碳分散清漆,现已被丰田第 4 代普锐斯采用	日本化学工业日报,2016/02/26,p3
·LMP $LiMnPO_4$	爱知工业大学的森田靖等人在正极上使用独立开发的有机材料(TOT-碳 NT),该材料在 EV 和可穿戴设备方面的应用前景广阔	日本经济新闻,2016/04/04,p13

续表

项目	技术	引用
黏合剂	可乐丽公司将开发一种水系的新黏合剂(HA:含 Li 水溶性高分子),在不使用增稠剂的情况下比 SBR/CMC 更便于使用	日本化学工业日报,2016/03/07,p1
	大赛璐公司将开发一种连接负极活性物质、集电箔的高黏着力水性黏合剂,该黏合剂可提高 LIB 使用寿命和生产效率	日本石油化学新闻,2016/02/01,p1
	日本合成化学开发了一种丁烯二醇·乙烯醇共聚物树脂(BVOH)主剂的黏合剂,寿命为聚偏氟乙烯的两倍,在 NMC 正极上效率极高	日本化学工业日报,2016/4/11,p1
	吴羽公司将改进正极黏合剂用 PVDF 的生产线(磐城市)并将于 2018 年进一步强化	日刊工业新闻,2016/07/27,p1
	比利时的索尔维集团开始销售一种用于 EV、HEV 的超高分子量 PVDF。美国亚什兰公司也正在研究一种新型黏合剂	日刊自动车新闻,2016/04/07,p3
	和光纯药联合东京理科大学的驹场慎一将共同开发一种用于 Si 负极材料的水系黏合剂(交联聚丙烯酸),第一工业制药也正式将电极用分散剂(CMC、CNF)和电解质(FSI)产业化	日本化学工业日报,2016/03/15,p9
电解质	Stella Chemifa 公司和森田化学工业同中国合资,将进一步提高 $LiPF_6$ 的生产能力	日本化学工业日报,2016/06/10,p9
	Stella Chemifa 公司在 $LiPF_6$ 电解液中添加了 4 级铵盐(4-Methoxyethyl-N-methylpyrrolidinium hexafluorophosphate),成功地提高了低温特性、耐压特性和稳定性	日刊工业新闻,2016/07/28,p9
	日本触媒公司正在研究电解质添加剂 $Li[N(SO_2F)_2]$ 的量产化。该添加剂将用于汽车,可控制发热并提高使用寿命	日本石油化学新闻,2016/01/01,p2
电解液	东京大学的山田敦夫、NIMS 的馆山佳尚等人使用阻燃电解液同时实现了高电压(4.6V)和高安全性	Nature Commun, doi: 10.1038/ncomms12032
	丰田通过大型同步辐射装置(Spring 8)观察了 LIB 充放电时电解液中 Li 离子的行为,此举有助于提高电池性能	日刊工业新闻,2016/11/25,p1
	日本中央玻璃公司对中国浙江省的电解液工厂进行了升级(10000 吨/年)	日本化学工业日报,2016/04/22,p2
	宇部兴产在美国 AET(同 Dow Chemical 合资)、中国张家港正式启动生产,规模为 5000 吨/年,此外于安徽省的生产计划也正在筹备当中	日本石油化学新闻,2016/01/25,p1
	三菱化学、三井化学(FPC 合资)正在日本、韩国、中国修建新电解液(EC)工厂	日本化学工业日报,2016/09/07,p12
	三菱化学和宇部兴产发表声明将在 LIB 电解液领域进行合作。于 2017 年统一中国方面的各项业务	日刊工业新闻,2016/10/14,p13

续表

项目	技术	引用
固体 电解质	京都大学的梶原幸治和丰田将合作开发一种改进方法,通过该方法可在车用全固态电池上调整分极	日刊工业新闻, 2016/02/25,p8
	东京工业大学的菅野了次和丰田、KEK 合作开发的全固态电解质(LiSiPSCl)电池具有 3 倍于 LIB 的输出功率,可循环充放电 1000 次	日本化学工业日报,2016/03/22,p1
	东京大学的折茂慎一和三菱气体化学将合作开发一种具有高柔软度的 $LiBH_4$ 固态电解质的量产技术,并向车用 LIB 厂家交付样品	日刊工业新闻, 2016/01/21,p14
	日本理化学研究所的候召民成功实现了用于 LIB 电解质的硼化合物的一步合成	日本化学工业日报,2016/04/14,p1
	日本特殊陶业开发了一种用于全固态 LIB 的高性能电解质(LiLaZrMg-Ca Sr Ba)。该电解质的导电性和 150℃下的性能均十分优异	日本化学工业日报,2016/04/19,p3
	由日立造船开发并发布了一种全固态 LIB,该电池由 LCO 正极、LiC_6 负极和硫化物基电解质构成。旭化成等多个企业也正在研发该类电池	日刊工业新闻, 2016/05/31,p2
隔板(绝缘材料)	宇部麦克赛尔公司的高性能涂布型隔板已应用于丰田的第 4 代普锐斯。该隔板为 PP/PE/PP 三层结构,干式,具有极高的安全性、高温工作稳定性和输入输出性能	日本经济新闻, 2016/09/07,p1
	东丽公司收购了韩国 LG 化学的膜分离设备工厂,目前正在进行设备投资	日本石油化学新闻,2016/01/01,p3
	旭化成通过收购美国 Polypore 公司(2015/8)大大增强了公司在湿式和干式成膜方面的实力,并丰富了涂料技术、评估等多个技术领域	日本石油化学新闻,2016/08/08,p2
	帝人公司于韩国生产两类隔板,这两类隔板分别在多孔质 PE 基材上涂布氟碳树脂和甲基芳纶树脂	日刊工业新闻, 2016/08/26,p17
	住友化学将在 2018 年之前实现芳纶树脂膜分离器增产 4 倍的目标(EV50 万台,韩国大邱、新居滨)	日刊工业新闻, 2016/09/09,p11
	JNC 将开发一种 PP 薄膜的无机填充剂涂布方式,并实现产业化,预计将在 2018 年前建成试验装置	日本化学工业日报,2016/08/25,p12
	W-scope 将生产一种陶瓷涂层隔板并扩大向日本、中国、韩国的供应	日本化学工业日报,2016/05/24,p3
集电器	JX 金属发售了一种高耐久压延铜箔,将促进车用 LIB 的性能和容量提升	日本化学工业日报,2016/07/06,p6

日本东北大学的陈明伟等人在 Li 空气二次电池的研究中,探讨了将通过 CVD 法生成的 3 维纳米多孔质石墨烯用于正极材料的方法。掺入的 RuO_2 起到了催化剂的作用,促进了 Li^0 和 Li_2O_2 之间的充放电(JST news,

2016，1，p6）。此外，AIMR 的矶部宽之等发现环状有机大分子模型的穿孔石墨烯（CNAP）作为大容量 LIB 负极非常高效，期待其在全固态电池方面的应用（日本化学工业日报，2016，05/24，p3）。

大阪府立大学的八木俊介和高辉度光科学研究中心等合作发表了一种有助于还原、产生氧气的高效 Mn 复合氧化物（$CaMn_7O_{12}$，$LaMn_7O_{12}$，四重钙钛矿型结构）。期待该氧化物在金属、空气电池等非贵金属方面的应用（日本化学工业日报，2016/11/29，p6）。

日本产业技术综合研究所开发了一种隔板，该隔板可以稳定锂硫黄电池的充放电循环特性。通过金属有机骨架可以消除多硫化物的形成为使用寿命带来的负面影响（日本化学工业日报，2016/06/28，p1；特开 2016-42419）。

电池的相关信息见表 4。

6.2.2　钠离子电池（NaIB）

东京大学的山田敦夫等人试制了 NaIB 系统，发现在 $Na_2Fe_2(SO_4)_3$ 为正极和 3.8V 电压的条件下，10min 即可充电完毕（日经产业新闻，2016/04/19，p1）。

筑波大学的守友浩发表了 $Na_{1.72}Mn[Fe(CN)_6]_{0.93}$ 等铁氰化物作为 NaIB 用正极物质的可行性研究（日本化学工业，2016，4，p297）。

6.2.3　锌电池、多价金属电池

美国斯坦福大学（Stanford Univ）的东相吾等开发一种防止锌电池枝晶析出的技术，待该技术完全成熟后蓄电池的价格将有望降至 LIB 的一半以下。目前已于 Nature Communications 杂志（2016/06/06，p7：11801）中发表。该技术使用锌作为负极，并采用水电解液。

日本触媒公司开发了一种用于锌二次电池（Ni-Zn、Zn-Air）的隔板膜。该隔板膜和传统的由绝缘非织造布构成的隔板膜有显著区别，该膜属于一种经过有机、无机复合的离子导电性膜，可以防止产生枝晶（日本化学工业日报，2016/02/10，p4；特开 2015-15229）。

埼玉县产业技术综合中心和本田合作开发了一种 Mg 二次电池（负极为 Mg 合金）。该电池的正极为 S 掺杂 V_2O_5/石墨毡；电解质为 Mg$(TFSI)_2$-三甘醇二甲醚溶液（NEDO H20～H23 年度，特开 2011-108478 等，日经产业新闻，2016/1/21，p8）。和光纯药开发了一种高性能且安全

的电解液，工作电压为 3V（日本化学工业日报，2016/11/28，p1；WO2016/084924）。

本田和埼玉县产业技术综合中心合作实现了全球首款 Mg 二次电池的实用化。采用 1 个 V 基正极，基本数值和 LIB 相比也毫不逊色，预计将于 2018 年商品化（日本经济新闻，2016/10/9，p1）。

藤仓橡胶工业实现 Mg 空气电池（一次性电池）的产业化。"Watt Satt" 已于 2016 年 9 月上市。该电池使用 MgLiZn 合金作为负极，电池（210mm×143mm×210mm，1.9kg）容量为 280W·h，注入盐水即可开始发电（日本化学工业日报，2016/7/7，p1；特开 2016-85850）。

6.2.4　电容（EDLC），锂离子电容（LIC）

九州工业大学的坪田敏树等开发了一种以竹子为原料的 EDLC 电极用碳。并研究了原料的多步处理方式，如提取低聚木糖等（日本化学工业日报，2016/07/01，p8）。

可乐丽公司开发了一种用于 EDLC 的高耐压（保持低电阻，椰子壳原料）活性炭（日本化学工业日报，2016/03/07，p1）。JSR 也开发了一种高容量、高密度、高耐久的 LIC，目前正在进行应用开发（日本石油化学新闻，2016/06/13，p2）。

大阪曹达开发了一种在 EDLC 中不需要隔板的凝胶状电解质。该电解质将有助于充放电效率的提高，目前已经开始交付样品（日经产业新闻，2016/01/27，p13）。

藤仓公司也进入了 LIC 领域并开发了电池片、模块等产品（日本化学工业日报，2016/08/05，p1）。

6.2.5　其他

日本产品评估机构（NITE）将在大阪市新建蓄电池评估中心（NLAB），致力于构建下一代电网。NAS（日本碍子公司）、氧化还原液流电池（住友电气工业）、LIB（东芝、GS YUASA、日立化成）等多种电池已相继被开发，NITE 选择了东芝、三菱重工业、日立化成、ELIIYPower 所制造的 4 种产品（共计 2000kW）（日刊工业新闻，2016/05/27，p17）。

京都大学的吉田润一等介绍了多种有机活性物质的研究实例，如氧化还原液流电池的蒽醌基、TEMPO（四甲基哌啶氮氧化物）衍生物等（日本化学工程，2016，3，p187）。用于系统（用于辅助收集可再生能源）的大型蓄电池的导入工程已于孤岛展开。工程采用了氧化还原液流电池（住友电气工业）、NAS（日本碍子公司）、LIB、铅蓄电池。用于减轻家用蓄电池安装负担的国家津贴已从 2016 年度取消（日刊工业新闻，2016/02/23，p34）。住友电气工业将潜心研究 30 年终于成功研发的氧化还原液流电池（2000kW）引进美国大型电力公司 San Diego Gas & Electric（SDG&E），并开始进行论证试验。受 NEDO 的论证委托。北海道电力已经于 2015 年 12 月将该产品引进（日本经济新闻，2016，05/25，p11）。住友电气工业将开发下一代的氧化还原液流电池，实现小型大容量化（500kW•h），并作为一种可移动式电池面向全球销售（日本经济新闻，2016/04/07，p14）。大阪大学的津岛将司等就氧化还原液流电池的高性能化以及前景进行了说明。并介绍了该物质的历史和高性能化（电极和流路设计）的方式（PETROTECH，2016，39，p649）。

京都大学的内本喜晴等和群马大学、高辉度光科学研究中心合作通过X 射线透视法观察了 LIB 电极内部发生的化学反应（充放电）。观察的分辨率达到数十微米，有助于提高电极性能。通过观察查明了电子导电性和离子导电性之间的差异所产生的影响。该影响在大型电池上比较明显，因此此举有助于研究相关的解决对策（日经产业新闻，2016/01/15，p8；日刊工业新闻，2016/06/02，p23）。

大同金属工业将用于 LIB 和电容的电极（正负极）片（在 Al 箔上含有活性炭的涂层）生产能力提高至 240 万米/年（日刊工业新闻，2016/02/18，p7）。

村田制作所从 2015 年起正式开始生产用于 LIB 能量收集（能量采集）的超小型 LIB（4mm×12mm），并进一步开发更大型、更高输出功率的型号（EV、电源等），提高了其在该领域的影响力（日本化学工业日报，2016/05/17，p3）。

岛根大学的笹井亮等开发了一种循环技术，可从使用后的 LIB 中高效回收 Li。从加热残渣中的回收率可达 80%，纯度可达 90% 以上（日刊工业新闻，2016/03/03，p21）。

丰田汽车将扩大其在重组 HV 车用 LIB 方面的再构筑和再利用业务。目标主要为 2003 年和 2009 年上市的第 2 代、第 3 代普锐斯，目前日本、美国在这方面的需求均在增长（日刊工业新闻，2016/04/26，p1）。QST

（量子科学技术研究开发机构）的星野毅因使用创新性的透析法（使用离子导电带）回收海水中 Li 的技术获得了第 15 届 GSC 奖（日本化学工业日报，2016/05/27，p3）。各个汽车厂商和企业将构建 LIB 的共同回收网络，预计在 2018 年投入使用，此举旨在降低回收处理成本（日刊车新闻，2016/10/31，p2）。

三菱电机将开发一种蓄电系统，该系统主要应用于孤岛，可以将不同性质的蓄电池进行组合。九州电力（LIB、NAS）和中国电力（NAS＋LIB）已经开始进行相关研究，并提出最佳方案即采用可以适应各种气象条件的可再生电力蓄电（日经产业新闻，2016/06/08，p11）。

日本碍子公司和关西电力的 Kinden 公司将共同开发一种用于中小型楼房的室内蓄电池（NAS、紧急电源用）（日经产业新闻，2018/05/27，p11）。该公司还将开发 SOFC、Zn 二次电池、片状陶瓷二次电池，目标是在 2018 年上市（日刊工业新闻，2016/06/08，p10）。

GS YUASA 的 LIB 被 JAXA（宇宙航空研究开发机构）的 X 射线天文卫星"瞳"采用，但该卫星在 2016 年 2 月 17 日发射失败（日经产业新闻，2016/02/09，p3）。

FDK 为提高镍氢电池的性能，试制了一种在 $-40\,℃$（通常为 $-20\,℃$ 左右）条件下也可以工作的电池，目前正在准备量产。在该电池中组合了 AB5 型和 AB2 型储氢合金，并采用了独立研发的极板生产方法和集电器（日本化学工业日报，2016/05/11，p4）。Exergy 能源系统公司（起源于东京大学的风投公司）将开发一种改良型镍氢电池，并在山梨县的大型太阳能发电站功率波动平抑系统中进行论证试验（日刊工业新闻，2016/12/02，p18）。

6.3　燃料电池

本田技术研究所于 2016 年 3 月开始提供 FCV Clarity 型燃料电池车租赁（日刊工业新闻，2016/03/11，p3；日刊自动车新闻，2016/11/11，p7）。

日本政府重新规划了氢燃料电池战略目标，希望 FCV 的普及数量在 2020 年之前达到 4 万辆，在 2030 年达到 80 万辆。同时氢气站也计划从现在的 80 个，在 2020 年增加到 160 个，到 2025 年增加到 320 个（日刊工业新闻，2016/03/16，p1）。此外还预计在 2020 年建造氢燃料发电站。基于可再生能源的氢制备系统将于 2040 年左右实现。下一代火力发电技术路线图（2015 年 7 月制定）的重新规划已于 2016 年 5 月开始（日本化学工业日报，2016/5/12，p6；FSBi，2016/05/12，p7）。

山梨大学的饭山明裕对面向高功率、高耐久、高效率 FCV 燃料电池的材料研究现状和前景进行了分析。在分析中涉及了每 100kW 的 Pt 使用量；用于提高使用寿命的催化材料研究方向（高分散化、提高活性、负载方法等）；电解质材料等多个课题（J Jpn Inst Energy，2016，95，1，p21）。北海道大学的吉川信一等对使用 MnON（通过氮氧化物、MnO_x + $NaNH_2$ 反应制备）的氧化还原特性进行了研究，发现在 N-rich 组成中活性出现了上升（Angew Chem Int Ed，2016，55，p7963）。

丰田开发了一种燃料电池卡车，现已开始在美国进行试验（日经产业新闻，2016/11/21，p12）。丰田通商和加拿大 Ballard Power Systems 公司签订了日本国内的燃料电池销售合同。销售内容除了用于手机基站紧急电源的固定式 PEFC（1～1000kW）之外，还将开发用于公交、船舶等运输设备的电池（日刊工业新闻，2016/08/19，p3）。

东京海洋大学的大出刚等正在开发一种新型燃料电池船"雷鸟"（核载 12 人，速度 8 节）。该电池船还搭配使用了 LIB。在 2015 年，户田建设就曾在渔船上对电池船进行了论证试验（日经产业新闻，2016/10/27，p6）。

在家用燃料电池（ENE FARM）方面，大阪燃气已开始销售一种发电效率达 52% 的固体燃料电池（SOFC）。并已逐渐普及固定式的业务用电池开发。京瓷公司（3kW）、三浦工业（5kW）、日立造船（10kW）、富士电机（50kW）以及日立三菱电力系统（250kW）于 2017 年开始销售各自的电池（日经产业新闻，2016/04/28，p17）。

6.3.1 高分子型燃料电池（PEFC）

大阪大学、东京大学和松下开发了一种可减少 80%Pt 使用量的 PEFC 燃料电极和空气电极。目前正在研究单原子的高分散（日本化学工业日报，2016/09/23，p1）。

芝浦工业大学的石崎贵裕等开发了一种含氮元素的碳和 CNF 复合的非 Pt 基燃料电池正极。并采用液体等离子法在常温下制造该正极（日本化学工业日报，2016/08/08，p6）。

东芝燃料电池系统已开始销售一种 700W 的氢燃料电池系统，发电效率为 55%，属于世界最高水平。同时还启动了 3.5kW 燃料电池的论证试验（日经产业新闻，2016/03/09，p11）。

兄弟工业已开始销售一种使用储氢合金的燃料电池。该电池属于都市型小型电源，为 700W PEFC（日本化学工业日报，2016/07/11，p8）。

高速搅拌机厂商 PRIMIX 公司开始正式研发一种旋转薄膜高速混合机（预混合），该混合机主要用于 PEMC 的 MEA（膜电极组），可连续生产催化浆液。该混合机已经在用于 EV 的 LIB 上取得了不错的效果（日本化学工业日报，2016/03/07：p11）。丰田汽车从 2017 年开始销售燃料电池公交车（日经产业新闻，2016/10/24，p13）。

日清纺化学正在持续拓展 FC 用碳基隔板的车用 LIB 市场。FCV 用的隔板采用了金属基，并通过与加拿大巴拉德公司合作成功解决了技术难题。（株式会社）H-ONE 启动了用于本田 FCV 的 FC 电池组的金属（SUS）隔板量产（精密冲裁）（日刊自动车新闻，2016/30/17，p3）。住友商事和美国的燃料电池厂商 US Hybrid（USH）进行业务合作，向商用车厂家销售公交车、卡车等（日本经济新闻，2016/08/11，p12）。Nanotech 开发了一种新型装置，该装置可在燃料电池隔板上对碳（DLC）进行高速成膜（日经产业新闻，2016/11/11，p13）。

岛津制作所开发了一种测定燃料电池内部氧浓度的装置。该装置可测定氧电极的气体扩散层内的氧浓度（日经产业新闻，2016/03/02，p15）。

6.3.2　固体燃料电池（SOFC）

大阪燃气和京瓷公司开发了一种家用 SOFC 燃料电池（能量牧场形）"ENE FARM type S"，发电效率达到了 52%（700W 额定功率下数据），价格也下降了 10%（日本经济新闻，2016/02/25：p15）。

日本特殊陶业正在进行氢相关产品的市场推广。在开发暂定用于家用的 SOFC（700～1000℃，发电效率 45%～65%）时，预计该产品将于 2020 年完成实用化，同时还开发了一种氢泄漏检测传感器（FCV 搭载）（日本化学工业日报，2016/01/08，p3）。

在业务用（1 千瓦到数十万千瓦）电池方面，日立三菱电力系统公布了 2017 年面向大规模设施（250kW）的市场推广计划。除了京瓷公司（3kW）、三浦工业（5kW）之外，受 NEDO 委托的富士电机、日立造船也开始面向中小规模商铺进行 2017 年的交付工作和技术验证（日本经济新闻，2016/04/13，p13）。

日产汽车在 2016 年里约奥运会期间发布了一款燃料电池概念车

"e-NV200"并受到了广泛的关注，该车使用 SOFC 改性的 EtOH 燃料。补充 1 次燃料可行驶超过 600km。EtOH 被改质为便于车载的形式，利用含 N_2 的改性气体燃料驱动 SOFC，电力则储存在 EV 的电池中（日经产业新闻，2016/08/31，p11；WO2014/119119）。

日立造船在公司内部的工厂中设置了一台功率 20kW 的演示设备，并进行了论证试验。使用了日本特殊陶业的扁平层压方形电池片，工作温度为 600℃，目标输电端效率为 50％以上（日刊工业新闻，2016/5/16，p10；特开 2015-32489）。

分子科学研究所小林玄器、东京工业大学、京都大学开发了一种燃料电池系统和通过氢化物输送电子的电解质（$La_{2-x}Sr_xLiH_yO_{3-y}$）。通过该技术有可能制造出超过传统电池 2 倍以上，达到 2～3V 电压的下一代固体燃料电池（日经产业新闻，2016/03/18，p8）。

6.3.3　磷酸型燃料电池（PAFC）

富士电机收购德国 N2telligence 公司并积极拓展业务范围，如开发使用磷酸型燃料电池的仓库防火设备等（日经产业新闻，2016/02/23，p9）。

6.3.4　微生物燃料电池

地杆菌和希瓦氏菌等微生物作为一种发电菌已越来越受到关注。由静冈大学的二又裕之等和东京医科大学的渡边一哉等的团队展开了对此类利用细菌的燃料电池（MFC）的研究工作。此外水质净化（理化学研究所）、物质生产（静冈大学）等方面的研究也同期展开（日刊工业新闻，2016/08/12，p17）。

6.4　氢、氢气站

经济产业省资源能源厅在 2016 年 3 月对氢燃料电池战略路线图进行了修改。由第一阶段"大幅度拓展氢气应用范围"；第二阶段"全面引入氢能发电/确立大规模的氢供应系统"；第三阶段"全面确立不排放 CO_2 的氢供应系统"组成。2015 年不排放 CO_2 的氢工作小组正式成立并开始进行研究。该 WG 致力于解决利用可再生电力制备氢气以及储存运输等一系列的技术问题和论证工作，从而实现日本经济产业省所制定的氢燃料电池路线图（日本经济新闻，2016/09/29，p5）。

日本政府将福岛县定为氢能源的技术开发基地，并公布了"福岛新能源社会构想"。可集中风力发电等 10000kW 级别的可再生电力，并且可满足

10000 辆 FCV 整年能源需求的氢气制造和液化运输的相关制度将在 2020 年（东京奥运会）之前制定完毕。东芝、东北电力、岩谷产业将建造900 吨/年的氢气制造工厂（日本读卖新闻，2016/03/06，p1）。

东京都为实现氢能源社会已计划制定多项工作方针，其他的道府县也将出台类似的政策（日本经济新闻，2016/02/05，p33）。

松下开发了一种用于检测氢气火灾的紫外线传感器。该传感器可提高 UV 波的检测精度，防止因太阳光等引起误报（日经产业新闻，2016/02/23，p11）。

通过 NEDO 的氢能应用等先行研究开发项目，展开了纯氢气燃气轮机燃烧室的开发工作。东京工业大学、产业技术综合研究所、能源综合工学研究所联合企业参与了该开发工作，目标是在 2030 年左右完成实用化。川崎重工正在推进氢气发电燃气轮机（数 MW 级）的产业化，混合燃烧的机型在 2017 年开始论证试验。三菱重工业集团准备开发数百北风级的低 NO_x 燃烧室（日本化学工业日报，2016/04/20，p11；07/06，p10）。

JR 东日本采购了东芝的独立氢能供应系统"H2One"并设置于南武线武藏沟之口站。该系统应用了可再生能源和氢电解（日本化学工业日报，2016/04/15，p3）。

第 12 届国际氢能与燃料电池展（FC Expo）于 2016 年 3 月举行，SymbioFcell 等法国企业的参展引起了人们的关注（日刊工业新闻，2016/03/31，p3）。

6.4.1　氢气制备

日本经济产业省在东京燃气、千代田化工建设等出席的"氢燃料电池战略协议会"上，提出将要制定一套利用剩余可再生能源制备氢气的系统。并于 2016 年正式展开了验证项目（日本经济新闻，2016/01/12，p3）。在资源能源厅的节能新能源部设立了新能源系统课，并将氢燃料电池推进室改为了战略室。

东京工业大学的山口猛央等人提出了一种用于氧化还原电极的 Pt-Fe-Ni 合金。该合金具有优异的活性和耐久性（Ind & Eng Chem Res，2016，55，p11458）。

产业技术综合研究所福岛可再生能源研究所（FREA）和清水建设研究了基于太阳能发电的氢气制备，东北电力、横滨市（岩谷产业、东芝、丰田汽车）则研究了基于风力发电的氢气制备，户田建设也正在进行利用海上风力发电的燃料电池船的论证试验（日经产业新闻，2016/4/28，p17）。FREA 公司、日立集团利用内燃机余热进行 MCH 脱氢方面的小规模论证试验已于 2015 年结束，目前正在筹备面向实用化的论证试验（日本化学工业日报，2016/06/27，p10）。

在日本经济新闻社主办的社会创新论坛（2016 年）上，就向日本引入氢能源相关问题进行了研究课题分析并提出了建议（日本经济新闻，2016/08/08，p23～25）。

千代田化工建设开发了一种面向氢气站的 MCH 脱氢法制氢设备（50Nm³/h）。此外利用碱性水电解装置（旭化成）和 SOFC 并基于可再生电力的氢气制备以及发电论证试验也将展开。2018 年之后还将进一步进行远距离运输和消费地使用的相关论证试验。作为 NEDO "氢气社会构建技术开发事业" 的 "基于有机化学氢化物法产自未利用能源的氢气的供应链论证" 的一部分，暂定将从东南亚各个资源国获取氢气原料（日本化学工业日报，2016/04/15，p11；03/29，p11；04/07，p11）。

JST、产业技术综合研究所、广岛大学以及多个企业均参加了日本内阁府 SIP（战略性创新创造方案）"载能体" 项目，并取得了不少成果，如从氨中制造高纯度氢气燃料、燃料电池应用等（日本化学工业日报，2016/07/20，p1）。

高桥制作所（埼玉县）以木质生物质为原料，开发了一种通过二步气化制备水煤气（H_2 60%）的技术，该技术将用于自产自消的发电项目和氢气制备（日刊工业新闻，2016/1/6，p7）。

住友精化在氢气制备系统方面正致力于扩大设备销售，该设备以 COG、MeOH、NH_3 等作为原料并组合 PSA（日本石油化学新闻，2016/03/07，p5）。

住友精密工业开发了一种用于氢气站的微通道热交换器。该热交换器可将经 82MPa 压力压缩后的气体进行冷却，体积也可以减小至传统双层管式热交换器的 1/50。目前该热交换器正在岩谷产业的氢气站运行（日本化学工业日报，2016/03/04，p11）。

日本产业技术综合研究所 FREA、日立集团等 4 家机构和企业将开发一种氢气制备工艺，该工艺将利用内燃机余热进行 MCH 脱氢。目标是在 2020 年之后完成实用化（日本化学工业日报，2016/06/27，p10）。

丰田汽车和爱知县将开始进行基于余热的氢气制备（电解法）论证研究（日经产业新闻，2016/2/17，p11）。

川崎重工、岩谷产业、Shell 日本、电源开发共同设立了 "不排放 CO_2 的氢气供应链推进机构（HySTRA）"，并将 NEDO 委托的论证工作移交至 HySTRA，从澳洲产褐碳制备氢气的技术开发也全面展开（日刊自动车新闻，2016/04/07，p2）。川崎重工计划将在 2020 年于澳洲开展氢气制备相关的培训工作（NEDO 事业），关于此事已同维多利亚州政府达成一致（日刊工业新闻，2016/12/08，p1）。丰田汽车、东芝、岩谷产业、神奈川县、横滨市、川崎市将对通过风力发电制备氢气的氢气供应链进行论证，丰田还将展开 FC 叉车的验证工作（日本化学工业日报，2016/03/15，p1）。东京电力、东丽公司、山梨县等联手合作，并在 NEDO 的协助下展开了太阳能发电、电解法制氢（P2G，$45 \times 10^5 \, Nm^3$/年）的论证试验（日本化学工业日报，2016/11/07，p12）。

日立造船开发了一种用于 FCV 的箱式制氢系统。该系统基于可再生能源，产量达 $100 Nm^3$/h（日经产业新闻，2016/08/22，p11）。

日立集团和宫古岛新产业推进机构试制了一种利用 40％EtOH 溶液的燃料电池系统。在 350～450℃ 的条件下进行改性，以氢气作为 PEMFC（质子交换膜型燃料电池）的燃料。并提出了一种平衡发酵以及发电的工艺（日本化学工业日报，2016/02/09，p11）。

北海道电力、北电综合设计、东京大学、日本森林技术协会在林野厅的协助下，从 2016 年开始进行基于木质生物质的氢气制备和燃料电池发电的小规模论证试验（日本化学工业日报，2016/04/07，p11）。

工学院大学的中尾真一等利用在 H_2-MCH-TL 系统中使用的氢的膜分离技术，研究了 $Ph_3 SiOMe$ 固定化膜（多孔质 $Al_2 O_3$ 基板）（Ind&Eng Chem Res，2016，55，p5395）。

住友电气工业、芝浦工业大学的野村干弘开发了一种高氢透过率硅基底的沸石膜（日经产业新闻，2016/12/05，p8；特开 2016-175073）。

在日本内阁府 SIP（战略性创新创造方案）"载能体"项目中，京都大学的江口浩一、同志社大学的稻叶稔等人在一种以氨为燃料的燃料电池（PEFC、SOFC）上取得了突破性的成果（Solid State Ionics，2016，285，p222；JST news，2016，2，p6）。日本东北大学的涡轮燃烧、广岛大学的氢气制备，都在进行面向汽车燃料的研究（日本经济新闻，2016/07/04，p13）。日本能量学会杂志刊登了一期特辑，主题为关于 NH_3 作为氢载体的可能性。广岛大学、昭和电工、大阳日酸等均加入了 SIP "载能体"（JST 项目）（日本能量学会杂志，2016，95，5，p360～397）。

昭和电工将促进川崎废旧塑料的气体化以及制氢设备原料（工业废弃物以及下水道污泥等）的多样化（日本化学工业日报，2016/7/25，p12）。正兴电机和山口大学将研究一种利用已处理污水和海水的盐浓度差来制备氢气的技术并进行论证实验（日刊工业新闻，2016/12/13，p17）。

6.4.2　氢气站、氢脆性

神户制钢所开发了一种面向氢气站的 SUS 板积层型的高效率热交换器。该热交换器通过化学蚀刻形成精细槽通路，再通过扩散压合形成多层结构。目前该设备的使用数量已经超过 100 台。另外，该制钢所还将进行使用水电解装置（HHOG，特开 2015-168836）并基于可再生能源的氢气制备以及氢气站（HyAC）的论证实验（日经产业新闻，2016/01/07，p904/08，p11）。

日本碍子公司准备将用于 FCV、氢气站的 BeCu 合金商品化。并和九州大学合作对氢耐性进行了评估，发现即使在 100MPa 的高压下，强度也未出现下降（日经产业新闻，2016/04/20，p9）。

石油能源技术中心的小林扩等人就丰富氢气站用金属材料的类型进行了介绍。根据温度和压力条件不同，SUS316（Ni 当量材料）、铜合金、SUH660 等都是具有潜力的材料，目前正在对这些材料进行标准化（PETROTECH，2016，39，5，p400）。新日铁住金所开发的高压氢气用钢管（耐氢脆性、高强度奥氏体、HRX19）已被东京燃气的氢气站大量采用。该钢管可以焊接配管（日刊自动车新闻，2016/03/31，p3）。JEF 钢铁将于 2018 年将氢气站用蓄压容器商品化。通过在钢管上缠绕碳纤维（25cm×160cm），可大幅度降低价格（日经产业新闻，2016/05/19，p13）。大阪府立大学的久保田佳基等通过 Spring-8 观察发现，在 SUS-316 的变形过程中，面心和体心立方均含有六方晶的中间相。因此认为该材料具有防止氢脆的潜力（日刊工业新闻，2016/06/17，p33）。

岩谷产业正在筹备 20 座氢气站。除了继续推进氢气制备、供给、基础设施建设外，还将开发不排放 CO_2 的氢气制备法。在液化氢气的制备方面，目前已拥有山口、堺、千叶 3 座工厂，4 组系统，生产能力达到 12000L/h，到 2018 年还将进一步增加到 18000L/h（日刊工业新闻，

2016/03/30，p10；06/17，p1）。岩谷产业和 71/（SEVEN-ELEVEN）将建设用于提供 FCV 燃料的便利店一体式氢补给站（日本化学工业日报，2016/02/15，p10）。

日本制钢所开发了一种面向氢供应设施的蓄压器（钢制）和压缩机（小型隔膜式压缩机，55Nm³/h）的封装部件（日本化学工业日报，2016/03/08，p11）。

东京燃气对千住氢气站已经从研究开发、论证阶段转为商用改造、转移阶段。该氢气站为就地式，生产能力达 100Nm³/h（日刊工业新闻，2016/01/13，p22）。

高石工业将提供一种用于氢气基地的 O 型圈（抗氢、用于紧急分离耦合），以此来减小橡胶破损风险（日刊工业新闻，2016/03/15，p26）。

三菱化工机宣布将在川崎修建就地式氢气站。并提高小型氢气制备装置 HyGela-A（300Nm³/h）的工作效率。此外，三菱化工机在日本国土交通省的 B-DASH 项目中还同九州大学、福冈市进行合作，开发一种基于下水道污泥消化性气体的氢气制备技术，并将该技术应用于氢气站（日本化学工业日报，2016/05/12，p6；12/08，p10）。

丰田、本田、日产汽车等大型汽车公司以及 JX、岩谷产业、东京燃气等能源公司在 2017 年创办新公司，用于向全国推广"氢气站"（2020 年，4 万辆）（日本经济新闻，2016/05/30，p1）。

6.4.3　氢气储存

东芝研究了氢能源业务的拓展前景，并提供了一种氢能源供应系统"H2One"。该装置的水电解、氢气储存、燃料电池发电系统均搭载在 2 辆卡车上，因此具有很高的可移动性，可在受灾时或供应孤岛电力时使用。该装置将采用可再生能源、剩余电力制氢＋燃料电池发电（SOEC/SOFC）技术（日经产业新闻，2016/04/20，p11、06/10，p9；J Jpn Inst Energy，2016，95，p188）。日立集团、能源综合工学研究所、北海道电力在 NEDO 的协助下将对利用水电解、储存和火力发电来减小可再生能源功率波动和剩余电力产生的技术进行论证（日刊工业新闻，2016/11/03，p3）。

日本制钢所、日立造船等 5 家公司将在 NEDO "氢气社会构建技术开发事业/氢能源系统技术开发"的指导下，共同研究从工厂排放的 CO_2 中制备甲烷气体的方法。在制备过程中将使用基于可再生能源的氢气（日刊工业新闻，2016/10/17，p7）。

茨城大学的时任宣博和京都大学和近畿大学研究人员共同研究 Gr 在常温条件下实现了氢分子的活性化，并通过铝双键（ArAl＝AlAr）合成了氢化铝（ArAl$_2$H$_4$Ar）（Angew Chem Int Ed，2016，55，p12877）。

山口液氢（岩谷产业、德山合资公司）增加液氢产能（3000L/h），达到约 15000L/h。（日本化学工业日报，2016/01/08，p3）。

JEF 钢铁试制了一种 40L 的复合蓄压容器（日刊工业新闻，2016/03/18，p20）。

6.4.4　氢气运输

日本试图使用实用化的液氢运输船，在国际海事组织（IMO）第 3 次货物运输分委员会上，日本提出的安全要求草案已经作为临时建议得到批准。NEDO 将在日本和澳大利亚之间推进液氢运输船的论证试验（日本化学工业日报，2016/09/15，p10）。

川崎重工、岩谷产业正在开发一种在海外生产氢气然后运输至日本的新系统。其中液化（LH2）运输、供应网（氢气站、燃料电池系统）是必不可少的因素（日本经济新闻，2016/1/4，p15）。川崎重工已开发一种用于 LH2 海上运输的专用储存罐（直径 10.5m×16.5mL，内径 9.0m×15mL，通过高度隔热材料固定）的制造技术。并同神户市进行合作，将液氢的进口选在神户港，预计将于 2020 年之前投入运行（日本经济新闻，2016/1/26，p1）。川崎重工、岩谷产业、Shell 日本、电源开发 4 家公司建立了一个 HySTRA 技术研究联合体，旨在构建一个无 CO$_2$ 排放的氢气供应链。在液氢的海上运输技术开发方面同英荷壳牌石油公司进行了合作（日本经济新闻，2016/03/14，p1；日本化学工业日报，2016/04/04，p11）。

三井物产投资碳纤维增强复合材料（CFRP）压力罐厂商 Hexagon Composites ASA（挪威，全球顶级公司），正式进入了面向 CNG 汽车、FCV 的碳纤维增强高压氢气（面向 FCV，Type 4）轻量罐领域（日本化学工业日报，2016/03/01，p1）。

早稻田大学的西出宏之等开发了一种可用于运输氢气的塑料（酮类聚合物）。在水中施加 1.5V 电压的条件下可恢复为醇类聚合物，加热到 80℃之后即可释放出氢气（30mL/g）（日本化学工业日报，2016/10/04，p1）。

7 基础催化化学、催化材料（表面化学、酶、沸石等）

7.1 基础催化化学

在日本化学协会第 96 次春季年会上，JST 的 CREST "以元素战略为主轴的物质、材料创新功能开发" 已经迎来第 9 个年头，因此就其成果和前景展望举行了一次展示会。日本沸石学会（会长：松方正彦）提出，应该将沸石的应用从汽车尾气净化催化剂拓展到分离膜上，并在 2030 年之前普及（日本化学工业日报，2016/05/25，p6）。

日本理化学研究所的中野明彦等成功地实现了光合作用时叶绿体内 "光能转移" 的可视化。使用共轭焦显微镜（SCLIM），在三维方向上高速扫描植物叶绿体从而得到高分辨率图像（日刊工业新闻，2016/07/18，p17）。

广岛大学的久米晶子解释了通过金属表面和有机结构体（诱导期的吸附物种、硫羟、乙炔等吸附物种）融合产生的催化作用（日本化学与工业，2016，69，9，p746）。

日本东北大学的浅尾直树等发现，CeO_2 纳米柱在低温条件下具有较高的氧气储存能力（Chem Eng，2016，2，p11；特愿 2015-101576）。

名古屋大学的唯美津木等观察了在氧气储存和释放阶段 $Pt/Ce_2Zr_2O_x$ 催化粒子内的氧气扩散情况（Angew Chem Int Ed，2016，55，p12022）。

九州大学的三浦则雄等提出了一种基于 $Sr_{1-x}Ca_xFeO_{3\delta}$ 的 O_2 的高温 PSA（600℃）系统。显示了 $4.9cm^3/g$ 的吸附量（Ind & Eng Chem Res，2016，55，p3091）。

日本理化学研究所、三井化学分析中心介绍了一种在聚合物末端和子结构不会对主结构和溶剂造成影响的情况下使用 NMR 进行高效解析的方法（日本化学工业日报，2016/09/01，p12）。

日立集团基础研究中心在 2016 年内公开了该中心所拥有的全息电子显微镜等全球少有的计测装置和研究设备，以响应文部科学省的"尖端研究基础共用促进事业"（日刊工业新闻，2016/09/13，p1）。

安捷伦科技销售一种基于新理念的气相色谱装置。Micro Emission 公司也开始销售一种可移动式元素分析装置（日本化学工业日报，2016/09/13，p10）。

京都工艺纤维大学的池上亨等开发了一种可光学分割亲水性分子的液相质谱（HPLC）分离柱。在硅粒子中聚合修饰了乙烯砜结合型氨基酸（日本化学工业日报，2016/09/02，p4）。

碳纳米管自从 1991 年被饭岛澄男发现以来，至今已经 25 年，高质量产品的量产化已逐步实现并将进一步应用于电子元件。日刊工业新闻制作了一期特辑介绍了上述内容（日刊工业新闻，2016/07/18，p17）。神户天然物化学开发了一种光固化 CNT 分散涂料。具有良好的抗静电功能。热固性树脂涂料也已上市（日本化学工业日报，2016/09/01，p6）。

日本原子力研究开发机构的古谷有喜等阐明了锗烯的原子位置和非对称结构，该锗烯被推测与石墨烯有相似结构（日经产业新闻，2016/9/27，p8）。

芝浦工业大学的石崎贵裕等研究表明，含氮碳（NCNP）和碳纳米纤维组合而成的复合材料具有和 Pt 差不多的性能，预计将用于燃料电池、空气电池的正极（日刊工业新闻，2016/09/21，p27）。

三菱商事、风投公司的 DR. GOO 开发了一种球状导电颗粒（直径 0.5～2.0mm），该颗粒通过微量树脂固定碳纳米管。与用于增加 LIB 电极导电性的高导电性 CB 相比，导电性上升了 20％～30％。喷粉性也极低（日经产业新闻，2016/09/09，p8）。

京都大学化学研究所的村田靖次郎等成功地制造出了一种在 C70 富勒烯内部用 1 或 2 个分子包裹水分子的物质（日本化学工业日报，2016/03/08，p1）。

名古屋工业大学的川崎晋司等通过单臂碳纳米管（SWCNT）-碘（电解添加法）提高了导电性并应用于蓄电池，使蓄电容量增加到原来的 4 倍（J Phys Chem C，2016，120，p20454）。

富士化学开发了一种可使 SWCNT 在水中均匀分散的液体。并提出该液体可用于无机添加剂、价低且高性能的透明电极膜（日本化学工业日报，

2016/08/30，p6）。

日本产业技术综合研究所的末永和知等研究了碳纳米角（CNHs）的 p 型掺杂，并同碳纳米管（SWCNTs）进行了对比（Angew Chem Int Ed，2016，55，p10468）。

昭和电工将开发一种富勒烯的新制造方法，目前正在进行先期试验（川崎）（日本化学工业日报，2016/03/11，p22）。

东京大学的合田圭介等成功地实现了 Coherent Anti-Stokes Raman Scattering（CARS）测定的高速化（24000cycle/s）（Chem&Eng News，2016/02/22，p30）。

东京工业大学的木村学和物材机构开发了一种用于分子吸附结构识别的单分子光谱法。可进行 SERS、电极-电压特性的同时测量（日本化学工业日报，2016/02/22，p7）。

东京工业大学的笹川崇男等开发了一种高纯度黑磷单晶（p 型半导体、空穴迁移速度较大）的制造技术。通常来说该物质需要在超高压条件下才能制造，但该技术通过使用矿化剂成功地实现了在通常大气压下的合成（日经产业新闻，2016/01/21，p8）。

名古屋大学的篠原久典等在碳纳米管（CNT，内径约 0.7nm）内生成了碳原子数量达 6000 的直链（Chem&Eng News，2016/04/11，p4）。日本产业技术综合研究所、日本瑞翁因 SWCNT 的低成本合成技术得到了文部科学大臣的表彰。于德山工厂进行量产，并与产业技术综合研究所一起建立了共同研究设施。开发了 CNT、石墨、橡胶复合的散热片。昭和电工在川崎事业所扩大了多层 CNT 的量产规模，于 2015 年 9 月达到产能 200 吨/年。宇部兴产已停止继续研究多层 CNT 在 LIB 正极和负极的应用。神户天然物化学开发了一种高分散化 CNT 基底的光固化涂料。该涂料有助于防止静电、去除静电、提高使用寿命等（日本化学工业日报，2016/04/28，p7；09/01，p6）。

京都大学的山子茂、东京化成工业开发了一种环聚亚苯基（碳纳米环）（日本化学工业日报，2016/2/25，p6）。

宇部兴产将面向 LED 和半导体生产以 Al、Ga、In 为主的有机金属化合物并进行市场开发（日本化学工业日报，2016/03/04，p12）。

日本最快的超级计算机"京"的后续机型将于 2020 年正式投入运

行。新机型将用于地震海啸处置（城市灾害）、气象预测、制造业、设备材料开发、制药等领域，可大幅度缩短计算时间（日刊工业新闻，2016/05/04，p16）。

日本京都大学、东北大学和三菱电机开发了一种高温超导线圈，并将其应用（微小模型）于不使用液氦的 NMR（日刊工业新闻，2016/05/25，p27）。

日本东北大学的和田山智正等对 $Pt_{25}Ni_{75}$ 核@Pt 壳的 Pt 原子层数和电化学氧化还原活性之间的关系进行了研究（ACS Catal，2016，6，p5285）。

安捷伦科技开始销售一种三重四级杆质谱的高灵敏度装置（ICP-MS），可用于分析纳米粒子的元素组成和含量。在进行半导体用试剂的杂质分析时效果显著（日本化学工业日报，2016/6/16，p11）。在食品、环境分析领域，一种离子源清洗能力和检测性能均大幅提高的三重四级杆质谱 GC/MS 开始销售。日本电子开始销售一种新型扫描式电子显微镜"JSM -IT100（InTouchScope）"（日本化学工业日报，2016/08/10，p10；09/05，p8）。

东京工业大学的细野秀雄教授获得了"日本国际奖 2016"（物质、材料、生产领域）。大阪大学的村井真二教授获得了朝日奖；北海道大学的前田理获得了默克-万有奖（Angew Chem Int Ed，2016，55，p5636）。中部大学的山本尚（日本化学协会会长，名古屋大学名誉教授）获得了 Roger Adams 奖（美国化学协会有机部门），野依良治于 2001 年获得过该奖。（日本化学工业日报，2016/08/23，p1）。

针对"挑战性研究"，文部科学省于 2017 年建立大型资助项目（2000 万日元/项×2 项，3～6 年），用于支持具有原创性的科研项目（日刊工业新闻，2016/07/13，p1）。

2016 年 4 月，量子科学技术研究开发机构（QST、量研机构、平野敏夫理事长）正式成立。由放射学、聚变能、量子射线科学的研究开发部门、ITER 支援队伍等组成（日本化学工业日报，2016/08/16，p1）。

NIMS、理化学研究所、产业技术综合研究所从 2016 年 10 月开始正式成为特定国立研究开发法人（日刊工业新闻，2016/08/25，p1）。

英国 Times Higher Education 杂志发布了包含中东在内的 2016 年亚洲大学排名，其中东京大学从首位跌落至第 7 位，落后于新加坡国立大学、南洋理工大学、北京大学、香港大学等（日本经济新闻，2016/06/21，p38）。

三井化学的 2016 年催化科学奖颁发给了美国威斯康星大学-麦迪逊分校（Univ Wisconsin-Madison）的 Shannon S，Stahl（日本化学工业日报，2016/06/14，p12）。

2016 年度的诺贝尔生理学医学奖颁发给了东京工业大学的大隅良典（荣誉教授）。化学奖则由 Jean-Pierre Sauvage（Univ Strasbourg，Catenane 的合成）、J Fraser Stoddart（Northwestern Univ，Rotaxane 的合成）、Bernard L Feringa（Univ Groningen，分子机器发表）三人共同获得。

7.2　催化材料

产业技术综合研究所、日本精细陶瓷协会（JFCA）共同设立了"尖端涂布联盟"，旨在实现基于陶瓷的尖端涂料技术的实用化（日本化学工业日报，2016，02/04，p1；Synthesiology，1，2，p130，2008；特开 2014-172800）。

NIMS 和 JST 成立了产学联盟，旨在将大数据和人工智能（AI）等的信息应用于材料开发，该联盟已于 2015 年 4 月 1 日正式开始运行（日刊工业新闻，2016/08/25，p1）。

活性炭在日本国内的需求持续下降。用于上下水道的活性炭逐渐减少，用于排水的活性炭数量也逐渐下降。不过食品生产（脱色、精制）方面的活性炭需求依然比较稳定（日本化学工业日报，2016/08/12，p8）。合成二氧化硅用途很广，因此作为一种功能性材料其需求量显著上升。生产方法包括干法和湿法，其中湿法（沉淀法、凝胶法、溶胶-凝胶法）占总体的 90%。该材料在汽车轮胎上的需求量较大（日本化学工业日报，2016/06/03，p9）。

早稻田大学的黑田一幸等通过介孔性石英超晶格结构制造出了单结晶（α-Quartz）。原料为正硅酸乙酯、三羟甲氨基甲烷（THAM）、$LiNO_3$（Angew Chem Int Ed，2016，55，p6008）。

TOTO 公司开发了一种拥有低热膨胀性、高比刚度的陶瓷（堇青石、SiSiC）涡轮机，目前正在以航天产业为中心进行应用开发（日本化学工业日报，2016/05/09，p5）。

（株式会社）FIMATEC 公司已开始进口和销售（美国 Applied Materials）一种具有纳米管结构的埃洛石"$Al_2Si_2O_5(OH)_4$"（日经产业新闻，2016/05/26，p18）。

日本高度纸工业开发了一种涂镀有无机/有机纳米复合体催化膜"iObrane"的管、环催化剂。具有优异的抗氧化性、化学稳定性和耐热性（日本化学工业日报，2016/8/3，p6）。

日立化成将开发一种使用传统粉末冶金法无法制造的高孔隙率多孔金属，该金属具有良好的热交换、隔热、放热、吸附和冲击力吸收等性能（日本化学工业日报，2016/1/7，p10；WO2015/046623）。Furuya 金属公司在 JST 的"ACCEL"项目"基于元素合成的物质开发和应用拓展"中将开发一种新纳米合金（Pd-Ru 等）的稳定生产工艺并进行应用开发（日本化学工业日报，2016/8/10，p6；特许 5737699，WO2016/039361）。稀有金属材料研究所将量产一种粒径在 20nm 以下的 WO_3 纳米粒子。通过新型溶胶-凝胶反应制造针形粒子（日本化学工业日报，2016/10/28，p8）。

东京大学的大久保达也等报告了一种沸石的超高速合成法。通过凝胶构成、加热法、添加晶种等方式合成了 SSZ-13、分子筛 Silicalite-1 等（沸石，2016，33，No.1/2，p19；日本化学工业日报，2016/11/30，p12；WO2015/005407）。

山口大学的喜多英敏等研究了具有了良好再现性的耐酸性 MOR 沸石膜的合成条件，将用于 $AcOH/H_2O$ 的分离和脱水（Ind & Chem Chem Res，2016，55，p12268）。东曹公司正在马来西亚建设高硅沸石生产设备。用于应对汽车尾气净化方面的需求增长（日本化学工业日报，2016/11/11，p12）。

新东北化学工业对天然沸石作为一种多孔质材料的应用前景进行了研究，如除臭剂、除氧剂、防护剂的载体以及土壤改良剂和水处理剂等，并同产业技术综合研究所合作开发空心丝、滤纸过滤器等（日刊工业新闻，2016/01/28，p35；特开 2012-72534）。

KUNIMINE 工业增加了精制膨润土（蒙脱土）、合成蒙脱石的生产能力（日本化学工业日报，2016/06/13，p6）。

京都大学的北川进正在进行 JST 项目（2013～2018 年），研究基于多孔配位聚合物（金属配合物：PCP）的气体吸收和分离（日刊工业新闻，2016/11/24，p15）。大阪府立大学和大阪大学通过气相法合成了多孔质 MOF 薄膜（日本化学工业日报，2016/12/09，p3）。

宇部 Exsymo 公司通过二氧化硅微颗粒，在 $0.2～12\mu m$ 的球形二氧化硅的基础上，又开始量产一种直径 $13～70\mu m$ 的球形二氧化硅（日经产业新闻，2016/9/9，p12；特开 2010-260881）。

中村超硬和东京大学的胁原徹等将利用溶液内等离子体技术开发一种使用硅泥（生产晶元时的副产物）的纳米沸石（NaA 型，50nm，300nm）生产方法，并进行产业化（日本化学工业日报，2016/09/21，p6）。

京都大学的中西和树等成功地实现了多孔质硅单片的大型化。在初期也对液相质谱（HPLC）用吸附剂进行了研究，因此其在过滤器方面的应用也十分值得期待（日本化学工业日报，2016/08/25，p4）。

东京工业大学资源化学研究所的日比裕理在多孔质基板上通过 role-to-role 方式（凹版印刷方式）形成了具有圆筒状纳米细孔的微相分离膜（日本化学工业日报，2016/5/31，p1）。

日本宝翎通过对功能性粒子进行加热固定为无纺织布增添了多种性质，如亲水性、抗菌性、离子交换等。其在环境领域的应用也十分值得期待（日本化学工业日报，2016/12/13，p7）。

九州大学的三浦则雄开发了一种通过对氧气进行高温 PSA（分子筛吸附变压技术）（300℃）进而分离的钙钛矿吸附剂 $SrCo_xFe_{1-x}O_{3-\delta}$（Ind&Eng Chem Res，2016，55，p6501）。

在工业气体（O_2、N_2 等）方面，正在普遍使用 PSA 气体发生装置。关于大阳日酸、Air Water、住友精化的相关技术也已经有过介绍（日本化学工业日报，2016/07/11，p9）。

离子液体在下一代电池用电解质等方面具有广阔的应用前景，目前正朝着实用化进行相关研究开发。相关的生产制度已经制定，预示着该产品即将从样品阶段转入正式生产阶段。广荣化学工业 2016 年在千叶建造多个工厂，并制定超过 500 种产品的供应制度。和光纯药工业以电池领域为中心开发了新产品，关东化学、MIYOSHI 油脂公司也开发出了自己的独立产品。富士色素也加入了开发阵营（日本化学工业日报，2016/03/01，p6；09/01，p6）。

二村化学公司将加大医药品用活性炭（球形酚树脂原料）的产量。三和公司将生产用于汽车滤毒罐、电池、电容电极等的活性炭，并试图将业务范围拓展至中国（日本化学工业日报，2016/01/14）。可乐丽化学公司以煤炭为原料开发了一种碳分子筛（MSC）。该产品是一种用于空气 PSA 分离的吸附剂，相比椰壳炭在价格上更有优势。大赛璐公司正在推进超分散纳米金刚石的产业化（日本石油化学新闻，2016/06/13，p3；WO2016/043049）。

日本 Aerosil 公司（Evonik Industries、三菱材料公司合资）将正式展开表面改性的气相二氧化硅业务。已于 2015 年 10 月同盐野义制药合资开始销售功能化二氧化硅（Chem Week，2016/01/18，p14）。

日清工程公司开发了一种歧化氧化钛制的导电纳米粒子量产技术。该技术采用了热等离子体火炬法，在燃料电池电极催化方面的应用十分值得期待（日经产业新闻，2016/2/22，p9）。

奈良女子大学的原田雅史等对微波照射下的金属纳米粒子（通过 Pd、Rh、Ru、Pt、高分子 PVP 保护）合成进行了研究（Ind & Eng Chem Res，2016，55，p5634）。日本 Carlit 公司开发了一种 Pt 族贵金属微粒的薄膜涂镀技术，可用于电解槽电极等（日本化学工业日报，2016/10/31，p6）。

日本东北大学、日立集团成功实现了强度和耐腐蚀性均十分优异的高熵合金（多元合金）的 3D 成型。此外，均匀并且形状复杂的部件成型也可以实现，因此在面向化工厂的设备部件、成型催化和填充材料制造等方面的应用十分值得期待（日本化学工业日，2016/2/16，p1）。利用树脂、金属等可直接进行立体造型的 3D 打印展览会（3D Printing 2016）已于 2016 年 1 月 27～30 日召开（日刊工业新闻，2016/8/10，p10）。ABS 树脂、聚乳酸（PLA）占到了打印材料的 90％。三菱化学在 PP、PET 的基础上提出了一种新材料 BVOH（日本化学工业日报，2016/11/21，p12；WO2016/171191）。

日本东北大学的须藤祐司等开发了一种重量只有传统 NiTi 形状记忆合金 1/3 的 MgSc 形状记忆合金。由于在冷却至－150℃后会出现 bcc、triclinic 转移，从而发现了其具有形状恢复功能（日刊工业新闻，2016/07/25，p24）。

精工爱普生、爱普生 Atmix 公司将追加引进专用生产设备，通过向熔融合金喷射高压气体和冷却水来生产非晶合金粉末，将在两个地方（6000吨/年，2018 年）进行生产（日本化学工业日报，2016/04/21，p7）。

三井金属产资将独立开发一种材料（薄膜、无纺织布、丝、布料），该材料通过 Cu-Sn 合金气相沉积，具有良好的抗菌功能，并将进一步进行应用开发和商品化（日本石油化学新闻、2016/02/22、p4）。

三菱材料公司开发了一种新材料 FB15M，该材料具有比黑色氧化钛更好的遮光效果（450nm，光密度值 4.5 vs 3.2）（日本化学工业日报，2016/01/27，p7）。

新日铁住金化学将开发一种多孔质碳材料 "ESCarbon-MCND" 的量产技术并于北九州市建立论证设备。该材料作为 FCV 用 PEFC 的空气电极具有优异的效果（日本化学工业日报，2016/02/22，p12；WO2014/129597）。

东京电气大学的平栗健二等使用高密度等离子的类金刚石（DLC）开发了一种硬质薄膜。该技术使形成于圆盘状电极上的筒状电极上产生高密度等离子，并注入烃类化合物气体（甲烷、乙炔等），最后经分解形成 DLC 薄膜（日经产业新闻，2016/05/11，p8）。TOTO 开发了一种可在大型镜面上均匀形成 DLC 薄膜（数纳米）的技术，现已应用于浴室等。可以防止水垢沉积，污渍清洗也十分方便（日刊工业新闻，2016/2/3，p14）。三菱重工业将在 PET 瓶内面生成 DLC 膜从而开发一种隔气膜的容器；三菱树脂将促进其在食品、保健领域的商品化（日经产业新闻，2016/07/13，p12，07/18，p7）。庆应义塾大学的铃木哲也等发表了一种利用菱式放电在大气压下制造高硬度 DLC 的新技术（日刊工业新闻，2016/11/21，p15）。

在 NEDO 的协助之下，碳纳米管（CNT）量产法的开发以及实用化研究已经取得了很大进展。其中科立思（GSI Creos）就在 NEDO 的扶持下开发了叠杯型碳纳米管。该纳米管在溶剂中的分散性十分优异；在与树脂、金属形成复合材料方面的应用也十分值得期待（日刊工业新闻，2016/11/17，p28；日本化学工业日报，2016/01/25，p6）。

单层 CNT 融合新材料的研究开发机构（TASC）的远藤茂寿等围绕 CWT 的液相分散问题对分散剂、研磨机进行了研究。产业技术综合研究所、TASC 成功通过 SWCNT 复合提高了氟橡胶强度（日本化学工程，2016/02，p144；日本化学工业日报，2016/01/26，p12）。

东京化成工业开始销售一种用于单层 CNT 的分散剂，该分散剂可通过 UV 照射去除，也可以进行高纯度精制。该分散剂即产业技术综合研究所开发的二苯基乙烯分散剂（日本化学工业日报，2016/4/11，p1）。产业技术综合研究所开发了一种可在三维物体上进行多层 CNT 成膜的简易技术，该技术将用于光学产品的遮光材料或发光体（日本化学工业日报，2016/07/06，p6）。

三菱人造丝公司将加强碳纤维在压力容器（CNG、H_2储存罐）方面的应用开发。在欧美制罐厂商的协助下将于 2018 年之前完成实用化。并于美国合作成立了合资公司作为 CFRP 成型的基地（日本化学工业日报，2016/02/18，p12、3/09，p12）。

日本瑞翁已在 2015 年 11 月启动了碳纳米管（SWCNT）的量产（2~3吨/年）。该碳纳米管是在对产业技术综合研究所开发的（NEDO 纳米碳项目，2003~2005 年）超成长法碳纳米管（SGCNT）进行改良后，在 800℃ 的电炉中制造而成的，获得了第 45 届日本产业技术大奖（2016）（日经产业新闻，2016/01/25，p1、p17；WO2006/011655，特开 2014-166936）。通过在 SGCNT 中混合 PEEK 树脂合成了耐热温度高达 450℃ 的复合材料（机械强度也同步提升）（日刊工业新闻，2016/11/8，p29）。

大阪燃气公司开发了一种石墨烯低成本制造方法。该方法通过对芴、水混合物进行 MW 照射而从石墨中提取石墨烯，其中结合了东京大学相田卓三等开发的技术。目标是在 2020 年之前实现产业化（日本经济新闻，2016/01/05，p11）。冈山大学的仁科勇太等开发了氧化石墨烯的氧含量的精密控制法以及同时生产石墨烯和有机化合物的方法［JST "さきがけ（先驱）"项目］（日本化学工业日报，2016/05/17，p1；Scientific Reports 6，doi：10.038/srep21715）。

日本产业技术综合研究所和日本瑞翁将在筑波新建研究设施，用于进行低成本 CNT 生产（SG 法）和应用开发（日经产业新闻，2016/06/06，p12）。大日精化开发了一种具有碳纳米管性能并结合 PC、POM 等树脂的纳米复合材料（日刊工业新闻，2016/04/21，p13）。富士通研究所发表了一种可选择性检测 NO_2、NH_3 的高灵敏度传感器，该传感器在场效应晶体管（FET）的栅电极上使用了石墨烯（日本化学工业日报，2016/12/05，p1）。帝人公司将在 CNT 丝线以及电动机线圈方面进行研究开发（日本石油化学新闻，2016/02/01，p4）。三菱制纸成功地实现了碳纳米管（CNT，直径 8~15nm，长 26μm）的均匀分散，该碳纳米管具有良好的导电性和导热性，将进一步扩大其在电池领域的应用（日经产业新闻，2016/10/07，p12）。

8　催化业务

东邦钛公司将在黑部、茅崎工厂对丙烯聚合催化剂设备进行升级并提高产量。催化剂为 Mg-Ti-卤化物类型（THC 催化剂），可对应多种 PP 等级，此外该类催化剂还将适应环境响应型催化剂（用于应对欧美严格的化学品限制）不断增长的需求（日本化学工业日报，2016/05/26，p6）。

大阪曹达加倍提高了用于医药品精制的硅胶（HPLC 用，多孔质微球状，直径 2～50μm）的生产能力（日经产业新闻，2016/01/07，p13）。东曹公司开发了一种将蛋白质分子 L 作为配位子的 Fab、scFv 等用于低分子抗体的精制柱（日本化学工业日报，2016/06/17，p1）。

三菱化学控股（HD）将在功能化学总部设立一个功能性无机事业推进室，用于发展沸石膜产业（日本化学工业日报，2016/02/26，p12）。三菱化学和三井造船将在用于生物乙醇精制工程中的沸石膜领域进行合作。三菱化学负责生产 CHA 沸石膜；三井造船负责生产 Na-A 沸石膜，三菱化学和大阳日酸也已经在美国销售两家公司的并用系统（日刊工业新闻，2016/07/15，p15）。昭和电工为开发石油化学制品的新型衍生物并改进制造工艺，于 2016 年 1 月在先端技术开发研究所（大分）成立了催化研究室并统一了开发制度（日本化学工业日报，2016/08/17，p8）。

三井金属从 2015 年开始在美国量产家用汽车尾气净化催化剂并于2016 年内使产量增加至 150 万个/年，同时亚洲地区的生产计划也正在商议之中（日本化学工业日报，2016/05/20，p6）。

N. E. Chemcat 将柴油车催化剂的生产和管理全部集中到了筑波事务所，并扩充了沼津事务所的性能评估和催化剂开发体制（日本化学工业日报，2016/8/10，p6）。日挥触媒化成于 2016 年 4 月成立了研发中心（日经产业新闻，2016/11/28，p12）。

颗粒状活性炭的产量持续降低（2015 年，31800 吨/年），而粉状活性炭的产量于近 10 年一直稳定在 20000 吨/年左右（日本化学工业日报，2016/4/14，p9）。东洋炭素将开发一种具有三维纳米结构，且强度、耐热性、耐药性均十分优异的多孔质碳材料，并将其发展成为一个新产业。该材料的孔径在 3.5～150nm、粒度在 1～100μm 范围内均可调节（日本化学工业日报，2016/04/20，p6）。

高化学公司取得了中国最大离子交换树脂专业制造商西安蓝晓科技新技术股份有限公司（Sunresin）的产品在日本的销售权。现已开始在食品、医药、水处理等多个领域销售各种产品，并取得了美国 FDA 认证（日本化学工业日报，2016/05/11，p10）。

ORGANO、美国陶氏化学公司开发了一种用于单糖色谱分离的"安伯来特 CR3220Ca"，并成功实现了稀少糖分离。东曹公司将对用于制造生物医药原料的分离精制剂"Toyopearl"进行增产，并于 2019 年 4 月开始生产（日本化学工业日报，2016/10/25，p10；p12）。

堺化学工业开发了一种无铬的铜氢化催化剂，并面向高级醇制造领域进行销售（日本化学工业日报，2016/8/24，p9；特开 2007-289855）。

大赛璐子公司大赛璐药物手性技术（Chiral Technologies）将同加拿大阿尔伯塔大学（Univ Alberta）的 Steven Bergens 领导的 Green Center Canada 进行合作。开发一种可在流动系统中使用的金属配合物催化剂（Chem & Eng News，2016/05/02，p16）。

广荣化学工业宣布离子液体的生产将全部集中到千叶工厂进行，大阪工厂随即关闭。MIYOSHI 油脂公司开发了一种亲水性室温离子液体，并提出可将该液体应用于酶稳定剂（日本化学工业日报，2016/02/15，p1；09/28，p4）。

2016 年在医疗相关产业中确定了 3 项并购计划。松下（德国拜耳的部分业务）、佳能（东芝医疗系统）、富士胶片 HD（和光纯药工业）均完成了收购。

日本触媒工业协会也于 2015 年迎来了创立 50 周年纪念。日本化学工业日报登载了一期特辑，宣传了为提高各加盟公司的开发能力所开展的各项活动（日本化学工业日报，2016/08/25，p6～9）。

附录 1：单位名称简写

产综研：产业技术综合研究所；

NIMS：物质材料研究机构；

JST：科学技术振兴机构；

NEDO：新能源产业技术综合开发机构；

RITE：地球环境产业技术研究机构；

农研机构：农业食品产业技术综合研究机构；

JOGMEC：石油天然气金属矿物资源机构；

QST：量子科学技术研究开发机构；

SIP：战略性创新创造方案；

JAXA：宇宙航空研究开发机构。

附录 2：引用刊物简称

FSBi：Fuji Sankei Business i；

Chem & Eng News：Chemical & Engineering News；

Chem Week：IHS Chemical Week；

Chem Business：ICIS Chemical Business；

Plant Biotech J：Plant Biotechnology Journal；

Ind & Eng Chem Res：Industrial & Engineering Chemistry Research；

Chem Eng：Chemical Engineering